SOLDAGEM
processos e metalurgia

Capa: *Solda com feixe de elétrons*

Exemplo expressivo de recurso moderno com os novos processos de soldagem: penetração profunda com feixe eletrônico em soldagem sem adição.
Cortesia: Wentgate Dynaweld Ltd. Denny Industrial Centre, Waterbeach – Cambridge – CB5 – 9QX – Grã Bretanha.

Coordenação:
Emílio Wainer
Sérgio Duarte Brandi
Fábio Décourt Homem de Mello

SOLDAGEM
processos e metalurgia

Soldagem: processos e metalurgia
© 1992   Emílio Wainer
            Sérgio Duarte Brandi
            Fábio Décourt Homem de Mello

11ª reimpressão - 2019
Editora Edgard Blücher Ltda.

Blucher

Rua Pedroso Alvarenga, 1245, 4º andar
04531-012 - São Paulo - SP - Brasil
Tel 55 11 3078-5366
contato@blucher.com.br
www.blucher.com.br

É proibida a reprodução total ou parcial por quaisquer meios, sem autorização escrita da editora.

Todos os direitos reservados pela Editora Edgard Blücher Ltda.

FICHA CATALOGRÁFICA

Emílio, Wainer.
   Soldagem: processos e metalurgia / coordenação Emílio Wainer, Sérgio Duarte Brandi, Fábio Décourt Homem de Mello - São Paulo: Blucher, 1992.

   Vários colaboradores

   Bibliografia.
   ISBN 978-85-212-0238-7

   1. Soldagem I. Wainer, Emílio. II. Brandi, Sérgio Duarte III. Mello, Fábio Décourt Homem de.

04-0015   CDD-671.52

Índice para catálogo sistemático:
1. Soldagem: processos e metalurgia: Tecnologia   671.52

CONTEÚDO

Apresentação
Colaboradores
Capítulo I - Classificação dos processos de soldagem - *Sérgio D. Brandi*
 1. Introdução 1
 2. Processos de soldagem. 3
 3. Emprego dos processos de soldagem. 6

PROCESSOS DE SOLDAGEM COM ARCO ELÉTRICO

Capítulo 2a - Transferência metálica em soldagem com arco elétrico - *Sérgio D. Brandi*
 1. Introdução 9
 2. Arco elétrico: conceitos fundamentais 9
 3. Tipos de transferência metálica 14
 4. Forças atuantes na gota durante a transferência 15
 5. Transferência metálica na soldagem MIG e MAG 19
 6. Transferência metálica na soldagem com eletrodos revestidos 24
 7. Transferência metálica na soldagem com arco submerso 27
 8. Aplicações dos diversos tipos de transferência metálica 27
 9. Comentários finais 29

Capítulo 2b - Processo de soldagem com eletrodo revestido - *Durval T. Tecco*
 1. Introdução 31
 2. Equipamento 32
 3. Variáveis elétricas e operacionais 35
 4. Consumíveis 39
 5. Aplicações e procedimentos 52
 6. Higiene e segurança 55

Capítulo 2c - Processo TIG - *Sérgio D. Brandi*
 1. Introdução 60
 2. Equipamentos 60
 3. Variáveis do processo 63
 4. Variantes do processo 87

Capítulo 2d - Processo MIG/MAG - *Sérgio D. Brandi*
 1. Introdução 99
 2. Características gerais 99
 3. Equipamentos 101
 4. Variáveis do processo 103
 5. Variantes do processo 124

Capítulo 2e - Soldagem com arco submerso - *Ronaldo Pinheiro da Rocha Paranhos*
 1. Introdução 133
 2. Características gerais 133
 3. Equipamentos 137
 4. Efeito das variáveis de processo 141
 5. Tipos de junta 148
 6. Classificação e seleção de consumíveis 150

Capítulo 2f - Processo de soldagem com plasma - *Paulo Roberto Rela*
  1. Introdução 156
  2. Princípios de operação 156
  3. Equipamento 161
  4. Variáveis do processo 165
  5. Condições de soldagem 174
  6. Variantes do processo 179

PROCESSOS DE SOLDAGEM E CORTE COM GÁS

Capítulo 3a - Soldagem com gás - *Sérgio D. Brandi*
  1. Introdução 180
  2. Fundamentos do processo 180
  3. Equipamentos 186
  4. Consumíveis para a soldagem 194
  5. Técnica de soldagem 198
  6. Segurança na soldagem 199

Capítulo 3b - Oxicorte e processos afins - *Emílio Wainer*
  1. Introdução 201
  2. Fundamentos do processo 201
  3. Equipamentos 202
  4. Execução do oxicorte 204
  5. Extensão a processos afins 207
  6. Têmpera superficial com chama 210
  7. Metalização com chama 211

Capítulo 4 - Soldagem por resistência - *Sérgio D. Brandi*
  1. Princípio de funcionamento 217
  2. Resistências elétricas na soldagem por resistência 217
  3. Tipos de soldagem por resistência 223
  4. Ciclos de soldagem por resistência 226
  5. Distribuição da temperatura no ciclo de soldagem 231
  6. Equipamentos 235
  7. Soldabilidade de alguns metais e suas ligas 238
  8. Qualidade da solda 240

Capítulo 5 - Processos de brasagem e soldagem branda - *Ettore Bresciani Filho*
  1. Introdução 243
  2. Processo de brasagem 244
  3. Processo de soldabrasagem 262
  4. Processos de soldagem 265

PROCESSOS NÃO CONVENCIONAIS DE SOLDAGEM

Capítulo 6a - Soldagem por eletroescória e eletrogás - *Célio Taniguchi*
  1.ª parte: eletroescória
  1. Introdução 274
  2. Características gerais do processo 274
  3. Equipamento 277
  4. Variáveis do processo 279

5. Preparação para a soldagem 285
6. Aplicações e materiais soldáveis por eletroescória 286
7. Projeto de juntas 287
8. Qualidade das juntas 288
2.ª parte: eletrogás
1. Introdução 289
2. Características gerais do processo 290
3. Equipamentos 292
4. Variáveis do processo 292
5. Aplicações e materiais soldáveis por eletrogás 293
6. Qualidade das juntas 294
7. Conclusão 295

Capítulo 6b - Processos de soldagem com fonte de calor focada - *Sérgio D. Brandi*
  1.ª parte: soldagem por feixe de elétrons 296
  1. Introdução 297
  2. Características gerais 299
  3. Variáveis do processo 300
  4. Campo de aplicação 305
  5. Projeto de juntas 305
  6. Variantes do processo 308
  2.ª parte: soldagem por laser
  1. Introdução 308
  2. Características gerais 311
  3. Variáveis do processo 311
  4. Emprego do processo 315
  3.ª parte: custos 315

Capítulo 6c - Soldagem por atrito - *Sérgio D. Brandi*
  1. Introdução 317
  2. Características gerais 317
  3. Tecnologia da execução 323
  4. Projeto de peça 330
  5. Controle de qualidade da solda 331
  6. Exemplos de aplicação 333

Capítulo 7 - Revestimento duro por soldagem - *Sérgio D. Brandi*
  1. Introdução 335
  2. Mecanismos de desgaste 336
  3. Fatores que afetam o desgaste abrasivo 337
  4. Metal de adição para revestimento duro 345
  5. Qualificação do procedimento de revestimento 353
  6. Aceitação do procedimento de revestimento 354

METALURGIA DE SOLDAGEM

Capítulo 8a - Transferência de calor na soldagem - *Célio Taniguchi*
  1. Introdução 359
  2. Balanço de energia na soldagem 359

3. Equação fundamental da transferência de calor e principais soluções ..361
   4. Ciclos térmicos na soldagem e a distribuição da temperatura 365
   5. Outros efeitos causados pelos ciclos térmicos de soldagem 369
Capítulo 8b - Solidificação da poça de fusão - *Sérgio D. Brandi*
   1. Princípios básicos da solidificação 371
   2. Comparação entre a solidificação do lingote e da poça de fusão 379
Capítulo 8c - Trinca em temperatura elevada (trinca a quente) - *Sérgio D. Brandi*
   1. Introdução 387
   2. Trinca devido à microssegregação 387
   3. Trinca devido à queda de ductilidade (TQD) 399
Capítulo 8d - Transformação no estado sólido de aços-carbono - *Sérgio D. Brandi*
   1. Introdução 403
   2. Transformação na zona fundida 403
   3. Transformação na zona afetada pelo calor 415
   4. Trinca a frio induzida por hidrogênio 419
Capítulo 9 - Automação na soldagem - *Sérgio D. Brandi*
   1. Aspectos econômicos dos posicionadores 426
   2. Aspectos econômicos dos dispositivos para automação 426
   3. Posicionadores e sistemas de automação 428
Capítulo 10 - Garantia de qualidade na soldagem - *Odécio J. G. Branchini*
   1. Introdução 441
   2. Causa dos problemas de soldagem 441
   3. Soluções individualizadas 442
   4. Planejar, executar e registrar 444
   5. Implantação do sistema de garantia da qualidade na soldagem 445
   6. Conclusões 447
Capítulo 11 - Custos nos processos de soldagem - *Eduardo Esperança Canetti*
   1. Introdução 449
   2. Etapas do cálculo 449
   3. Cálculo do custo 450
   4. Considerações práticas 457
Apêndice – *F. D. Homem de Mello*
- Terminologia de descontinuidade em juntas soldadas, fundidos e laminados ..462
- Normas brasileiras no campo da soldagem 480
- Unidades de medida e seu emprego 483
- Composição e propriedades de aços ligados para vasos de pressão 489
- Conversão de dureza dos aços 492
- Equivalência de bitolas de chapas 494

APRESENTAÇÃO

Inicialmente, é preciso lembrar a origem deste livro.

Na década de 60, após o despertar industrial da era juscelinista – energia, transportes, siderurgia – preparava-se o Brasil para assegurar sua auto-suficiência nas matérias-primas, particularmente nos metais, como na tecnologia da construção metálica. A criação da Cosipa e da Usiminas, na trilha de Volta Redonda, acenava com a próxima independência no abastecimento de produtos siderúrgicos planos, enquanto se consolidavam os grupos privados tradicionais de não-planos, como a Belgo-Mineira, e os novos produtores de aços especiais – Villares, Acesita e Mannesmann. A produção de metais não-ferrosos, ainda que longe de atender a demanda interna, havia iniciado e o País começava a usar a vasta gama de metais que o mundo dispunha. Estimulada por um novo grande cliente, a Petrobrás, a indústria pesada de conformação de metais – fundição, forjaria, caldeiraria e usinagem – preparava-se para atender um mercado bastante promissor.

Nessa ocasião, dentro da Associação Brasileira de Metais, percebeu-se a indiscutível lacuna existente, tanto no conhecimento dos fenômenos que ocorrem na soldagem, como na formação de especialistas dessa área. Ao final de 1964, criou-se na ABM a Comissão Técnica de Soldagem, congregando interessados na produção, emprego e controle de materiais e processos de soldagem. Em 1967, com a colaboração de um grupo de especialistas em diferentes setores da soldagem, implantou-se um curso de atualização tecnológica, que culminou com um ciclo de aulas sobre os ensinamentos básicos da metalurgia de soldagem, ministrado por uma grande autoridade, o Prof. Henri Granjon, do Institut de Soudure da França, sempre relembrado. Dentro da sistemática estabelecida pela ABM, os participantes do curso receberam um texto preparado pelos vários professores. Reunidos posteriormente em um volume, que veio a ser gratificante sucesso na história da Associação, com 11 edições, ampliadas e atualizadas, base para duas dezenas de cursos desenvolvidos pela ABM em diferentes locais do Brasil até o fim da década de 70.

Duas décadas da 1ª edição, a ciência e a tecnologia metalúrgica evoluiram bastante. A soldagem passou a ser estudada e pesquisada em cursos regulares nos estabelecimentos de ensino de engenharia metalúrgica, naval, mecânica e de produção. Consolidaram-se escolas técnicas, que, no rastro do Senai, formam especialistas de grau médio capazes de soldar e também de entender o que se passa sob aquela chama ou arco. Fundou-se a Associação Brasileira de Soldagem. Ao final da década de 70, iniciando uma vocação de exportador de manufaturas industriais, o País sentiu a necessidade de aperfeiçoar os métodos de controle e garantia de qualidade à altura de sua ambição de assegurar a competitividade internacional de seus produtos; tornou-se membro do International Institute of Welding (IIW).

A história da tecnologia de soldagem mostra uma permanente vocação para o uso pioneiro de descobertas, invenções e inovações vindas dos laboratórios científicos; mostrou sempre sua inquietude ante novas descobertas, num processo cada vez mais acelerado na procura de sua aplicação prática. Expressões como plasma, laser, robótica, antes entendida por poucos privilegiados, são hoje de uso corrente na indústria e pelos técnicos.

Essa acelerada modernização da soldagem levou-nos a reformular o texto produndamente, não só na tecnologia dos processos mas também na explicação científica da metalurgia da solda, para conhecer o âmago do processo e os materiais envolvidos na operação. Mantivemos o espírito de obra coletiva, contando mais uma vez com a cooperação de um grupo de especialistas.

Mantivemos o enfoque que tanto sucesso teve na obra original da ABM. processos e metalurgia da soldagem. Entendemos que a terceira vertente do conhecimento do assunto, o estudo do comportamento da estrutura soldada, está competentemente coberta por obras já publicadas no País.

Ao leitor, o julgamento definitivo.

Emílio Wainer

COLABORADORES DO LIVRO "SOLDAGEM: PROCESSOS E METALURGIA"

Emílio Wainer - Engenheiro de Minas e Metalurgia pela Escola Politécnica da USP (1950). Consultor. São Paulo, SP.

Sérgio Duarte Brandi - Engenheiro Metalurgista (1981) e Doutorado em Engenharia Metalúrgica – Soldagem (1992) pela Escola Politécnica da USP. Professor do Departamento de Engenharia Metalúrgica da Escola Politécnica da USP; Consultor em Soldagem. São Paulo, SP.

Célio Taniguchi - Engenheiro Naval pela Escola Politécnica da USP (1961); Mestrado no Massachusetts Institute of Technology (1972); Doutor em Engenharia (1974) e Professor Livre Docente (1979) pela Escola Politécnica da USP.
Professor Titular e Chefe do Departamento de Engenharia Naval da Escola Politécnica da USP. São Paulo, SP.

Dorival Tecco - Tecnólogo de Soldagem pela Faculdade de Tecnologia da UNESP (1980); Doutor em Tecnologia de Soldagem pelo Granfield Institute of Technology (1985). Gerente de Processos e Materiais da Empresa de Gerenciamento de Projetos Navais. São Paulo, SP.

Eduardo Esperança Canetti - Engenheiro Industrial Metalúrgico pela Escola de Engenharia Metalúrgica da UFF em Volta Redonda (1966); Engenheiro de Soldagem pela École Superieure de Soudure Autogène (1979). Consultor. Pindamonhangaba, SP.

Ettore Bresciani Filho - Engenheiro Aeronáutico pelo Instituto Tecnológico de Aeronáutica (1962); Doutor em Engenharia (1968) e Professor Livre Docente (1980) pela Escola Politécnica da USP. Professor Titular e Chefe do Departamento de Engenharia de Materiais da Faculdade Mecânica da Universidade Estadual de Campinas - Unicamp. Campinas, SP.

Odécio J. G. Branchini - Engenheiro Metalurgista pela Escola de Engenharia Mauá (1973); Engenheiro de Soldagem pela École Superieure de Soudure Autogène (1978); Mestrado em Engenharia Metalúrgica pela Escola Politécnica da USP (1983). Professor Associado da Escola de Engenharia Mauá; Gerente de Garantia da Qualidade da Confab Industrial S.A. São Paulo, SP.

Paulo Roberto Rela - Engenheiro Mecânico pela Escola Politécnica da USP (1975) e Físico pelo Instituto de Física da USP (1976). Chefe do Departamento de Aplicações da Radiação na Engenharia e Indústria do Instituto de Pesquisas Energéticas e Nucleares. São Paulo, SP.

Ronaldo P. Rocha Paranhos - Engenheiro Metalúrgico e de Materiais pela Escola de Engenharia Metalúrgica da UFF em Volta Redonda (1978); MSc em Ciências de Materiais na COPPE UFRJ (1984); PhD em Tecnologia de Soldagem pelo Granfield Institute of Technology (1990). Lincoln Brasoldas Ltda. Rio de Janeiro, RJ.

Fábio Décourt Homem de Mello - Engenheiro Civil pela Escola Politécnica da USP (1943). São Paulo, SP.

1 Classificação dos processos de soldagem

Sérgio D. Brandi

1. INTRODUÇÃO

Denomina-se soldagem ao processo de união entre duas partes metálicas, usando uma fonte de calor, com ou sem aplicação de pressão. A solda é o resultado desse processo.

O processo de soldagem teve seu grande impulso durante a II Guerra Mundial, devido à fabricação de navios e aviões soldados, apesar de o arco elétrico ter sido desenvolvido no século XIX. A Fig. 1.1 mostra a evolução dos processos de soldagem ao longo do tempo.

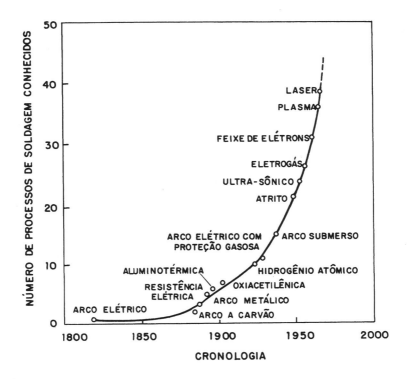

Figura 1.1 — Evolução dos processos de soldagem ao longo do tempo [1]

SOLDAGEM: PROCESSOS E METALURGIA

Os processos de soldagem são utilizados para fabricar produtos e estruturas metálicas, aviões e veículos espaciais, navios, locomotivas, veículos ferroviários e rodoviários, pontes, prédios, oleodutos, gasodutos, plataformas marítimas, reatores nucleares e periféricos, trocadores de calor, utilidades domésticas, componentes eletrônicos etc. Com o desenvolvimento de outras técnicas de união, como a colagem, fica cada vez mais difícil não se ter à nossa volta uma parte soldada ou colada.

Segundo Houldcroft[2], cada processo de soldagem deve preencher os seguintes requisitos:

• Gerar uma quantidade de energia capaz de unir dois materiais, similares ou não.
• Remover as contaminações das superfícies a serem unidas.
• Evitar que o ar atmosférico contamine a região durante a soldagem.
• Propiciar o controle da transformação de fase, para que a solda alcance as propriedades desejadas, sejam elas físicas, químicas ou mecânicas.

Tabela 1.1 – Classificação dos processos de soldagem, de acordo com a fonte de energia e o tipo de proteção [3]

Fonte de Energia			Tipo de proteção				
			Vácuo	Gás inerte	Gás	Fluxo (escória)	Sem proteção
Mecânica						N	Explosão Atrito Ultra-som
Química	Chama		N			Oxiacetilênica	
	Reação exotérmica		N			Aluminotermia	
Elétrica	Resistência elétrica		N	N	N	Eletroescória	Topo-a-topo Ponto Ressalto Costura
	Arco elétrico	Eletrodo consumível			MIG	Eletrodo tubular	Soldagem de prisioneiros
			N			MAG	Eletrodo revestido Arco submerso	
		Eletrodo não consumível	N		TIG		Eletrodo de carbono
Energia radiante	Eletromagnética				Laser	N	N
	Partículas		Feixe de elétrons			N	N

Classificação dos processos de soldagem

Tabela 1.2 — Classificação dos processos de soldagem a partir da natureza da união[3]

- Estado sólido
  - A frio
    - Explosão
    - Ultra-som
  - A quente
    - Atrito
    - Difusão
- Fusão
  - Aluminotermia
  - Feixe de elétrons
  - Laser
  - Gás
    - Brasagem
    - Soldabrasagem
    - Oxiacetilênica
  - Resistência Elétrica
    - Eletroescória
    - Resistência
      - Ponto
      - Topo-a-topo
      - Ressalto
      - Costura
  - Arco elétrico
    - Proteção de gases
      - Eletrodo não-consumível
        - Plasma
        - TIG
      - Eletrodo consumível
        - MIG(*)
          - Transf. globular/curto-circuito
          - Transf. por pulverização
          - Pulsado
        - MAG(**)
          - Transferência globular
          - Transf. por curto-circuito
        - Eletrodo tubular
    - Proteção de escória
      - Eletrodo tubular
      - Eletrodo revestido
      - Arco submerso
    - Sem proteção - Soldagem de prisioneiro

Observ.: (*) com argônio ou hélio.
(**) com argônio, oxigênio, CO2 ou misturas desses gases.

O desenvolvimento e o aperfeiçoamento dos processos de soldagem são alcançados com a interação de três áreas: projeto de equipamentos soldados, desenvolvimento e aperfeiçoamento dos equipamentos de soldagem, bem como dos materiais, visando obter boa soldabilidade. Realmente, pouco adianta desenvolver um novo material sem que ele possibilite alcançar boa soldabilidade. Por isso, os processos de soldagem estão em contínua evolução.

2. PROCESSOS DE SOLDAGEM

Os processos de soldagem podem ser classificados pelo tipo de fonte de energia ou pela natureza da união.

SOLDAGEM: PROCESSOS E METALURGIA

Tabela 1.3 — Características e aplicações de processos de soldagem[3]

Processo	Vantagens	Desvantagens	Emprego
SOLDAGEM NO ESTADO SÓLIDO	Ausência de metal fundido na união.	Geometria restrita de juntas.	
	Pouca influência nas propriedades mecânicas do metal base.	Equipamentos robustos, fixos e caros.	
Soldagem por explosão	Junta com excelentes propriedades.	Limitado a juntas sobrepostas.	Chapa cladeada
	Adequado para juntas de metais dissimilares.	Perigo pelo uso de explosivos.	Juntas de transição Soldagem de tubos.
	Baixo custo para certas aplicações.		
	Independe de energia elétrica.		
Soldagem por atrito	Junta com excelentes propriedades.	Limitado a juntas de topo.	Soldagem de tubos.
	Adequado para juntas de metais dissimilares	Necessita de acabamento final após a soldagem (usinagem).	Soldagem com peças de geometria cilíndrica.
	Necessita de pouca energia elétrica.		
SOLDAGEM POR FUSÃO	Versatilidade no projeto da junta e na montagem.	Presença de metal fundido.	
	Custo reduzido da maioria dos processos de soldagem.	Apresenta zona afetada pelo calor.	
		Obriga a tratamentos térmicos.	
	Propriedades mecânicas adequadas na união.		
	Muitas uniões podem ser examinadas com ensaios não-destrutivos		
Soldagem por resistência	Não exige mão-de-obra de grande habilidade.	Geometria limitada da junta. Dificuldades com ensaios não-destrutivos.	Soldagem de tubos com costura Carcaça de automóvel.
	Pouco tratamento antes e após a soldagem.	Equipamentos não portáteis.	
Soldagem oxi-acetilênica.	Processo barato.	Distorções na estrutura.	Reparos.
	Equipamento portátil.	Calor pouco concentrado durante a soldagem.	Manutenção. Brasagem.

Soldagem com arco

a) Eletrodo revertido	Grande versatilidade no projeto da junta e na posição de soldagem.	Mão-de-obra habilidosa	Processo mais usado na fabricação e na manutenção.
	Baixo custo.	Freqüente mudança de eletrodos.	
	Uniões com excelentes propriedades.	Na soldagem com várias camadas é necessário remover a escória em cada passe.	
	Não exige grandes ajustes da estrutura (posição).		
b) Arco submerso	Processo automático.	Somente na posição plana ou horizontal.	Solda de topo ou ângulo com mais de 1 m de comprimento e 5 a 50 mm de espessura.
	Alta taxa de deposição	Restrito aos aços.	
		Cuidado no posicionamento da junta.	
c) TIG	Grande versatilidade manual ou automática, tipo de junta, posição de soldagem.	Elevado custo de consumíveis.	Passe de raiz em aços ligados.
		Mão-de-obra habilidosa.	
	Soldas com elevada qualidade.	Soldagem com várias camadas em solda de topo com espessura acima de 5 mm.	Usado em união de não-ferrosos e inoxidáveis.
	Adequado para metais ferrosos e não-ferrosos.		

Classificação dos processos de soldagem

Tabela 1.3 — (continuação)

Processo	Vantagens	Desvantagens	Emprego
d) MIG gás inerte	Solda com alta qualidade para a maioria das ligas. Alta taxa de deposição. Proc. semi ou totalmente automatizado.	Custo elevado do gás inerte. Mão-de-obra habilidosa. Cuidado com o posicionamento da junta	Usado em aços inoxidáveis e ligas não-ferrosas.
e) MAG-CO_2 com transferência por pulverização.	Elevada penetração. Alta taxa de deposição. Baixo custo dos gases.	Posição plana. Somente para aços-carbono e de baixa liga com espessura de 6 mm. Cuidado com o posicionamento da junta.	Usado para aços-carbono e de baixa liga. Para grandes produções e soldas de boa qualidade.
f) MAG-CO_2 com transferência por curto-circuito.	Processo semi-automático. Todas as posições de soldagem. Boa qualidade de solda Baixo custo dos gases. Usado em chapas finas de aço (1-4 mm). Tolerância com mau posicionamento da junta.	Somente para aços-carbono e de baixa liga. Ocorrência de falta de fusão com soldador sem prática.	Fabricação de equipamentos com chapa fina. Passe de raiz em chapas grossas.
g) MIG pulsado.	Processo semi-automático. Todas as posições de soldagem. Aplicado à maioria das ligas e espessuras Qualidade de solda muito boa.	Equipamento complexo. Custo moderado do processo.	Usado principalmente em soldagem de aço-carbono, inox e não-ferrosos.
h) Soldagem por plasma.	Soldagem automática com alta velocidade. Grande variedade de metais e ligas. Espessuras de 0,5 a 6 mm.	Elevado custo do equipamento. Posição plana de soldagem Bom alinhamento da junta. Junta usinada.	Soldagem de metais com espessura muito fina, para MIG e muito grossa para TIG.
Soldagem por eletroescória.	Soldagem automática com alta velocidade. Alta taxa de deposição. Usado em aço-carbono e de baixa liga c/ espessuras acima de 50 mm	Posição vertical de soldagem. Solda e ZAC com estruturas grosseiras, exigindo tratamento térmico após a soldagem. Cuidado na montagem da estrutura.	Soldagem de chapas grossas de aço.
Soldagem por feixe de elétrons.	Elevada penetração. Solda com excelente qualidade. Distorção mínima. Partes com acabamento final podem ser soldadas.	Custo muito alto do equipamento. Dimensões das peças limitadas ao tamanho da câmara de vácuo. Projeto de câmara de vácuo local.	Uso restrito devido ao tamanho da câmara. Ligas especiais Usinagem de furos.
Soldagem por laser.	Fonte de energia altamente concentrada em qualquer atmosfera.	Alto custo do equipamento. Não pode ser usado em superfícies polidas.	Uso restrito a espessuras menores que 30mm. Usinagem de furos. Corte Tratamento de modificação superficial de peças.

Tabela 1.4 — Condições de emprego dos processos de soldagem[4]

Materiais e espessuras		Eletrodo revestido	Arco submerso	MIG ou MAG	Eletr. tubular	TIG	Plasma	Eletroescória	Resistência	Oxigás	Feixe de elétrons	Laser	Brasagem	Soldagem branca	Difusão	Atrito
Aço-carbono	F	x	x	x		x			x	x	x	x	x	x		x
	I	x	x	x	x	x			x	x	x	x	x	x		x
	M	x	x	x	x				x	x	x	x	x			x
	G	x	x	x	x			x	x	x						x
Aço de baixa liga	F	x	x	x		x			x	x	x	x	x	x	x	x
	I	x	x	x	x	x			x		x	x	x	x	x	x
	M	x	x	x	x						x	x	x		x	x
	G	x	x	x	x			x			x		x		x	x
Aço inoxidável	F	x	x	x		x	x		x	x	x	x	x	x	x	x
	I	x	x	x	x	x	x		x		x	x	x	x	x	x
	M	x	x	x	x		x				x	x	x		x	x
	G	x	x	x	x			x			x				x	x
Ferro fundido	I	x								x		x				
	M	x	x	x	x					x		x				
	G	x	x	x	x					x						
Níquel e suas ligas	F	x		x		x	x		x	x	x	x	x	x		x
	I	x	x	x		x	x		x		x	x	x	x		x
	M	x	x	x			x				x	x	x			x
	G	x		x				x			x					x
Alumínio e suas ligas	F			x		x	x		x		x	x	x	x	x	x
	I			x		x	x		x		x	x	x	x	x	x
	M			x		x					x	x	x			x
	G			x				x			x					x
Titânio e suas ligas	F			x		x	x		x		x	x			x	x
	I			x		x	x				x	x			x	x
	M			x		x	x				x	x			x	x
	G			x							x		x		x	x
Cobre e suas ligas	F			x		x	x			x	x	x	x			x
	I			x			x				x	x	x			x
	M			x							x	x				x
	G			x							x					x

Espessuras: F = até 3 mm   I = de 3 a 6 mm   M = de 6 a 19 mm   G = acima de 19 mm

Classificação pelos tipos de fonte de energia.

As fontes de energia empregadas nos processos de soldagem são: mecânica, química, elétrica e radiante.

Fonte mecânica — O calor é gerado por atrito ou por ondas de choque, ou por

Classificação dos processos de soldagem

deformação plástica do material.

Fonte química — O calor é gerado por reações químicas exotérmicas como, por exemplo, a queima de um combustível (chama) ou a reação de oxidação do alumínio.

Fonte elétrica — O calor é gerado ou pela passagem de corrente elétrica ou com a formação de um arco elétrico. No primeiro caso, o aquecimento é realizado por efeito Joule, enquanto no segundo é através do potencial de ionização, corrente e outros parâmetros de soldagem.

Fonte radiante — O calor é gerado por radiação eletromagnética (laser) ou por um feixe de elétrons acelerados através de um potencial.

Como foi assinalado, os processos de soldagem devem assegurar condições de proteção específicas capazes de evitar que a solda seja contaminada pelo ar atmosférico. Assim, a soldagem pode ser feita sob vácuo, com gás inerte, gás ativo, fluxo (escória) e sem proteção. Evidentemente, os métodos de proteção não são gerais para todos os processos de soldagem. A Tab. 1.1 mostra a classificação dos processos de soldagem baseada no tipo de fonte e de proteção. A letra N indica a impossibilidade de combinação de fonte de energia e tipo de proteção.

Classificação pela natureza da união

A Tabela 1.2 apresenta a classificação dos processos de soldagem de acordo com a natureza da união, partindo da distinção entre soldagem no estado sólido e por fusão.

3. EMPREGO DOS PROCESSOS DE SOLDAGEM

Cada processo de soldagem tem suas vantagens e limitações, e o adequado balanço dessas características irá determinar suas aplicações típicas. A Tab. 1.3 mostra as vantagens e inconvenientes dos processos e algumas aplicações típicas.

Tabela 1.5 — Processos recomendados para corte de materiais[4]

Material	Processo de corte					
	Oxicorte	Plasma	Eletrodo de carbono	Laser	Jato de água
Aço-carbono	x	x	x	x	x
Aço de baixa liga	x	x	x	x	x
Aço inoxidável	xx	x	xxx	x	x
Ferro fundido	xx	x	x	x	x
Alumínio e suas ligas		x	x	x	x
Titânio e suas ligas	xx	x	x	x	x
Cobre e suas ligas		x	x	x	x

Legenda: x   = processo usado
         xx = empregado com técnicas especiais
         xxx = requer cuidados especiais

A Tab. 1.4 apresenta, em função do tipo e espessura do material, quais os processos comerciais de soldagem que podem ser aplicados.

A Tab. 1.5 indica os processos recomendáveis para corte de alguns materiais.

Todas essas tabelas representam sugestões que devem ser analisadas minuciosamente, para a aplicação específica do equipamento e material a ser soldado.

BIBLIOGRAFIA

1. OKUMURA, T.; TANIGUCHI, C. - Engenharia de Soldagem e Aplicações; Livros Técnicos e Científicos Editora, Rio de Janeiro, p. 1-6, 1982.
2. HOULDCROFT, P.T. - Welding Process Technology; Cambridge University Press, London, p. 1-15, 1979.
3. APPS, R.L. - Welding Process and Applications; in Proc. Conf. Weld, Proc. Plant., London, Mar. 1970, Inst. Mech. Eng. and Welding Institute.
4. CONNOR, L.P. (ed) - Welding Handbook - Welding Technology, vol. 1, 8^a ed, p. 1-30, 1987.

2a Transferência metálica em soldagem com arco elétrico

Sérgio D. Brandi

1. INTRODUÇÃO

Os fenômenos envolvidos na transferência metálica são bastante complexos e por isso não são muito estudados, principalmente no da transferência metálica de eletrodos revestidos. O conhecimento desses fenômenos é de fundamental importância para o melhor controle do processo de soldagem, obtenção de cordões de solda sem defeitos, diminuir a quantidade de respingos, prever a penetração do passe, avaliar a quantidade de calor transferida para o metal-base, controlar a distorção da estrutura soldada etc.

2. O ARCO ELÉTRICO: CONCEITOS FUNDAMENTAIS

Pode-se definir o arco elétrico como "a descarga elétrica mantida através de um gás ionizado, iniciada por uma quantidade de elétrons emitidos do eletrodo negativo (catodo) aquecido e mantido pela ionização térmica do gás aquecido"[1]. Deve-se salientar que no arco elétrico para soldagem a descarga elétrica tem baixa tensão e alta intensidade. Nessa definição existem três conceitos importantes para o conhecimento do arco elétrico: calor, ionização e emissão.

O calor é devido à movimentação de cargas elétricas no arco elétrico de um eletrodo permanente; a ocorrência de choques entre essas cargas gera o calor. No arco, os íons positivos podem ser considerados imóveis quando comparados com a velocidade dos elétrons[2], sendo estes, portanto, os responsáveis pela geração de calor. Para se ter idéia da participação do elétron no aquecimento, basta saber que, na colisão de um elétron com um átomo de hélio, somente 0,06% da energia acumulada pelo elétron é transferida para o átomo, aquecendo-o de 0,001 °C por colisão[1]. No caso de arco elétrico de eletrodos consumíveis, além do choque entre íons, há também o choque entre íons e átomos gerados na fusão do eletrodo e entre íons e as gotas que atravessam o arco.

A ionização ocorre quando um elétron localizado em uma órbita recebe uma quantidade de energia, sendo forçado para órbita de maior energia. Conforme a energia que o elétron recebe, ele pode ou não sair da influência do campo eletromagnético do átomo e tornar-se um elétron livre. A energia necessária a produção de um elétron livre é chamada de potencial de ionização.

Tabela 2.1 — Potencial de ionização de gases e vapores[1]

Gás ou vapor	eV	Gás ou vapor	eV
Argônio	15,7	Sódio	5,1
Alumínio	6,0	Níquel	7,6
Cálcio	6,1	Oxigênio	13,6
Cobre	7,7	Silício	8,1
Fluor	17,3	Tungstênio	8,1
Hidrogênio	13,5	CO	14,1
Hélio	24,5	H_2	15,6
Ferro	7,8	H_2O	12,6
Potássio	4,3	N_2	15,5
Nitrogênio	14,5	O_2	12,5

No caso dos arcos elétricos de soldagem, o interesse está voltado para a ionização térmica, que é a ionização por colisão entre partículas bem aquecidas[1]. Ocorrendo o fenômeno de ionização, tem-se um elétron livre e um íon positivo, formando-se conseqüentemente um meio condutor de eletricidade. A Tabela 2.1 mostra o potencial de ionização de alguns gases e vapores.

A emissão termoiônica é um processo de liberação de elétrons de uma superfície aquecida. A taxa de emissão dos elétrons segue uma lei experimental estabelecida por Richardson e formulada como:

$$I_e = AT^2 e^{-B/T} \quad (1)$$

onde:

I_e = taxa de emissão dos elétrons (A/cm^2)

A = constante = 60 a 100 (para todos os eletrodos se I_e for medido em (A/cm^2)

T = Temperatura absoluta (K)

$$B = \frac{\Phi\, e_e}{kT} \quad (2)$$

com:

Φ = função trabalho termoiônico, expressa em eV, é a energia térmica que deve ser absorvida pelo elétron para ser emitida como elétron livre.

e_e = carga do elétron

k = constante de Boltzmann

A Tab. 2.2. mostra a função trabalho termoiônico para alguns elementos químicos.

Tabela 2.2 — Função trabalho termoiônico de alguns elementos químicos (em eV)[1]

Alumínio	4,1	Potássio	2,2
Bário	2,1	Magnésio	3,7
Carbono	4,3	Sódio	2,3
Cálcio	2,2	Níquel	5,0
Cobre	4,4	Tungstênio	4,5
Ferro	4,4		

A abertura do arco elétrico para soldagem necessita do aquecimento e do bombardeamento com elétrons do gás que circunda o eletrodo. A fonte de energia possui uma diferença de potencial característica (tensão em vazio) que favorece a abertura do arco. Quando o eletrodo toca o metal-base, essa tensão cai rapidamente para um valor próximo de zero, conforme mostra a Fig. 2.1. Por efeito Joule, a região do eletrodo que tocou o metal-base fica incandescente, favorecendo a emissão termoiônica. Os elétrons emitidos fornecem mais energia térmica, promovendo a ionização térmica tanto do gás como do vapor metálico na região entre o metal-base e o eletrodo. Obtida a ionização térmica, o eletrodo pode ser afastado do metal-base sem que o arco elétrico seja extinto.

O arco elétrico com eletrodo permanente é aproximadamente cônico[3,4] e pode ser dividido em três regiões (Fig. 2.2): região anódica, coluna de plasma, região catódica (mancha catódica).

Na região catódica, os elétrons são emitidos e acelerados para o anodo através de campos elétricos, aquecendo-o e favorecendo a emissão de mais elétrons pelo anodo. A coluna de arco pode ser constituída de elétrons livres, íons positivos, íons negativos e uma pequena quantidade de átomos neutros[4,5]. Essas cargas existentes formam o plasma, que é portanto o constituinte da coluna do arco. Apesar das cargas existentes na coluna do arco, ela é considerada eletricamente neutra[4,5]. A Fig. 2.3

SOLDAGEM: PROCESSOS E METALURGIA

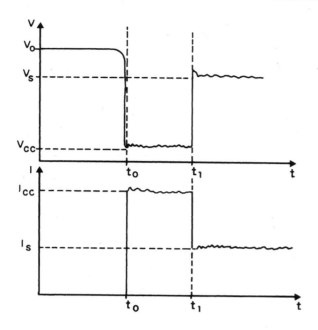

Figura 2.1 — Comportamento da tensão e da corrente na máquina de solda durante a abertura do arco[3]
V_o = tensão em vazio;
V_S = tensão de soldagem;
V_{cc} = tensão em curto-circuito;
I_S = corrente de soldagem;
I_{cc} = corrente de curto-circuito;
$t_1 - t_0$ = tempo de abertura do arco

mostra esquematicamente os fenômenos que ocorrem no arco elétrico para a soldagem.

A queda de tensão no arco elétrico pode ser dividida em três partes (Fig. 2.4): queda de tensão catódica, queda de tensão na coluna do arco e queda de tensão anódica[3-5,7].

O comprimento da queda de tensão catódica, variando de 10^{-3} a 10^{-5} V/cm, é um valor da ordem de grandeza do caminho livre médio do elétron[8], o que torna bastante difívil seu estudo. Estima-se que seu valor seja da ordem de 29.000 V/cm para o cobre na pressão de 1 atm[9].

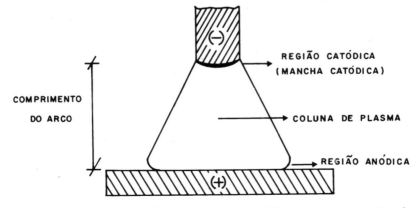

Figura 2.2 — Aspecto de um arco elétrico com eletrodo permanente mostrando suas regiões

Transferência metálica em soldagem com arco elétrico

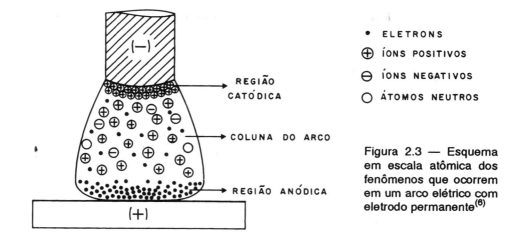

Figura 2.3 — Esquema em escala atômica dos fenômenos que ocorrem em um arco elétrico com eletrodo permanente[6]

A queda de tensão na coluna do arco é pequena comparada com a queda de tensão catódica e anódica[8]; estima-se que seu valor esteja entre 3 e 50 V/cm[9].

A queda de tensão anódica tem comprimento da ordem de 10^{-2} cm e estima-se que ela varie de 1 a 25 V/cm, sendo no mínimo igual ao potencial de ionização do gás circundante[9].

Observando-se as Figs. 2.3 e 2.4 percebe-se que o comportamento dos pólos do arco não é o mesmo; por isso, é importante especificar o pólo utilizado em um processo de soldagem.

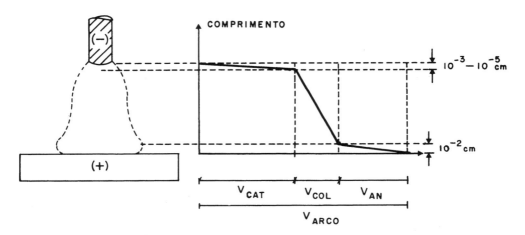

Figura 2.4 — Esquema das partes do arco elétrico, segundo as quedas de tensão, em soldagem TIG com argônio.
V_{cat} = queda de tensão catódica; V_{col} = queda de tensão na coluna do arco;
V_{an} = queda de tensão anódica; V_{arco} = tensão do arco elétrico

3. TIPOS DE TRANSFERÊNCIA METÁLICA

Ainda que existam várias classificações dos tipos de transferência metálica, pode-se dizer que elas são quatro: globular, por pulverização, por curto-circuito e por arco pulsado.

Transferência globular — O metal é transferido por glóbulos com diâmetro próximo ao eletrodo nu, ou alma do eletrodo. Não é adequado para a soldagem fora de posição.

Transferência por pulverização — O metal é transferido por gotas pequenas, bem menores que o diâmetro do eletrodo nu, ou alma do eletrodo. Pode ser utilizada na soldagem em posição plana ou horizontal. A transferência por pulverização pode ser axial, onde o jato tem o formato cônico

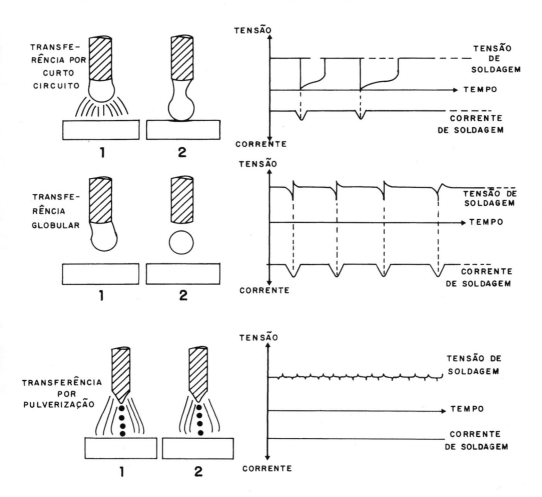

Figura 2.5 — Tipos de transferência metálica com os respectivos oscilogramas típicos

na direção do eixo do eletrodo nu, ou rotacional, onde o jato gira em torno do eixo do eletrodo nu.

Transferência por curto-circuito — O metal é transferido por contato direto entre o eletrodo e a poça de fusão através de uma gota. Pode ser utilizado em qualquer posição.

Transferência por arco pulsado — Similar à transferência por pulverização, dela difere porque uma gota é transferida por pulso. Solda em todas as posições.

O estudo da transferência metálica pode ser feito por via direta, através da filmagem com alta velocidade, no caso do arco ser visível, ou por via indireta, através de técnicas oscilográficas da variação de corrente e tensão durante a soldagem. No processo MIG/MAG, pode-se utilizar a filmagem sincronizada com o osciloscópio; no processo por arco submerso, utiliza-se somente a técnica oscilográfica.

A Fig. 2.5 mostra o esquema dos tipos de transferência metálica e o estudo, com técnicas oscilográficas, da variação da tensão e corrente durante a transferência metálica.

O tipo de transferência metálica pode ser determinado pela geometria do eletrodo nu (diâmetro e comprimento), sua composição, tipo de gás protetor, composição do revestimento do eletrodo, corrente de soldagem, comprimento do arco etc.

4. FORÇAS ATUANTES NA GOTA DURANTE A TRANSFERÊNCIA

Divergem os autores[4,8,10-12] na enumeração dos tipos de forças que agem na gota; entretanto, usualmente são indicadas as seguintes: peso da gota; força devido à tensão superficial; força eletromagnética; força de arraste e força de expansão gasosa.

Peso da gota

O peso a que uma gota esférica fica sujeita é dado por:

$$P = \frac{4}{3} \pi r^3 \rho g \qquad (3)$$

onde: r = raio da gota (cm)
ρ = densidade da gota (kg/cm^3)
g = aceleração da gravidade (cm/s^2)

Força devido à tensão superficial

É uma das mais importantes para manter a gota em contato com o eletrodo nu, qualquer que seja a posição de soldagem. Segundo Lancaster[8], desde que a gota esteja sujeita somente ao seu próprio peso, seu valor é dado pela expressão:

$$T = 2\pi\gamma a \psi(^a/c) \qquad (4)$$

onde: a = raio do arame, ou eletrodo (cm)
γ = tensão superficial (kgf/cm)
c^2 = constante de capilaridade do metal = $\gamma/g\rho$
$\psi(^a/c)$ = função que varia entre 0,6 e 1,0 e que, para metais usuais, pode ser dada aproximadamente por:

$\psi(^a/c)$ = 1 a 2,5a   para a<0,15
      = 0,625   para 1 > a > 0,15

sendo a medido em cm.

Força de origem eletromagnética (ou força de Lorenz)

Para dois fios condutores percorridos por correntes de mesmo sentido, o campo eletromagnético gerado pela passagem da corrente irá atraí-los. Imaginando-se uma gota como se fosse constituída de uma quantidade de fios condutores percorridos por correntes de mesmo sentido, haveria a atração entre esses fios condutores imaginários. Porém, como a gota está líquida, haverá um estrangulamento na região de menor área e ela será lançada na direção axial. Esse fenômeno é chamado efeito de pinçamento (*pinch effect*). Deve-se salientar que esse fenômeno independe da polaridade. A expressão simplificada da força eletromagnética é dada[8] por:

$$F = \frac{I^2}{200} \ln\left(\frac{A_2}{A_1}\right) \qquad (5)$$

onde: F = força eletromagnética (dinas)
I = corrente (A)
A_1 = área do condutor por onde entra a corrente (cm^2)
A_2 = área do condutor por onde sai a corrente (cm^2)

A força eletromagnética possui duas componentes: uma delas (F_x) age perpendicularmente ao eletrodo nu, enquanto a outra (F_y) age na direção da corrente. Conforme seja a relação entre as áreas de entrada e de saída da corrente, pode-se ter uma componente agindo no sentido contrário ao desprendimento da gota, como mostra a Fig. 2.6.

A componente F_x gera na gota uma pressão de origem eletromagnética que age na direção do arco. Desenvolveu-se uma equação para calcular o valor dessa pressão, a qual é dada por[10]:

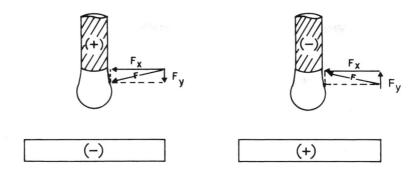

Figura 2.6 — Componentes da força eletromagnética que age na gota, em função da relação entre as áreas de entrada e saída da corrrente e da polaridade

$$p = \frac{2\,I^2}{\pi\,l^2\,(1 - \cos\Theta)^2}\,\ln\left(\frac{\cos\psi/2}{\cos\Theta/2}\right) \qquad (6)$$

onde: p = pressão eletromagnética do arco (dinas/cm^2) e as outras variáveis estão definidas na Fig 2.7.

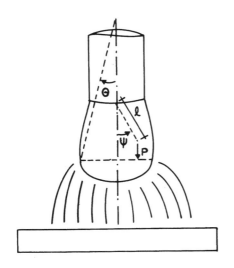

Figura 2.7 — Definição das variáveis da equação[6]

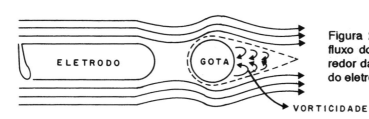

Figura 2.8 — Linhas de fluxo do gás protetor ao redor da gota e da ponta do eletrodo

Força de arraste

Esta força surge quando se tem uma vazão de gás protetor[13] e é devida ao atrito entre a gota e o gás. Ela age no sentido de desprender a gota. A expressão para a força de arraste em uma gota esférica na parte do eletrodo nu é dada por[14]

$$F_a = C_d \left(\rho_g \frac{U^2}{2} \right) \left(1 - \frac{R_a^2}{2 R^2} \right) \pi R^2 \qquad (7)$$

onde: C_d = coeficiente de arrasto
ρ_g = densidade da gota (kg/cm^3)
U = velocidade do gás em relação a gota (cm/s)
R_a = raio do arame (cm)
R = raio da gota (cm)

A Fig. 2.8. mostra as linhas de fluxo ao redor da gota e da ponta do eletrodo.

Forças de expansão gasosa

Estas forças também são importantes para a transferência metálica na soldagem com eletrodos revestidos[3]. Acredita-se[15] que o carbono da alma reage com o oxigênio formando bolhas de CO, que se expandem e

Tabela 2.3 — Forças que agem nos diversos processos de soldagem; adaptado de[5]

Processo de soldagem		Tipo de transferência	Forças
Eletrodo revestido	ácidos rutílicos	pulverização	eletromagnética expansão gasosa
	básicos, celulósicos	globular curto-circuito	tensão superficial eletromagnética expansão gasosa
MIG (Argônio)	abaixo da corrente de transição	globular	peso tensão superficial
	acima da corrente de transição	pulverização axial arco pulsado	tensão superficial eletromagnética
MIG (hélio)		globular	peso tensão superficial
MAG (CO2)	arco normal	globular	tensão superficial eletromagnética
	arco curto	curto-circuito	tensão superficial eletromagnética expansão gasosa
Arco submerso		globular	tensão superficial eletromagnética expansão gasosa

Obs.: Força eletromagnética = força Lorenz + força do arco

Transferência metálica em soldagem com arco elétrico

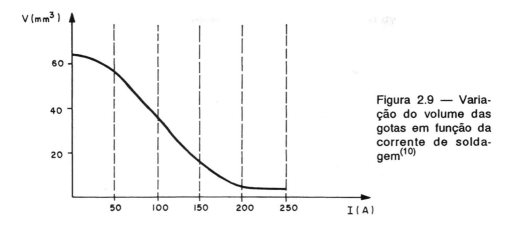

Figura 2.9 — Variação do volume das gotas em função da corrente de soldagem[10]

causam microexplosões, as quais impelem as gotas para a poça de fusão, facilitando a soldagem fora da posição. Essas microexplosões também podem gerar respingos[8], que são dirigidos para a poça de fusão pela cratera da ponta do eletrodo revestido.

De todas as forças vistas, algumas são mais importantes que outras nos processos de soldagem. A Tab. 2.3. mostra, para os processos de soldagem, o tipo de transferência e as principais forças que agem.

5. TRANSFERÊNCIA METÁLICA NA SOLDAGEM MIG E MAG

Nos processos MIG pode ocorrer uma mudança brusca no volume e na massa das gotas, devido a um aumento na corrente de soldagem. Esse comportamento pode ser observado nas Figs. 2.9. e 2.10.

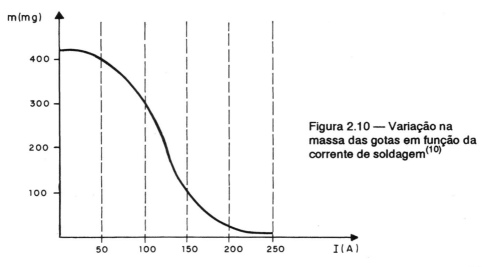

Figura 2.10 — Variação na massa das gotas em função da corrente de soldagem[10]

A faixa de corrente onde ocorre essa mudança de comportamento é chamada de corrente de transição. Abaixo dela, a transferência metálica é do tipo globular, enquanto que acima é do tipo de pulverização axial. O tipo de transferência metálica está relacionado com a energia necessária para fundir o eletrodo e com a taxa de fusão. Por exemplo, enquanto na transferência globular a taxa de fusão é baixa, o mesmo não ocorre para a transferência por pulverização, que tem elevada taxa de deposição. Para que se tenha uma taxa de fusão elevada, a energia necessária para fundir o eletrodo nu deve ser alta. Devido a esse inter-relacionamento entre o tipo de transferência metálica e a energia necessária para fundir o eletrodo nu, torna-se necessário estudar as fontes de seu aquecimento.

Fontes de aquecimento do eletrodo nu

O processo MIG com CCPR utiliza, para a fusão do eletrodo nu, a energia das reações anódicas, do efeito Joule, a radiação do arco e poça de fusão; em CCPD utiliza o calor devido as reações catódicas, com as outras fontes de calor análogas a CCPR[16].

Aquecimento anódico — O calor desenvolvido pelo aquecimento anódico é dado por[16]:

$$H_a = c(V_a + \Phi)I \tag{8}$$

onde: c = constante
V_a = queda de tensão anódica (V)
Φ = função trabalho termoiônico do eletrodo nu (eV)
I = corrente de soldagem (A)

O aquecimento anódico é gerado principalmente pelo choque de elétrons no anodo e pela energia de "condensação" dos elétrons.

Aquecimento catódico — O calor desenvolvido por este aquecimento é dado por[16]:

$$H_c = [(f_g + f_m)(V_c - \Phi) + f_g V_{ig} + f_m V_{im} - f_e \Phi]I \tag{9}$$

onde: f_g = fração da corrente devido aos gases ionizados
f_m = fração da corrente devido ao metal ionizado
f_e = fração da corrente devido aos elétrons
$f_g + f_m + f_e = 1$
V_c = queda de tensão catódica (V)
V_{ig} = potencial de ionização do gás (eV)
V_{im} = potencial de ionização do metal (eV)

No aquecimento catódico existem reações que liberam energia, como o choque dos íons positivos no catodo e a neutralização desses íons na superfície do catodo há também reações que absorvem energia, como a emissão de elétrons e a neutralização dos íons positivos pelos elétrons no catodo.

Aquecimento por resistência elétrica — O calor desenvolvido pela passagem da corrente através do eletrodo é dado por[9,16,17]:

$$H_r = \rho \frac{l}{A} I^2 \qquad (10)$$

onde: ρ = resistividade elétrica do eletrodo nu (Ω/cm)
  l = comprimento do eletrodo nu (do contato elétrico na pistola até a ponta que está sendo fundida) (cm)
  A = área do arame (cm^2)
  I = corrente de soldagem (A)

Aquecimento por radiação — O calor gerado pela radiação do arco ou pela poça de fusão é considerado desprezível face aos outros tipos de aquecimento do eletrodo nu[16].

A taxa de deposição depende tanto do aquecimento anódico, ou catódico (conforme a polaridade), como do aquecimento por resistência elétrica. Assim, baseando-se nas equações (8), (9) e (10), pode-se concluir que:
a) a taxa de deposição em CCPR(+) é função da corrente, comprimento e diâmetro do eletrodo nu.
b) a taxa de deposição em CCPD(-) é função da corrente, do comprimento e diâmetro do eletrodo nu, da composição do gás e da atração da superfície do eletrodo.

Variáveis que afetam a corrente de transição.

Existem basicamente duas correntes de transição: uma, onde há mudança de transferência globular para transferência por pulverização axial (CTGA); outra, onde há a mudança de transferência por pulverização axial para pulverização rotacional (CTAR). Ambas são influenciadas pela composição e geometria (comprimento e diâmetro) do eletrodo nu, pela ativação e pela polaridade. É importante o conhecimento da influência desses parâmetros para conseguir o tipo de transferência adequada à soldagem de uma estrutura.

Influência da composição do eletrodo — A corrente de transição — transferência globular / transferência por pulverização axial (CTGA) — é diminuída para metais com baixa resistividade elétrica. Assim, a CTGA para o alumínio é um terço daquela do aço de baixo carbono, mantidos os

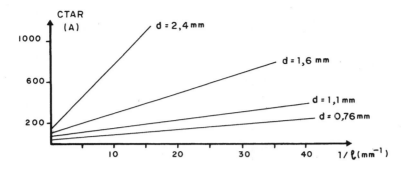

Figura 2.11 — Influência do comprimento e do diâmetro do eletrodo nu na corrente de transição transferência névoa axial/névoa rotacional (aço de baixo carbono, argônio + 1% oxigênio, CCPI)[16]

outros parâmetros constantes[16]. A corrente de transição — transferência por pulverização axial / transferência por pulverização rotacional (CTAR) — é diminuída para metais com alta resistividade elétrica. Assim, a CTAR é maior para o alumínio do que para o aço de baixo carbono, mantidos os outros parâmetros constantes[16]

A influência da geometria do eletrodo — A CTGA é influenciada pelo comprimento do eletrodo nu a partir do contato elétrico na pistola até a ponta em fusão, e pelo diâmetro do arame. Pela equação (10) conclui-se que, aumentando-se o comprimento do eletrodo nu, diminui-se a CTGA e aumentando-se o diâmetro do eletrodo nu aumenta-se a CTGA[16]. Deve-se ressaltar que esse comportamento também está ligado com a quantidade de vapor metálico formado.

A CTAR também é influenciada pelo comprimento e diâmetro do eletrodo nu. Como na transferência por pulverização rotacional há um movimento de rotação da ponta do eletrodo nu, aumentando-se seu com-

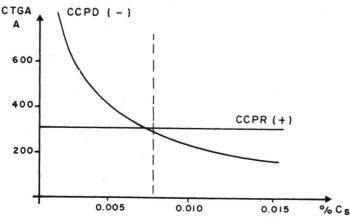

Figura 2.12 — Efeito da ativação do arame com fosfato de césio na corrente de transição: transferência globular / pulverização axial[16].

primento diminui-se a CTAR, enquanto que aumentando-se seu diâmetro ele torna-se mecanicamente mais resistente e, conseqüentemente, aumenta a CTAR[16]. Esse comportamento pode ser visto na Fig. 2.11.

Influência da ativação e polaridade — No caso de eletrodos nus com CCPD, não há nem CTGA nem CTAR, visto que a transferência é globular para a faixa utilizável da corrente de soldagem[16]. O mesmo não ocorre quando se utiliza CCPR.

A ativação do arame através de uma solução de fosfato de césio, por exemplo, favorece a CTGA para CCPD. Neste caso, com o aumento na concentração de césio, há diminuição na CTGA[16]. O efeito desses elementos ativadores é de baixar a função trabalho termoiônico com o aumento de sua concentração e influir na tensão superficial entre a gota e o arame[18]. A Fig. 2.12 mostra o efeito da ativação na CTGA.

Para a CTAR, poder-se-á ter um efeito similar, desde que o diâmetro do eletrodo nu seja pequeno e seu comprimento grande[16].

Quando é necessário realizar uma soldagem com elevada taxa de deposição, deve-se escolher a transferência metálica por pulverização axial.

Tabela 2.4 — Efeito das variáveis de processo na tranferência metálica nos processos de soldagem com gás protetor[16]

Variáveis		CIGA		CIAR		Taxa de deposição	
		CCPI	CCPD(*)	CCPI	CCPD(*)	CCPI	CCPD
Composição do eletrodo nu		I	I	I	I	I	I
Aumento do comprimento do eletrodo nu		I↓	I↓	I↓	I↓	I↑	I↑
Aumento do diâmetro do eletrodo nu		I↑	I↑	I↑	I↑	I↑	I↑
Ativação		NI	I↓	NI	I↓	NI	I(↑/↓)
Gás protetor	inerte(**)	NI	NI	NI	NI	NI	NI
	ativo(***)	NI	NI	NI	NI	NI	I↑

I = influencia   NI = não influencia   ↑ = aumenta   ↓ = diminui

(*) Somente se o eletrodo nu estiver ativado
(**) O gás hélio sempre produz tranferência globular; para produzir tranferência por pulverização axial deve-se misturar pelo menos 20% de argônio[16]
(***) O CO2 e o nitrogênio têm o comportamento similar ao hélio, Para produzir tranferência por pulverização axial deve-se ativar a superfície do eletrodo nu com metais alcalinos[10]

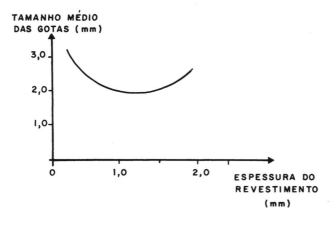

Figura 2.13 — Efeito da espessura do revestimento no tamanho médio das gotas[15]. Eletrodo tipo CaO - TiO$_2$ (BS E-356)

Para isso, seria interessante ter uma CTGA baixa e uma CTAR alta. Se a CTAR for próxima da CTGA, ocorrerão perdas por respingos, devido à transferência por pulverização rotacional.

A Tab. 2.4 resume o efeito das variáveis nas correntes de transição e na taxa de deposição.

6. TRANSFERÊNCIA METÁLICA NA SOLDAGEM COM ELETRODOS REVESTIDOS

O estudo desta transferência é dificultado devido aos gases gerados pela queima de revestimento e às gotas de escória que são transferidas junto com as gotas metálicas. Acredita-se que os três tipos de transferência metálica, descritos anteriormente, podem ser obtidos com os eletrodos revestidos [3,9-11,19]. De maneira geral, o tipo de transferência metálica é influenciado pelo revestimento do eletrodo, pela corrente e pela posição de soldagem[10,19].

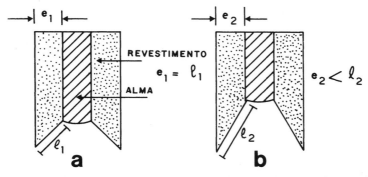

Figura 2.14 — Efeito da espessura do revestimento no tamanho da gota. Em (a), o comprimento l não influi no tamanho da gota; em (b), influi.
e = espessura do revestimento
l = comprimento do revestimento não fundido

Transferência metálica em soldagem com arco elétrico

Tabela 2.5 — Efeito do revestimento do eletrodo na transferência metálica[19,20]

Características	Tipo de revestimento		
	ácido	rutílico	básico
Fluidez da escória	alta	média	baixa
Tamanho médio das gotas em relação ao diâmetro da alma	10 a 40%	30 a 50%	60 a 80%
Aspecto da escória	vítrea muito porosa	parcialmente cristalina, porosa	cristalina, densa

Influência do revestimento do eletrodo

Influência da espessura do revestimento — Segundo Ishizaki[15], a influência da espessura do revestimento no tamanho da gota, mostrada na Fig. 2.13, pode ser explicada pelo aumento no comprimento do revestimento não fundido na ponta do eletrodo. Com isso, o calor do arco fica mais concentrado, diminuindo o tamanho médio da gota. A Fig. 2.14 esclarece o assunto.

Influência da fluidez da escória — Os eletrodos podem ser classificados, segundo a composição do seu revestimento, em: ácidos, básicos, celulósicos e rutílicos.

Os eletrodos com revestimento ácido possuem escória mais fluida que os eletrodos com revestimento rutílico, que por sua vez possuem escória

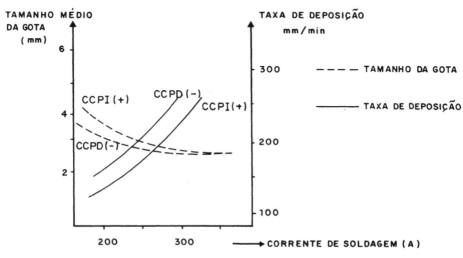

Figura 2.15 — Efeito da corrente de soldagem e da polaridade no tipo de transferência metálica. Eletrodo com alto teor de óxido de ferro: ⌀ = 6,4 mm[15]

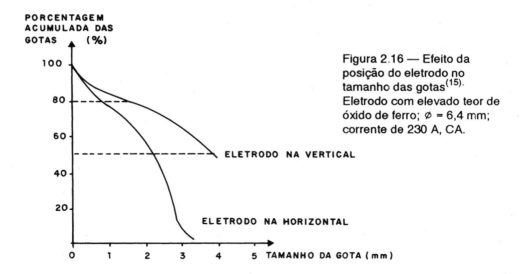

Figura 2.16 — Efeito da posição do eletrodo no tamanho das gotas[15]. Eletrodo com elevado teor de óxido de ferro; ⌀ = 6,4 mm; corrente de 230 A, CA.

mais fluida que os eletrodos com revestimento básico[19]. Quanto mais fluida for a escória, menor o tamanho das gotas[19,20]. A Tab. 2.5. mostra o efeito do tipo de revestimento nas características de transferência, mostrando que as escórias ácidas favorecem a transferência por pulverização, enquanto que as escórias básicas favorecem a transferência por curto-circuito.

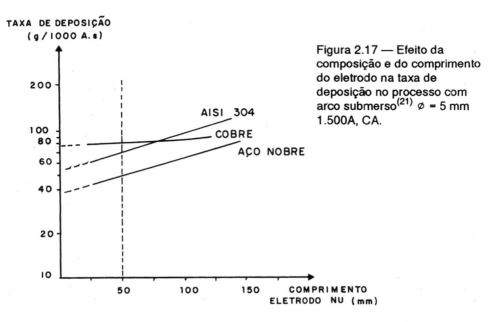

Figura 2.17 — Efeito da composição e do comprimento do eletrodo na taxa de deposição no processo com arco submerso[21] ⌀ = 5 mm 1.500A, CA.

Influência da corrente de soldagem

A influência desta variável, bem como a da polaridade, pode ser vista na Fig. 2.15. Ela mostra que para a mesma corrente de soldagem, a CCPD apresenta menor tamanho de gota e maior taxa de deposição que a CCPI.

Influência da posição de soldagem

Esta variável tem influência no tamanho da gota: gotas menores são obtidas quando o eletrodo é mantido na posição horizontal, devido possivelmente a uma diminuição do efeito da tensão superficial entre o metal fundido e a escória[15]. A Fig. 2.16 ilustra esse comportamento, mostrando que, para uma porcentagem acumulada de 50%, a gota teria o tamanho próximo de 2,5 mm, com o eletrodo na horizontal, e de 4 mm, com o eletrodo na vertical.

7. TRANSFERÊNCIA METÁLICA NA SOLDAGEM COM ARCO SUBMERSO

Este estudo é difícil, pelo fato de o arco estar envolto por um fluxo; por isso, utiliza-se muito, neste caso, a análise oscilográfica ou os raios X.

A principal fonte de calor no eletrodo nu é devido ao efeito Joule[21] e, por isso, através da equação (10), verifica-se que a composição e geometria do eletrodo e a corrente de soldagem influem na transferência metálica.

Influência da composição do eletrodo — A influência se dá na resistividade elétrica do eletrodo, aumentando-a ou diminuindo-a. A Fig. 2.17. mostra a variação na taxa de deposição com o comprimento do eletrodo para três materiais diferentes. Observa-se que, para o mesmo comprimento do eletrodo nu, a taxa de deposição é maior para o AISI 304 do que para o aço de baixo carbono.

Influência da geometria do eletrodo — O efeito do aumento do comprimento do eletrodo nu na taxa de deposição, também pode ser visto na Fig. 2.17.

Influência da corrente de soldagem — O aumento na corrente de soldagem causa aumento na taxa de deposição do processo.

8. APLICAÇÕES DOS DIVERSOS TIPOS DE TRANSFERÊNCIA METÁLICA

A Tab. 2.6. mostra a relação entre o tipo de gás protetor, o modo de transferência, o diâmetro do eletrodo, o tipo de metal-base e as posições de soldagem possíveis para os processos MIG e MAG[22].

SOLDAGEM: PROCESSOS E METALURGIA

Tabela 2.6 — Parâmetros de soldagem na aplicação do processo MIG/MAG[21]

Metal a ser soldado		Espess. (mm)	Posição de soldagem	Ø do eletrodo (mm)	Tipo de transf.	Gás
Tipo						
Metais não-ferrosos e aços de alta liga		3-10	P	1-4	cc e gl	Argônio
		3-5	todas	0,8-1,6	pv	
		6-30	V, H e S			
		5-40	P	1,6-5		
		1,5-5	todas	0,8-2	ap	
		5-40	V, H e S			
		6-40	P	2,5-5	pv	Hélio
		4-6	todas	0,8-1		
		6-40	V, H e S			
		10-40	P	1,2-4		
		2-5	todas	0,8-1,2	ap	
		6-40	V, H e S	1-1,6		
			P	2-4		
		2-5	todas	0,8-1,2	cc e ap	
Ligas de alumínio e de titânio		8-40	P	1,6-4	pv	Argônio + hélio
Cobre e suas ligas Aço austenítico		3-5	todas	0,6-1,2	cc e ap	
		4-30	P	1,2-3	cc ou gl	
		3-30		0,8-3		Argônio + nitrogênio[1]
Aço-carbono e estrutural		0,6-5	todas	0,6-1,4	cc e ap	CO₂
		6-50	V e S			CO₂ + Oxigênio
			P	1,6-5	cc ou gl	Argônio + CO₂ + Oxigênio
Aço-carbono, estrutural e de alta liga		1-4	todas	0,7-1,2	pv	Argônio + Oxigênio[2]
		5-50	V e S			Argônio + CO₂[3]
Alumínio e bronze alumínio[4]			P	1,6-5		
Aço-carbono, estrutural e de alta liga		1-5	todas	0,7-1,6	ap	Argônio + CO₂ + oxigênio 80 + 15 + 5
		6-50	V e S	1,2-1,6		
		3-50	P	2-5		

Observações: Tipo de transferência: cc = curto-circuito
                      gl = globular
                      pv = pulverização axial
                      ap = arco pulsado
Posição de soldagem: P = plana
                          V = vertical
                          H = horizontal
                          S = sobrecabeça
(1) máx. 30% de nitrogênio
(2) 1 a 5% de oxigênio
(3) máx. 18% CO_2
(4) mistura de argônio e oxigênio

Para se ter melhor idéia da importância da escolha adequada do tipo de transferência metálica para uma dada aplicação, analisar-se-á o exemplo 339 do Metals Handbook[22] (Transferência globular / Transferência por curto-circuito).

Determinado fabricante soldava chapas de liga de magnésio de 3 mm de espessura e comprimento de 1.500 mm, utilizando transferência globular com processo MIG automático. A soldagem era feita em um único passe e com junta de topo. O processo era realizado com a máxima velocidade e corrente compatíveis com a soldagem da liga. Mudando-se para a transferência por curto-circuito, obteve-se os resultados mostrados na tab. 2.7.

O aumento na velocidade de soldagem, obtido com a transferência por curto-circuito, reduz bastante o custo por comprimento de solda; além disso, o menor insumo de calor causa menos problemas de empenamento das chapas.

9. COMENTÁRIOS FINAIS

A escolha adequada do tipo de transferência metálica deve ser tal que alie a facilidade de soldagem, minimize as transformações metalúrgicas na zona afetada pelo calor e as distorções na estrutura soldada e maximize a taxa de deposição. Nem todos esses requisitos são compatíveis entre si;

Tabela 2.7 — Resultados obtidos na mudança do tipo de transferência metálica. Gás protetor: argônio, com a vazão de 1,4m^3/h.[22]

Característica	Transferência globular	Transferência por curto-circuito
Tipo de junta	\multicolumn{2}{Topo}	Topo
Abertura na raiz (mm)	—	2
Tipo de solda	soldagem em ranhura	
Eletrodo nu	ER AZ61A (1,6 mm)	ER AZ61A (2,4 mm)
Velocidade de alimentação do eletrodo nu (mm/s)	130	68
Corrente de soldagem CCPR (+) (A)	135	175
Tensão de soldagem (V)	26	17
Velocidade de soldagem (mm/s)	13,5	16,5
Insumo de energia (kJ/cm)	26	18
Consumo do eletrodo por comprim. de solda (g/cm)	4,2	4,3

por isso, justifica-se o conhecimento teórico da influência de algumas variáveis de processo nesses requisitos, para que se possa otimizar a soldagem de uma estrutura.

BIBLIOGRAFIA

1. UDIN, H.; FUNK, E. R. & WOLFF, J. — Welding for Engineers; John Wiley & Sons Inc., N.Y., 1954, p. 136—69.
2. HARRIS, W. J. — Physics in Welding — part II; Weld. Eng., vol. 54, nº 1, 1967, p. 66—68.
3. QUITES, A. M. & DUTRA, J.; — Tecnologia da Soldagem a Arco Voltáico; EDEME, 1979, p. 33—41.
4. JACKSON, C. E. — The Science of Arc Welding; — Weld. J., vol. 39, nº 3, p. 129s—40s; nº 4, p. 177s—90s; nº 5, p. 225s—30s, 1960.
5. BARROS, S. M. — Processos de Soldagem; PETROBRÁS, 1976, p. 4.6.
6. HARRIS, W. J. — Physics in Welding — part III; Weld. Eng., vol. 54, nº 2, 1967, p. 80—81.
7. TANIGUCHI, C. — Princípios de Engenharia de Soldagem; EPUSP—DEN, 5ª. ed., 1982, p. 96—132.
8. LANCASTER, J. F. — The Metallurgy of Welding, Brazing and Soldeuring; American Elsevier Publishing Co.; 1965; p. 38—44.
9. MASUBUCHI, K. — welding Engineer; MIT, USA, 1970, cap. 3, p. 1—72.
10. TANIGUCHI, C. — Princípios de Engenharia de Soldagem; EPUSP—DEN, 5ª. ed., 1982, p. 133—60.
11. AWS — Welding Handbook, vol. 1; 7ª. ed., 1976, p. 59—66.
12. PINTARD, J. — Caractéritiques de la Fusion et du Transfert dans le Prócede MIG de Sondage de l'Acier sous Argon; Sond. Tec. Conn., vol. 21, nº 9/10, 1967, p. 381—93.
13. COOKSEY, C. J. & MILNER, D. R. — Metal Transfer in Gas-Shielded Arc Welding; Physics of the Welding Arc Symposium, Institute of Welding, London, 1966, p. 123—32.
14. WASZINK, J. H. & GRAAT, L. H. J. — Experimental Investigation of the Forces Acting on a Drop of Weld Metal; Weld. J., vol. 62, nº 4, 1983, p. 108—16.
15. ISHIZAKI, K.; OISHI, A. & KUMAGAI, R. — A Method of Evaluating Metal Transfer Characteristics of Welding Electrodes; Phisics of the Welding Arc Symposium, Institute of Welding, London, 1966, p. 148—55.
16. LESNEWICH, A. — Control of Melting Rate and Metal Transfer in Gas-Shielded metal Arc Welding; Weld. J., vol 37, nº 8, p. 343s—53s; nº 9, p. 418s—25s,1958.
17. WILSON, J. L.; CLAÜSSEN, G. G. & JACKSON, C. E. — The Effect of I^2R Heating on Electrode Melting Rate; Weld. J., vol. 34, nº 1, 1956, p. 1s—8s.
18. HAZLETT, T. H. — Coating Ingredient's Influence on Surface Tension, Arc Stability and Bead Shape; Weld. J., vol. 35, nº 1, 1957, p. 18s—21s.
19. Transferência de metal por gotas, Sold. & Eletr., out/nov, 1978, p. 52—55.
20. LUNGDVIST, B. — Sandvik Welding Handbook; Sandvik A. B., Suécia, 1977, p. 34—35.
21. PATON, B. E. & POTAP'EVISKII, A. G. — Gas-Shielded Steady and Pulsed Arc Welding Process (a review); Autom. Weld., nº 9, 1973, p. 1—8.
22. ASM — Metals Handbook — Welding and Brazing; 8ª. ed., 1977, p. 360—61.

2b Processo de soldagem com eletrodo revestido

Dorival G. Tecco

1. INTRODUÇÃO

A soldagem com eletrodos revestidos é definida como um processo de soldagem com arco, onde a união é produzida pelo calor do arco criado entre um eletrodo revestido e a peça a soldar[1] (Fig. 2.18).

Esse processo teve início no princípio do século, com a utilização de arames nus para cercas, ligados à rede elétrica. O resultado dessa prática era geralmente pobre, com sérios problemas de instabilidade de arco e depósitos de solda contaminados[2]. Observou-se que arames enferrujados, ou cobertos com cal, proporcionavam melhor estabilidade de arco, tendo-se adotado o eletrodo com revestimento ácido ainda no começo da primeira década. Observou-se também que, revestindo o arame com asbestos, o depósito era protegido da contaminação enquanto que o algodão aumentava a penetração do arco. Esses fatos marcaram, em meados daquela década, o advento do revestimento celulósico. Desde esses estágios iniciais, o desenvolvimento tem sido contínuo, podendo-se mencionar o advento dos eletrodos rutílicos, em meados da década de 30; do revestimento básico, no inicio da década seguinte; e da adição de pó de ferro, em meados da década de 50.

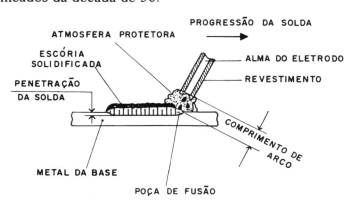

Figura 2.18 — Esquema básico do funcionamento do processo de soldagem com eletrodo revestido.

Assim como ocorre na maioria dos outros países, no Brasil, o processo de soldagem com eletrodos revestidos é também o mais utilizado. Apesar de não ser necessariamente o mais eficiente, é um dos mais baratos e simples, sendo empregado em grande variedade de aplicações.

Neste capítulo serão resumidas as principais características e condições operatórias do processo e descritas algumas das aplicações mais comuns. Examina-se o equipamento e a sua configuração básica, as variáveis operacionais e seus efeitos, os consumíveis e sistemas para sua classificação e algumas aplicações e procedimentos típicos. Finalmente, serão examinados alguns dos critérios para higiene e segurança da operação.

2. EQUIPAMENTO

O equipamento básico para soldagem com eletrodo revestido possui uma das mais simples configurações possíveis, em comparação aos outros processos elétricos. Consiste de:
- fonte de energia;
- alicate para a fixação dos eletrodos;
- cabos de interligação;
- pinça para ligação à peça;
- equipamento de proteção individual; e
- equipamento para limpeza da solda.

O diagrama de interligação do equipamento é mostrado na Fig. 2.19.

Os eletrodos revestidos podem operar com corrente contínua ou alternada, dependendo do tipo de revestimento. No primeiro caso, tanto a polaridade direta (eletrodo negativo) como a reversa (eletrodo positivo) podem ser utilizadas.

O uso de corrente contínua é normalmente associado à melhor estabilidade de arco e qualidade de depósitos, em detrimento da suscetibilidade ao sopro magnético. O uso de corrente alternada reduz esta suscetibilida-

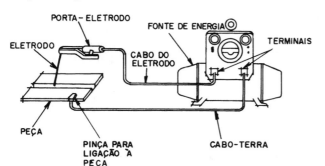

Figura 2.19 — Esquema básico de interligação do equipamento.

Processo de soldagem com eletrodo revestido

de, mas a estabilidade de arco e a facilidade de ignição são inferiores. Outro fator favorecendo o uso de corrente alternada é que a queda de tensão ao longo do cabo de ligação é comparativamente menor[3], o que pode ser vantajoso em situações onde a soldagem deva ser realizada à distância.

Fonte de energia

Entre as fontes para soldagem com este processo, o transformador para corrente alternada é a configuração mais simples e barata, tanto do ponto de vista de investimento inicial como de operação e manutenção.

No caso de corrente contínua, duas configurações tradicionais podem ser utilizadas: unidades geradoras ou transformadoras-retificadoras. A primeira é usada mais extensivamente para trabalhos em canteiros, particularmente onde um suprimento elétrico adequado não é disponível. Em caso contrário, os retificadores tendem a ser preferidos, em virtude de sua operação silenciosa, baixo custo de operação e reduzida manutenção, devido ao número mínimo de partes móveis.

Durante a soldagem, a estabilidade de arco é obtida limitando os picos de corrente durante os curto-circuitos a níveis suficientemente baixos, para alcançar reduzido volume de respingos, mas suficientemente altos para reabrir o arco e proporcionar adequada elevação da tensão do arco após o curto-circuito.

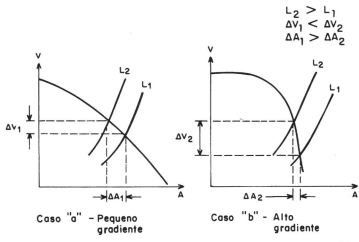

Figura 2.20 — Comparação do efeito do gradiente da curva característica da fonte.

LEGENDA:

ΔV = VARIAÇÃO DA TENSÃO DE ARCO.
ΔA = VARIAÇÃO DA CORRENTE DE SOLDAGEM
L_1, L_2 = COMPRIMENTOS DE ARCO

O comportamento dinâmico, ou seja, sob condições de curto-circuito, é normalmente ajustado no projeto da fonte pela manipulação do gradiente da curva característica (Fig. 2.20). Uma curva característica plana está relacionada com grandes alterações de corrente nos curto-circuitos, o que deveria favorecer a reabertura do arco. No entanto, tais fontes não são normalmente utilizadas, pois as variações em penetração e modo de transferência do metal associadas às variações em comprimento de arco encontradas seriam excessivas.

A fonte preferencialmente utilizada possui uma curva característica tombante, que mantém a corrente relativamente estável e independente de variações em tensão e comprimento de arco. Adicionalmente, tais fontes permitem a obtenção de tensões mais elevadas em aberto (65-90 V) que as de potencial constante (10-50 V), favorecendo a abertura e reabertura de arco.

Alicate para a fixação dos eletrodos

Duas versões de alicates para fixação dos eletrodos são normalmente disponíveis, no formato de garras ou, menos conhecido no País, no formato de pinças. O primeiro tipo utiliza um sistema acionado por mola, comprimindo o eletrodo contra os contatos elétricos; o segundo, utiliza o mesmo princípio que um mandril de furadeira.

Cabos de interligação

Dois conjuntos de cabos de interligação são utilizados, sendo um para conexão do eletrodo à fonte e outro, designado por cabo terra, para retorno à peça que está sendo soldada.

Os cabos de interligação são normalmente compostos por fios finos de cobre enrolados e envolvidos por uma camada de borracha isolante e protetora. O diâmetro dos cabos depende da potência elétrica, de seu comprimento e do tipo de corrente utilizado[1]. A Tab. 2.8 relaciona os tipos de cabos recomendados para a interligação elétrica. Maiores informações e referência a normas apropriadas são encontradas, por exemplo, na Ref.[4].

Pinça para a ligação à peça

As pinças para ligação à peça, disponíveis no mercado, possuem o formato de garra ou grampos e são conectadas ao cabo de interligação. O tipo de garra oferece maior facilidade que o segundo, mas o contato elétrico é inferior, já que a pressão aplicada é menor.

Processo de soldagem com eletrodo revestido

Tabela 2.8 — Classificação dos cabos de cobre recomendados para interligação; adaptado de (1) e da NBR 6880-85[*]

Corrente (A)	Fator de trabalho (%)	Comprimento do cabo (em m)			
		1 - 15	15 - 30	30 - 45	45 - 60	60 - 75
100	20	10	25	35	35	50
180	20	16	25	35	35	50
180	30	25	25	35	35	50
200	50	35	35	35	50	70
200	60	35	35	35	50	70
225	20	25	35	35	50	70
250	30	35	35	35	50	70
300	60	70	70	70	70	95
400	60	70	70	70	95	120
500	60	70	70	95	95	120
600	60	95	95	95	120	95(D)
650	60	95	95	120	70(D)	95(D)

Notas: (*) Seção nominal do cabo em mm^2.
(D) Cabo duplo.

Equipamento de proteção individual

O equipamento de proteção individual inclui todo aquele destinado à proteção do operador, consistindo, no caso mais simples, de:
- capacete equipado com filtros protetores contra radiação;
- roupas para proteção do corpo, incluindo aventais, jaquetas, mangotes, luvas etc; e
- sapatos industriais.

A seleção dos filtros de proteção depende dos parâmetros de soldagem, sendo recomendados os seguintes números[3]:

Diâmetro do eletrodo (mm)	Número do filtro
1,6 a 4,0	10
4,0 a 6,4	12
6,4 a 9,5	14

3. VARIÁVEIS ELÉTRICAS E OPERACIONAIS

Uma característica importante da soldagem com eletrodos revestidos, que o diferencia dos demais processos semi-automáticos convencionais, é que a tensão de arco não é controlável independentemente dos outros parâmetros, por três razões básicas:
- O controle da distância entre o eletrodo e a peça é realizado manualmente e não pode ser executado com grande precisão.

- A transferência dos glóbulos no arco está associada a variações consideráveis no comprimento efetivo do arco (e conseqüentemente na tensão).
- Maiores tensões são requeridas para operação normal, à medida que a corrente de soldagem é aumentada.

Devido a essa característica, a tensão de arco não será analisada individualmente. Além dos fatores mencionados, ela pode variar significativamente em função do revestimento, mas este aspecto será mencionado novamente no item 4.

Corrente de soldagem

A corrente de soldagem controla de forma bastante predominante todas as características operatórias do processo, o aspecto do cordão e as propriedades da junta soldada. Ela controla de modo direto a magnitude e a distribuição espacial da energia térmica disponível no arco elétrico, e também a maior parte dos fenômenos que ali ocorrem.

A intensidade da corrente é o parâmetro determinante na taxa de deposição para dadas condições fixas de soldagem. A Fig. 2.21 mostra que existe uma relação direta e proporcional entre as duas variáveis, sendo que esta uma consideração de extrema importância no que diz respeito à produtividade.

A corrente de soldagem possui um efeito inversamente proporcional sobre a velocidade de resfriamento e essa característica limita a produtividade, uma vez que não se pode ter velocidades de resfriamento nem muito rápidas nem muito lentas. Uma maneira de controlar a velocidade de resfriamento, no entanto, é alterando a velocidade de soldagem, conforme será visto no item seguinte. Outra limitação é que uma corrente elevada pode aquecer excessivamente o revestimento e causar sua degradação; por isso, os valores de corrente especificados pelo fabricante devem ser obedecidos.

A intensidade da corrente é também o mais importante efeito controlador da penetração da solda, da largura e do reforço do cordão, além da diluição, observando-se um efeito proporcional conforme ilustra a Fig. 2.22. As implicações advindas desses efeitos sobre a linha de produção variam conforme o caso específico: uma tal penetração é normalmente vantajosa para soldagens de união em geral, contribuindo para uma boa fusão e minimização da área da seção transversal das juntas; na deposição de revestimentos soldados, o requisito é inverso, sendo necessário minimizar a penetração.

Processo de soldagem com eletrodo revestido

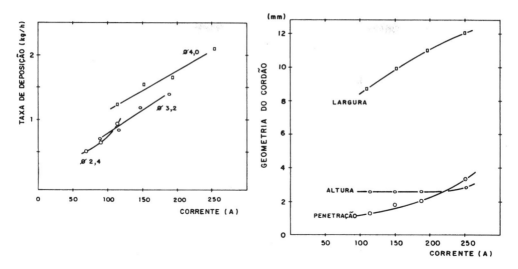

Figura 2.21 — Efeito da corrente de soldagem sobre a taxa de deposição para vários diâmetros de alma (medidas em mm).[5]

Figura 2.22 — Efeito de corrente de soldagem sobre a geometria do cordão[5]
(Diâmetro do eletrodo de 4,0 mm.)

Velocidade de avanço

A velocidade de avanço é a segunda mais importante variável operatória do processo, apesar de seu controle ser consideravelmente impreciso no caso de aplicações manuais. Altura e largura do cordão variam inversamente com a velocidade de avanço. A implicação genérica é que a energia de soldagem pode ser mantida reduzida, mesmo com elevadas correntes, através do uso de altas velocidades de avanço. Assim, altas taxas de deposição podem ser obtidas, concomitantemente com microestruturas mais refinadas, tanto na zona fundida como na termicamente afetada.

Oscilação do eletrodo

A oscilação do eletrodo tem um caráter intrínseco na soldagem com este processo e é necessária para a obtenção de formatos satisfatórios de cordão. Uma das mais importantes implicações relacionadas à oscilação de arco é que a velocidade efetiva de avanço é diminuída com o aumento da oscilação, aumentando a energia de soldagem. Nos casos em que o controle da energia introduzida é realmente requerido, cabe, portanto, minimizar a oscilação do eletrodo. Esta prática, entretanto, não deve ser usada indiscriminadamente, já que a produtividade fica prejudicada em decorrência do aumento de trabalho para a limpeza dos cordões entre passes. Dependendo da posição de soldagem e do tipo de eletrodo empregado, uma oscilação mínima será sempre necessária, destinada a permitir o controle do banho de fusão, no sentido de restringir o movimento da escória, evitando inclusões no metal fundido.

Dimensões do eletrodo

Os diâmetros de eletrodos normalmente disponíveis variam de 1 a 8 mm e o comprimento de 350 a 470 mm. Os limites são normalmente ditados pela habilidade dos soldadores e pela posição de soldagem. Eletrodos com dimensões superiores àquelas podem ser obtidos mediante encomenda.

O diâmetro do eletrodo é um dos principais fatores limitantes da faixa útil de corrente de soldagem, na medida em que ele controla a densidade de corrente elétrica por unidade de área de secção transversal da alma (Fig. 2.21). Num extremo, a corrente de soldagem mínima utilizável é limitada pela instabilidade do arco, quando a densidade de corrente é muito reduzida; no outro extremo, a corrente de soldagem máxima é limitada pelo aquecimento resistivo, conforme mencionado antes. Na prática, esse limite máximo teórico é dificilmente atingido, já que nesse estágio a operação teria se degradado. A implicação de maior comprimento de eletrodos é principalmente aumentar o limite de tempo de arco em aberto, sem outros efeitos significativos sobre as características dos depósitos.

Sob a óptica exclusiva de produtividade, deve ser escolhido o maior diâmetro de eletrodo praticável, para que se possa maximizar a taxa de deposição (Fig. 2.21). O maior diâmetro de eletrodo utilizável é, por sua vez, função de fatores como posição de soldagem, formato do chanfro e tipo de revestimento, na medida em que estas variáveis influenciam as características do arco e os limites de controle da peça fundida.

Ângulo do eletrodo em relação à peça

O ângulo do eletrodo em relação à peça é normalmente ajustado no sentido de equalizar o fluxo térmico entre as parte soldadas, controlar o banho na poça de fusão e o formato do cordão, em particular, a molhabilidade do líquido nas bordas do chanfro. O ângulo do eletrodo é uma variável importante, pois pode ocasionar o aparecimento de defeitos de cordão, de difícil controle, já que seu ajuste depende essencialmente do operador e de seu grau de destreza. Define-se dois ângulos do eletrodo em relação ao eixo longitudinal de trabalho: o lateral, também denominado de *trabalho*, e o longitudinal, também denominado de *ataque*.

4. CONSUMÍVEIS

Os eletrodos para soldagem são normalmente obtidos através da extrusão, sob pressão de um revestimento sobre a alma, usualmente um arame endireitado e cortado na dimensão. Raramente o revestimento é depositado por imersão em banho ou enrolado sobre a alma. A partir daí, uma seqüência de operações de secagem precede o empacotamento final. Essas operações de secagem podem ser realizadas em bandejas (em lotes), ou de modo ininterrupto, em fornos contínuos. O uso de um ou outro método varia com o produtor, mas é determinado, em larga escala, pelo tipo de revestimento e bitola da alma. A produtividade obtida com fornos contínuos é bastante superior àquela com o processo intermitente, podendo-se atingir taxas superiores a 1.000 varetas por minuto. Nesta situação, a produtividade final da fábrica passa a ser determinada pela capacidade da extrusora.

Para depósitos em aços de baixo carbono, de pequena responsabilidade, a alma pode ser obtida a partir de aço semi ou não-acalmado. A seção transversal da alma consiste, nesta circunstância, de um anel externo formado quase inteiramente por ferrita, com inclusões e microporosidades na região central[2]. A quantidade reduzida de desoxidantes na alma, silício e alumínio, é associada à maior estabilidade do arco, à qual aqueles elementos são detrimentais. Para depósitos de alta responsabilidade, no entanto, a alma deve ser obtida a partir de materiais de alta qualidade; os teores de enxofre e fósforo devem estar abaixo de 0,04%, considerando que eles serão integralmente transferidos para o depósito.

A incorporação de elementos de liga no depósito pode ser realizada através de uso de alma ligada (assumindo-se um revestimento neutro), ou através do revestimento. Esta última prática é adotada nos eletrodos denominados sintéticos e é obrigatória em dadas situações, por exemplo, para depósitos de alta dureza onde a trefilação de alma ligada é inviável.

Revestimentos

Os revestimentos consistem de misturas de compostos minerais ou orgânicos, às quais são adicionados, como aglomerantes, outros compostos com finalidades específicas. Do ponto de vista do usuário, os revestimentos devem idealmente possuir um número de propriedades simultâneas[2]:
- o metal de solda deve possuir as propriedades mecânicas e metalúrgicas requeridas, condicionadas à adequada proteção gasosa, desoxidação e adição de liga;

- a composição química deve ser homogênea ao longo do cordão;
- a operação em geral e o controle e remoção da escória devem ser fáceis;
- os depósitos devem ser livres de trincas, poros ou outros defeitos;
- a quantidade de respingos deve ser mínima;
- a estabilidade de arco deve ser boa;
- a abertura e reabertura de arco devem ser fáceis;
- a penetração deve ser adequada;
- a taxa de deposição deve ser alta;
- o acabamento superficial e o formato do cordão devem ser bons;
- o eletrodo não deve superaquecer;
- o revestimento não deve ser higroscópico;
- a geração de odores e fumos deve ser mínima; e
- o revestimento deve estar fortemente aderente à alma e ser flexível.

Como alguns destes requisitos são antagônicos entre si, as soluções economicamente viáveis representam sempre um balanço de compromissos.

Caracterizar a influência de cada um dos constituintes dos revestimentos pode ser uma tarefa complexa, pois freqüentemente eles possuem mais de uma única finalidade e produzem efeitos múltiplos e simultâneos na soldagem. Além do mais, os efeitos de cada constituinte podem ser alterados na presença de outros, devido à interação entre eles, e a composição e qualidade das matérias-primas podem variar substancialmente, dependendo do fornecimento e processamento.

De maneira simplificada, pode-se, no entanto, grupar as finalidades principais dos constituintes em:
- estabilização do arco;
- formação de gases protetores da poça;
- formação de escória e atuação como agentes fluxantes (i.e., desoxidantes):
- adição de componentes e ligas metálicas ao depósito;
- permitir e melhorar o processamento na fabricação, i.e., aglomerando os constituintes, melhorando a extrudabilidade etc; e
- melhorar as propriedades do revestimento, i.e., aderência, ductilidade etc.

Os elementos estabilizadores são basicamente aqueles que se dissociam no arco, gerando gases com baixo potencial de ionização. Os elementos que fornecem proteção gasosa são aqueles que geram gases como os óxidos de carbono (CO, CO_2) e hidrogênio. Esses gases não são necessariamente inertes ao metal líquido e sua ação será mencionada mais adiante. Os elementos formadores de escória (escorificantes) são os que

Tabela 2.9 — Constituintes normalmente usados nos revestimentos dos eletrodos e suas principais funções[2,6,7]

Matéria-prima	Função[1] Principal	Função[1] Secundária
Açucar	Aglomeração	
Alumina	Form. escória	
Argilas (caolim, bentonita, "China Clay" etc.)	Form. escória Melh. extrud.	
Asbestos	Form. escória	Estab. arco
Carbonato de bário	Estab. arco	
Carbonato de cálcio	Estab. arco Geraç. gases	Form. escória
Carbonato de lítio	Estab. arco	
Carbonato de zircônio	Estab. arco	
Carboxi-metil-celulose	Aglomeração	
Celulose (pó de serragem, farinha etc.)	Geraç. gases	Desoxidação Melh. revest.
Dextrina	Aglomeração	
Dióxido de manganês	Form. escória	
Feldspato	Form. escória	Estab. arco
Ferro (em pó), ferro-ligas e outros elementos puros e ligas[4]	Adição comp. Desoxidação[2] Form. escória[3]	Estab. arco
Fluorita	Desoxidação Form. escória	Estab. arco
Glicerina	Melh. extrud.	
Goma arábica	Aglomeração	Desoxidação Melh. extrud.
Grafita	Adição comp.	
Ilmenita	Form. escória	
Mica	Melh. extrud.	
Oxalato de potássio	Estab. arco	
Óxidos de ferro	Form. escória	Estab. arco
Sílica	Form. escória	
Silicato de potássio	Aglomeração Estab. arco Form. escória	
Silicato de sódio	Aglomeração Form. escória	Estab. arco
Talco	Form. escória Melh. extrud.	
Titanato de potássio, rutilo, dióxido de titânio, etc.	Estab. arco Form. escória	
Wolastonita	Form. escória	
Zirconita	Estab. arco	Form. escória

(1) Abreviaturas usadas:
   Adição (de) comp(onentes metálicos ou ligas)
   Estab(ilidade do) arco
   Form(ação de) escória
   Geraç(ão de) gases
   Melh(orador da) extrud(abilidade)
   Melh(orador das propriedades do) revest(imento)
(2) Dependendo da composição
(3) Principalmente pó de ferro
(4) Ver também a Tabela 2.10

formam uma camada líquida impermeável que flutua sobre o banho, sem reagir com o mesmo. Os agentes fluxantes são os que possuem atividade física ou química e que fornecem proteção contra a oxidação ou retiram oxigênio do banho (ação redutora). A Tab. 2.9 relaciona alguns desses constituintes mais comuns e suas respectivas finalidades.

Ainda que não seja aqui o local para discutir as reações gases/metal líquido e agentes fluxantes/metal líquido, cabe mencionar algumas de suas características. Conforme foi mencionado, são três os principais gases protetores: o monóxido e o dióxido de carbono, que são essencialmente insolúveis no líquido mas possuem alguma atividade, ou seja, tendências a introduzir carbono e oxidar o banho[6], e o hidrogênio, que possui atividade bem maior, tendo característica redutora e sendo altamente solúvel no banho. A alta solubilidade torna o hidrogênio prejudicial à soldagem de aços temperáveis e de muitos outros materiais, pois aumenta a suscetibilidade à fissuração a frio.

Os componentes metálicos adicionados ao revestimento podem assumir um caráter ativo, além de permitir o aumento da taxa de deposição e ligar o depósito. Alguns deles têm afinidade pelo oxigênio e podem portanto reduzir o banho. Eventualmente, esta afinidade pode ser tão elevada que a oxidação ocorra diretamente no arco, e a transferência à poça ocorra de modo incompleto. A Tab. 2.10 relaciona algumas das eficiências de transferência dos metálicos mais comuns adicionados aos revestimentos.

Tabela 2.10 — Eficiência da transferência de elementos de liga, do revestimento ao depósito[6]

Elemento	Forma no revestimento	Parte transferida ≅ (%)
Alumínio	Ferro-alumínio	20
Berílio	Liga cobre-berílio	0
Boro	Ferro-boro	2
Carbono	Grafita	75
Cobre	Cobre eletrolítico	100
Cromo	Ferro-cromo	95
Enxofre	Sulfeto de ferro	15
Fósforo	Ferro-fósforo	100
Manganês	Ferro-manganês	75
Molibdênio	Ferro-molibdênio	97
Nióbio	Ferro-nióbio	70
Níquel	Níquel eletrolítico	100
Nitrogênio	Manganês nitretado	50
Silício	Ferro-silício	45
Titânio	Ferro-titânio	5
Tungstênio	Ferro-tungstênio	80
Vanádio	Ferro-vanádio	80
Zircônio	Liga níquel-zircônio	5

São quatro os principais grupos de revestimento de eletrodos para soldagem dos aços baixa e média liga: celulósico, rutílico, ácido e básico.

Eletrodos celulósicos — O revestimento destes eletrodos possui mais de 20% de materiais celulósicos que, sob ação do arco, se decompõem gerando grandes quantidades de hidrogênio, CO e CO_2, segundo reações do tipo[3]:

$$2 C_6H_{10}O_5 + 7 O_2 \rightarrow 12 CO_2 + 10 H_2$$

Estes gases fornecem a proteção necessária para o banho. A reação produz um forte jato plasmático, responsável pela sua penetração caracteristicamente elevada(2). A taxa de deposição é baixa, e a tensão de arco é elevada em comparação aos outros tipos de eletrodos. A escória formada é fina e de rápida solidificação, o que os torna bastante adequada à soldagem fora-de-posição, incluindo vertical descendente. Apesar da elevada quantidade de respingos e do formato irregular das escamas obtidas normalmente, o depósito é bastante satisfatório, sob o ponto de vista de resistência mecânica e alongamento. Dependendo da composição do revestimento, o nível de hidrogênio dissolvido no banho pode ser elevado, aumentando a tendência à fissuração a frio. Seu uso é usualmente restrito à soldagem com corrente contínua e polaridade reversa, devido à baixa estabilidade de arco. Através da adição de estabilizadores de arco, (por ex., silicato e titanato de potássio), pode-se estender sua aplicação também para a corrente contínua com polaridade direta, ou corrente alternada.

Eletrodos rutílicos — O revestimento destes eletrodos possui mais de 20% de óxido de titânio[3], obtido através da adição de areia de rutilo ou ilmenita. Estes componentes conferem alta estabilidade de arco, com tensões comparativamente baixas, pequena quantidade de respingos e bom aspecto superficial do cordão. A proteção gasosa do arco contém hidrogênio, CO, CO_2 e talvez nitrogênio. Sua escória, sendo ácida, pode ter sua viscosidade controlada através de pequenas adições de minerais[2]. Material celulósico pode ser adicionado em teores de até 15%[2], para promover melhor proteção gasosa. A resistência mecânica e a ductilidade obtidas são boas, e a adição de pó de ferro ao revestimento possibilita a obtenção de altas taxas de deposição (Fig. 2.23). Ambas correntes, contínua e alternada, podem ser utilizadas.

Eletrodos ácidos — O revestimento destes eletrodos é baseado em óxidos de ferro e de manganês e em silicatos[2]. A escória é abundante, possui caráter ácido, resulta em intensa reação com o banho e é facilmente destacável. Como os óxidos de ferro e de manganês possuem também tendência oxidante, a designação de eletrodos óxidos ou oxidantes lhes é eventualmente atribuída. Dependendo do balanço de constituintes no revestimento, os teores de carbono e manganês no depósito podem ser baixos. Esse efeito age em detrimento da resistência mecânica e a favor da ductilidade. Dependendo também da composição total do revestimento, o teor de inclusões de óxidos e outros materiais não-metálicos pode ser significativo, constituindo em fator negativo para a ductilidade e para a tenacidade (energia absorvida em ensaios de Charpy) em regime dúctil. A resistência à fissuração é uma das mais pobre, em comparação com ou outros tipos de revestimento. Assim, o uso desse eletrodo não é recomendado para a soldagem de aços com teores de carbono acima de 0,25% e com enxofre acima de 0,05%[2]. O volume de gás gerado é pequeno em relação aos eletrodos rutílicos e celulósicos; a tensão de arco é relativamente baixa, sendo que ambas as correntes, contínua e alternada, podem ser usadas. A soldagem fora-de-posição é dificultada, as taxas de deposição e a penetração são altas, o nível de respingo é baixo e a aparência é boa.

Eletrodos básicos — O revestimento destes eletrodos é baseado no carbonato de cálcio e possui a característica marcante de fornecer depósitos com mais baixos teores de hidrogênio e inclusões que qualquer outro tipo. É esta característica que os torna muito utilizados na soldagem de responsabilidade e de materiais de difícil soldabilidade. A proteção gasosa do banho é baseada em CO/CO_2[2], segundo reações do tipo[3]

$$CaCO_3 + calor \rightarrow CaO + CO_2$$

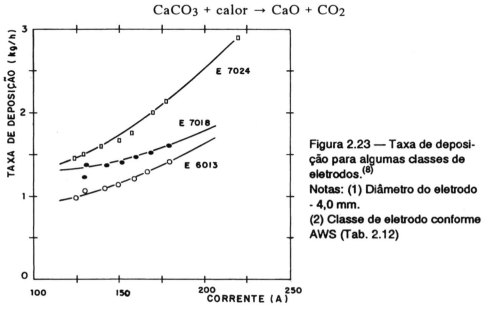

Figura 2.23 — Taxa de deposição para algumas classes de eletrodos.[8]
Notas: (1) Diâmetro do eletrodo - 4,0 mm.
(2) Classe de eletrodo conforme AWS (Tab. 2.12)

Processo de soldagem com eletrodo revestido

sem presença de hidrogênio. A escória possui caráter básico e permite boa redução de banho e eliminação de materiais não-metálicos, como os sulfetos. Conseqüentemente, as propriedades mecânicas e a resistência à fissuração, a quente e a frio, são melhores que com os outros revestimentos. Essas características, aliadas à sua menor tendência de oxidar materiais metálicos durante a transferência no arco, tornam este tipo de revestimento o mais adequado para a soldagem de aços-ligas e ligas não-ferrosas. Apesar de fornecer depósitos de bom aspecto superficial, é necessário considerável prática do operador para evitar defeitos como porosidade e inclusão de escória. Sendo higroscópico, o revestimento requer secagem e manutenção cuidadosas para assegurar baixo teor de hidrogênio no metal depositado. A tensão de arco é relativamente elevada e ambas as correntes, contínua com polaridade reversa e alternada, podem ser utilizadas, mediante a adição de estabilizadores de arco. Através da adição de pó de ferro, combina-se uma boa taxa de deposição (Fig. 2.23) com ótimas propriedades de depósito. Soldagem em todas as posições é possível, condicionada a níveis não excessivos de pó de ferro, que aumenta a fluidez da escória.

Classificação e normalização

Sistema brasileiro — A classificação dos eletrodos no País é regida pela norma ABNT-EB-79[9], que é pouco utilizada. Seu critério de classificação, no caso de eletrodos para soldagem de aços de baixa-liga, consiste da letra E, seguida de um grupo de quatro algarismos, designando resistência mecânica, posições de soldagem, tipo e polaridade de corrente elétrica e grau de penetração. Um grupo de letras subseqüentes designa o tipo de revestimento.

Sistema internacional — O esquema de classificação, adotado pela International Standard Organization, tem se tornado cada vez mais popular com o passar do tempo, apesar de ser este processo de aceitação bastante moroso. A norma ISO 2560[10], já implementada em países como a Inglaterra[11] e Alemanha[12], incorpora informações sobre o tipo de revestimento, as propriedades de soldagem, teor de hidrogênio no depósito, eficiência e características operacionais.

O sistema neste caso consiste de uma parte compulsória e de uma outra opcional.

Parte compulsória:

E	— Designa eletrodo revestido.
Exx	— Define os limites mínimos de resistência e de escoamento (N/mm^2).
Exxy	— Define o alongamento porcentual e a temperatura de ensaio para uma energia absorvida de 28 J em ensaios de impacto de Charpy.
ExxyZZ	— Define o tipo de revestimento.

Parte opcional:

ExxyZZaaa	— Define a eficiência normal do eletrodo, em múltiplos de 10 (somente valores iguais ou acima de 110 são empregados).
ExxyZZaaab	— Indica as possíveis posições de soldagem.
ExxyZZaaabc	— Indica o tipo de corrente, polaridade (no caso de corrente contínua) e tensão em aberto (no caso de corrente alternada).
ExxyZZaaabc(H)	— Indica que o eletrodo deposita baixo nível de hidrogênio (i.e., menos de 15 ml de hidrogênio para cada 100 g de metal de solda).

A descrição dos códigos é mostrada na Tab. 2.11. Como exemplo de classificação, pode-se mencionar o seguinte:
• Resistência à tração: 560 N/mm^2;
• Alongamento: 22%;
• Energia absorvida no ensaio de impacto de Charpy: 47 J a -20 °C
• Eficiência nominal: 158%;
• Posições de soldagem: todas, exceto vertical descendente;
• Corrente: somente contínua, polaridade reversa;
• Nível de hidrogênio depositado: 12 ml/100 g;
• Classificação: E 51 38 160 20 (H)

Sistema norte-americano — Este sistema, normalizado pela American Welding Society, é na atualidade, o mais difundido mundialmente, sendo esta também a situação em nosso País. A classificação consiste do prefixo E, designando eletrodo revestido, seguida por um conjunto de dígitos indicativos.

As normas para classificação dos diversos tipos de ligas são relacionadas na bibliografia[13-22]. A norma A5.01-78[13] define critérios para controle e garantia da qualidade na fabricação dos consumíveis e é, assim, complementar às demais. Ela localiza três tópicos principais: identificação da alma e revestimento; classificação de lotes em função da quantidade produzida; e definição de níveis de ensaios. Os requisitos de ensaios e critérios de aceitação são descritos nas demais normas, e são sumarizados na Tab. 2.12. Deve-se observar que somente alguns ensaios padrões são requeridos, conforme o escopo normal das mesmas; portanto, requisitos adicionais devem ser acertados entre o usuário e o fabricante.

O sistema de classificação da norma A5.1-81[14] utiliza um grupo de quatro dígitos que precedem a letra E. Os dois primeiros podem ter os valores de 60 ou 70 e indicam o limite de resistência; os dois últimos designam, simultaneamente, o tipo de revestimento e as características operatórias do eletrodo, conforme sumarizado na Tab. 2.13. Mediante encomenda, as classes E7016 e E7018 podem ser adaptadas para atender requisitos de impacto de 27 J a -46°C, passando, então, a ter sua designação alterada para E7016-1 e E7018-1. Situação similar é prevista para a classe E7024, para requisito de impacto de 27 J a -18°C.

A norma A5.5-81[17] utiliza o mesmo conjunto de dígitos que a A5.1-81[14] e engloba as classes de resistência de E-70XX a E-120XX. A esta designação básica é acrescentado um sufixo de dois outros dígitos que classificam as composições químicas dos depósitos. O sumário das classes de composições para aços-carbono é mostrado na Tab. 2.14. Os requisitos de impacto são os da Tab. 2.15.

Os eletrodos para soldagem dos aços inoxidáveis são classificados segundo a norma A5.4-81[16]. A identificação consiste da letra E seguida por um conjunto de dígitos correspondendo à classificação AISI da liga e de um sufixo designando o tipo de revestimento. Somente dois tipos de revestimento são previstos: básico (sufixo 15) e rutílico (sufixo 16). O revestimento básico é utilizado para a soldagem com corrente contínua e polaridade reversa, sendo que o rutílico pode operar também com corrente alternada.

A classificação de eletrodos para revestimentos soldados é feita pelas normas A5.13-80[20] e A5.21-80[22], a última sendo referente a depósitos contendo dispersões de partículas ou precipitados específicos. Seis classes principais são definidas, EFe5-X, EFeMn-X, EFeCr-A1, ECoCr-X, ECuXX-X e ENiCr-X; designando o índice X o dígito variável. Para todas, exceto a ECuXX-X, os teores de carbono são elevados, acima de 0,3%, para conferir dureza. As classes de composições são sumarizadas na Tab. 2.16.

SOLDAGEM: PROCESSOS E METALURGIA

Tabela 2.11 — Eletrodos para a soldagem de aços ao carbono e de baixa liga, de acordo com a ISO.

a) Limites de resistência

Exx	Limite de resistência (N/mm^2)
E43	430-550
E51	510-650

b) Alongamentos e temperatura de ensaio para energia absorvida de 28 J

Exxy	Alongamento min. (%) E43	E51	Temperatura para 28 J (°C)
0	NE	NE	NE
1	20	18	20
2	22	18	0
3	24	20	-20
4	24	20	-30
5	24	20	-40

c) Tipos de revestimento

ExxyZZ	Tipo de revestimento	Componentes ativos
A	Ácido	FeO, MnO, SiO$_2$
AR	Ácido rutílico	FeO, MnO, SiO$_2$, TiO$_2$
B	Básico	CaCO$_3$, CaF$_2$,
C	Celulósico	Compostos celulósicos
O	Óxido	FeO, MnO
R	Rutílico médio	TiO$_2$, Comp. celulósicos
RR	Rutílico espesso	TiO$_2$
S	Outros	NE

d) Posições de soldagem

ExxyZZaaab	Posições de soldagem
1	Todas
2	Todas, exceto vertical descendente
3	Topo e filete na posição plana, filete nas posições horizontal e vertical
4	Topo e filete na posição plana
5	Como 3, incluindo vertical descendente
6	Outras combinações não classificadas

e) Tipos de corrente, polaridade e tensões em aberto

ExxyZZaaabc	Polaridade recomendada com CC	Tensão normal em aberto com CA (V)
0	+	Somente corr. cont.
.1	+/-	50
2	-	50
3	+	50
4	+/-	70
5	-	70
6	+	70
7	+/-	90
8	-	90
9	+	90

As ligas de cobre são normalizadas pela norma A5.6-76[18]. A classificação é auto-descritiva quanto à classe de composição, ressalvando-se que o sufixo designa o teor de liga. Cinco classes são previstas:
- ECu, para cobre desoxidado;
- ECuSi, para bronze-silício;
- ECuNi, para cobre-níquel;
- ECuAl-A2; ECuAl-B; ECuNiAl; ECuMnNiAl, para bronze alumínio; e
- ECuSn; ECuSn-A; ECuSn-C, para bronze fosforoso, latão com ferro fundido ou aço-carbono, juntas com requisitos de condutividade elétrica ou resistente à corrosão.

A norma A5.11-83[19] classifica os eletrodos de níquel e suas ligas, englobando cinco classes básicas, autodescritivas quanto à classe de composição:
- ENi-1;
- ENiCu-7;
- ENiCrFe-1 a ENiCrFe-4;
- ENiMo-1 e ENiMo-3; e
- ENiCrMo-1 a ENiCrMo-6.

A norma A5.15-83[21] classifica os eletrodos para soldagem de ferro fundido. Duas classes principais são previstas: as ligas de níquel e aço de baixo-carbono não ligado. Entre as ligas de níquel distinguem-se três outras classes:
- ENi-CI e ENi-CI-A, para teor total de elementos de liga inferior a 15%;
- ENiFe-CI e ENiFe-CI-A, para teor total de elementos de liga entre 40 e 55%; e
- ENiCu-A e ENiCu-B, para liga essencialmente com cobre.

Finalmente, os eletrodos para soldagem de alumínio e suas ligas são classificados pela norma A5-3-80[15]. Raramente utilizados, esses eletro-

Tabela 2.12 — Requisitos de ensaios para a aceitação e classificação de eletrodos segundo a AWS[14-22]

ENSAIO	A5.1 Aços-carbono	A5.3 Alumínio e ligas	A5.4 Aços inoxidáveis	A5.5 Aços de baixa liga	A5.6 Cobre e ligas	A5.11 Níquel e ligas	A5.13 Revestimentos	A5.15 Ferro fundido	A5.21 Revestimentos compostos
Análise química	x	x	x	x	x	x	x	x	x
Tração	x	x	x	x	x	x			
Dobramento		x			x	x			
Impacto	x			x					
Raios X	x			x	x	x			
Umidade	(*)			x					

(*) Requerido para revestimentos básicos

Tabela 2.13 — Descrição dos consumíveis para a soldagem de aços-carbono, segundo a AWS[14]

Classificação	Posições (1)	Corrente	Propriedades Mecânicas (2)			Revestimentos / Características
			L.R. (3)	L.E (4)	λ (5)	
E-6010	P, V, S, H	CC+	430	340	22	Altamente celulósico, com silicato de sódio. Alta penetração. Aspecto superficial pobre. Uso geral em tanques, tubulações, navios, etc.
E-6011	P, V, S, H	CC+,CA	430	340	22	Altamente celulósico, com silicato de potássio. Características semelhantes ao E-6010, com penetração inferior.
E-6012	P, V, S, H	CC-,CA	460	380	17	Rutílico com silicato de sódio. Média penetração, densa escória, bom aspecto superficial. Uso geral.
E-6013	P, V, S, H	CC+,CC-,CA	460	380	17	Rutílico com silicato de potássio. Semelhante ao E-6012, com penetração tendendo a ser inferior. Em pequenos diâmetros é especificamente recomendado para chapas finas.
E-6020	HF	CC-,CA	430	340	22	À base de óxido de ferro, com compostos de manganês e silício. Penetração média/alta. Aspecto superficial razoável. Uso em vasos de pressão, bases de máquinas e estruturas.
E-6022	P	CC-,CC+,CA	460	NE	NE	Semelhante ao E-6020, indicado para soldas monopasse, com aspecto superficial inferior.
E-6027	P, HF	CC-,CA	430	340	22	Semelhante ao E-6020, com adição de pó de ferro, média penetração, bom aspecto superficial, qualidade radiográfica levemente inferior. Uso em secções espessas.
E-7014	P, V, S, H	CC-,CC+,CA	500	420	17	Semelhante ao E-6012 e E-6013, com adição de pó de ferro.
E-7015	P, V, S, H	CC+	500	420	22	Básico com silicato de sódio. Moderada penetração, aspecto razoável, p/ pobre, dependendo da qualidade do metal base. Requer maior habilidade. Uso onde propriedades mecânicas e qualidade do depósito são essenciais.
E-7016	P, V, S, H	CC+,CA	500	420	22	Semelhante ao E-7015, com silicato de potássio e pó de ferro.
E-7018	P, V, S, H	CC+,CA	500	420	22	Semelhante ao E-7016, com alta adição de pó de ferro.
E-7024	P, HF	CC-,CC+,CA	500	420	17	Semelhante ao E-6012 e E-6013, com grande adição de pó de ferro. Alta taxa de deposição; uso geralmente em soldas de filete.
E-7027	P, HF	CC-,CA	500	420	22	Semelhante ao E-6027. Uso onde propriedades mecânicas superiores são necessárias.
E-7028	P, HF	CC+,CA	500	420	22	Semelhante ao E-7018, com maior adição de pó de ferro.
E-7048	P, S, H, VD	CC+,CA	500	420	22	Semelhante ao E-7018. Uso especificamente para soldagem na posição vertical descendente.

NOTAS:

(1) P=Plana, V=Vertical, S=Sobrecabeça, H=Horizontal, HF=Horizontal (Filetes) VD=Vertical descendente.
(2) NE=Não especificado
(3) Limite de resistência, MPa
(4) Limite de elasticidade, MPa
(5) Alongamento %

Processo de soldagem com eletrodo revestido

Tabela 2.14 — Composição de consumíveis para aços ao carbono e de baixa liga, segundo a AWS[14,17]

Classes	Composição básica
Série E60XX	Composição não normalizada
Série E70XX	Composição básica C/Mn/Si, podendo incorporar Ni, Cr, Mo, e V em limites bastante flexíveis
Série E70XX-A1	C/Mn/Si/Mo (Mn < 1%)
Séries E80XX-B1, E80XX-B2, E80XX-B2L, E90XX-B3, E90XX-B3L, E8015-B4L, E8016-B5	C.Mn/Si/Cr/Mo (Mn < 1%)
Séries E80XX-C1, E70XX-C1L, E80XX-C2, E70XX-C2L, E80XX-C3	C/Mn/Si/Ni (Mn < 1,25%)
Série E80XX-NM	C/Mn/Si/Ni/Mo (Mn < 1,25%)
Séries E90XX-D1, E80XX-D3, E100XX-D2	C/Mn/Si/Mo (Mn > 1%)
Série EXXXX-G	C/Mn/Si, com pelo menos um dos elementos Ni, Cr, Mo, ou V
Série EXXXX-M e EXXXX-W	Composições para enquadrar outras especificações norte-americanas

NOTA: O sufixo X nas classes de eletrodos designa dígitos variáveis.

Tabela 2.15 — Requisitos mínimos de impacto para aços ao carbono e de baixa liga, segundo a AWS[17]

Classes	Requisito de impacto
E8018-NM, E8016-C3, E8018-C3	27 J a -40 °C
E8016-D3, E8018-D3, E9015-D1, E9018-D1, E10015-D2, E10016-D2, E10018-D2	27 J a -51 °C (*)
E9018-M, E10018-M, E11018-M, E12018-M	27 J a -51 °C
E12018-M1	68 J a -18 °C
E7018-W, E8018-W	27 J a -18 °C
E8016-C1, E8018-C1	27 J a -59 °C (*)
E7015-C1L, E7016-C1L, E7018-C1L, E8016-C2, E8018-C2	27 J a -73 °C (*)
E7015-C2L, E7016C2L, E7018-C2L	27 J a -101 °C (*)
DEMAIS CLASSES	Não requerido

(*) Após tratamento térmico de alívio de tensões.

51

dos são classificados em três grupos distintos, E1100, E3003 e E4013, correspondendo respectivamente a ligas Al, Al-Mn e Al-Si. A razão para o pequeno uso desses materiais é que, nas aplicações de responsabilidades, é dada preferência aos processos de soldagem ao arco sob proteção gasosa.

5. APLICAÇÕES E PROCEDIMENTOS

O campo de aplicação dos eletrodos revestidos é na atualidade o mais vasto entre todos os processos de soldagem pela sua simplicidade, facilidade de acesso e baixo custo. A variedade de procedimentos aplicáveis é também ampla, indo desde os mais simples serviços de ponteamento até o mais rígido controle na fabricação de vasos nucleares.

O critério para a escolha de um procedimento de soldagem deve incluir a necessidade de estabelecer o balanço ótimo entre o custo de realização, a qualidade do depósito e a segurança dos operadores. Em outras palavras, a taxa de deposição deve ser maximizada e compatível com os critérios de qualidade aplicável e a segurança operacional. Entretanto, em vários campos de aplicação, desenvolveram-se procedimentos específicos que não são necessariamente os mais eficientes, melhores ou mais seguros, mas são comprovados pelo uso e dão resultados satisfatórios. Vários são os exemplos destes casos e freqüentemente as normas de fabricação definem geometrias de juntas e procedimentos preferíveis em função da experiência local.

Tabela 2.16 — Classes de composição de eletrodos para revestimentos, segundo a AWS[20,22]

Classes	Composição básica
EFe5-A, EFe5-B, EFe5-C	Aço com cromo ($\approx$ 4%); molibdênio ($\leq$ 9%); vanádio ($\leq$ 2,5%) e tungstênio ($\leq$ 7%)
EFeMn-A, EFeMn-B	Aço ao manganês ($\approx$ 13%), eventualmente com níquel ($\leq$ 6%)
EFeCr-A1	Aço ao cromo ($\approx$ 30%), com manganês ($\approx$ 6%)
ECoCr-A, ECoCr-B, ECoCr-C	Cobalto ao cromo ($\approx$ 30%); tungstênio ($\leq$ 14%), com silício, níquel, manganês, e eventualmente ferro
ECuSi	Bronze-silício (Si $\approx$ 3%)
ECuAl-A2, ECuAl-B, ECuAl-C, ECuAl-D, ECuAl-E	Bronze-alumínio (Al $\leq$ 15%), eventualmente com ferro e silício
ECuSn-A, ECuSn-C	Bronze (Sn $\leq$ 9%)
ENiCr-A, ENiCr-B, ENiCr-C	Níquel ao cromo ($\leq$ 18%) e boro ($\leq$ 3%), com cobalto, ferro e silício

Processo de soldagem com eletrodo revestido

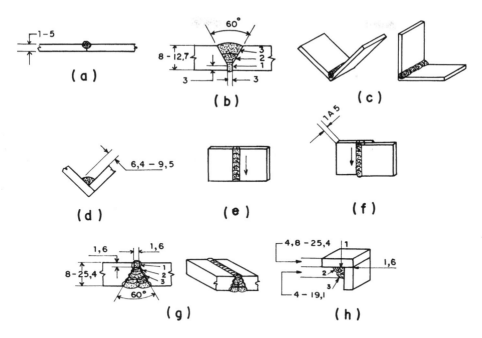

Figura 2.24 — Recomendações para a soldagem de aço-carbono indicadas na Tab. 2.18.[3]

Tabela 2.17 — Classificação comparativa do desempenho das classes de consumíveis[3]

	E6010	E6011	E6012	E6013	E7014	E7016	E7018	E7024	E6027	E7028
Soldagem em topo, posição plana, espessura maior que 6 mm	4	5	3	8	9	7	9	9	10	10
Soldagem em topo, todas as posições, espessura maior que 6 mm	10	9	5	8	6	7	6	NA	NA	NA
Soldagem em filete, posições plana ou horizontal	2	3	8	7	9	5	9	10	9	9
Soldagem em filete, todas as posições	10	9	6	7	7	8	6	NA	NA	NA
Chaparia espessa ou altamente restrita	8	8	6	8	8	10	9	7	8	9
Aço com alto enxofre	NA	NA	5	3	3	10	9	5	NA	9
Taxa de deposição	4	4	5	5	6	4	6	10	10	8
Penetração	10	9	6	5	6	7	7	4	8	7
Aparência do cordão, ausência de mordeduras	6	6	8	9	9	7	10	10	10	10
Ausência de defeitos	6	6	3	5	7	10	9	8	9	9
Ductilidade	6	7	4	5	6	10	10	5	10	10
Resistência ao impacto	8	8	4	5	8	10	10	9	9	10
Ausência de respingos	1	2	6	7	9	6	8	10	10	9
Tolerância à má preparação da junta	6	7	10	8	9	4	4	8	NA	4
Facilidade e conforto na soldagem	7	6	8	9	10	6	8	10	10	9
Facilidade na remoção da escória	9	8	6	8	8	4	7	9	9	8

NOTAS: O desempenho melhora na seqüência de 1 a 10 e pode mudar de acordo com o diâmetro.
Ver Tab. 2.13 para descrição dos tipos de consumíveis
NA = Não aplicável

Tabela 2.18 — Recomendações para a soldagem de aço-carbono; adaptado de[3]

a) Posição plana; soldagem de topo com chanfro reto (Fig. 2.24a)

Espessura do material (mm)	1,20	1,50	1,90	2,65	3,35
Número de passes			1		
Classificação do eletrodo (AWS)			E6010; E6011		
Ø do eletrodo (mm)	2,4	3,2	3,2	4,0	4,8
Corrente (A)	40 - 50	70 - 100	80 - 105	120 - 130	135 - 145
Veloc. soldagem (cm/min)	50 - 65	70 - 90	65 - 80	50 - 75	45 - 70

b) Posição plana; soldagem de topo com chanfro em V (Fig. 2.24b)

Espessura do material (mm)	8,0		9,5		12,7		
Número de passes	1	2	1	2 e 3	1	2	3
Classificação do eletrodo (AWS)	E6011	E6027	E6011	E6027	E6011	E6011	E6027
Ø do eletrodo (mm)	4,0	4,0	4,0	4,0	4,0	6,4	6,4
Corrente (A)	135	240	135	240	135	275	400
Veloc. soldagem (cm/min)	15 - 20	30 - 35	15 - 20	30 - 35	15 - 20	20 - 25	25 - 30

c) Posição plana e horizontal; soldagem em ângulo (Fig. 2.24c)

Espessura do material (mm)	1,20	1,50	1,90	2,65	3,35
Número de passes			1		
Classificação do eletrodo (AWS)	E6013		E6012; E6013		
Ø do eletrodo (mm)	2,4	3,2	4,0	4,8; 4,0	4,8
Corrente (A)	70	95 - 105	140 - 155	160 - 190	200 - 210
Veloc. soldagem (cm/min)	35 - 45	35 - 50	40 - 50	35 - 60	35 - 50

d) Posição plana; soldagem em ângulo (Fig. 2.24d)

Perna da solda (mm)	6,4	7,1	8,0	9,5
Espessura do material (mm)	8,0		9,5	12,7
Número de passes			1	
Classificação do eletrodo (AWS)			E7024	
Ø do eletrodo (mm)	4,8	5,6	6,4	6,4	8,0
Corrente (A)	275	325	375	375	475
Veloc. soldagem (cm/min)	35 - 40	40 - 45	35 - 40	35 - 40	28 - 30

e) Soldagem de topo, vertical, descendente (Fig. 2.24e)

Espessura do material (mm)	1,20	1,50	1,90	2,65	3,35
Número de passes			1		
Classificação do eletrodo (AWS)			E6010; E6011		
Ø do eletrodo (mm)	2,4	3,2	3,2	4,0	4,8
Corrente (A)	45 - 55	75 - 110	90 - 115	130 - 140	150 - 155
Veloc. soldagem (cm/min)	60 - 75	75 - 95	70 - 80	55 - 80	45 - 75

f) Soldagem em junta sobreposta, na vertical descendente (Fig. 2.24f)

Espessura do material (mm)	1,20	1,50	1,90	2,65	3,35
Número de passes			1		
Classificação do eletrodo (AWS)	E6013		E6012; E5013		

Processo de soldagem com eletrodo revestido

g) Soldagem de topo com chanfro em V, na posição sobrecabeça (Fig. 2.24g)

Espessura do material (mm)	8,0		9,5		12,7		19,1		25,4	
Número de passes	1	2	1	2-3	1	2-5	1	2-9	1	2-13
Classif. do eletrodo (AWS)	E6010	E7018	E6010	E7018	E6010	E7018	E6010	E7018	E6010	E7018
Ø do eletrodo (mm)	3,2	4,0	3,2	4,0	3,2	4,0	3,2	4,0	3,2	4,0
Corrente (A)	110	170	110	170	110	170	110	170	110	170
Veloc. soldagem (cm/min)	11	9	11	9	11	10	11	11	11	10

h) Soldagem em ângulo na posição sobrecabeça (Fig. 2.24h)

Perna da solda (mm)	4,0	4,8	6,4	8,0	9,5	12,7	15,9	19,1
Espessura do material (mm)	4,8	6,4	8,0	9,5	12,7	15,9	19,1	25,4
Número de passes	1	1	1	1-2	1-3	1-6	1-10	1-15
Classif. do eletrodo (AWS)	E6010							
Ø do eletrodo (mm)	4,0				4,8			
Corrente (A)	130				170			
Veloc de soldagem no 1.º passe (cm/min)	18-20	22-24	12-13	17-19				

Ainda que não seja previsto no escopo deste capítulo analisar de modo aprofundado os critérios metalúrgicos e mecânicos para seleção de consumíveis, pode-se mencionar algumas regras elementares aplicáveis aos aços-carbono, em função dos comportamentos dos vários revestimentos, posições de soldagem e geometria de junta. A Tab. 2.17 classifica alguns tipos de revestimentos em função de suas características operacionais e depósitos produzidos e pode ser utilizada como base rudimentar para seleção da classe do consumível. Alternativamente, pode-se utilizar a Tab. 2.18, que vincula também a geometria da junta (Fig. 2.24) e alguns parâmetros operacionais. Apesar de relacionar alguns valores de corrente de soldagem, deve-se sempre lembrar que os valores recomendados pelo fabricante do consumível devem ser obedecidos. A BSI elaborou uma norma com detalhes sobre procedimentos para soldagem de aços-carbono e de baixa-liga[23].

Para a soldagem de aços inoxidáveis, a Tab. 2.19 relaciona as classes mais comumente utilizadas em função da especificação AISI dos metais-base. A Tab. 2.20 relaciona alguns parâmetros operacionais sugeridos para essa soldagem.

6. HIGIENE E SEGURANÇA

Como todas as técnicas de soldagem elétrica, o processo com eletrodo revestido oferece um número de perigos ocupacionais bastante sérios. É responsabilidade do projetista da fonte limitar a tensão em aberto a um mínimo praticável, promover o isolamento interno adequado e garantir contra o superaquecimento sob as condições previstas de uso. Dispositi-

Tabela 2.19 — Classes de consumíveis normalmente usados para a soldagem de aço inoxidável[3]

Classe AISI do metal base	Classe AISI do consumível
201	308
202	308
301	308
302	308
302B	308
303	308
303Se	308
304	308
304L	308L
305	308
308	308
309	309
309S	309
310	310
310S	310
314	310
316	316
316L	316L
321	347/308L
347	347/308L

vos para locomoção manual e para içamento do conjunto devem ser também previstos pelo projetista.

É responsabilidade do usuário certificar-se de que a ligação ao suprimento elétrico está efetuada corretamente por um técnico eletricista qualificado. É necessário que a fonte seja aterrada através de um único terminal, que deverá ser utilizado somente para este fim, para que nenhuma parte exposta venha a ser acidentalmente energizada. No caso de fontes geradoras, todas as partes expostas, que não conduzam corrente intencionalmente, devem ser interconectadas entre si. Quando a instalação engloba mais de uma fonte monofásica, é necessário distribuir as unidades em partes diferentes de suprimento da rede trifásica, para balancear a demanda de corrente entre as fases da rede.

Ambos os cabos de interligação devem ser dimensionados corretamente para a aplicação pretendida. Quaisquer conexões no circuito de solda devem ser realizadas antes da ligação da fonte, executando-se somente as operações de troca de eletrodos. O isolamento elétrico de todos os cabos deve ser sempre garantido, devendo-se realizar no mínimo uma inspeção visual antes da soldagem. Cabos danificados devem ser trocados. O cabo terra deve sempre ser o mais curto possível e da mesma especificação que o cabo do porta-eletrodos. Partes estranhas como tiras metálicas, tubos ou qualquer outra ligação metálica, além do próprio cabo, não

Processo de soldagem com eletrodo revestido

Tabela 2.20 — Exemplos de condições de soldagem para aços inoxidáveis[3]

Espessura (mm)	Passe NA	⌀ Eletrodo (mm)	Corrente de soldagem (A)	Velocidade de avanço (mm/s)
	Soldas de topo, posições plana e horizontal
1	1	1,98	40	6
2	1	2,38	60	5
3	1	3,18	85	4
5	1	3,97	125	3
6	1	3,97	125	3
	2	4,76	160	3
9	1	3,97	125	3
	2	4,76	160	3
	3	4,76	160	3
13	1 e 2: como para 9 (mm)			
	3 e 4:	6,35	240	1
19	1 e 2: como para 9 (mm)			
	3 a 6	6,35	240	1
25	1 e 2: como para 9 (mm)			
	3 a 10	6,35	240	1

		Soldas de topo, posições vertical e sobrecabeça		
1 (Nota)	1	1,98	35	8
2 (Nota)	1	2,38	50	6
3	1	3,18	75	3
5	1	3,97	110	2
6	1 e 2	3,97	110	2

Nota: Soldar na vertical descendente. Para as demais espessuras, soldar na ascendente.

		Soldas de filete, posições plana e horizontal		
1	1	1,98	40	6
2	1	2,38	60	6
3	1	3,18	85	6
5	1	3,97	120	4
6	1	4,76	160	3
9	1	6,35	240	2

		Soldas de filete, posições vertical e sobrecabeça		
1	1	1,98	40	6
2	1	2,38	60	6
3	1	3,18	90	6
5	1	3,97	125	4
6	1	4,76	170	3
9	1	4,76	175	3
	2	4,76	175	3

Observações: Geometrias de juntas semelhantes aos para aços-carbono
Chanfro em V (60°) simples para espessuras ≤ 6 mm
Chanfro em V (60°) duplo para espessuras ≥ 6 mm
Espessuras ≥ 25 mm requerem chanfro em U

devem ser utilizadas. A pinça de contato deve estar o mais próximo do chanfro de solda. Tanto o eletrodo como a peça a ser soldada não deverão estar conectados ao cabo terra da rede; sempre que possível, a peça deverá ser aterrada em uma ligação independente e isolada de qualquer contato com terminais energizados ou outros aterramentos.

Deve-se observar que, quando vários operadores estão conectados à mesma peça, como ocorre com freqüência na soldagem de grandes componentes, a tensão resultante entre dois porta-eletrodos pode ser o dobro da tensão em aberto para cada fonte, aumentando o risco de eletrocução. Onde esta configuração seja impossível de ser eliminada, através do uso de uma única fonte, todos os soldadores devem ser avisados e precauções especiais devem ser implementadas[24].

Uma desvantagem deste processo é o volume de fumos gerado, um dos maiores entre todos os processos de soldagem[3]. Fumos são originados da decomposição do revestimento, da vaporização de elementos metálicos e da decomposição de impurezas superficiais no metal-base. Em geral, os vapores metálicos devem ser encarados como potenciais ameaças à saúde, sendo necessária a instituição de regulamentação legal. Há suspeitas, por exemplo, da ação cancerígena do cromo hexavalente (Cr VI)[25], liberado a partir e proporcional ao teor de cromo no metal-base e no consumível. Outro exemplo de aplicação problemática é a soldagem de ligas de cobre, particularmente quando elas incluem elementos como berílio, cádmio, prata, zinco e chumbo[3,26]. A ventilação é uma das condições essenciais para a minimização de absorção desses fumos pelos soldadores. Segundo critérios norte-americanos, uma ventilação forçada é requerida quando o volume de ar é inferior a 350 m^3 para cada soldador, ou o ambiente é aberto e há ventilação natural cruzada, ou a altura do pé-direito é inferior a 5 m.

Em ambientes confinados, máscaras vedadas com suprimento individual de ar ou unidades independentes de respiração são requeridas. Haddrill[27], por exemplo, orienta sobre os tipos de equipamentos de exaustão e critérios para sua seleção.

Do ponto de vista de consumíveis, considera-se essencial também a instituição de legislação para obrigar a inclusão de critérios de higiene e segurança nas embalagens, com ênfase na menção sobre a presença de elementos perigosos e nos limites de exposição aplicáveis. Complementarmente, esforços devem ser realizados para desenvolver e implementar as tendências internacionais em consumíveis com baixa emissão de fumos[28,29], através da reformulação dos revestimentos.

BIBLIOGRAFIA

1. AWS - Welding Handbook, Section 2, Welding Processes, 5th ed.
2. CRANFIELD INSTITUTE OF TECHNOLOGY - Manual Metal Arc Welding. Mat. N°. 153, MSc Course.
3. Shielded-Metal-Arc welding; Welding Design & Fabrication; Nov. 1987.

4. BSI - BS638: Part 4:1979; Arc welding power sources, equipment and accessories, Part 4: Specification for Welding Cables.
5. TECCO, D.G.; ALMENDRA, L.; & GIMENES, L. - Faculdade de Tecnologia de São Paulo; Efeito dos Parâmetros Elétricos e Operatórios Sobre o Formato dos Cordões e Taxa de Deposição com o Processo do Eletrodo Revestido; a ser publicado.
6. LINNERT, G.E. - Welding Metallurgy - Carbon and Alloy Steels, Volume 1, Fundamentals; 1965; p. 367-407.
7. GIMENES, L. - Comunicação particular, 1988.
8. TECCO, D.G. - Laboratory Report: Deposition Rates; Cranfield Institute of Technology, 1983.
9. ABNT - P-EB-79, Eletrodos para Soldagem Elétrica de Aços-carbono e de Aços-liga (em Estágio Experimental).
10. ISO 2560 - Covered Electrodes for Manual Arc Welding of Mild Steel and Low Alloy Steel - Code of Symbols for Identification, 1st ed.; 1973.
11. BSI - BS639:1986, Covered Carbon and Carbon Manganese Steel Electrodes for Manual Metal-arc Welding.
12. DIN 1913 Part 1 - Covered Electrodes for the Joint Welding of Unalloyed Low Alloy Steel; Jun. 1984.
13. AWS - A5.01-78, Filler Metal Procurement Guidelines.
14. AWS - A5.1-81, Specification for Covered Carbon Steel Arc Welding Electrodes.
15. AWS - A5.3.80, Specification for Aluminum and Aluminum Alloy Covered Arc Welding Electrodes.
16. AWS - A5.4-81, Specification for Covered Corrosion-Resisting Chromium and Chromium-Nickel Steel Welding Electrodes.
17. AWS - A5.5-81, Specification for Low Alloy Steel Covered Arc Welding Electrodes.
18. AWS - A5.6-76, Specification for Copper and Copper Alloy Covered Electrodes.
19. AWS - A5.11-83, Specification for Nickel and Nickel Alloy Covered Welding Electrodes.
20. AWS - A5.13-80, Specification for Solid Surfacing Welding Rods and Electrodes.
21. AWS - A5.15-83, Specification for Welding Rods and Covered Electrodes for Cast Iron.
22. AWS - A5.21-80, Specification for Composite Surfacing Welding Rods and Electrodes.
23. BSI - BS5135:1984, Process of Arc Welding of Carbon and Carbon Manganese Steel.
24. BSI - BS638: Part 7:1984, Arc Welding Power Sources, Equipment and Accessories, Part 7: Specification for Safety Requirements for Installation and Use.
25. TANDON, R.K. et al, Fume Generation and Melting Rates of Shielded Metal Arc Welding Electrodes; Welding Journal, v. 63. n° 8, 1984. p.263s-266s.
26. MORETON, J. - Fume Hazards in Welding, Brazing and Soldering; Metal Construction, v. 9, n°1, p. 33-34.
27. HADDRILL, D.M. - Welding Fume Extraction, a Guide to Equipment Selection; Metal Construction, v. 14, n°, 4, 1982, p. 186-91.
28. KIMURA, S. et al - Investigations on Chromium in Stainless Steel Welding Fumes, Welding Journal, v. 58, n° 7, 1979, p. 195s-204s.
29. KOBAYASHI, M. et al - Investigations on Chemical Composition of Welding Fumes; Welding Journal, v. 62, n° 7, 1983, p. 190s-196s.

2c Processo TIG

Sérgio D. Brandi

1. INTRODUÇÃO

O processo TIG (Tungsten Inert Gas) utiliza como fonte de calor um arco elétrico mantido entre um eletrodo não consumível de tungstênio e a peça a soldar. A proteção da região de soldagem é feita por um fluxo de gás inerte. A soldagem pode ser feita com ou sem metal de adição e pode ser manual ou automática. A Fig. 2.25 mostra esquematicamente o processo.

Este processo foi patenteado no fim dos anos 20, porém só foi comercialmente utilizado em 1942, no Estados Unidos, para a soldagem em liga de magnésio de assentos de aviões. A princípio utilizou-se o gás hélio e a corrente contínua, devido à dificuldade em estabilizar o arco, posteriormente superada.

Atualmente o processo TIG é mais utilizado na soldagem de ligas de alumínio, de magnésio, de titânio, e aços inoxidáveis, entre outros. A solda produzida é de muito boa qualidade.

As características básicas, vantagens e limitações do processo TIG estão reunidas na Tab. 2.21.

2. EQUIPAMENTOS

Os equipamentos básicos para a soldagem manual pelo processo TIG, são mostrados na Fig. 2.26.

Fonte de energia — É sempre de corrente constante e pode ser um gerador, retificador ou transformador, dependendo do metal a ser soldado. Ela deve ter uma adaptação para soldagem manual, com um pedal para controle da corrente pelo soldador. Com este recurso, o rechupe que se forma na cratera no final da soldagem é minimizado. Conforme o tipo de aplicação, a fonte de energia pode ser mais aprimorada, como o uso do arco pulsado em corrente contínua.

Unidade de alta freqüência — É fundamental para a soldagem em corren-

Processo TIG

Tabela 2.21 — Características da soldagem pelo processo TIG; adaptada de[3]

Tipo de operação - manual ou automática	Equipamentos Retificador, gerador ou transformador Tocha Cilindro de gases com dispositivo para deslocamento

Características do processo
Taxa de deposição: 0,2 a 1,3 kg/h
Espessura soldada: 0,1 a 50 mm
Posição de soldagem: todas
Tipo de junta: todas
Diluição
  com metal de adição: 2 a 20%
  sem metal de adição: 100%
Faixa de corrente: 10 a 400 A	

	Custo do equipamento 1,5 (manual) a 10 (automático) (soldagem com eletrodo revestido = 1)
	Consumíveis Varetas Gases de proteção e pureza Eletrodo de tungstênio
Vantagens Produz soldas de alta qualidade Solda a maioria dos metais e ligas Poça de fusão calma Fonte de calor concentrada, minimizando a ZAC e distorções Processo de fácil aprendizagem	Limitações Processo com baixa taxa de deposição Impossibilidade de soldagem em locais com corrente de ar Possibilidade de inclusão de tungstênio na solda Emissão intensa de radiação ultravioleta
Segurança: Proteção ocular. Proteção da pele para evitar queimaduras pela radiação ultravioleta	

te alternada, e deve ter intensidade regulável e controle de pré e pós-vazão do gás inerte, quando não incluído na fonte de energia.

Sistemas de refrigeração — No caso da fonte de energia e da tocha utilizar água, esta é geralmente recirculada em um circuito fechado.

Reservatório do gás para a soldagem — É geralmente cilíndrico, possuindo reguladores de pressão e de vazão de gás.

Tocha TIG — É o dispositivo que fixa o eletrodo de tungstênio, conduz a corrente elétrica e proporciona a proteção gasosa necessária à região circundante do arco elétrico e à poça de fusão. A tocha TIG para soldagem manual pode ser refrigerada por ar ou água, dependendo da corrente de

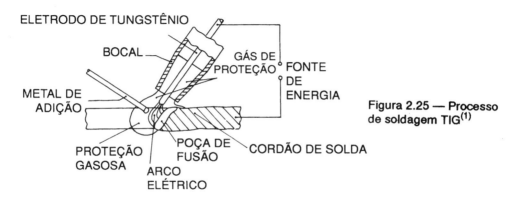

Figura 2.25 — Processo de soldagem TIG[1]

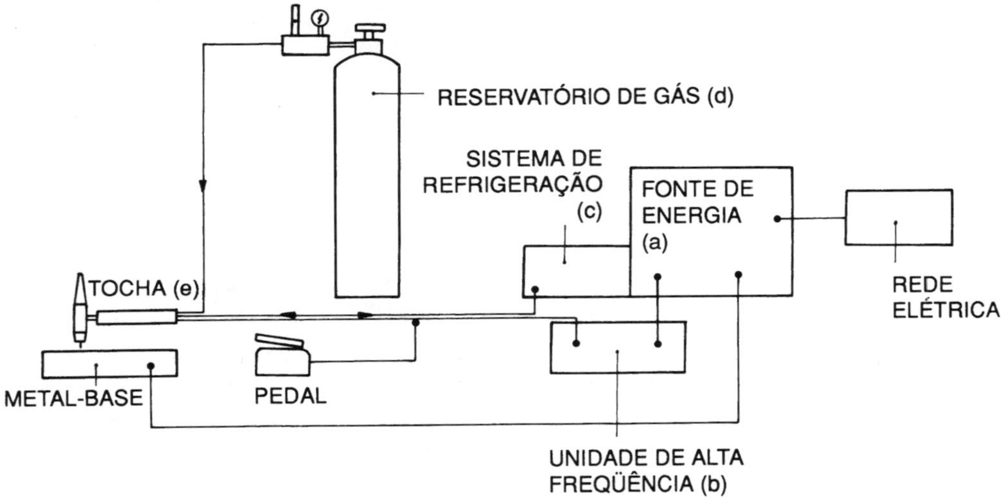

SOLDAGEM: PROCESSOS E METALURGIA

Figura 2.26 — Esquema simplificado dos equipamentos necessários para o processo TIG[4]

soldagem utilizada. As Figs. 2.27 e 2.28 mostram esquemas das tochas com os dois tipos de resfriamento.

No caso de soldagem TIG automatizada, utiliza-se uma tocha do tipo esquematizado na Fig. 2.29.

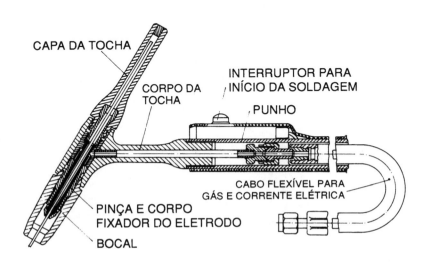

Figura 2.27 — Tocha TIG resfriada a ar[1,2]

Processo TIG

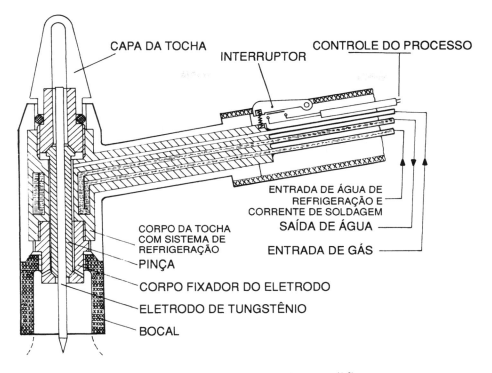

Figura 2.28 — Tocha TIG resfriada a água[1,2]

3. VARIÁVEIS DO PROCESSO

As variáveis para a qualificação do procedimento de soldagem, segundo a norma ASME - Secção IX, são: metal-base; metal de adição; preaquecimento; tipo de gás de proteção; tipo de junta; posições de soldagem; características elétricas e técnicas de soldagem. As quatro primeiras são consideradas essenciais.

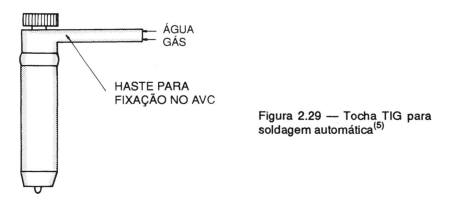

Figura 2.29 — Tocha TIG para soldagem automática[5]

Para a qualificação do soldador, segundo a norma ASME - Seção IX, são variáveis essenciais: tipo de junta; metal-base e de adição; posição de soldagem; tipo de gás de proteção; e características elétricas.

Tipos de juntas

Os principais fatores que afetam a preparação da junta nos processos de soldagem por fusão são: tipo e espessura do material; processo de soldagem; grau de penetração; economia no preparo do chanfro e no consumo de metal de adição; posição de soldagem e acesso; e controle da distorção[6].

O tipo de material está relacionado com a transmissão de calor através da junta. Assim, para materiais com elevada condutibilidade térmica, a junta deve ser tal que diminua a perda de calor.

A espessura do material também está relacionada com a transmissão de calor. Para diminuir a perda de calor pela junta, utiliza-se, por exemplo, um chanfro em simples V; neste caso, a espessura do material é localmente diminuída.

Cada processo de soldagem tem sua eficiência térmica e, portanto, coloca mais ou menos calor na peça; a junta deve ser tal que, no caso do processo colocar muito calor na peça, ela possa dissipar esse calor.

O grau de penetração também é função do processo de soldagem. A junta deve permitir a penetração ao longo de toda a espessura da peça.

Juntas com geometrias muito complicadas, como as com chanfro em U, exigem um tempo de usinagem muito maior que uma junta com chanfro em V. A economia do metal de adição é função do volume da junta. Assim, uma junta com área menor utilizará menor quantidade de metal de adição. É o caso das juntas com chanfro tipo U, comparadas com as com

Tabela 2.22 — Características dos gases de proteção utilizados no processo TIG

Argônio	Hélio
Baixa tensão de arco	Elevada tensão de arco
Menor penetração	Maior penetração
Adequado à soldagem de chapas finas	Adequado à soldagem de grandes espessuras e materiais de condutibilidade térmica elevada
Soldagem manual devido ao pequeno gradiente de tensão na coluna do arco (6 V/cm)	Soldagem automática
Maior ação de limpeza	Menor ação de limpeza
Arco mais estável	Arco menos estável
Fácil abertura do arco	Dificuldade na abertura do arco
Utilizado em CC e CA	Geralmente CCPD com eletrodo de tungstênio toriado
Custo reduzido	Custo elevado
Vazão para proteção pequena	Vazão para proteção de 2 a 3 vezes maior que a de argônio
Maior resistência à corrente de ar lateral	Menor resistência à corrente de vento

Processo TIG

chanfro em V.

Conforme a posição de soldagem, o ângulo do chanfro pode ou não ajudar na operação, dependendo das componentes da tensão superficial. Assim, no chanfro em U, é mais fácil soldar que no chanfro em V.

A distorção é controlada pela junta através da sua área. Uma junta com chanfro em U tem, mantidas as outras variáveis constantes, menor distorção que uma junta com chanfro em V.

Tipo de gás de proteção

Os gases mais utilizados na soldagem TIG são o argônio, o hélio ou suas misturas. Qualquer que seja o gás de proteção, sua pureza deve ser 99,99%. A Tab. 2.22 mostra algumas características desses gases.

A utilização de argônio, hélio ou a mistura de ambos vai depender do tipo de liga que se está soldando e das características de soldagem. A Tab. 2.23 mostra diversas ligas e o gás de proteção adequado.

A pureza dos gases de proteção é também importante: a presença de vapor d'água deve ser mantida no valor máximo de 11 ppm por volume, o que corresponde a um ponto de orvalho de - 60 °C.

Características elétricas

Soldagem em corrente contínua; comportamento do arco — No caso da corrente contínua de polaridade direta (eletrodo no negativo) há um fluxo de elétrons na direção do metal-base e um fluxo de íons positivos na direção do eletrodo, conforme mostra a Fig. 2.30. Como os elétrons incidem no metal-base, este se torna mais aquecido que o eletrodo, dando em conseqüência uma penetração grande e estreita, conforme mostra a Fig. 2.31.

No caso da corrente contínua de polaridade reversa (eletrodo positivo), o fluxo de elétrons vai na direção do eletrodo e o fluxo de íons positivos na direção do metal-base, conforme mostra a Fig. 2.32. Neste caso, como os elétrons incidem no eletrodo, aquecendo-o, ele deve ter

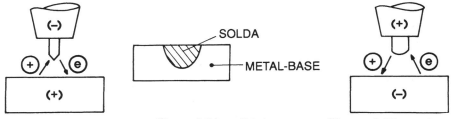

Figura 2.30 — Soldagem TIG em corrente contínua de polaridade direta[8]

Figura 2.31 — Contorno da solda na solda em corrente contínua de polaridade direta[8]

Figura 2.32 — Soldagem TIG em corrente contínua de polaridade reversa[8]

diâmetro maior do que um eletrodo na polaridade direta. Acredita-se que o fluxo de íons positivos tenha efeito de limpeza, devido ao choque deles com a camada de óxido. Como os íons de argônio são mais pesados que os de hélio, explica-se dessa maneira o efeito de limpeza bem maior do argônio. A penetração neste caso é pequena e larga, conforme mostra a Fig. 2.33.

Soldagem em corrente alternada com onda senoidal; comportamento do arco — A corrente alternada caracteriza-se por uma alternância na intensidade e na tensão, passando o eletrodo positivo para negativo, voltando a positivo e assim por diante. Nessa troca de polaridade, corrente e tensão passam por zero, apagando momentaneamente o arco, conforme mostra a Fig. 2.34.

Podemos estudar o arco na corrente alternada dentro de duas situações: eletrodos refratários idênticos e eletrodos diferentes.

a) *Eletrodos refratários idênticos* — Supondo os dois eletrodos refratários idênticos, tem-se a Fig. 2.35, mostrando que:
- o tempo para a abertura do arco é menor para a tensão em vazio maior;
- o tempo do arco apagado é menor para a tensão em vazio maior; e
- no reacendimento do arco precisa-se de uma tensão maior que a tensão do arco.

b) *Eletrodos diferentes* — É o caso, por exemplo, do eletrodo de tungstênio e a peça de alumínio. Como ambos possuem emissividade e temperatura diferentes, o comportamento do arco é modificado. A Fig. 2.36 mostra que:
- a tensão do arco é maior para o eletrodo menos emissivo (Al);
- a maior corrente obtida é menor para o eletrodo menos emissivo (Al); e
- o tempo do arco na polaridade direta é maior que na polaridade reversa.

Para o desenho das curvas das Figs. 2.35 e 2.36 supôs-se que havia uma resistência de regulagem em série no circuito. Nos casos reais a alimentação é feita por um transformador e, devido à presença de indutâncias no circuito, as curvas são modificadas. No caso da soldagem de alumínio nas mesmas condições, mudando-se somente a tensão em vazio do transformador, tem-se as curvas mostradas nas Figs. 2.37, 2.38 e 2.39.

A componente I_c tem o sentido do eletrodo para a peça, fato que dificulta a retirada do óxido de alumínio, possivelmente devido à centralização parcial dos íons positivos do gás de proteção, os quais deveriam estar incidindo na peça para realizar a limpeza dos óxidos.

Processo TIG

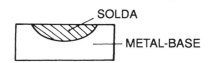

Figura 2.33 — Contorno da solda usando corrente contínua de polaridade reversa.

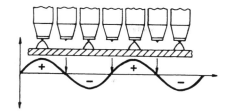

Figura 2.34 — Esquema de soldagem TIG em corrente alternada, mostrando o apagamento instantâneo do arco[1]

O efeito retificador da componente de corrente contínua I_c depende também de outros fatores[2]:
- intensidade de corrente de soldagem;
- natureza e estado superficial do metal-base; e
- características do circuito elétrico e magnético do equipamento de soldagem.

Sejam os eletrodos idênticos ou diferentes, a penetração da solda é intermediária entre as indicadas nas Figs. 2.31 e 2.33, conforme é mostrado na Fig. 2.40.

Soldagem em corrente contínua pulsada; comportamento do arco — A corrente pulsada caracteriza-se por uma variação da intensidade entre um valor mínimo. O tipo de onda geralmente utilizada é a onda quadrada. Neste processo de soldagem deve-se estabelecer a corrente de base (em algumas fontes de energia esse valor é fixo); o tempo de corrente de base; a corrente de pico; e a freqüência de pulsação.

A Fig. 2.41, que mostra o comportamento do arco, indica que, para valores dados da corrente de base e de pico, o valor do tempo em cada uma delas determina a corrente média. Quanto menor a corrente média, menor é a quantidade de calor e, conseqüentemente, menor a distorção.

Soldagem em corrente alternada com onda quadrada, comportamento do arco — Neste caso o comportamento do arco é bastante parecido com a soldagem em corrente alternada com onda senoidal, já analisado. A Fig. 2.42 mostra esse comportamento, também para um eletrodo de tungstênio e a peça de alumínio.

Comparando-se os resultados mostrados nas Figs. 2,42 e 2.36 conclui-se que:
- o tempo do arco é praticamente o mesmo nas duas polaridades (no caso da corrente balanceada); e

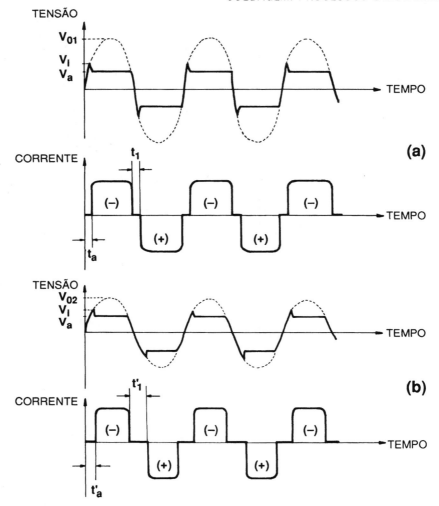

Figura 2.35 — Tensão e corrente de soldagem em corrente alternada em duas situações. Em (a), a tensão em vazio da fonte é maior que em (b).
Vi = tensão mínima par abrir o arco
V_{o1}, V_{o2} = tensão em vazio
V_a = tensão em arco
t_1, t'_1 = tempo do arco apagado
t_a, t'_a = tempo de abertura do arco

- o tempo de extinção do arco é bem menor que o tempo da onda senoidal, gerando um arco mais estável.

Para facilitar a abertura do arco, pode-se utilizar a alta freqüência e o transistor de alta potência. A alta freqüência é caracterizada por elevadas tensão (2 a 4 kV) e freqüência (350 kHz a 5 MHz) e baixa corrente. No caso de soldagem em corrente contínua, a alta freqüência auxilia somente na abertura do arco, sendo desligada em seguida. No caso de soldagem em

Processo TIG

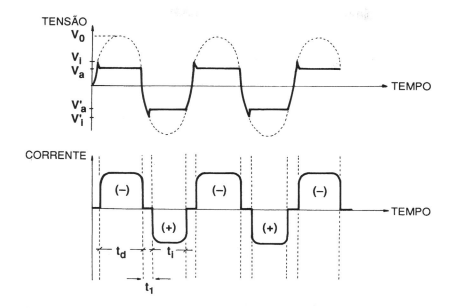

Figura 2.36 — Tensão e corrente de soldagem em corrente alternada com elétrodos de natureza diferentes
t_1 = tempo de extinção do arco
t_d = tempo do arco na polaridade direta
t_i = tempo do arco na polaridade reversa
V_0 = tensão em vazio
V_i = tensão mínima para abertura do arco (eletrodo mais emissivo = W)
V_a = tensão do arco (eletrodo mais emissivo: W)
V'_i = tensão mínima para abertura do arco (eletrodo menos emissivo: Al)
V'_a = tensão do arco (eletrodo menos emissivo: Al)

corrente alternada, a alta freqüência permanece ligada para auxiliar na reabertura do arco em cada troca de polaridade. O transistor de alta potência gera um pico de tensão em cada troca de polaridade.

Energia de soldagem — Conforme foi visto, a mudança na polaridade, ou no tipo da corrente elétrica, altera completamente as características do arco, exigindo uma nova qualificação. Uma alteração no valor da soldagem, mudando-se de corrente contínua para corrente contínua pulsada, ou variando-se o tempo de corrente de pico e/ou de base, altera também a quantidade de calor colocada na peça.

No caso de corrente contínua o calor fornecido é dado por:

$$H = \frac{60 \cdot V \cdot I}{v} \qquad (1)$$

SOLDAGEM: PROCESSOS E METALURGIA

Tabela 2.23 - Características dos gases de proteção usados no processo TIG

Tipo de liga	Gás e polaridade	Características
Aço de baixa liga	Argônio CCPD (-) Hélio CCPD (-)	Soldagem manual Soldagem automática
Aço inoxidável	Argônio CCPD (-) Hélio CCPD (-)	Arco estável e de fácil controle Grande penetração e razoável estabilidade do arco
Aço inoxidável endurecível por precipitação	Hélio CCPD (-)	Penetração na raiz mais uniforme; menor zona afetada pelo calor
Alumínio e ligas	Argônio (CA)	Estabilidade do arco e boa ação de limpeza.
	Argônio + Hélio (CA)	Arco menos estável; boa ação de limpeza; velocidade de soldagem elevada; grande penetração.
	Hélio CCPD (-)	Grande penetração; velocidade de soldagem elevada no material limpo quimicamente; soldagem automática.
Bronze-alumínio	Argônio CCPD (-)	Reduz penetração no metal base durante o processo de revestimento.
Bronze-silício	Argônio CCPD (-)	Diminui o efeito de fragilidade a quente.
Cobre desoxidado	Hélio CCPD (-)	Elevada energia de soldagem para contrabalancear a condutibilidade térmica do cobre
	Hélio + 25% argônio CCPD (-)	Arco mais estável; energia de soldagem menor; adequado para chapas até 1,5 mm de espessura.
Cobre-níquel	Argônio CCPD (-)	Arco estável e de fácil controle.
Magnésio e ligas	Argônio (CA)	Arco estável e boa ação de limpeza.
Monel	Argônio CCPD (-)	Arco estável e de fácil controle.
Níquel e ligas	Argônio CCPD (-) Hélio CCPD (-)	Arco estável e de fácil controle. Soldagem automática com alta velocidade.
Titânio e ligas	Argônio CCPD (-) Hélio CCPD (-)	Arco estável e de fácil controle. Soldagem automática com alta velocidade.

Tabela 2.24 — Classificação AWS e a análise química dos eletrodos para soldagem TIG (AWS A 5.12 - 69)

Classificação AWS	Composição			
	Tungstênio (mín.)	Tória	Zircônio	Outros (máx.)
EWP	99,5	-	-	0,5
EWTh-1	98,5	0,8 - 1,2	-	0,5
EWTh-2	97,5	1,7 - 2,2	-	0,5
EWTh-3 (*)	98,95	0,35 - 0,55	-	0,5
EWZr	99,2	-	0,15 - 0,40	0,5

(*) Eletrodo de tungstênio contendo ao longo de todo o comprimento uma faixa lateral com 1,0 a 2,0% de tória.

Processo TIG

Tabela 2.25 — Valores típicos de corrente (em A) utilizadas no processo TIG com eletrodo de tungstênio de diversos diâmetros (AWS - A5. 12 - 69) (*)

Diâmetro do eletrodo (mm)	Corrente contínua Polaridade direta EWP; EWTh-1 EWTh-2; e EWTh-3	Corrente contínua Polaridade reversa EWP; EWTh-1 EWTh-2; e EWTh-3	Corrente alternada Onda desbalanceada EWP	Corrente alternada Onda desbalanceada EWTh-1 EWTh-2 EWZr	Corrente alternada Onda desbalanceada EWTh-3	Corrente alternada Onda balanceada EWP	Corrente alternada Onda balanceada EWTh-1 EWTh-2 EWZr	Corrente alternada Onda balanceada EWTh-3
0,25	até 15	(**)	até 15	até 15	(**)	até 15	até 15	(**)
0,50	5-20	(**)	5-15	5-20	(**)	10-20	5-20	10-20
1,02	15-80	(**)	10-60	15-80	10-80	20-30	20-60	20-60
1,59	70-150	10-20	50-100	70-150	50-150	30-80	60-120	30-120
2,38	150-250	15-30	100-160	140-235	100-235	60-130	100-180	60-180
3,18	250-400	25-40	150-210	225-325	150-325	100-180	160-250	100-250
3,97	400-500	40-55	200-275	300-400	200-400	160-240	200-320	160-320
4,76	500-750	55-80	250-350	400-500	250-500	190-300	290-390	190-390
6,35	750-1000	80-125	325-450	500-630	325-630	250-400	340-525	250-525

(*) Valores obtidos usando argônio como gás de proteção; no caso de utilizar hélio os valores são menores.
(**) Pouco utilizado.

Tabela 2.26 — Diâmetro e ângulo do eletrodo para diversos valores da corrente

Intensidade da corrente de soldagem (A)	CCPD Diâmetro do eletrodo (mm)	CCPD Ângulo (graus)
< 20	1,0	30
20 - 100	1,6	30 - 60
100 - 200	2,4	60 - 90
200 - 300	3,2	90 - 120
300 - 400	3,2	120

Tabela 2.27 — Número do bocal em função do diâmetro do eletrodo; adaptado de[4]

Aço inoxidável; CCPD (-); gás argônio		
Diâmetro do eletrodo (mm)	Número do bocal (*)	Vazão (l/min)
1,6	4 - 6	5
2,4	4 - 6	6
3,2	6 - 8	6
4,8	8 - 10	7

Alumínio: corrente alternada com alta freqüência; gás argônio		
Diâmetro do eletrodo (mm)	Número do bocal	Vazão (l/min)
1,6	4 - 6	7
2,4	6 - 7	8
3,2	7 - 8	10
4,8	8 - 12	12
6,4	10 - 12	14

(*) O número do bocal está relacionado com seu diâmetro; cada unidade da escala representa o equivalente a 3,2 mm.

onde,

H = energia de soldagem (J/cm)
V = tensão de soldagem (V)
I = corrente de soldagem (A)
v = velocidade de soldagem (cm/min)

Para corrente contínua pulsada, a fórmula é:

$$H = \frac{60 \cdot V \, (I_p \cdot t_p + I_b \cdot t_b)}{v \cdot (t_p + t_b)} \tag{2}$$

onde,

I_p = corrente de pico (A)
t_p = tempo na corrente de pico (s)
I_b = corrente de base (A)
t_b = tempo na corrente de base (s)

Classificação e seleção de consumíveis

Eletrodos — O processo TIG utiliza um eletrodo teoricamente não-consumível. O metal utilizado é o tungstênio, que alia elevado ponto de fusão (341°C) a um alto poder emissor de elétrons.

A Tab. 2.24 mostra as diversas ligas de tungstênio utilizadas na confecção dos eletrodos, bem como a classificação AWS dos mesmos.

A corrente máxima que o eletrodo suporta depende do tipo de eletrodo, da polaridade, do projeto da tocha e da habilidade do soldador. A Tab. 2.25 mostra os diâmetros mais comuns e os intervalos de corrente que os eletrodos suportam.

Observando-se a Tab. 2.25, conclui-se que:
- Os eletrodos com tória e zircônia atingem maiores valores de correntes que o eletrodo de tungstênio puro.
- Na soldagem em corrente contínua, a passagem de CCPD para CCPR faz com que a intensidade da corrente caia para valores aproximadamente 10 vezes menores.
- Na soldagem em corrente alternada, o eletrodo EWTh-3 abrange uma faixa de corrente bem maior que os outros tipos de eletrodos.

Na soldagem em corrente contínua, o ângulo do eletrodo tem papel importante, tanto na penetração quanto na largura do cordão[9]. A importância é bem maior no caso de soldagem automática, onde não se tem a ação do soldador para controlar a poça de fusão. A Tab. 2.26 indica o valor do ângulo da ponta do eletrodo.

Processo TIG

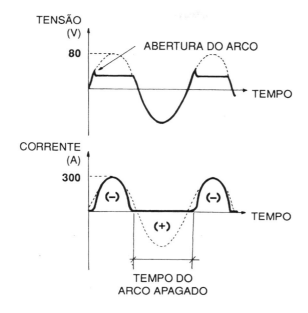

Figura 2.37 — Tensão em vazio menor que 70 V. A corrente se mantém somente quando o eletrodo é negativo. A estabilidade do arco é ruim devido ao efeito retificador que ocorre no lado positivo[2].

Bocais — Os bocais têm a finalidade de direcionar o gás de proteção. A escolha do bocal correto para o diâmetro deve ser feita com cuidado, para assegurar ao gás de proteção um escoamento o mais laminar possível, para uma dada vazão. A Tab. 2.27 serve de guia para a escolha do número do bocal em função do diâmetro do eletrodo.

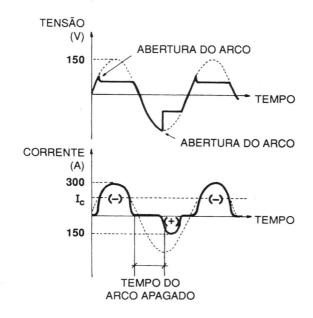

Figura 2.38 — Tensão em vazio ao redor de 150 V. A intensidade de corrente é menor no ciclo positivo. O arco continua instável com reacendimentos irregulares. Neste caso tudo se passa como se uma componente de corrente contínua (I_c) estivesse agindo durante todo o tempo[2].

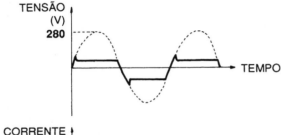

Figura 2.39 — Tensão em vazio maior que 185 V. O arco tem estabilidade muito boa. A componente de corrente contínua (I_c) é bem menor. Praticamente não existe diferença entre a corrente nos ciclos positivo e negativo[2]

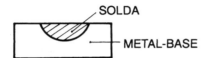

Figura 2.40 — Contorno da solda na operação em corrente alternada[8]

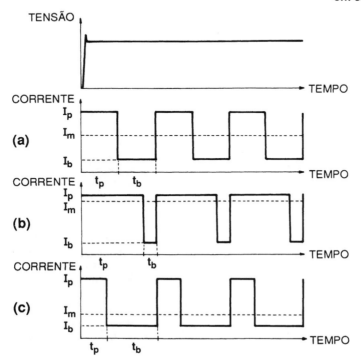

Figura 2.41 — Tensão e corrente de soldagem com arco pulsado. Em (a) a corrente é balanceada, isto é, o tempo de corrente de pico (t_p) e de corrente de base (t_b) são iguais. Em (b) e (c) a corrente é desbalanceada. Em (b) o tempo de corrente de pico é maior que o de base, dando uma corrente média maior que (a). Em (c) o tempo de corrente de pico é menor que o de base, dando uma corrente média menor que (a).

Processo TIG

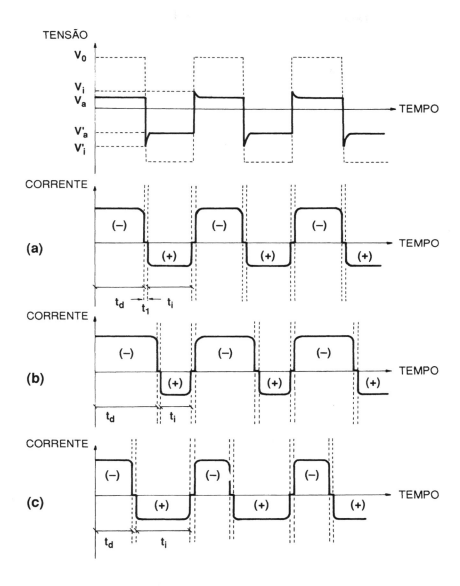

Figura 2.42 — Tensão e corrente de soldagem em corrente alternada com onda quadrada. Em (a), a corrente está balanceada, isto é, a penetração e a limpeza estão em igual proporção. Em (b) e (c) a corrente está desbalanceada. Em (b), como o tempo na polaridade direta (-) é maior que na reversa (+), tem-se mais penetração que limpeza. Em (c), o tempo na polaridade direta (-) é menor que na reversa (+); tem-se então mais limpeza.

Os bocais podem ser metálicos ou feitos de cerâmica (alumínio ou lava) ou quartzo fundido. De todos os tipos, o metálico é o único que tem uso restrito, não devendo ser utilizado com corrente de alta freqüência.

Existem bocais com difusor de gás (gas lens nozzle) que garantem um escoamento perfeitamente laminar, através de uma tela especial introduzida no seu interior. Com isso, consegue-se uma proteção gasosa a uma distância bem maior. É recomendado na soldagem sobrecabeça de alumínio.

Tabela 2.28 — Composição química dos eletrodos nus utilizados para soldar aços-carbono (AWS - A5.18 - 79)

Classificação AWS (a)	Composição química (% em peso)[b][c]					
	C	Mn	Si	Ti	Zr	Al
ER 70S - 2	0,07 máx.	0,90 a 1,40	0,40 a 0,70	0,05 a 0,15	0,02 a 0,12	0,05 a 0,15
ER 70S - 3	0,06 a 0,15	0,90 a 1,40	0,45 a 0,70	-	-	-
ER 70S - 4	0,07 a 0,15	1,00 a 1,50	0,65 a 0,80	-	-	-
ER 70S - 5	0,07 a 0,19	0,90 a 1,40	0,30 a 0,60	-	-	0,50 a 0,90
ER 70S - 6	0,07 a 0,15	1,40 a 1,85	0,80 a 1,15	-	-	-
ER 70S - 7	0,07 a 0,15	1,50 a 2,00 (d)	0,50 a 0,80	-	-	-
ER 70S - G	Sem requisitos de análise química, por acordo entre fabricante e usuário.					

Observações:

(a) O eletrodo nu, classificado anteriormente como E 70S-1B, está classificado atualmente como ER 80S-D2 na AWS A5.28-79.
(b) Em todos os tipos especificados $P \leq 0,025\%$; $S \leq 0,035\%$; $Cu \leq 0,5\%$; esta porcentagem de cobre inclui tanto o cobre residual do aço como o do revestimento do eletrodo nu.
(c) Níquel, cromo, molibdênio e vanádio podem estar presentes, mas não devem ser adicionados intencionalmente
(d) O teor de manganês pode exceder de 2%; se isso ocorrer, o teor de carbono deve ser reduzido de 0,01% para cada aumento de 0,05% Mn.

Processo TIG

Tabela 2.29 — Requisitos de propriedades mecânicas dos depósitos como soldados em CCPR (+) (AWS A 5. 18-79)

Classificação AWS	Gás de proteção[a]	Limite de resistência MPa[b,c]	Limite de escoamento em 0,2% MPa[b,c]	Alongamento em 50 mm %	Requisito mínimo de impacto[d]
ER70S-2 ER70S-3 ER70S-4 ER70S-5 ER70S-6 ER70S-7	CO_2	≥ 500	≥ 420	≥ 22	27 J a -29°C 27 J a -18°C N.A. N.A. 27 J a -29°C 27 J a -29°C
ER70S-G	Por acordo entre fabricante e usuário.				Por acordo entre fabricante e usuário

N.A. = não se aplica

(a) Um metal de adição classificado com gás CO_2 também deve atingir os requisitos necessários quando se utilizar misturas de argônio-CO_2 ou argônio-oxigênio.

(b) Propriedades mecânicas obtidas em corpos-de-prova de depósitos como soldado.

(c) Para cada aumento de 1% acima do alongamento mínimo, o limite de resistência, o limite de escoamento ou ambos podem diminuir de 10MPa, assegurando o mínimo de 480MPa para o limite de resistência e 400 MPa para o limite de escoamento.

(d) Dos 5 corpos-de-prova ensaiados, o valor mais baixo e o mais alto devem ser desprezados. Dos 3 corpos-de-prova restantes, dois devem ter valores maiores que 27J e um pode ter valor menor de 27 J, porém maior que 20 J. A média dos 3 corpos- de prova deve ser maior ou igual a 27J. Caso isso não ocorra, deve-se fazer dois novos conjuntos de 5 corpos-de-prova cada e ambos devem ser aprovados de acordo com o que foi descrito acima.

Escolha do tipo de eletrodo nu — A Tab. 2.28, retirada da norma AWS A5. 18-79, mostra a classificação dessa entidade para eletrodos nus para aços-carbono, através da sua composição química. Essa tabela é indicada também para a soldagem MIG/MAG, e os elementos de liga têm a função desoxidante e não a de melhorar as propriedades mecânicas.

A Tab. 2.29 indica os requisitos necessários das propriedades mecânicas para os metais de adição da Tab. 2.28.

A Tab. 2.30, retirada da norma AWS A 5.28-79, mostra a classificação daquela entidade para eletrodos nus para aços de baixa-liga.

A Tab. 2.31 mostra os requisitos necessários das propriedades mecânicas para os metais de adição da Tab. 2.30.

Tabela 2.30 — Composição química dos eletrodos nus empregados para soldar aços de baixa liga (AWS A5.28-79)

Classificação AWS	\multicolumn{8}{c}{Composição química (% em peso)[a]}							
	C	Mn	Si	Ni	Cr	Mo	V	Cu[b]
\multicolumn{9}{c}{Eletrodos nus tipo aço Cr-Mo}								
ER80S-B2	0,07 a 0,12	0,40 a 0,70	0,40 a 0,70	0,20	1,20 a 1,50	0,40 a 0,65	-	0,35
ER80S-B2L	0,05						-	
ER90S-B3	0,07 a 0,12				2,30 a 2,70	0,90 a 1,20	-	
ER90S-B3L	0,05						-	
\multicolumn{9}{c}{Eletrodos nus tipo aço ao níquel}								
ER80S-Ni1	0,12	1,25	0,40 a 0,80	0,80 a 1,10	0,15	0,35	0,05	0,35
ER80S-Ni2				2,00 a 2,75	-	-	-	
ER80S-Ni3				3,00 a 3,75	-	-	-	
\multicolumn{9}{c}{Eletrodos nus tipo aço Mn-Mo}								
ER80S-D2[C]	0,07 a 0,12	1,60 a 2,10	0,50 a 0,80	0,15	-	0,40 a 0,60		0,50
\multicolumn{9}{c}{Eletrodos nus de outros aços de baixa liga}								
ER100S-1	0,08	1,25 a 1,80	0,20 a 0,50	1,40 a 2,10	0,30	0,25 a 0,55	0,05	0,25
ER110S-1	0,12		0,20 a 0,60	0,80 a 1,25		0,20 a 0,55		0,35 a 0,65
ER110S-1	0,09	1,40 a 1,80	0,20 a 0,55	1,90 a 2,60	0,50	0,25 a 0,55	0,04	0,25
ER120S-1	0,10		0,25 a 0,60	2,00 a 2,80	0,80	0,30 a 0,65	0,03	
ERXXS-G	\multicolumn{8}{c}{por acordo entre fabricante e usuário[d]}							

Observações:

(a) Os eletrodos nus dos tipos de aço Cr-Mo, ao níquel e Mn-Mo, o teor de fósforo e enxofre deve ser ≤ 0,025%.

Os eletrodos nus de outros aços de baixa liga têm o teor de fósforo e enxofre ≤ 0,010%, e titânio, zircônio e alumínio ≤ 0,10%.

Quando a especificação indica apenas um valor e não uma faixa, o valor indicado representa o máximo permissível.

Outros elementos adicionados intencionalmente devem ser citados.

A análise química deve ser feita para os elementos especificados; se aparecem outros, deve-se fazer o rastreamento deles e o somatório deve ser ≤ 0,50%.

(b) A porcentagem de cobre inclui tanto o cobre residual do aço como o do revestimento do eletrodo nu.

(c) Essa composição equivale a E 70S-1B da especificação AWS A5 18-69.

(d) Para corresponder aos requisitos da classificação G, o eletrodo nu deve ter ou 0,50% de Ni, ou 0,30% de Cr ou 0,20% de Mo.

A Tab. 2.32 mostra as condições de tratamento térmico necessárias para a realização dos ensaios de avaliação das propriedades mecânicas dos materiais da Tab. 2.31. Para a avaliação desses ensaios, é necessário consultar a norma para a melhor escolha do metal-base.

A Tab. 2.33, retirada da norma AWS A5.9-79, mostra os requisitos de análise química dos eletrodos nus utilizados na soldagem de aço inoxidável.

Processo TIG

Tabela 2.31 — Requisitos de propriedades mecânicas dos depósitos de metal de solda em CCPR (+) (AWS A5.28-79)

Classificação AWS	Gás de proteção	Limite de resistência (mín) MPa	Limite de escoamento em 0,2% (mín) MPa	Alongamento em 50 mm (mín) %	Requisitos mínimos de impacto	Condição de realização dos ensaios
ER 80S-B2 ER 80S-B2L	Argônio + 1 a 5% oxig.	550	470	19	não necessário	T.T.P.S.[a]
ER 90S-B3 ER90S-B3L		620	540	17		T.T.P.S.[a]
ER 80S-Ni1		550	470	24	27J a -46°C[b]	como soldado
ER 80S-Ni2					27J a -62°C[b]	T.T.P.S[a]
ER 80S-Ni3					27J a -73°C[b]	
ER 80S-D2	CO_2	550	470	17	27J a -29°C[b]	
ER 100S-1	Argônio + 2% oxig.	690	610 a 700	16	68J a -51°C[c]	como soldado
ER 100S-2		690	610 a 700	16		
ER 110S-1		760	660 a 740	15	68J a -51°C[c]	
ER 120S-1		830	730 a 840	14		
ER XXS-G	(d)	(e)	(d)	(d)	(d)	

Observações:
(a) Tratamento térmico pós-soldagem; ver Tab. 2.32.
(b) Dos 5 corpos-de-prova ensaiados, o valor mais baixo e o mais alto devem ser desprezados. Dos 3 corpos-de-prova, dois devem ter valores maiores que 27J e um pode ser menor que 27J, porém maior que 20J. A média dos três deve ser maior ou igual a 27J. Caso isso não ocorra, deve-se fazer dois novos conjuntos de 5 corpos-de-prova cada e ambos devem ser aprovados de acordo com o que foi descrito acima.
(c) A temperatura de ensaio deve ser a da tabela, com uma tolerância de ± 1,7°C. Dos 5 corpos-de-prova ensaiados, o valor mais baixo e o mais alto devem ser desprezados. Dos 3 corpos-de-prova restantes, dois devem ser maior que 68J e um pode ser menor que 68J, porém não menor que 54J. A média dos tres deve ser maior ou igual a 68J. Caso isso não ocorra, deve-se fazer dois novos conjuntos de 5 corpos-de-prova cada e ambos devem ser aprovados de acordo com o que foi descrito acima.
(d) Por acordo entre fabricante e usuário.
(e) O limite de resistência tem que ser consistente com o valor colocado após o prefixo ER. Ex.: ER90S-G deve ter um limite de resistência mínimo de 620 MPa, que corresponde a 90 ksi.

A Tab. 2.34 mostra as propriedades mecânicas do metal de solda para aços inoxidáveis.

A Tab. 2.35 mostra os diversos metais-base, a condição de serviço e o metal de adição mais adequado para a soldagem.

Tabela 2.32 — Temperatura de preaquecimento, interpasse e tratamento térmico pós-soldagem[a] (AWS A5.28-79)

Classificação AWS	Temperaturas de preaquecimento e interpasse (°C)	Temperatura de tratamento térmico pós-soldagem (°C) [b]
ER 80S-B2	150 ± 15	620 ± 15
ER 80S-B2L		
ER 90S-B3	200 ± 15	690 ± 15
ER 90S-B3L		
ER 80S-Ni2	150 ± 15	620 ± 15
ER 80S-Ni3		
ER 80S-D2		não aplicável
ER 80S-Ni1		
ER 100S-1		
ER 100S-2		
ER 110S-1		
ER 120S-1		

Notas:
(a) Esses valores não são recomendados para soldagem de produção e sim para elaboração e tratamento para ensaios de corpos-de-prova do metal da solda.
(b) A temperatura do forno não deve ser superior a 316°C na hora de colocar a placa de ensaio. A velocidade de aquecimento, acima de 316°C, deve ser no máximo de 204°C/h, até atingir a temperatura indicada. A placa de ensaio deve permanecer uma hora na temperatura indicada. O resfriamento deve ser feito com a velocidade máxima de 177°C/h. A placa pode ser removida do forno quando este chegar a 316°C, completando o resfriamento ao ar calmo.

A Tab. 2.36 indica os metais de adição típicos para a soldagem de aços inoxidáveis austeníticos dissimilares.

A Tab. 2.37 mostra a combinação entre as diversas ligas de alumínio, o metal de adição e as condições desejadas para a solda.

A Tab. 2.38 mostra os metais de adição adequados à soldagem de ligas de alumínio tratáveis termicamente.

A Tab. 2.39, retirada da norma AWS A5.10-69, mostra os requisitos de análise química dos eletrodos nus empregados na soldagem do alumínio e suas ligas.

Processo TIG

Tabela 2.33 — Composição química dos eletrodos nus utilizados para soldar aço inoxidável (AWS A5.9-79)

Classificação AWS	Análise química (%)						
	C	Cr	Ni	Mo	Nb + Ta (b)	Mn	Si
ER-308L (a,f)	0,08	19,5 a 22,0	9,0 A 11,0	-	-	1,0 a 2,5	0,25 a 0,60
ER308L (a,f)	0,03	19,5 a 22,0	9,0 a 11,0	-	-	*	*
ER309 (f)	0,12	23,0 a 25,0	12,0 a 14,0	-	-	*	*
ER-310	0,08 a 0,15	25,0 a 28,0	20,0 a 22,5	-	-	*	*
ER-312	0,15	28,0 a 32,0	8,0 a 10,5	-	-	*	*
ER-316 (f)	0,08	18,0 a 20,0	11,0 a 14,0	2,0 a 3,0	-	*	*
ER-316L (f)	0,03	18,0 a 20,0	11,0 a 14,0	2,0 a 3,0	-	*	*
ER-317	0,08	18,5 a 20,5	13,0 a 15,0	3,0 a 4,0	-	*	*
ER-318	0,08	18,0 a 20,0	11,0 a 14,0	2,0 a 3,0	8xC a 1,0 máx.	*	*
ER-320 (e)	0,07	19,0 a 21,0	32,0 a 36,0	2,0 a 3,0	8xC a 1,0 máx.	2,5	0,60
ER-321 (c)	0,08	18,5 a 20,5	9,0 a 10,5	0,5 máx.	-	1,0 a 2,5	0,25 a 0,60
ER-347 (a,f)	0,08	19,0 a 21,5	9,0 a 11,0	-	10xC a 1,0 máx.	*	*
ER-348 (a)	0,08	19,0 a 21,5	9,0 a 11,0	-	10xC a 1,0 máx.	*	*
ER-349 (d)	0,07 - 0,13	19,0 a 21,5	8,0 a 9,5	0,35 a 0,65	1,0 a 1,4	*	*
ER-410	0,12	11,5 a 13,5	0,6	0,6	-	0,6	0,50
ER-420	0,25 a 0,40	12,0 a 14,0	0,6	-	-	*	*
ER-430	0,10	15,0 a 17,0	0,6	-	-	*	*
ER-502	0,10	4,5 a 6,0	0,6	0,45 a 0,65	-	*	0,25 a 0,60

Notas:

1. Em todos os casos S ≤ 0,03%; P ≤ 0,04%; para o eletrodo nu ER-320; nos demais casos, P ≤ 0,03%.
2. A análise química deve ser feita para todos os elementos especificados. Caso a presença de outros elementos seja acusada, seus valores devem ser determinados e o teor total deles deve ser ≤ 0,7%.
3. Os valores únicos de composição indicam a máxima concentração do elemento.

(a) Cromo mínimo = 1,9 x (% Ni) quando especificado
(b) 0,10% Ta máx.
(c) Titânio = 9 x (%C) a 1,0% máximo
(d) 0,10 a 0,30% Ti e 1,25 a 1,75% W
(e) 3,0 a 4,0% Cu
(f) Esses eletrodos podem ter teores mais elevados de silício. A composição química base não é alterada, com o silício variando de 0,5 a 1,0%. Deve-se, nesse caso, adicionar o símbolo Si à classificação do eletrodo nu.

Parâmetros de soldagem

Aços-carbono — A Fig. 2.43 mostra os diversos tipos de juntas para a soldagem manual de aço-carbono na posição plana, topo a topo.

A Tab. 2.40 mostra alguns dados para a soldagem manual do aço-carbono na posição plana, topo a topo.

Aços inoxidáveis — A Fig. 2.44 mostra diversos tipos de juntas para a soldagem TIG de aço inoxidável na posição plana com proteção de argônio.

A Tab. 2.41 mostra alguns dados práticos para a soldagem manual de aço inoxidável na posição plana, topo a topo.

SOLDAGEM: PROCESSOS E METALURGIA

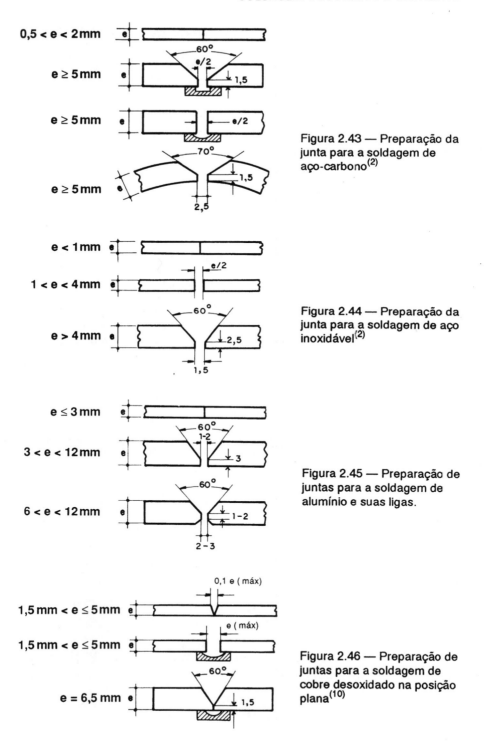

Figura 2.43 — Preparação da junta para a soldagem de aço-carbono[2]

Figura 2.44 — Preparação da junta para a soldagem de aço inoxidável[2]

Figura 2.45 — Preparação de juntas para a soldagem de alumínio e suas ligas.

Figura 2.46 — Preparação de juntas para a soldagem de cobre desoxidado na posição plana[10]

Processo TIG

Tabela 2.34 — Propriedades mecânicas do metal de solda para aços ao cromo e Ni-Cr resistentes à corrosão (SFA-5.4, idêntica à AWS A5.4-81)

Classificação AWS	Limite de escoamento (MPa)	Alongamento em 50mm (%)	Tratamento térmico
E209	690	15	
E219	620	15	
E240	690	15	
E307	590	30	
E308	550	35	
E308H	550	35	
E308L	520	35	
E308Mo	550	35	
E308MoL	520	35	
E309	550	30	
E309L	520	30	
E309Cb	550	30	
E309Mo	550	30	Nenhum
E310	550	30	
E310H	620	10	
E310Cb	550	25	
E310Mo	550	30	
E312	660	22	
E316	520	30	
E316H	520	30	
E316L	490	30	
E317	550	30	
E317L	520	30	
E318	550	25	
E320	550	30	
E320LR	520	30	
E330	520	25	
E330H	620	10	
E347	520	30	
E349	690	25	
E410	450	20	a
E410NiMo	760	15	b
E430	450	20	c
E502	420	20	a
E505	420	20	a
E630	930	7	d
E16-8-2	550	35	Nenhum
E7Cr	420	20	a

(a) O corpo-de prova deve ser aquecido à temperatura entre 840 e 870°C, mantido nessa temperatura durante 2 h, resfriado no forno em velocidade não superior a 55°C/h até 595°C, seguido de resfriamento ao ar até a temperatura ambiente.

(b) O corpo-de-prova deve ser aquecido à temperatura entre 595 e 620°C, mantido nessa temperatura durante 1 h e resfriado ao ar até a temperatura ambiente.

(c) O corpo-de-prova deve ser aquecido à temperatura entre 760 e 790°C, mantido nessa temperatura durante 2h, resfriado ao forno em velocidade não superior a 55°C/h, até 55°C, seguido de resfriamento no ar até a temperatura ambiente.

(d) O corpo-de-prova deve ser aquecido à temperatura entre 1025 à 1050°C, mantido nessa temperatura durante 1 h, resfriado ao ar até 15°C, no mínimo, e então endurecido por precipitação à temperatura entre 610 e 630°C, mantido nessa temperatura durante 4 h e resfriado ao ar até a temperatura ambiente.

Tabela 2.35 — Metal de adição para a soldagem dos diversos tipos de aço inoxidável; adaptado de[10]

Metal-base Forjado	Metal-base Fundido[*]	Condição de serviço	Metal de adição (segundo AWS)
201 202 301 302 304 305 308	CF - 8 CF - 20	S, R	ER 308
302 B		S	ER 309
303/303 Se		S, R	ER 312, ER 309
304 L	CF - 3		ER 308 L, ER 347
308 L			ER 308 L
309	CH - 20	S	
309 S			
310	CK - 20		
310 S			
316	CF - 8M / CF - 12H	S, R	ER 316
316 L	CF - 3M	S, AT	ER 316 L
317	CG - 8M	S, R	ER 317
321/321 H			ER 321, ER 347
347/347 H		S	
348/348 H			
403		R, E	ER 410
410		S	ER 308, ER 309, ER 310
405		R	ER 430
		S	ER 308, ER 309, ER 310
420		R, E	ER 420
		S	ER 308, ER 309, ER 310
430		R	ER 430
430 Ti		S	ER 308, ER 309, ER 310 430 Ti (**), ER 430
431		R, E	431 (**)
		S	ER 308, ER 309, ER 310
442		R	442 (**)
		S	ER 308, ER 309, ER 310
446		R	446 (**)
		S	ER 308, ER 309, ER 310

S = como soldado; R = recozido; AT = com alívio de tensão; E = endurecido
Notas:
(*) Nos fundidos com elevado teor de carbono, o metal de adição deverá ter também elevado teor de carbono.
(**) Não consta na classificação AWS.

Alumínio e suas ligas — A Fig. 2.45 mostra diversos tipos de preparação de juntas para alumínio e suas ligas.

As Tabs. 2.42 e 2.43 mostram alguns dados práticos para a soldagem de alumínio e suas ligas, respectivamente em CA e CCPD(-).

Soldagem de cobre — A Fig. 2.46 mostra algumas preparações de juntas para a soldagem de cobre na posição plana.

Processo TIG

Tabela 2.36 — Metal de adição para a soldagem de aços inoxidáveis austeníticos dissimilares

Tipo de aço	304 L	308	309	309 S	310	310 S	316/316 H	316 L	317	321/321 H	347 / 347 H 348 / 348 H
304, 304 H, 305	308	308	308 309	308 309	308 309 310	308 309 310	308 316	308 316	308 316 317	308	308
304 L		308	308 309	308 309	308 309 310	308 309 310	308 316	308 L 316 L	308 316 317	308 L 347	308 L 347
308			308 309	308 309	308 309 310	308 309 310	308 316	308 316	308 316 317	308	308 347
309				309	309 310	309 310	309 316	309 316	309 316	309 316	309 347
309 S					309 310	309 S 310 S	309 316	309 S 316 L	309 316	309 347	309 347
310							316 310 310 Mo	316 310 Mo 310	317 310 Mo 310	308 310	308 310
310 S							316 310 Mo	316 310 Mo	317 317 Mo	308 310	308 310
316, 316 H								316	317 316	308 316	308 316 347
316 L									317	316 L	316 L 347
317										308 317	308 317 347
321, 321 H											308 L 347

Nota: Quando houver mais de um tipo de metal de adição, eles não estão em ordem preferencial.

A Tab. 2.44 mostra alguns valores dos parâmetros de soldagem recomendados para o cobre, soldado na posição plana.

Técnicas de soldagem pelo processo TIG

Soldagem manual sem metal de adição — A abertura do arco deve ser feita com a tocha em ângulo de 60° da horizontal, na direção oposta à soldagem, com uma distância ao redor de 15 mm da ponta do eletrodo ao metal-base. Abaixa-se, então, a tocha até uma distância ao redor de 5 mm para abrir o arco com alta freqüência; caso não haja este recurso, aproximar ainda mais o eletrodo, tendo o cuidado de não tocar o metal-base e, conseqüentemente, contaminá-lo.

A Fig. 2.47 mostra a técnica de abertura de arco.

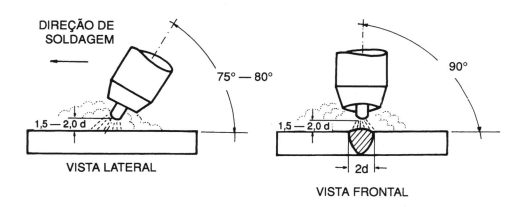

Figura 2.48a — Técnica de soldagem sem adição no processo TIG[4]

Após a abertura do arco, aumenta-se o ângulo para 75-80°, formando-se então a poça de fusão; pode-se fazer movimentos circulares para ajudar na formação da poça de fusão. A Fig. 2.48a mostra a técnica de soldagem sem adição, com 100% de penetração.

Soldagem manual com metal de adição — Após a abertura do arco, idêntica à técnica anterior e feita uma poça de fusão com o diâmetro aproximado de duas vezes o diâmetro da adição, move-se a tocha no sentido contrário à soldagem, até o início da poça de fusão. Adiciona-se o metal de adição com um ângulo entre 10 e 20° da horizontal. O metal de adição deve estar envolvido pela proteção gasosa, porém não deve ficar embaixo do arco, nem tocar a poça de fusão ou o eletrodo de tungstênio. Afasta-se o metal de adição, mantendo-o porém sob a proteção gasosa, não devendo ficar embaixo do arco, nem tocar a poça de fusão ou o eletrodo de tungstênio. Afasta-se o metal de adição, mantendo-o porém sob a proteção

Processo TIG

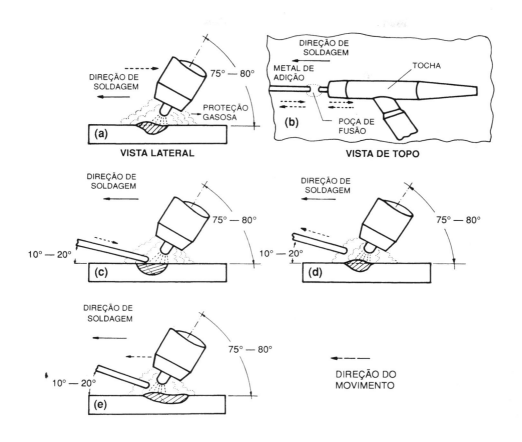

Figura 2.48b — Técnica para soldagem com adição no processo TIG. Em (a), o afastamento para o início da poça de fusão. Em (b) e (c), introdução do metal de adição para encher a poça de fusão. Em (d), a retirada do metal de adição. Em (e), formação de outra poça de fusão.

gasosa. Move-se então a tocha para formar outra poça de fusão. A Fig. 2.48b mostra essas técnicas.

A Fig. 2.49 mostra alguns defeitos gerados, quando não se usa a correta técnica de soldagem.

4. VARIANTES DO PROCESSO

Processo TIG com cabeça orbital

Usada para a soldagem de tubos no campo, a cabeça orbital é mostrada na Fig. 2.50.

SOLDAGEM: PROCESSOS E METALURGIA

Tabela 2.37 — Metais de adição usados na soldagem de ligas de alumínio[7]

Ligas a serem soldadas	Facilidade para soldar 1100	4043	5654	5356	5554	5556	Resistência de junta soldada (como soldada) (a) 1100	4043	5654	5356	5554	5556	Resistência à corrosão (b) 1100	4043	5654	5356	5554	5556	Serviço em temperaturas acima de 70°C (c) 1100	4043	5654	5356	5554	5556	Diferença de cor após anodização 1100	4043	5654	5356	5554	5556	Ductilidade (d) 1100	4043	5654	5356	5554	5556
Para soldar 1100 a: 1100	B	A	–	–	C	–	C	B	B	–	–	A	A	A	B	–	–	–	(e)	A	A	–	–	–	–	A	–	–	B	–	B	A	A	–	–	B	–	C
3003, Alclad 3003	A	A	–	–	B	–	B	A	B	–	–	A	A	A	–	–	–	–	–	A	A	–	–	–	–	A	–	–	B	–	B	A	D	–	–	B	–	C
3004, Alclad 3004	C	A	–	–	B	–	B	B	B	–	–	A	A	A	A	–	–	–	(e)	A	A	–	–	–	–	A	–	–	B	–	B	A	D	–	–	B	–	C
5005, 5050	B	A	–	–	B	–	B	B	B	–	–	A	A	A	A	–	–	–	(e)	A	A	–	–	–	–	A	–	–	B	–	B	A	D	–	–	B	–	C
5052, 5154, 5454	–	–	–	–	–	–	–	–	–	–	–	–	–	–	–	–	–	–	–	–	–	–	–	–	–	–	–	–	–	–	–	–	–	–	–	–	–
5083, 5086, 5456	–	A	–	B	–	–	B	–	A	–	–	–	A	A	–	A	–	–	–	–	A	–	–	–	–	–	–	–	A	–	A	–	C	–	A	A	–	B
6063(f), 6101(f)	–	–	–	–	–	–	–	–	–	–	–	–	–	–	–	–	–	–	–	–	–	–	–	–	–	–	–	–	–	–	–	–	–	–	–	–	–
6061(f)	–	A	–	B	–	–	B	–	A	–	–	A	–	A	–	A	–	–	–	–	A	–	–	–	–	–	–	–	A	–	A	–	C	–	A	–	–	C
Para soldar 3003 a: 3003, Alclad 3003	A	–	–	B	–	–	B	C	B	–	–	A	A	A	–	A	–	–	(e)	A	A	–	–	–	–	A	–	–	B	–	B	A	D	–	–	B	–	C
3004, Alclad 3004	–	A	–	B	–	–	B	–	B	–	–	A	A	A	A	–	–	–	(e)	A	A	–	–	–	–	A	–	–	A	–	B	–	C	–	–	A	–	B
5005, 5050	B	A	–	B	–	–	B	C	B	–	–	A	A	A	A	–	–	–	(e)	A	A	–	–	–	–	A	–	–	A	–	B	–	C	–	–	A	–	B
5052	–	–	B	B	B	B	B	–	B	–	B	A	A	C	A	B	A	B	B	–	A	–	–	–	–	–	–	–	A	–	A	–	C	–	A	A	–	B
5154	–	–	B	–	–	B	B	–	B	–	B	A	A	C	B	A	B	–	–	–	A	–	–	–	–	–	–	–	A	–	A	–	C	–	A	A	–	B
5454	–	–	C	–	–	B	B	–	B	–	B	A	–	C	–	A	–	B	–	–	A	–	–	–	–	–	–	–	A	–	A	–	C	–	A	B	–	B
5083, 5086, 5456	–	A	–	–	–	–	A	–	B	–	–	A	A	A	B	–	–	–	–	B	A	–	–	–	–	–	–	–	A	–	A	–	C	–	–	B	–	B
6063(f), 6101(f)	–	A	–	–	–	–	B	–	B	–	–	A	A	A	A	–	–	–	–	–	A	–	–	–	–	–	–	–	A	–	A	–	C	–	–	B	–	B
6061(e)	–	A	–	–	–	–	B	–	B	–	–	A	–	A	–	A	–	–	–	–	A	–	–	–	–	–	–	–	B	–	B	A	C	–	–	B	–	C
Para soldar Alclad 3303 a: Alclad 3003	A	A	–	B	–	–	B	C	B	–	–	A	A	A	A	–	–	–	–	–	A	–	–	–	–	–	–	–	B	–	B	A	D	–	–	B	–	C
3004, Alclad 3004 5005, 5050	–	A	–	B	–	–	B	–	B	–	–	A	A	A	A	–	–	–	(e)	A	A	–	–	–	–	A	–	–	A	–	B	–	C	A	D	–	–	B	C

88

5052	— A — B — B	— B — A — A	— A — B — B	— A — — — —	— — — A — A	— C — A — B
5154	— A C B C B	— B A A A A	— C A B A B	— — — — — —	— — B A A A	— C A A A B
5454	— A — B C B	— B — A A A	— C — B A B	— A — — A —	— — — A A A	— C — A A B
5083, 5086, 5456	— A — A — A	— B — A — A	— B — A — A	— — — — — —	— — — A — A	— C — A — B
6063(f), 6101(f)	— A — B — B	— B — A — A	— A — B — B	— A — — — —	— — — A — A	— C — A — B
6061(f)	— A — B — B	— B — A — A	— A — B — B	— A — — — —	— — — A — A	— C — A — B
Para soldar 3004 a: 3004, Alclad 3004	— A C B C B	— D C B C A	— A B (e) B (e)	— A — — A —	— — B A A A	— C A A A B
5005, 5050	— A — B — B	— B — A — A	— A — — — —	— A — — — —	— — — A — A	— C — A — B
5052	— A — B — B	— C — B — A	— A — — — —	— A — — — —	— — — A — A	— C — A — B
5154	— A C B C B	— D C B C A	— C A B A B	— — — — — —	— — B A A A	— C A A A B
5454	— A — B C B	— D — B C A	— C — B A B	— A — — A —	— — — A A A	— C — A A B
5083, 5086, 5456	— A — A — A	— C — B — A	— B — A — A	— — — — — —	— — — A — A	— C — A — B
6063(f), 6101(f)	— A — B — B	— C — B — A	— A — — — —	— A — — — —	— — — A — A	— C — A — B
6061(f)	— A — B — B	— C — B — A	— A — — — —	— A — — — —	— — — A — A	— C — A — B
Para soldar Alclad 3004 a: Alclad 3004	— A C B C B	— D C B C A	— A B C B C	— A — — A —	— — B A A A	— C A A A B
5005, 5050	— A — B — B	— B — A — A	— A — B — B	— A — — — —	— — — A — A	— C — A — B
5052	— A — B — B	— C — B — A	— A — B — B	— A — — — —	— — — A — A	— C — A — B
5154	— A C B C B	— D C B C A	— C A B A B	— — — — — —	— — B A A A	— C A A A B
5454	— A — B C B	— D — B C A	— C — B A B	— A — — A —	— — — A A A	— C — A A B
5083, 5086, 5456	— A — A — A	— C — B — A	— B — A — A	— — — — — —	— — — A — A	— C — A — B
6063(f), 6101(f)	— A — B — B	— C — B — A	— A — B — B	— A — — — —	— — — A — A	— C — A — B
6061(f)	— A — B — B	— C — B — A	— A — B — B	— A — — — —	— — — A — A	— C — A — B
Para soldar 5005 ou 5050 a: 5005, 5050	C A — B — B	— B — A — A	A A — — — —	A A — — — —	A — — B — B	A D — B — C
5052	— A — B — B	— B — A — A	— A — — — —	— A — — — —	— — — A — A	— C — A — B
5154	— A C B C B	— B A A A A	— C A B A B	— — — — — —	— — B A A A	— C A A A B
5454	— A — B C B	— B — A A A	— C — B A B	— A — — A —	— — — A A A	— C — A A B
5083, 5086, 5456	— A — A — A	— B — A — A	— B — A — A	— — — — — —	— — — A — A	— C — A — B
6063(f), 6101(f)	— A — B — B	— B — A — A	— A — — — —	— A — — — —	— — — A — A	— C — A — B
6061(f)	— A — B — B	— B — A — A	— A — — — —	— A — — — —	— — — A — A	— C — A — B

SOLDAGEM: PROCESSOS E METALURGIA

Tabela 2.37 — (continuação)

Ligas a serem soldadas	Facilidade para soldar						Resistência de junta soldada (como soldada) (a)						Resistência à corrosão (b)						Serviço em temperaturas acima de 70°C (c)						Diferença de cor após anodização						Ductilidade (d)					
	1100	4043	5654	5356	5554	5556	1100	4043	5654	5356	5554	5556	1100	4043	5654	5356	5554	5556	1100	4043	5654	5356	5554	5556	1100	4043	5654	5356	5554	5556
Para soldar 5052 a:																														
5052	–	–	A	B	A	A	–	–	D	C	B	A	–	–	C	B	A	–	–	A	–	–	B	–	–	–	–	A	A	B
5154	–	–	B	A	C	A	–	–	D	C	B	A	–	–	C	A	A	B	–	A	–	–	–	–	–	–	A	A	A	B
5454	–	–	B	A	C	A	–	–	D	C	B	A	–	–	C	B	A	B	–	A	–	–	A	–	–	–	–	A	A	B
5083, 5086, 5456 6063(f), 6101(f)	–	A	–	B	A	B	–	B	B	A	–	A	–	–	B	–	A	–	–	A	–	–	–	–	–	–	B	A	–	B
6061(f)	–	A	C	B	C	B	–	B	–	A	–	A	–	A	B	–	B	–	–	A	–	–	–	–	–	–	A	A	A	B
Para soldar 5083 ou 5456 a:																														
5154	–	–	B	A	B	A	–	–	C	B	C	A	–	A	–	A	A	B	–	–	B	–	–	–	–	–	–	A	A	B
5454	–	–	–	A	B	A	–	–	–	C	–	A	–	–	B	A	A	B	–	–	–	A	–	–	–	–	A	A	A	B
5083, 5086, 5456 6063(f), 6101(f)	–	A	–	B	A	A	–	B	–	A	–	A	–	–	A	A	A	A	–	–	B	–	–	–	–	–	A	A	A	B
6061(f)	–	A	D	C	B	A	–	B	–	A	–	A	–	A	–	A	–	A	–	–	B	–	–	–	–	–	A	A	A	B
Para soldar 5086 a:																														
5154	–	–	B	A	B	A	–	–	C	B	C	A	–	A	–	A	A	A	–	–	B	–	–	–	–	–	A	A	A	B
5454	–	–	–	A	B	A	–	–	–	C	–	A	–	A	–	A	A	A	–	–	B	–	–	–	–	–	–	A	A	B
5086 6063(f), 6101(f)	–	A	–	B	A	A	–	B	–	A	–	A	–	–	A	A	A	A	–	–	B	–	–	–	–	–	A	A	A	B
6061(f)	–	A	B	C	B	A	–	B	–	A	–	A	–	A	–	A	A	A	–	–	B	–	A	–	–	–	A	A	A	B
Para soldar 5154 a:																														
5154	–	B	A	B	–	A	–	C	C	B	–	A	–	–	A	–	A	–	–	A	B	A	B	A	–	–	A	A	A	B
5454	–	B	C	B	–	A	–	C	–	B	–	A	–	A	A	B	A	–	–	A	B	A	B	A	–	–	A	A	A	B
6063(f), 6101(f)	–	A	B	A	B	A	–	D	C	B	C	A	–	A	A	A	A	A	–	–	B	A	A	A	–	C	A	A	A	B

90

Processo TIG

Metal base						
6061(f)	—A C B C B	—D C B C A	—A B — B —	— — — — —	B A A A	—C A A A B
Para soldar 5454 a: 5454	— — B A B A	— — —C B C A	— — — A —	— — — — —	B A A A	— — A A A B
6063(f), 6101(f)	—A C B C B	—B A A A A	—B B — A —	— — —A —	B A A A	—C A A A B
6061(f)	—A C B C B	—D C B C A	—B B — A —	— — —A —	B A A A	—C A A A B
Para soldar 6061 a: 6063(f), 6101(f)	—A C B C B	—B A A A A	—A B C B C	— — —B —	B A A A	—C A A A B
6061(f)	—A C B C B	—D C B C A	—A B C B C	— — —B —	B A A A	—C A A A B
Para soldar 6063 ou 6101 a: 6063(f), 6101(f)	—A C B C B	—B A A A A	—A B C B C	— — —A —	B A A A	—C A A A B

Notas:

Os conceitos são relativos e estão em ordem decrescente de importância.

Onde houver um traço, a combinação não é recomendável.

(a) Aplicado particularmente à solda de filete.

(b) Baseado em imersão contínua ou alternada em água ou água com CaCl.

(c) O metal de adição 5183 também pode ser usado; ele tem o mesmo conceito do 5556, exceto que a solda com 5183 é ligeiramente mais dúctil e, nos casos onde o metal de adição é o responsável pela resistência da união, não deve ser utilizado. Por isso, o metal de adição 5183 não é indicado para a soldagem da liga 5456.

(d) Baseado no alongamento em dobramento livre.

(e) Os metais de adição 5356 e 5556 não são recomendados para resistência à corrosão, quando se soldam as ligas 1100, 3003 ou 3004 às ligas 3003 ou 3004; porém têm o conceito B na soldagem das ligas 1100 ou 3003 às ligas Alclad 3003 ou 3004, e conceito C na soldagem da liga 3004 à liga Alclad 3004.

(f) Não aplicável quando for feito um tratamento térmico após a soldagem.

SOLDAGEM: PROCESSOS E METALURGIA

Tabela 2.38 - Metais de adição usados na soldagem de ligas de alumínio tratáveis termicamente[7]

Liga a ser soldada (a)	Condição após soldagem (b)	Facilidade para soldar						Metal de adição — Resistência (c)						Ductilidade (d)						Resistência à corrosão (e)					
		2319	4043	4145	5039	5556 (f)	5554 (g)	2319	4043	4145	5039	5556 (f)	5554 (g)	2319	4043	4145	5039	5556 (f)	5554 (g)	2319	4043	4145	5039	5556 (f)	5554 (g)
Para soldar 2014 ou 2024 a: 2014, 2024	X	C	B	A	—	—	—	A	B	A	—	—	—	A	A	B	—	—	—	A	B	B	—	—	—
ou 2219	Y	C	B	A	—	—	—	A	C	B	—	—	—	A	A	B	—	—	—	A	B	B	—	—	—
Para soldar 2219 a: 2219	X	A	A	A	—	—	—	A	A	B	—	—	—	A	A	B	—	—	—	A	A	B	—	—	—
	Y ou Z	A	A	A	—	—	—	A	A	B	—	—	—	A	A	B	—	—	—	A	A	B	—	—	—
Para soldar 6061, 6063 ou 6101 a: 1100	X	—	A	A	—	—	—	—	A	A	—	A	—	—	A	B	—	A	—	—	A	—	—	—	—
2014 ou 2024	X	—	B	A	—	—	—	—	A	A	—	—	—	—	A	—	—	A	B	—	A	—	—	—	B
2219	X	—	A	—	—	—	—	—	A	—	—	A	B	—	—	—	—	A	B	—	A	—	—	A	B
3003, 3004, 5005 ou 5050	X	—	A	—	—	—	B	—	B	—	—	A	B	—	B	—	—	A	B	—	A	—	—	A	B
5052, 5154 ou 5454	X	—	A	—	—	A	B	—	C	—	—	A	B	—	A	—	—	A	B	—	A	—	—	A	—
5083, 5086 ou 5456	X	—	—	—	—	A	C	—	—	—	—	A	B	—	B	—	—	A	B	—	A	—	—	A	—
6063 ou 6061	X	—	A	—	—	B	B	—	A	—	—	A	B	—	B	—	—	A	B	—	A	—	—	A	A
Para soldar 7005 ou 7039 a: 5052, 5154 ou 5454	X	—	A	A	A	A (h)	B	—	D	—	A	B (h)	C	—	B	—	A	A (h)	B	—	B	—	A	A (h)	A
5083, 5086 ou 5456	X	—	A	A	A	A (h)	B	—	D	—	A	B (h)	—	—	B	—	A	A (h)	—	—	A	—	A	A (h)	A
6061 ou 6063	Y ou Z	—	A	A	A	A (h)	B	—	C	—	A	B (h)	B	—	B	—	A	A (h)	—	—	A	—	A	A (h)	A
7005 ou 7039	X	A	A	A	A	B	—	—	C	C	A	B	C	—	B	—	A	A	—	—	B	—	A	A	—
	Y ou Z	A	A	A	A	(h)	—	—	B	B	A	(h)	B	—	B	—	A	(h)	—	—	A	—	A	(h)	—
Para soldar 7075 ou 7178 a: 7075 ou 7178	X	—	A	A	B	B	—	—	C	C	A	B	—	—	B	—	A	A	—	—	B	—	A	A	—
	Y ou Z	—	A	A	B	(h)	—	—	B	B	A	(h)	—	—	B	—	A	(h)	—	—	A	—	B	(h)	—

92

Processo TIG

Notas:

Os conceitos são relativos e estão em ordem decrescente de importância.

Onde houver um traço, a combinação não é aplicável.

(a) Conceitos tanto para a liga comum como Alclad.

(b) X = envelhecido naturalmente por trinta dias ou mais.
Y = solubilização após soldagem, seguido de envelhecimento artificial.
Z = envelhecido artificialmente após soldagem.

(c) Limite de ruptura no ensaio de tração com solda cruzada.

(d) Baseado no alongamento da solda em ensaio de dobramento livre.

(e) Imersão contínua ou alternada em água ou água com NaCl.

(f) 5183 e 5356 têm o mesmo conceito que 5556.

(g) O metal de adição 5554 é adequado para soldar 6061, 6063 e 7005 antes da brasagem.

(h) Metal de adição não recomendado devido à possível suscetibilidade à corrosão sob tensão, quando for tratado termicamente após a soldagem.

ARCO LONGO	MORDEDURA / ÓXIDOS POROS / FALTA DE PENETRAÇÃO
INCLINAÇÃO EXCESSIVA DA TOCHA	OXIDAÇÃO POR FALTA DE PROTEÇÃO GASOSA
ÂNGULO DA TOCHA DIFERENTE DE 90°	CORDÃO ASSIMÉTRICO MORDEDURA DE UM LADO
TOCHA FORA DE ALINHAMENTO COM A JUNTA	FALTA DE FUSÃO DE UM LADO NA RAIZ
METAL DE ADIÇÃO BASTANTE AFASTADO DA TOCHA	ÓXIDOS
ELETRODO DE TUNGSTÊNIO TOCANDO A POÇA DE FUSÃO	EFEITO DE ENTALHE / CORROSÃO / RADIAÇÃO POR BOMBARDEIO DE NÊUTRONS (REATOR)

Figura 2.49 — Defeitos gerados durante a soldagem pelo uso de técnica incorreta[1]

Tabela 2.39 — Composição química dos eletrodos nus utilizados para soldar alumínio e suas ligas (AWS A5.10-79)

Classificação AWS	Composição química (%)							
	Si	Fe	Cu	Mn	Mg	Cr	Zn	Ti
ER1100	b	b	0,05 - 0,20	0,05	...	...	0,10	...
ER1260	c	c	0,04	0,01	...	...	...	...
ER2319[g]	0,20	0,30	5,8 - 6,8	0,20 - 0,40	0,02	...	0,10	0,10 - 0,20
ER4145	9,3 - 10,7	0,8	3,3 - 4,7	0,15	0,15	0,15	0,20	...
ER4043	4,5 - 6,0	0,8	0,30	0,05	0,05	...	0,10	0,20
ER4047	11,0 - 13,0	0,8	0,30	0,15	0,10	...	0,20	...
ER5039	0,10	0,40	0,03	0,30 - 0,50	3,3 - 4,3	0,10 - 0,20	2,4 - 3,2	0,10
ER5554	c	c	0,10	0,50 - 1,0	2,4 - 3,0	0,05 - 0,20	0,25	0,05 - 0,20
ER5654[h]	d	d	0,05	0,01	3,1 - 3,9	0,15 - 0,35	0,20	0,05 - 0,15
ER5356	e	e	0,10	0,05 - 0,20	4,5 - 5,5	0,05 - 0,20	0,10	0,06 - 0,20
ER5556	c	c	0,10	0,50 - 1,0	4,7 - 5,5	0,05 - 0,20	0,25	0,05 - 0,20
ER5183	0,40	0,40	0,10	0,50 - 1,0	4,3 - 5,2	0,05 - 0,25	0,25	0,15
R-C4A[a]	1,5	1,0	4,0 - 5,0	0,35	0,03	...	0,35	0,25
R-CN42A[a]	0,7	1,0	3,5 - 4,5	0,35	1,2 - 1,8	0,25	0,35	0,25
R-SC51A[a]	4,5 - 5,5	0,8[f]	1,0 - 1,5	0,50[f]	0,40 - 0,60	0,25	0,35	0,25
R-SG70A[a]	6,5 - 7,5	0,6	0,25	0,35	0,20 - 0,40	...	0,35	0,25

Notas:
1. Valores únicos indicam porcentagem máxima.
2. O teor de alumínio é a diferença entre 100 e a soma dos elementos de liga presentes, em unidades de 0,01%. Nas ligas ER 1100 e ER 1260 Al $\geq$ 99%.
3. Outros elementos poderão estar presentes desde que, individualmente, em teores $\leq$ 0,05% e que a soma total seja $\leq$ 0,15%. O berílio deve ser $\leq$ 0,0008%. A liga ER 1260 só admite um outro elemento, com teor $\leq$ 0,03%.

a) Para reparos de fundidos. A liga R-CN42A contém 1,7 a 2,3% Ni.
b) Si + Fe não deve exceder 1,0%
c) Si + Fe não deve exceder 0,40%
d) Si + Fe não deve exceder 0,45%
e) Si + Fe não deve exceder 0,50%
f) Se FE > 0,45%, o manganês deve ser igual a metade do teor de ferro.
g) Vanádio não deve exceder 0,05 - 0,15%; zircônio não deve exceder 0,10 - 0,25%
h) ER 5654 substitui as ligas ER 5154, ER 5254 e ER 5652.

Processo TIG

Figura 2.50 — Cabeça orbital para soldagem automática de tubos sem adição de metal[11]

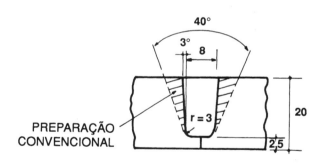

Figura 2.51 — Preparação de junta para soldagem TIG com chanfro profundo, comparada com uma preparação em V convencional[12]

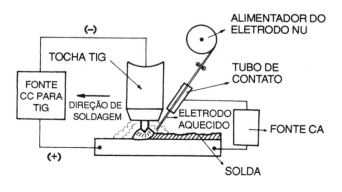

Figura 2.52 — Esquema elétrico para o TIG com eletrodo aquecido[12]

Tabela 2.40 — Valores recomendados para a soldagem de aço- carbono[2]

Espessura (mm)	Diâmetro do eletrodo (mm)	Diâmetro de adição (mm)	Velocidade da soldagem (cm/min)	Corrente de soldagem (A) passe de raiz	Corrente de soldagem (A) outros passes	Vazão de argônio (l/min)
0,5	1,6	-	15 - 25	15 - 20	15 - 30	4
0,8	1,6	-	30 - 40	25 - 30	35 - 50	4
1,0	1,6	0,8	30 - 50	25 - 35	35 - 60	4
1,2	1,6	1,2	40 - 80	35 - 70	50 - 80	4
1,5	1,6	1.2	50 - 100	50 - 70	70 - 100	5
2,0	3,2	1,2	70 - 120	70 - 90	80 - 120	5

Tabela 2.41 — Valores recomendados para a soldagem de aço-inoxidável[2]

Espessura (mm)	Tipo de junta	Diâmetro do eletrodo (mm)	Diâmetro do metal de adição (mm)	Corrente (A)	Vazão de argônio (l/min)	Número de passes	Velocidade da soldagem (cm/min)
0,6	sem chanfro sem abertura	1	-	15 - 25	3	1	30 - 40
0,8		1	-	15 - 30	3	1	30 - 40
1,0	sem chanfro com abertura	1	1	25 - 60	4	1	25 - 30
1,5		1,5	1,5	50 - 80	4	1	25 - 30
2		1,5	1,5 - 2,0	80 - 110	4	1	25 - 30
3		2,0	2 - 3	100 - 150	4	1	25 - 30
4	chanfro em V	2,0	3	120 - 200	5	1	25
5		3	3 - 4	200 - 250	5	1	25
6		3	4	200 - 250	6	2	25

Existem algumas variantes como: cabeça orbital com adição e oscilação do metal de adição; cabeça orbital para tubos de grandes diâmetros; e cabeça orbital com dois eletrodos.

Geralmente, utiliza-se a corrente contínua com polaridade direta para executar a soldagem, mesmo em ligas de alumínio. Existem atualmente algumas adaptações para soldagem de alumínio com cabeça orbital em corrente alternada refrigerada a água.

Processo TIG com chanfro estreito (*narrow-gap*)

Um exemplo típico de preparação de junta para esta técnica é mostrado na Fig. 2.51.

As vantagens dessa técnica está em diminuir a quantidade de metal depositado, a quantidade de passes e a zona afetada pelo calor; além disso, provoca menor distorção quando comparada com uma junta em V.

Processo TIG

Tabela 2.42 — Valores recomendados para a soldagem de alumínio e suas ligas em corrente alternada[10]

Espessura da chapa (mm)	Posição de soldagem(*)	Tipo de junta	Corrente (A)	Diâmetro do eletrodo (mm) (**)	Diâmetro do metal de adição (mm)	Vazão de argônio (l/mm)	Número de passes
1,6	P H,V SC	solda sem chanfro	70-100 70-100 60-40	1,6	2,4	10 10 12	1 1 1
3,2	P H,V SC	solda sem chanfro	125-160 115-150 115-150	2,4	3,2	10 10 12	1 1 1
6,4	P H,V SC	V,60° V,60° V,100°	225-275 200-240 210-260	4,0	4,8	15 15 17	2 2 2
9,5	P H,V SC	V,60° V,60° V,100°	325-400 250-320 275-350	6,4 4,8 4,8	6,4	17 17 20	2 3 3
12,7	P H,V SC	V,60° V,60° V,100°	375-450 250-320 275-340	6,4 4,8 4,8		17 17 20	3 3 4
25,4	P	V,60°	500-600	8,0 9,5	6,4 9,5	17-25	8-10

Notas: (*) P = plana; H = horizontal; V = vertical; SC = sobrecabeça.
(**) Diâmetros para eletrodo de tungstênio puro ou com zircônio.

Tabela 2.43 — Valores recomendados para a soldagem de alumínio e suas ligas em corrente contínua, polaridade direta na posição plana[10]

Espessura da chapa	Tipo de junta	Corrente (A) (*)	Tensão (V)	Diâmetro do eletrodo (mm)	Diâmetro do metal de adição (mm)	Vazão de hélio (l/mm)	Número de passes
0,50 0,75 0,80 1,00 1,25	solda	15-30 20-50 65-70 25-65 35-95		0,50 0,50-0,75 2,4 1,2 1,2	0,5 0,5 ou 1,2 sem adição 1,2 1,2		
1,25 1,50 1,75 2,00 2,25	sem	70-80 45-120 55-145 80-175 90-185	15 a 20	2,4 1,2-1,6 1,6 1,6 1,6	sem adição 1,2-1,6 1,6 1,6 1,6	10-25	1
3,20 3,20 6,30 6,30	chanfro	120-220 180-200 230-340 220-240		3,2 3,2 3,2 3,2	3,2 sem adição 3,2 ou 4,8 sem adição	12-30 12-30 12-30	
12,7 12,7	V-60°; raiz 3,0 mm solda sem chanfro	300-450 260-300		4,8 4,8	3,2 ou 6,4 sem adição	12-30 12-30	1 2
19,0	V-60° ou duplo V; raiz 5,0 mm	300-450		4,8	3,2 ou 6,4	12-30	3 (V simples) 2 (duplo V)
19,0	solda sem chanfro	450-470		4,8	sem adição	20-30	2
25,4	V-60° ou duplo V; raiz 5,0 mm	300-450		4,8	3,2 ou 6,4	12-30	4 (V simples) 2 (duplo V)
25,4	solda sem chanfro	550-570		6,3	sem adição	20-30	2

(*) Na soldagem automatizada utilizar as correntes maiores; na soldagem manual, os valores menores

SOLDAGEM: PROCESSOS E METALURGIA

Tabela 2.44 — Valores recomendados para a soldagem de cobre desoxidado com corrente contínua polaridade direta, na posição plana.Um único passe[10]

Esspessura da chapa (mm)	Diâmetro do eletrodo (mm)	Diâmetro do metal de adição (mm)	Corrente (A)	Tipo de gás	Vazão (l/min)	Velocidade de soldagem (cm/mm)
1,5	1,6	1,6	110 - 140	Argônio	7	30,0
3,0	2,4	2,4	175 - 225	Argônio	7	27,5
5,0	3,2	3,2	190 - 225	Hélio	15	25,0
6,5	3,2	3,2	225 - 260	Hélio	15	22,5

Processo TIG com eletrodo nu (*hot wire*)

Esta variante do processo TIG foi desenvolvida para conseguir elevada taxa de deposição, alcançando-se valores comparáveis às taxas de deposição dos processos MIG e arco submerso. O sistema elétrico é mostrado na Fig. 2.52

O aquecimento do eletrodo nu se dá por efeito Joule, similar ao que ocorre no processo MIG. Utiliza-se uma fonte de corrente alternada com tensão constante para o aquecimento do eletrodo nu. A fonte é de corrente alternada, para diminuir os efeitos de sopro magnético no arco elétrico. O eletrodo nu também deve ter diâmetro pequeno para não interferir no arco.

BIBLIOGRAFIA

1. BAUM L. & FISCHER, H. - Der Schretzgas Schuveisser - teil 1; WIG Schweiben Plasmaschuweisben, DVS, 2ª ed., 1981.
2. BARROS, S.M. - Processos de Soldagem; PETROBRÁS, 1976.
3. MOINO, H.F. & FIORELLO, V. - Tecnologia de Fabricação; FATEC, SP, 1984.
4. LINCOLN ELECTRIC CO. - New Lessons in Arc Welding; USA - 3ª ed., 1982.
5. WELDCRAFT - Catálogo de tochas para o processo TIG; USA, 1985.
6. RICHARDS, K.G. - Joint Preparations for Fusion Welding of Steel; The Welding Institute, 1976.
7. ASM - Metals Handbook, vol. 6, Welding and brazing, 8ª ed., 1970.
8. PHILLIPS, A.L. - Current Welding Process; AWS, USA, 1968.
9. AWS - Welding Handbook, vol. 2; USA, 7ª., 1978.
10. LINCOLN ELECTRIC CO. - The Procedure Handbook of Arc Welding; USA, 12ª ed., 1973.
11. ASTRO ARC CO. - Catálogo de Equipamentos para Soldagem Orbital de Tubos.
12. LUCAS, W. TIG and Plasma Welding in the 80s - Part 1 - Process Fundamentals - TIG; Metal Construction, 3ª pt., 1982, p.488-92

2d Processo MIG/MAG

Sérgio D. Brandi

1. INTRODUÇÃO

Os processos MIG (metal inert gas) e MAG (metal active gas) utilizam como fonte de calor um arco elétrico mantido entre um eletrodo nu consumível, alimentado continuamente, e a peça a soldar. A proteção da região de soldagem é feita por um fluxo de gás inerte (MIG) ou gás ativo (MAG). A soldagem pode ser semi-automática ou automática. A Fig. 2.53 mostra esquematicamente o processo.

Os primeiros trabalhos com estes processos foram feitos com gás ativo, em peças de aço, no início dos anos 30. O processo foi inviabilizado e, somente após a II Guerra Mundial, foi possível viabilizá-lo, primeiro para a soldagem de magnésio e suas ligas e em seguida para os outros metais, sempre porém com gás inerte. Algum tempo depois foi introduzido no lugar do argônio o CO_2, parcial ou totalmente, na soldagem dos aços.

O processo MIG é adequado à soldagem de aços-carbono, aços de baixa, média e alta liga, aços inoxidáveis, alumínio e ligas, magnésio e ligas e cobre e ligas. O processo MAG é utilizado na soldagem de aços de baixo carbono e aços de baixa liga.

2. CARACTERÍSTICAS GERAIS

As vantagens e limitações do processo são dadas a seguir:

Vantagens:
- Processo semi-automático bastante versátil, podendo ser adaptado facilmente para a soldagem automática;
- o eletrodo nu é alimentado continuamente;
- a soldagem pode ser executada em todas as posições;
- a velocidade de soldagem é elevada;
- taxa de deposição elevada devido à densidade de corrente alta na ponta do arame;

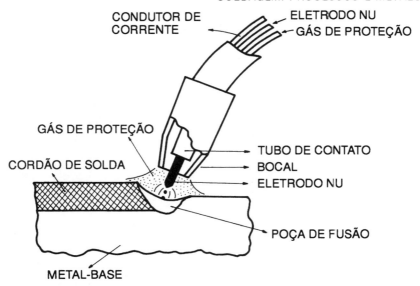

Figura 2.53 — Processo de soldagem MIG/MAG

- não há formação de escória e, conseqüentemente, não se perde tempo na sua remoção, nem se corre o risco de inclusão de escória na soldagem em vários passes;
- penetração de raiz mais uniforme que no processo com eletrodo revestido;
- processo com baixo teor de hidrogênio que, no caso de eletrodos nus, fica ao redor de 5 ppm/100 g de metal;
- problemas de distorção e tensões residuais diminuídos;
- soldagem com visibilidade total da poça de fusão;
- possibilidade de controlar a penetração e a diluição durante a soldagem;
- facilidade de execução da soldagem;
- o soldador pode ser facilmente treinado para soldar em todas as posições.

Limitações:

- maior velocidade de resfriamento por não haver escória, o que aumenta a ocorrência de trincas, principalmente no caso de aços temperáveis;
- a soldagem deve ser protegida de correntes de ar;
- como o bocal da pistola precisa ficar próximo do metal-base a ser soldado, a operação não é fácil em locais de acesso difícil;
- projeções de gotas de metal líquido durante a soldagem;
- grande emissão de raios ultravioleta;
- equipamento de soldagem mais caro e complexo que o do processo com eletrodo revestido;
- equipamento menos portátil que o do processo com o eletrodo revestido.

Processo MIG/MAG

Tabela 2.45 — Resumo das características da soldagem pelo processo MIG/MAG; adaptado de[1]

Tipo de operação: semi-automática ou automática	Equipamentos: Gerador, retificador Pistola Cilindro de gases Unidade de alimentação do eletrodo nu
Características: Taxa de deposição: 1 a 15 kg/h Espessuras soldadas: 3 mm mínima na soldagem semi-automática e 1,5 mm na soldagem automática Posições de soldagem: todas Diluição: 10 a 30% Tipo de juntas: todas Faixa de corrente: 60 a 500 A	Custo do equipamento: 5 a 10 vezes o custo do equipamento de eletrodo revestido Consumíveis: Eletrodo nu 0,5 a 1,6 mm Bocal Gases: argônio, hélio, CO_2 e misturas (argônio + CO_2; argônio + oxigênio)
Vantagens: Taxa de deposição elevada Poucas operações de acabamento Solda com baixo teor de hidrogênio Facilidade de execução da soldagem	Limitações: Velocidade de resfriamento elevada com possibilidade de trincas Dificuldade na soldagem em locais de difícil acesso
Segurança: Proteção ocular Proteção da pele para evitar queimaduras pela radiação ultra-violeta e projeções metálicas	

A Tab. 2.45 contém algumas informações sobre a soldagem pelo processo MIG/MAG.

3. EQUIPAMENTOS

Os equipamentos básicos para a soldagem MIG/MAG são mostrados esquematicamente na Fig. 2.54.

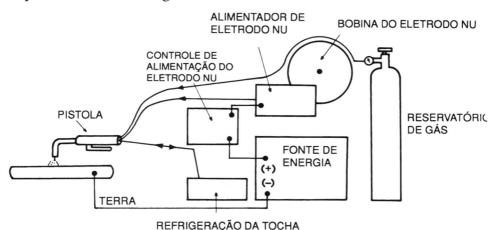

Figura 2.54 — Esquema dos equipamentos para o processo MIG/MAG

SOLDAGEM: PROCESSOS E METALURGIA

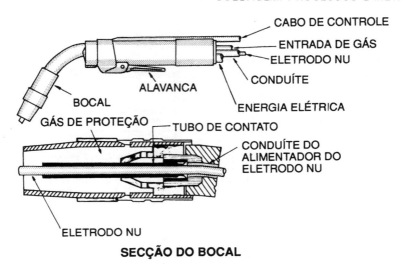

Figura 2.55 — Pistola manual refrigerada a ar[2]

A fonte de energia pode ser um gerador ou um retificador, ambos com características de potencial constante. A soldagem pelo processo MIG/MAG é geralmente feita em corrente contínua, que pode até ser pulsada. Há estudos para desenvolver o processo para corrente alternada.

O alimentador de eletrodo é ligado à fonte de energia e possui controle para a velocidade de alimentação; a velocidade junto com a tensão selecionada na fonte, determinam o valor da corrente de soldagem.

A pistola pode ser refrigerada a ar ou água, dependendo da escolha da

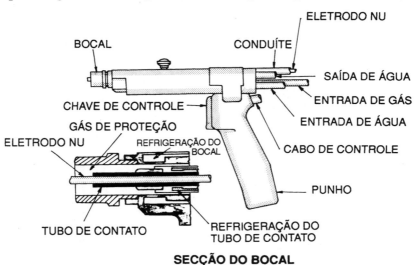

Figura 2.56 — Pistola manual refrigerada a água[2]

102

corrente de soldagem, do tipo de gás de proteção e do tipo de junta. As Figs. 2.55 e 2.56 mostram dois tipos de pistola para o processo MIG/MAG.

O reservatório de gás é um cilindro de aço com o gás adequado à soldagem. Acoplado à válvula de abertura existe, geralmente, um regulador de pressão e um medidor e controlador de vazão do gás de proteção.

4. VARIÁVEIS DO PROCESSO

As variáveis do processo, segundo a norma ASME, seção IX, edição de 1983, são as seguintes:
- qualificação do procedimento: metal-base; metal de adição; tratamento térmico após soldagem; preaquecimento; tipo de gás de proteção; tipo de junta; posição de soldagem; características elétricas; e técnica de soldagem.

As três primeiras são consideradas essenciais e as quatro últimas, não; o preaquecimento e o tipo de gás de proteção podem ser essenciais ou não, dependendo da aplicação.
- qualificação do soldador (todas as variáveis são essenciais): tipo de junta; metal-base; metal de adição; posição de soldagem; tipo de gás de proteção; e características elétricas.

Características elétricas de transferência

Basicamente existem 4 tipos de transferência metálica no processo MIG/MAG: globular, por curto-circuito, por pulverização axial e rotacional, e por arco pulsado.

Transferência globular — Ocorre para baixas densidades de corrente e qualquer tipo de gás de proteção, especialmente para CO_2 e hélio. A gota que se forma na ponta do eletrodo nu tem o diâmetro maior que ele, daí resultando a dificuldade em soldar fora de posição. A quantidade de calor colocada na peça a ser soldada tem um valor intermediário, comparando com os outros modos de transferência. Este tipo de transferência pode gerar falta de penetração, falta de fusão e/ou reforço do cordão de solda excessivo[3]. A Fig. 2.57 mostra esse tipo de transferência metálica.

Transferência por curto-circuito — Ocorre para eletrodos nus de diâmetros menores que os convencionais (0,8 a 1,2 mm), para valores mais baixos de corrente que a transferência globular e para qualquer tipo de gás de proteção. A gota que se forma na ponta do eletrodo nu toca a poça de fusão, formando um curto-circuito. A gota é puxada para a poça de fusão pela tensão superficial desta e, por isso, este modo de transferência é adequado para todas as posições. A quantidade de calor colocada na

SOLDAGEM: PROCESSOS E METALURGIA

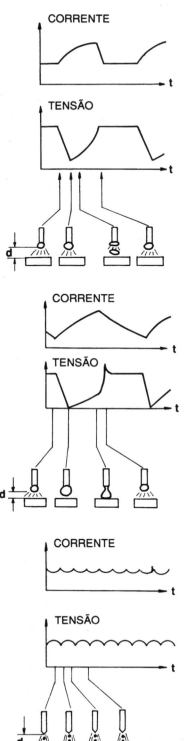

Figura 2.57 — Esquema do modo de transferência globular, mostrando como varia a tensão e a corrente de soldagem durante a transferência. Nesse tipo de transferência, a gota viaja através do arco, para somente depois tocar a poça de fusão.

Figura 2.58 — Esquema da transferência metálica por curto-circuito, mostrando o comportamento da tensão da tensão e corrente de soldagem durante a transferência.

Figura 2.59 — Esquema de transferência metálica por pulverização axial, mostrando o comportamento da tensão e da corrente de soldagem durante a transferência. Nota-se que, a menos de pequenas variações, a tensão e a corrente são constantes.

Processo MIG/MAG

peça é bem menor que a da transferência globular, sendo assim recomendada para soldar chapas finas. A penetração não é muito grande e existe problema de respingo e instabilidade do arco. A Fig. 2.58 mostra esse tipo de transferência metálica.

Transferência por pulverização — Ocorre para elevadas densidades de corrente e quando se usa argônio ou misturas ricas em argônio como gás de proteção. A gota que se forma na ponta do eletrodo nu tem o diâmetro menor que o próprio eletrodo e é axialmente direcionada. A quantidade de calor colocada na peça para a solda é bastante elevada, sendo esse modo de transferência adequado para soldar chapas grossas. No caso da soldagem de aço-carbono, solda-se nas posições plana e horizontal (solda em ângulo). A penetração é bem elevada e o arco é bastante suave. A Fig. 2.59 mostra esse tipo de transferência.

Para um dado diâmetro de arame, o tipo de transferência metálica muda de globular para pulverização axial, à medida que se aumenta a corrente. A essa corrente dá-se o nome de corrente de transição globular/pulverização. A Fig. 2.60 mostra esse comportamento.

A Tab. 2.46 mostra algumas correntes de transição para vários tipos de eletrodos nus.

Existe ainda uma segunda corrente de transição, na qual a transferência metálica passa de pulverização axial para pulverização rotacional. Neste modo de tranaferência, a ponta do eletrodo nu faz um movimento circular em torno de seu eixo, tornando a transferência bastante instável.

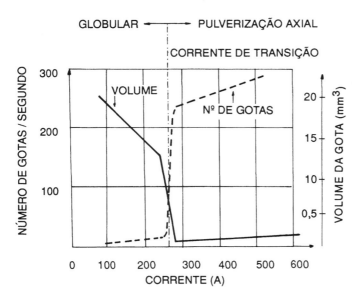

Figura 2.60 — Variação no volume e no número de gotas por segundo em função da corrente de soldagem, para as seguintes condições: eletrodo de aço-carbono, com diâmetro de 1,6 mm; CCPR; gás de proteção argônio com 1% de oxigênio; comprimento do arco, 6 mm[3]

105

Tabela 2.46 — Corrente de transição globular/pulverização para diversos eletrodos nus em diferentes bitolas[3]

Tipo de eletrodo nu	Diâmetro do eletrodo (mm)	Gás de proteção	Corrente mínima para transf. por pulverização (A)
Aço-carbono	0,76 0,89 1,14 1,59	Argônio + 2% oxig.	150 165 220 275
Aço inoxidável	0,89 1,14 1,59	Argônio + 1% oxig.	170 225 285
Alumínio e ligas	0,76 1,14 1,59	Argônio	95 135 180
Cobre desoxidado	0,89 1,14 1,59	Argônio	180 210 310
Bronze silício	0,89 1,14 1,59		165 205 270

Transferência com arco pulsado — A transferência é do tipo Pulverização axial. O equipamento de soldagem gera dois níveis de corrente. No primeiro, a corrente de base (I_b) é tão baixa que não há transferência, mas somente o início da fusão do arame. No segundo, a corrente de pico (I_p) é superior à corrente de transição globular/pulverização (I_t), ocasionando a transferência de uma única gota. Com isso consegue-se uma transferência com característica de pulverização, porém com uma corrente média bem menor. A quantidade de calor colocada na peça é menor que a da pulveri-

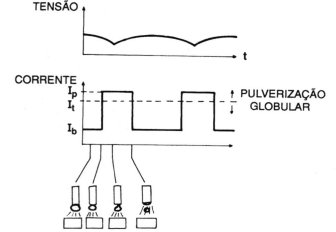

Figura 2.61 — Esquema do modo de transferência por arco pulsado. Observa-se a transferência de uma única gota por pulso de corrente

Processo MIG/MAG

Tabela 2.47 — Características gerais dos modos de transferência metálica

Tipo de transferência metálica	Gás de proteção	Posição de soldagem	Energia de soldagem (1)	Penetração (1)	Estabilidade do arco
Globular	todos	plana	1,2	1,2	intermediário
Curto-circuito	todos	todas	1,0	1,0	ruim
Pulverização axial	argônio e misturas ricas em argônio	plana/horizontal (em ângulo)	1,8	1,8	boa
Arco pulsado		todas	1,2 - 1,6	1,2 - 1,6	boa

(1) Valores relativos tomando como base a transferência por curto-circuito.

zação axial convencional; por isso, solda-se espessuras bem menores e consegue-se soldar em todas as posições. A Fig. 2.61 mostra esquematicamente este tipo de transferência.

A Tab. 2.47 resume, de modo qualitativo, as características dos diversos modos de transferência metálica.

Concluindo, observa-se que o tipo de transferência metálica é função da corrente de soldagem, da bitola e composição do eletrodo nu e da composição do gás de proteção, entre outros parâmetros. A transferência por pulverização axial é a mais indicada, por ter um arco estável e alta taxa de deposição, desde que respeitadas suas limitações. A transferência globular gera bastante respingos, sendo pouco utilizada. No seu lugar diminui-se a distância do arco e obtém-se a transferência por curto-circuito. A transferência com arco pulsado substitui a transferência por pulverização axial no que se refere à posição de soldagem e espessura da chapa.

Características da corrente de soldagem

Conforme foi visto, a intensidade de soldagem influi no modo de transferência metálica. Além disso, a polaridade da corrente também tem grande influência no modo de transferência.

Corrente contínua com polaridade reversa CCPR(+) — É o tipo de corrente geralmente utilizado com o processo MIG/MAG. No caso do gás de proteção ser argônio ou misturas ricas em argônio, pode-se ter os quatro modos de transferência metálica, dependendo do valor da corrente de soldagem e de ser ela pulsada ou não. No caso de CO_2 ou misturas ricas em CO_2, hélio e misturas ricas em hélio, obtém-se somente transferência globular (hélio, CO_2) ou de curto-circuito (CO_2).

Corrente contínua com polaridade direta CCPD(-) — Neste caso existe uma repulsão da gota gerada pelas forças dos jatos de plasma e de vapor metálico, como foi mostrado no estudo da transferência metálica. Tanto com o argônio como com o CO_2, a gota é empurrada para cima e pode ser desviada da sua trajetória normal. A transferência torna-se bastante instável, dificultando a soldagem. A Fig. 2.62 mostra esse comportamento.

Resumindo, a polaridade mais indicada para soldagem é a CCPR(+), enquanto que para soldagem de revestimento é a CCPD(-). A Fig. 2.63 mostra o efeito da polaridade no formato do cordão.

Tensão de soldagem — A tensão do arco está associada ao seu comprimento: uma tensão baixa acarreta em pequeno comprimento do arco. De uma maneira geral, tensões do arco menores que 22 A favorecem a transferência por curto-circuito, dependendo da corrente utilizada. Acima desse valor, a transferência é globular ou por pulverização axial, conforme a corrente de soldagem esteja abaixo ou acima da corrente de transição.

A potência do arco (V.I) é responsável pela largura do cordão[5]. Assim, para uma corrente constante, aumentando-se a tensão, aumenta-se a largura do cordão e vice-versa.

Conforme o valor da tensão, introduz-se defeitos de soldagem[3]: valores elevados de tensão podem gerar porosidade, excesso de respingos e mordedura; se esse valor for baixo, pode proporcionar o aparecimento de porosidade e sobreposição.

Fonte de energia — O tipo de fonte geralmente utilizada é de potencial constante, o que permite uma auto-regulagem para manter o comprimento do arco constante. Essa característica é importante, pois o eletrodo nu é alimentado continuamente e a fonte deve fornecer a energia necessária para fundir o eletrodo nu, alimentado pela pistola a uma dada velocidade. Essa energia tem dois componentes: a que está contida no arco, dada pelo produto V.I, e a energia de aquecimento do eletrodo nu, por efeito Joule, dada por $R \cdot I^2$, onde R é a resistência elétrica do eletrodo nu.

São três os fatores que podem alterar o valor dessa energia (6): mudança da distância entre a pistola e o metal-base; mudança na velocidade de alimentação do eletrodo nu; e mudança da faixa de tensão de soldagem na fonte de energia.

Mudança de distância entre a pistola e o metal-base — A Fig. 2.64 mostra as diversas fases da auto-regulagem, quando se muda a distância pistola/metal-base. O gráfico (a) mostra que a tensão, a corrente de soldagem e a distância do arco são adequadas; conseqüentemente, existe energia disponível ($V_s \cdot I_s + R_1 I_s^2$) para fundir o eletrodo nu. Se a distância for aumentada (gráfico central), a energia disponível passará para $V'I' + (R_2 I')^2$; como a energia diminui, a velocidade de fusão do eletrodo nu também diminui. A distância do arco volta, então, ao valor inicial. O raciocínio é análogo para o caso (c), de diminuição da distância.

Processo MIG/MAG

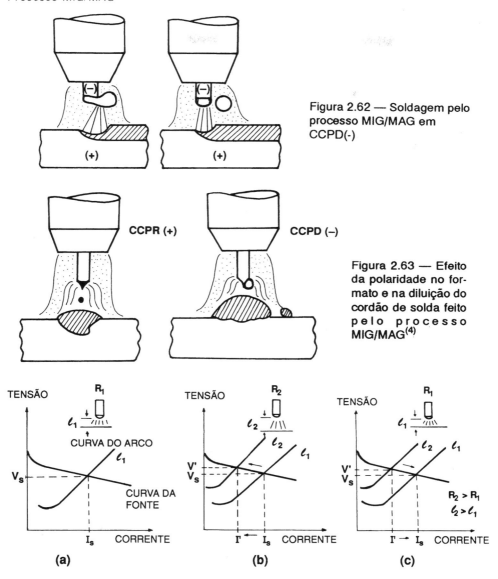

Figura 2.62 — Soldagem pelo processo MIG/MAG em CCPD(-)

Figura 2.63 — Efeito da polaridade no formato e na diluição do cordão de solda feito pelo processo MIG/MAG[4]

Figura 2.64 — Fases de auto-regulagem, quando se aumenta a distância pistola/metal-base[6]

Mudança na velocidade de alimentação do eletrodo nu — Neste caso há diminuição na distância do arco e aumento no comprimento do eletrodo nu, aumentando então a energia para fundir o eletrodo nu, o que proporciona a volta da distância do arco original, l₀. Esse comportamento é mostrado na Fig. 2.65.

Mudança de regulagem da tensão de soldagem na fonte de energia — Supondo que não haja variação da distância da pistola ao metal-base e da

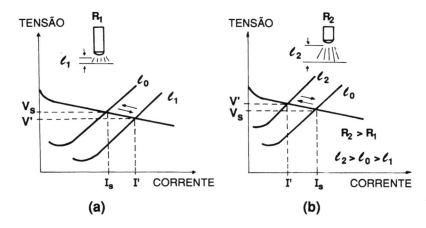

Figura 2.65 — Auto-regulagem quando se aumenta (a) ou diminui (b) a velocidade de alimentação do eletrodo nu[6]

velocidade de alimentação do eletrodo nu, a mudança na faixa de tensão de soldagem na fonte de energia causa o comportamento mostrado na Fig. 2.66: ocorrem aumentos na tensão e corrente de soldagem, no comportamento do arco e na largura e penetração do cordão.

Do que foi visto, conclui-se que tanto a distância do arco como a velocidade de alimentação do eletrodo nu influenciam a tensão e a corrente de soldagem, para uma dada regulagem de tensão na fonte de energia. Assim, uma variação momentânea da distância do arco acarreta a mudança da velocidade de alimentação do eletrodo nu, para que a distância do arco volte a se estabilizar. Existe uma relação direta entre a velocidade de alimentação do eletrodo nu e a corrente de soldagem. Um aumento na velocidade de alimentação causa o aumento da corrente de soldagem. Com esta alteração muda também a distância do arco. Esses aspectos são mostradas na Fig. 2.67.

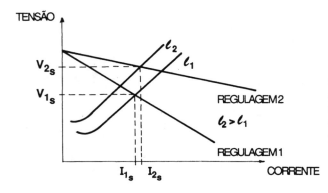

Figura 2.66 — Mudança das variáveis de processo quando se altera a tensão de soldagem na fonte de energia[6]

Processo MIG/MAG

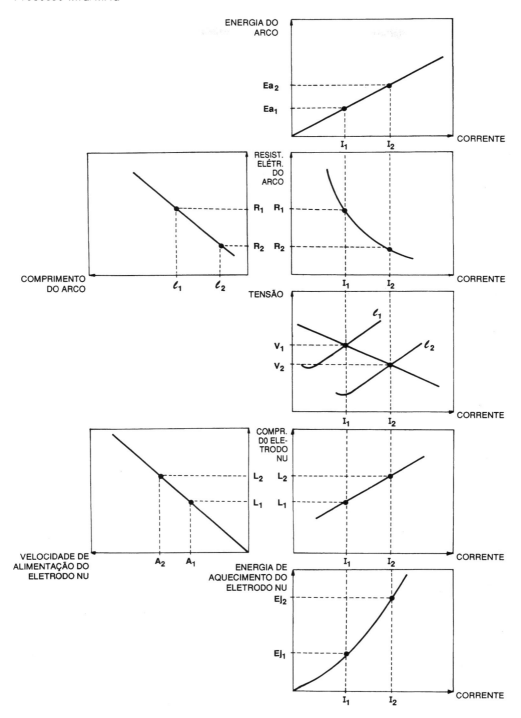

Figura 2.67 — Influência da velocidade de alimentação e do comprimento do arco na tensão e corrente de soldagem

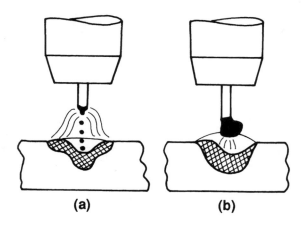

Figura 2.68 — Efeito do tipo de gás de proteção no formato do cordão. Em (a) o gás é o argônio e em (b) é o CO_2. Observa-se a mudança no comprimento do arco[4]

Tipo de gás de proteção

Entre outros fatores, o tipo do gás de proteção influi no modo de transferência e nos formatos do arco e do cordão, como mostra a Fig. 2.68. Essa proteção pode ser feita através de gases inertes (argônio, hélio ou suas misturas) ou de gases ativos.

Argônio e hélio — A Tab. 2.48 compara o comportamento das diversas características de soldagem com argônio e hélio puros. Deve ser observa-

Tabela 2.48 — Comparação entre argônio e hélio puros

Característica	Argônio	Hélio
Condutividade térmica	Baixa	Elevada
Tensão do arco	Menor	Maior
Calor gerado no arco	Menor	Maior
Aplicações	Chapas finas Metais de baixa condutividade térmica	Chapas grossas Metais de elevada condutividade térmica
Penetração central	Maior que nas laterais	Menor
Largura do cordão	Mais estreito	Mais largo
Transferência metálica	Todos os tipos	Globular ou curto-circuito
Estabilidade do arco	Boa	Instável
Velocidade de soldagem	Menor	Maior
Efeito de limpeza na soldagem de alumínio e suas ligas	Maior	Menor
Custo/volume de gás	Menor	Maior
Peso em relação ao ar	38% a mais	14% do ar

Processo MIG/MAG

Tabela 2.49 — Gases de proteção para os processos MIG e MAG; adaptado de[6]

Gás de proteção	Comportamento químico	Aplicações típicas
Argônio (A)	inerte	todas a ligas, exceto aços
Hélio (He)	inerte	alumínio, magnésio e cobre; para maiores espessuras e reduzir a porosidade
A+(20 - 80%) hélio	inerte	alumínio, magnésio e cobre; para maiores espessuras e reduzir a porosidade; tem melhor ação que 100% He
A+(1 - 2%) oxigênio	levemente oxidante	aços inoxidáveis e aços ligados
A+(3 - 5%) oxigênio	oxidante	aço-carbono e alguns aços de baixa liga
CO_2	oxidante	aço-carbono e alguns aços de baixa liga
A+(20 - 50%) CO_2	oxidante	aço-carbono (transferência por curto-circuito)
A+10%CO_2+5%oxigênio	oxidante	aços-carbono (Europa)
CO_2+20%oxigênio	oxidante	aços-carbono (Japão)
90%He+7,5%A+2,5%O_2	levemente oxidante	aços inoxidáveis para boa resistência à corrosão (transferência por curto-circuito)
(60 - 70%)He+(25 - 35%)A+(4 - 5%)CO_2	oxidante	aços de baixa liga para boa tenacidade (transferência por curto-circuito)

do que o argônio é 10 vezes mais pesado que o hélio e que propicia maior proteção quando comparado com a mesma vazão de hélio.

A Fig. 2.69 dá uma idéia do contorno do cordão em função do tipo de gás de proteção.

Misturas gasosas — As misturas de gases inertes visam obter características intermediárias entre as indicadas na Tab. 2.48, já que a adição de hélio ao argônio melhora o contorno do cordão. Deve-se salientar que se o teor de hélio for maior que 50%, não se obtém transferência por pulverização axial.

A adição de gases ativos (CO_2 e/ou oxigênio) aos gases inertes visa melhorar a estabilidade do arco, porém neste caso o processo de soldagem é **MAG**.

Além de estabilizar o arco, a adição de pequenos teores de **gases ativos** têm as seguintes funções:
- muda o contorno do cordão (na secção transversal), conforme mostra a Fig. 2.69;
- diminui a ocorrência de respingos e de mordedura; e
- aumenta a penetração.

A quantidade de gás ativo adicionado depende de:

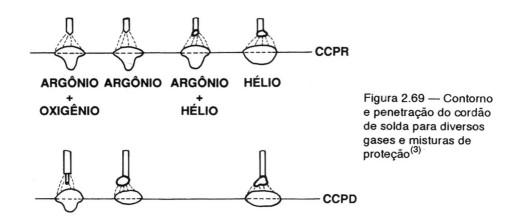

Figura 2.69 — Contorno e penetração do cordão de solda para diversos gases e misturas de proteção[3]

Tabela 2.50 — Seleção de gases para soldagem com transferência por pulverização axial; adaptado de[6]

Metal	Gás de proteção	Vantagens
Alumínio	argônio	espessuras até 25 mm; estabilidade do arco, transferência metálica boa, menos respingo
	75% hélio 25% argônio	espessuras de 25 a 75 mm; energia de soldagem maior que o argônio
	90% hélio 10% argônio	acima de 75 mm; energia de soldagem maior que as outras duas misturas; diminui a ocorrência de porosidade
Magnésio	argônio	excelente ação de limpeza
Aço-carbono	argônio+(3-5%)oxigênio	boa estabilidade do arco; poça de fusão facilmente controlável; diminui a ocorrência de mordedura, melhora o contorno de penetração
Aço de baixa liga	argônio+2% oxigênio	diminui a ocorrência de mordedura; proporciona boa tenacidade da solda
Aço inoxidável	argônio+1% oxigênio	boa estabilidade do arco; poça de fusão facilmente controlável; bom contorno de penetração; diminui a ocorrência de mordedura para chapas grossas
	argônio+2% oxigênio	melhor estabilidade do arco; velocidade de soldagem maior que a mistura com 1% de oxigênio para chapas frias
Cobre, níquel e suas ligas	argônio	bom controle da poça de fusão para espessuras até 3,5 mm
	hélio+argônio	elevada energia de soldagem de misturas de 50 a 75% de hélio para grandes espessuras e ligas com condutibilidade térmica elevada
Metais reativos (Ti, Zr, Ta)	argônio	boa estabilidade do arco; contaminação de solda minimizada; cobre-junta com gás inerte, para prevenir a contaminação com ar do passe de raiz

Processo MIG/MAG

- geometria da junta: quantidades maiores de gás exigem, por exemplo, face de raiz maior para não se ter perfuração em uma junta topo-a-topo.
- posição de soldagem: em posições fora da plana, a quantidade de calor colocada na peça deve ser controlada; a adição de gases ativos aumenta a temperatura do arco.
- composição do metal base: a quantidade de gás ativo está ligada ao ponto de fusão, tensão superficial e às reações que podem ocorrer na poça de fusão; ponto de fusão mais baixo, menores teores de gás ativo; tensão superficial maior, maiores teores de gás ativo.

Gases ativos — O dióxido de carbono (CO_2) é utilizado na forma pura ou com adições de oxigênio e/ou argônio. É usado exclusivamente para a soldagem de aços-carbono e aços de baixa liga. As vantagens do CO_2 são: seu baixo custo, comparado com argônio ou hélio e a velocidade de soldagem e penetração elevadas. De outro lado, são desvantagens: o excesso de respingos e a atmosfera do arco oxidante que pode causar porosidade, caso o eletrodo nu não tenha desoxidante, podendo influir nas propriedades mecânicas do depósito.

A adição de argônio ao CO_2, apesar de encarecer a mistura, tem as seguintes vantagens: melhora a aparência do cordão; diminui a quantidade de respingos; e a temperatura do arco é menor (para chapas mais finas).

As Tabs. 2.49 a 2.51 servem de roteiro para a escolha dos gases de proteção.

Tabela 2.51 — Seleção de gases para soldagem com transferência por curto-circuito; adaptado de[6]

Metal	Gás de proteção	Vantagens
aço-carbono	argônio+(20 - 25%)CO_2	espessura até 3,5 mm; velocidade de soldagem elevada; diminui a distorção e respingo; boa penetração
	argônio+50%CO_2	espessuras maiores que 3,5 mm; diminui os respingos; solda com aparência limpa; bom controle da poça de fusão na posição vertical e sobrecabeça
	CO_2	grande penetração; velocidade de soldagem elevada; baixo custo
aço de baixa liga	(60 - 70%) hélio + (25 - 35%) argônio + (1 - 5%) CO_2	tenacidade razoável; estabilidade do arco excelente; poucos respingos
aço inoxidável	90% hélio+7,5% argônio+2,5%CO_2	zona afetada pelo calor pequena; não há mordedura; minimiza a distorção; boa estabilidade do arco
alumínio, cobre, magnésio e níquel e suas ligas	argônio	adequado para pequenas espessuras
	argônio+hélio	para chapas grossas

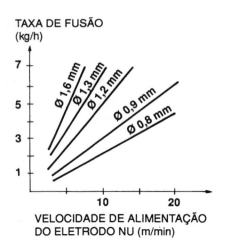
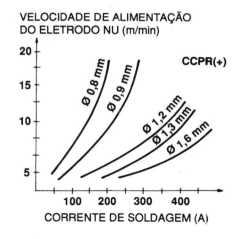

Figura 2.70 — Correlação entre taxa de fusão, velocidade de alimentação e corrente de soldagem para diversos diâmetros de eletrodos nus de aço-carbono[7]

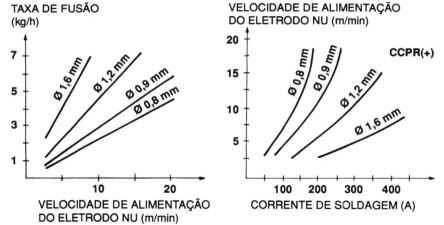

Figura 2.71 — Correlação entre taxa de fusão, velocidade de alimentação e corrente de soldagem para diversos diâmetros de eletrodos nus de aço inoxidável da série 300[7]

Classificação e seleção dos consumíveis (exceto gases)

Seleção do diâmetro do eletrodo nu — A taxa de fusão e a penetração são funções da densidade de corrente. Se dois eletrodos nus com diâmetros diferentes puderem ser utilizados nas mesmas condições de soldagem, o de menor diâmetro dará maior taxa de deposição e penetração. Eletrodos nus com diâmetro maior originam cordões mais longos que os de menor diâmetro.

A espessura do metal-base também influi na escolha do diâmetro do eletrodo nu. Quanto mais espesso o metal base, maior o diâmetro do eletrodo nu.

Processo MIG/MAG

Tabela 2.52 — Parâmetros de soldagem em junta topo-a-topo na posição plana para aço-carbono ou de baixa liga; adaptado de[8]
Preparação da junta: Fig. 2.73A

e(mm)	r(mm)	Ø do eletrodo nu (mm)	Velocidade de alimentação do eletrodo nu (m/min)	Corrente (A)	Tensão (V)	Velocidade de soldagem (cm/min)
1,6	0,8	0,8	6,6	110 - 130	19	63
	1,6	1,2	4,3	140 - 160	20	89
3,0	1,2	0,8	7,6	120 - 140	21	51
	1,6	1,2	4,3	140 - 160	21	63

Observações:
1) O gás de proteção é CO_2 puro, com vazão de 15 a 20 l/min.
2) Transferência por curto-circuito.
3) Distância de 6 mm entre o tubo de contato e a peça.
4) Apenas um passe.

As Figs. 2.70 a 2.72 mostram a taxa de fusão do eletrodo nu em função da velocidade de alimentação e a variação desta, em função da corrente de soldagem. Deve-se observar que a taxa de fusão é diferente da taxa de deposição, sendo a primeira maior que a segunda, porque não se leva em conta os respingos. Os valores apresentados nessas figuras servem com guia para a escolha dos parâmetros mais adequados.

Escolha do tipo de eletrodo nu — Os requisitos de composição química e propriedade mecânicas para a escolha do tipo de eletrodo nu estão no capítulo 2d (Processo TIG) nas seguintes tabelas: 2.52 e 2.53, para aços-carbono; 2.54 a 2.56, para aços de baixa liga; 2.57 e 2.58, para aços-inoxidáveis; e 2.61, para alumínio e suas ligas.

Parâmetros de soldagem

Aço-carbono e de baixa-liga — A Tab. 2.52 apresenta uma sugestão de parâmetros de soldagem MAG com transferência por curto-circuito. As Tabs. 2.53 a 2.56 apresentam sugestões de parâmetros de soldagem MIG com transferência por pulverização. Os valores das Tabs. 2.53 a 2.55 podem ser adaptados para a soldagem de aço-inoxidável, usando como gás de proteção o argônio + 1% de oxigênio.

As Tabs. 2.57 a 2.59 apresentam sugestões de parâmetros de soldagem MAG com transferência globular (quase pulverização).

Aço inoxidável — As Tabs. 2.60 e 2.61 apresentam parâmetros relativos à soldagem MIG de aços inoxidáveis.

117

Tabela 2.53 — Parâmetros de soldagem em junta topo-a-topo na posição plana
para aço-carbono ou de baixa liga; adaptado de[7,8]
Preparação da junta: Fig. 2.73A

e(mm)	r(mm)	Ø do eletrodo nu (mm)	Velocidade de alimentação do eletrodo nu (m/min)	Corrente (A)	Velocidade de soldagem (cm/min)	Número de passes
3,2	1,6	0,9	9,2	180 - 200	57	1
4,8	0	1,6	4,8	340 - 410	64	2
6,4	4,8	1,6	4,8	300 - 340	64	1

Observações:
1) O gás de proteção é o argônio 5% de oxigênio com vazão de 18 a 25 l/min.
2) Transferência por pulverização.
3) Distância de 12 a 16 mm entre o tubo de contato e a peça.
4) Tensão de 26 a 27 V.

Tabela 2.54 — Parâmetros de soldagem em junta topo-a-topo na posição plana
para aço-carbono ou de baixa liga; adaptada de(8)
Preparação da junta: Fig 2.73B, com r = 2,4 mm
∝ = 45 - 60°

e(mm)	Ø do eletrodo nu (mm)	Velocidade de alimentação do eletrodo nu (m/min)	Corrente (A)	Tensão (V)	Velocidade de soldagem (cm/min)	Número de passes
6,4	1,2	10,5	300 - 350	29 - 31	48	2
	1,6	4,5	280 - 320	25 - 26	36	2
9,5	1,6	5,6	320 - 370	26 - 27	36	2
12,7		5,1	300 - 350	26 - 27	48	4

Observações:
1) O gás de proteção é o argônio com 5% de oxigênio, com vazão de 18 a 25 l/min.
2) Transferência por pulverização.
3) Distância de 12 a 16 mm entre o tubo de contato e a peça.

Alumínio e suas ligas — As Tabs. 2.62 a 2.65 apresentam sugestões de parâmetros relativos à soldagem MIG do alumínio e suas ligas, empregando o eletrodo nu ER 4043. Em todas elas o gás de proteção é o argônio, com a vazão de 15 a 20 l/min, e a distância entre o bocal e o bico de contato é de 6,5 mm, contado para dentro do bocal.

Cobre e suas ligas — As Tabs. 2.66 e 2.67 apresentam sugestões de parâmetros de soldagem pelo processo MIG para o cobre livre de oxigê-

Processo MIG/MAG

Tabela 2.55 — Parâmetros de soldagem em junta topo-a-topo na posição plana para aço-carbono ou de baixa liga; adaptada de (8)
Preparação da junta: Fig. 2.73C

e(mm)	ø do eletrodo nu (mm)	Velocidade de alimentação do eletrodo nu (n/min)	Corrente (A)	Tensão (V)	Velocidade de soldagem (cm/min)	Número de passes
9,5	1,2	9,5	280 - 330	29 - 30	36	2
	1,6	4,4	280 - 320	25 - 26	30	2
12,7	1,6	4,8	300 - 340	26 - 27	48	4
15,9		5,1	300 - 350	26 - 27	39	4
19,1		5,1	300 - 350	26 - 27	36	4

Observações:
1) O gás de proteção é o argônio com 5% de oxigênio, com vazão de 18 a 25 l/min.
2) Transferência por pulverização.
3) Distância de 12 a 16 mm entre o tubo de contato e a peça.

Tabela 2.56 — Parâmetros de soldagem em junta em ângulo na posição plana (ou horizontal) para aço-carbono ou de baixa liga; adaptado de (7)
Preparação da junta: Fig. 2.73G

e(mm)	p(mm)	ø do eletrodo nu (mm)	Velocidade de alimentação do eletrodo nu (m/min)	Corrente (A)	Tensão (V)	Velocidade de soldagem (cm/min)
6,4	4,7	1,2	8,9	260 - 320	26 - 27	63
7,9	6,3	0,8	12,7	260 - 320	26 - 27	36
		1,2	9,5	270 - 330	26 - 27	46
		1,6	5,9	320 - 380	25 - 26	48
9,5	7,8	0,8	15,2	260 - 320	27 - 28	25
		1,2	12,1	300 - 370	27 - 28	33
		1,6	5,9	320 - 380	25 - 26	30
12,7	9,4	1,6	5,9	320 - 380	25 - 26	23

Observações:
1) O gás de proteção é o argônio com 2% de oxigênio, com vazão de 18 a 25 l/min.
2) Distância de 14 a 20 mm entre o tubo de contato e a peça.

nio. O eletrodo nu empregado é o ERCu; o gás de proteção é o argônio, com a vazão de 25 l/min e a distância entre o bocal e o tubo de contato é de 6 mm, para dentro do bocal.

Tabela 2.57 — Parâmetros de soldagem em junta topo-a-topo na posição plana
para aço-carbono; adaptado de(8)
Preparação da junta: Fig. 2.73B com ∝ = 40°

e(mm)	r(mm)	ø do eletrodo nu (mm)	Velocidade de alimentação do eletrodo nu (n/min)	Distância tubo de contato/ peça (mm)	Corrente (A)	Tensão (V)	Velocidade de soldagem (cm/min)
6,4	3,2	1,2	13,0	22	300 - 340	38	38
10,0		1,2	12,7	25	290 - 330	32	32
		1,6	10,3	25	370 - 430	35	40
12,0	2,4	1,2	12,7	28	280 - 320	33	16
	3,2	1,6	10,2	28	370 - 410	36	23

Observações:
1) O gás de proteção é o CO_2 com vazão de 15 a 22l/min.
2) Transferência globular.
3) Apenas um passe.

Tabela 2.58 — Parâmetros de soldagem em junta topo-a-topo na posição plana
para aço-carbono.
Preparação da junta: Fig. 2.73D, com ∝ = 40 - 60°

e(mm)	f(mm)	ø do eletrodo nu (mm)	Velocidade de alimentação do eletrodo nu (m/min)	Distância tubo de contato/ peça (mm)	Corrente (A)	Tensão (V)	Veloc. de soldagem (cm/min)	Número de passes
20	2,0	1,2	12,7	25	290 - 330	33	32	2 (60°)
	6,0	1,6	10,7	22	400 - 450	38	44	2 (40°)
25	1,6	1,2	12,7	28	280 - 320	33	19	2 (60°)
	6,0	1,6	10,7	25	370 - 430	36	23	2 (60°)

Observações:
1) O gás de proteção é o CO_2 com vazão de 15 a 22 l/min.
2) Transferência globular.

Técnica de soldagem pelo processo MIG/MAG

Ângulos entre a pistola e peça a ser soldada — Conforme o tipo de transferência metálica, curto-circuito ou pulverização, varia a técnica de soldagem, assim como os ajustes nas pistolas.

A transferência por curto-circuito possibilita a soldagem em diversas posições. A Fig. 2.74 mostra os ângulos entre a peça a ser soldada e a pistola para a soldagem na posição plana e vertical ascendente e descendente. No caso de junta em ângulo, além dos ângulos mostrados nessa figura, a pistola fica a 45º entre as duas chapas que formam a junta em ângulo, no caso de um único passe.

Processo MIG/MAG

Tabela 2.59 — Parâmetros de soldagem em junta angular na posição plana para aço-carbono; adaptado de(8)
Preparação da junta: Fig. 2.73H

p(mm)	ø do eletrodo nu (mm)	Velocidade de alimentação do eletrodo nu (m/min)	Distância tubo de contato/ peça (mm)	Corrente (A)	Tensão (V)	Velocidade de soldagem (cm/min)	Número de passes
3	0,8 1,2	5,9 3,6	6 10	90 - 110 140 - 170	19* 20*	30 40	1 1
5	0,8 1,2	5,9 3,6	6 10	90 - 110 140 - 170	19* 21*	19 30	1 1
6	1,2 1,6	11,2 7,1	16	300 - 340 400 - 450	35 37	51 59	1 1
10	1,2 1,6	11,4 7,1	18	290 - 330 400 - 450	35 37	25 30	1 1
12	1,2 1,6	11,4 8,9	20	290 - 330 400 - 450	35 37	16 19	1 1
20	1,2 1,6	11,4 9,1	22	290 - 330 400 - 450	35 37	26 33	3 3

Observações:
1) O gás de proteção é o CO_2, com vazão de 15 a 22 l/min.
2) Transferência globular em todos os casos, menos os assinalados (*), onde a transferência é por curto-circuito.

Tabela 2.60 — Parâmetros de soldagem em junta topo-a-topo na posição plana para aço inoxidável; adaptada de(9)
Preparação da junta: Fig. 2.73E, com r = 2,5 mm

e(mm)	Velocidade de alimentação do eletrodo nu (m/min) (1)	Modo de transferência (2)	Distância bocal bico de contato (mm) (3)	Corrente (A)	Tensão (V)	Velocidade de soldagem (cm/min)	Passes
6,4	3,2 8,2	cc pv	+ 4 - 5	120 - 130 220 - 240	16 30	15 - 20 25 - 30	1º 2º
9,5	3,8 8,7	cc pv	+ 4 - 5	140 - 150 230 - 250	16 30	12 - 18 15 - 20	1º 2º
12,7	3,8 8,7 9,3	cc pv pv	+ 4 - 5 - 5	140 - 150 230 - 250 240 - 260	16 30 31	15 - 20 20 - 25 15 - 20	1º 2º 3º

Observações:
1) Diâmetro do eletrodo nu: 1,2 mm.
2) cc = Curto-circuito, usando argônio + 2% de oxigênio como gás de proteção.
   pv = pulverização, usando argônio + 1% de oxigênio como gás de proteção.
3) Sinal + indica distância para fora do bocal
   Sinal - indica distância para dentro do bocal.
Não esquecer da purga com argônio, para evitar a oxidação do passe da raiz.

SOLDAGEM: PROCESSOS E METALURGIA

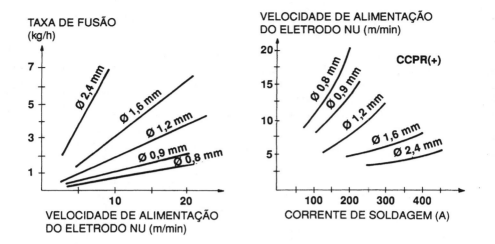

Figura 2.72 — Correlação entre taxa de fusão, velocidade de alimentação e corrente de soldagem para diversos diâmetros de eletrodos nus de liga de alumínio ER4043[7]

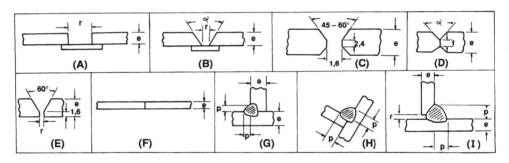

Figura 2.73 — Tipos de juntas empregados nas Tabs. 2.52 a 2.67

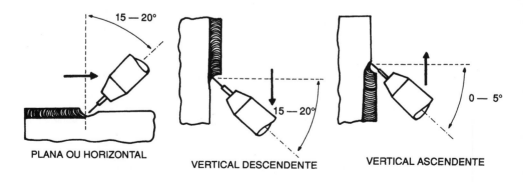

Figura 2.74 — Ângulo entre a pistola e a peça a ser soldada, com transferência por curto-circuito[7]

Processo MIG/MAG

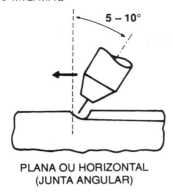

Figura 2.75 — Ângulo entre a pistola e a peça a ser soldada, com transferência por pulverização[7]

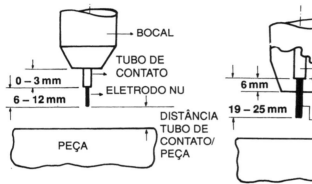

Figura 2.76 — Distância tubo de contato/peça para o caso da transferência por curto-circuito[7]

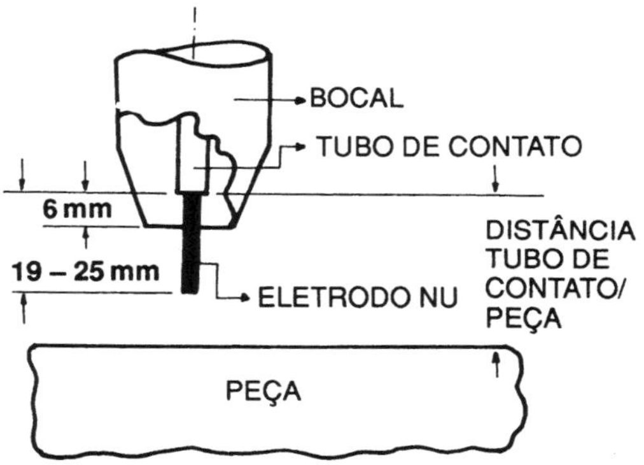

Figura 2.77 — Distância tubo de contato/peça para o caso da transferência por pulverização[7]

A transferência por pulverização permite a soldagem somente na posição plana ou junta angular na horizontal. A Fig. 2.75 mostra o posicionamento correto da pistola em relação à peça a ser soldada.

Distância tubo de contato/peça (stickout) — A distância tubo de contato/peça, para o caso da transferência por curto-circuito, é esquematizada na Fig. 2.76; no caso da pulverização, na Figura 2.77.

Técnica de soldagem — As técnicas de soldagem são basicamente duas: soldagem avante e a ré. Na soldagem avante, obtém-se uma penetração maior e um cordão mais baixo e mais largo. Na soldagem a ré, aumenta-se a penetração, o cordão torna-se mais convexo e mais estreito, o arco fica mais estável e há diminuição na quantidade de respingos. Observando-se as Figs. 2.74 e 2.75 nota-se que na primeira a técnica a ré é a mais adequada, enquanto que na segunda é a técnica avante.

Descontinuidades que podem ocorrer no processo MIG/MAG — As descontinuidades podem ser geradas ou por erro na regulagem do equipamento ou por técnica de soldagem não apropriada. A Fig. 2.78 esquematiza os defeitos mais comuns e suas origens.

5. VARIANTES DO PROCESSO MIG/MAG
MIG pulsado

O MIG pulsado tem a vantagem de soldar em todas as posições com baixa energia de soldagem e transferência tipo pulverização. Os parâmetros a serem controlados nesse processo são: corrente de base (I_b); tempo na corrente de base (t_b); corrente de pico(p); tempo na corrente de pico (t_p); velocidade de alimentação do arame; e tensão de soldagem. Os parâmetros a serem analisados antes de regular o equipamento para soldagem são: destacamento e tamanho da gota; estabilidade do arco; taxa de deposição; volume de gota; e freqüência do pulso.

Destacamento da gota — O equipamento deve ser regulado de maneira a assegurar o destacamento de uma única gota por pulso. Ele deve ocorrer no fim do pulso, para que seja minimizado a quantidade de respingos[13]. O destacamento da gota é governado pela relação:

$$I^2_p \cdot t_p = D \qquad (1)$$

onde: D = constante que depende do material e diâmetro do eletrodo nu e da composição do gás de proteção.

A corrente I_p deve ser sempre maior que a corrente de transição globular/pulverização axial. A Tab. 2.68 mostra alguns valores de D para certas condições.

Tamanho da gota — O volume Φ de material é controlado pela velocidade de alimentação do eletrodo nu (v) e pela freqüência de pulsação (f). Para o caso de uma única gota, têm-se a relação:

$$d = \frac{v}{f} \qquad (2)$$

onde: d = tamanho da gota.

Estabilidade do arco — Este parâmetro está ligado à I_b e t_b. De uma maneira geral, I_b deve ser maior que 20 A e t_b menor que 30 min[13].

Taxa de deposição — Ela depende da corrente de soldagem, da distância tubo de contato/peça, do tipo e diâmetro do eletrodo nu e da composição do gás. Desses, os mais importantes são os dois primeiros. Existe uma relação aproximada entre a corrente média ($\bar{I}$) e a velocidade de fusão (ou de alimentação) do eletrodo nu (v), dada por;

Processo MIG/MAG

Tabela 2.61 — Parâmetros de soldagem em junta topo-a-topo com chanfro em X na posição plana para aço inoxidável; adaptada de(9)
Preparação da junta: Fig. 2.73 D, com f = 2mm
e = 20 mm
∝ = 60°

Tensão (v)	Velocidade de soldagem (cm/min)	Passes
29	40 - 50	1º
	30 - 35	2º (*)
30	30 - 35	3º (**)
	30 - 35	4º

Observações:
1) O gás de proteção é o argônio com 1% de oxigênio com vazão de 15 a 20 l/min.
2) Diâmetro do eletrodo nu: 1,2 mm.
3) Velocidade de alimentação do eletrodo nu: 10,7 m/min.
4) Transferência por pulverização.
5) Distância de 5 mm entre o bocal e o bico de contato, para dentro do bocal.
6) Corrente de 260 a 290 A.
(*) Limpeza da raiz através de usinagem e fazer este passe no lado reverso do chanfro.
(**) Fazer este passe no mesmo lado do segundo passe.

Tabela 2.62 - Parâmetros de soldagem em junta topo-a-topo na posição plana para alumínio e suas ligas; adaptada de[10]
Preparação da junta: Fig. 2.73A

e(mm)	r(mm)	Ø do eletrodo nu (mm)	Velocidade de alimentação do eletrodo nu[1] (m/min)	Corrente (A)	Tensão (V)	Velocidade de soldagem(1) cm/min	Passes
3,2	1,6	1,2	6,8	165	20	140	1.º
							2.º(2)
4,8	2,4	1,2	8,2	190	23	97	1.º
							2.º(2)
4,8	4,8	1,6	8,0	185	20	114	1.º
			7,9	180	21		2.º(3)

Observações:
1) No caso de usar eletrodo nu ER 5356 deve-se aumentar a velocidade de alimentação em ≅ 20% e diminuir a velocidade de soldagem em ≅ 15%.
2) Retirar mecanicamente o cobre-junta e soldar do lado dele.
3) Cobre-junta permanente.

Tabela 2.63 - Parâmetros de soldagem em junta topo-a-topo na posição plana para alumínio e suas ligas; adaptada de (10).
Preparação de junta: Fig. 2.73E, com r = 1,6mm

e(mm)	Ø do eletrodo nu (mm)	Velocidade de alimentação do eletrodo nu[1] (m/min)	Corrente (A)	Tensão (V)	Velocidade de soldagem[1] (cm/min)	Passes
6,4	1,2	10,3	240	22 23 23	114 102 114	1.º 2.º 3.º[2]
8,0		10,7 10,5 10,5	250 245 245	24 25 24	94 81 104	1.º 2.º 3.º[2]
8,0	1,6	6,2 5,8 5,8	250 240 240	22 23 23	76 66 107	1.º 2.º 3.º[2]
9,5		6,5 6,3 6,3	260 255 255	22 24 24	81 66 97	1.º 2.º 3.º[2]
12,7		6,5 6,3 6,3 6,3	260 255 255 255	22 24 24 24	86 56 51 81	1.º 2.º 3.º 4.º[2]

Observações:
1) No caso de usar o eletrodo nu ER 5356, aumentar a velocidade de alimentação de ≅ 20% e diminuir a velocidade de soldagem de ≅ 15%.
2) Retirar mecanicamente o cobre-junta e soldar do lado dele.

$$v = K \cdot \bar{I} \tag{3}$$

onde: K = constante

$$\bar{I} = \frac{I_b t_b + I_p t_p}{t_p + t_b}$$

Valores típicos de K para eletrodos nus com diâmetro de 1,2 mm[13]
— alumínio:

K = 4,4 m/min/100 A
taxa de deposição = 0,8 kg/h/100 A

— aço-carbono:

K = 3,0 m/min/100 A
taxa de deposição = 1,6 kg/h/100 A

Processo MIG/MAG

Tabela 2.64 - Parâmetros de soldagem em junta topo-a-topo na posição plana com cobre-junta permanente para o alumínio e suas ligas; adaptada de (10)
Preparação da junta: Fig 2.73B, com α = 60°, r = 3,2mm
espessura máxima do cobre-junta: 4,5mm

e(mm)	Ø do eletrodo nu (mm)	Velocidade de alimentação do eletrodo nu[1] (m/min)	Corrente (A)	Tensão (V)	Velocidade de soldagem[1] (cm/min)	Passes
4,8	1,2	9,8 9,6	220 215	21 23	114 89	1.° 2.°
6,4	1,2	10,3	240	23 24	66 76	1.° 2.°
8,0	1,2	10,7 10,5	255 250	24 25	61 63	1.° 2.°
8,0	1,6	6,3 6,2	255 250	23 24	48 46	1.° 2.°
9,5	1,6	7,0 6,7 6,7	270 265 265	22 24 24	81 56 56	1.° 2.° 3.°
12,7	1,6	7,3 7,0 7,0	275 270 270	22 22 23	56 61 41	1.° 2.° 3.°

Observações:

1) No caso de usar o eletrodo nu ER 5356, aumentar a velocidade de alimentação de 20% e diminuir a velocidade de soldagem de 15%

Tabela 2.65 - Parâmetros de soldagem em junta angular na posição horizontal para alumínio e suas ligas; adaptada de (7,10)
Preparação da junta: Fig 2.73

e(mm)	p(mm)	r(mm) máx	Ø do eletrodo nu (mm)	Velocidade de alimentação do eletrodo nu[1] (m/min)	Corrente (A)	Tensão (V)	Velocidade de soldagem[1] (cm/min)	Número de passes
3,1	3,1	0,8	1,2	6,1	140	20	91	1
4,7	4,7		1,2	8,2	190	23	69	1
6,3	6,3		1,2	9,6	215	24	51	1
7,8		1,6	1,2	9,9	230	24	41	1
9,4	7,8		1,6	6,3 6,5	255 260	24 25	51 51	1.° 2.°
12,7			1,6	7,0 7,6	270 280	23 24	41 91	1.° 2.° 3.°

Observações:

1) No caso de usar o eletrodo nu ER 5356, aumentar a velocidade de alimentação de ≅ 20% e diminuir a velocidade de soldagem de ≅ 15%.

SOLDAGEM: PROCESSOS E METALURGIA

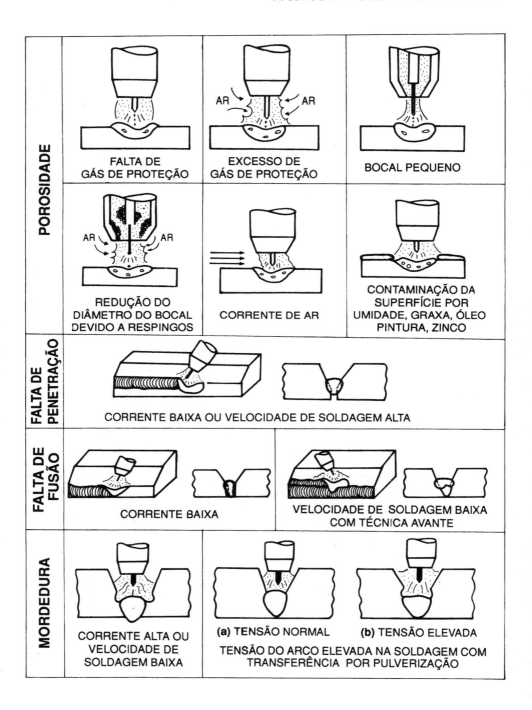

Figura 2.78 — Defeitos mais comuns na soldagem pelo processo MIG/MAG e suas origens; adaptado de [4,12]

Processo MIG/MAG

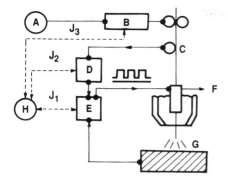 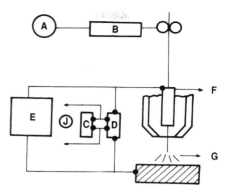

Figura 2.79 — Controle sinérgico[13]:
A = controle por um botão;
B = alimentador de eletrodo nu;
C = taco gerador;
D = controle lógico;
E = fonte de energia transistorizada;
F = tubo de contato;
G = arco;
H = sensor da tensão do arco;
J_i = sinais para controle da tensão do arco.

Figura 2.80 — Controle auto-regulado:
A = controle por um botão;
B = alimentador do eletrodo nu;
C = tensão do arco prefixada;
D = tensão do arco;
E = fonte de energia;
F = tubo de contato;
G = arco;
J = sinal de erro na tensão, o qual geralmente controla a freqüência do pulso.

Volume de gota — O volume de material transferido por pulso é:

$$\Phi = \frac{v}{f} \cdot A \qquad (4)$$

onde: A = área da seção transversal do eletrodo nu.

substituindo-se as relações, tem-se:

$$\Phi = K.A.\bar{I}/f \qquad (5)$$

Freqüência de pulso — No caso de transferência por pulverização e para eletrodos nus com diâmetro de 1,2 mm, tem-se[13]:

• para alumínio: $\dfrac{f}{\bar{I}} = \dfrac{90 \text{ Hz}}{100 \text{ A}}$

• para aço-carbono: $\dfrac{f}{\bar{I}} = \dfrac{60 \text{ Hz}}{100 \text{ A}}$

Na regulagem do equipamento para execução da soldagem, deve-se executar os seguintes passos:

Tabela 2.66 - Parâmetros de soldagem em junta topo-a-topo na posição plana
para o cobre; adaptada de (11)
Preparação da junta: Fig 2.73 F

e (mm)	Ø do eletrodo nu (mm)	Velocidade de alimentação do eletrodo nu (m/min)	Corrente (A)	Tensão (V)	Velocidade de soldagem (cm/min)	Número de passes
3,1	1,6	5,1	310	27	76	1
6,3	2,4	3,4	460	26	51	1
		3,8	500	26	51	2[1]

Observações: 1) Um passe de cada lado.

Tabela 2.67 - Parâmetros de soldagem em junta topo-a-topo na posição plana
para o cobre. (adaptada de 11)
Preparação da junta: Fig 2.73D, com $\alpha = 90°$

e (mm)	f (mm)	Velocidade de alimentação do eletrodo nu (m/min)	Corrente (A)	Velocidade de soldagem cm/min	Passe número
9,4	4,7	3,8 4,3	500 550	36 36	1 2[1]
12,7	6,3	4,2 4,6	540 600	31 25	1 2[1]

Observações:
1) Um passe de cada lado.
2) Diâmetro do eletrodo nu: 2,4 mm.
3) Tensão de 27V.

Tabela 2.68 - Valores da constante D e as condições utilizáveis;
adaptado de (13)

Tipo do eletrodo nu	Gás de proteção	D ($A^2 \cdot s$)	I_p (A)
Alumínio	Argônio	130	≥ 140
Aço-carbono	Argônio + 5% CO_2	500	≥ 220

Observação: Diâmetro do eletrodo nu: 1,2mm.

130

Processo MIG/MAG

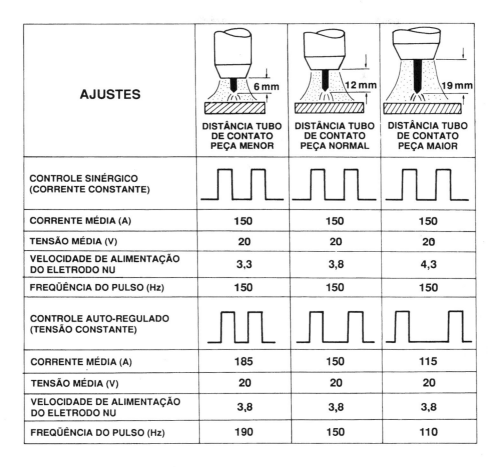

Figura 2.81 — Ajustes dos parâmetros de soldagem para os controles sinérgico e auto-regulado[14]

1) Especificar a corrente média ($\bar{I}$), de acordo com os requisitos de energia de soldagem.
2) Escolher uma corrente de pico (I_p) acima da corrente de transição.
3) Calcular t_p através da fórmula (1).
4) Achar a freqüência de pulsação (f) através de $f/\bar{I}$.
5) Calcular t_b através de $t_b = \dfrac{1}{f} t_p$
6) Calcular I_b através de $\dfrac{\bar{I}}{f} = I_b t_b + I_p t_p$,
7) Determinar a velocidade de fusão do eletrodo nu através de: $v = K \cdot \bar{I}$

MIG sinérgico

Esta variante do processo MIG foi originalmente desenvolvida para facilitar a soldagem com o MIG pulsado. Através de um único controle, todos os parâmetros do MIG pulsados estariam regulados. Atualmente existe uma tendência de utilizar esse tipo de controle em outros processos que não o MIG pulsado.

O controle por um único botão pode ser feito de duas maneiras:
— controle sinérgico: a alimentação do eletrodo nu controla a corrente média.
— controle auto-regulado: a tensão controla a corrente média.

As Figs. 2.79 e 2.80 mostram esquematicamente como é feito esse controle; a Fig. 2.81, como são ajustadas as variações do arco.

BIBLIOGRAFIA

1. MOINO, H. F. & FIORELLO, V. - Curso de Tecnologia de Fabricação, SP, 1984.
2. ASM - Metàls Handbook; Welding and brazing, vol. 6; 8ª ed., 1970.
3. ASM - Welding Handbook; vol. 2, 7ª ed., 1978.
4. BAUM, L. & FICHTER, V. - Der Schutzgas Schweisser - teil II: MIG/MAG - Schweissen; DVS, 2ª ed., 1981.
5. BARROS, S. M. - Processos de Soldagem; PETROBRÁS, 1976.
6. TEUBEL, G. P. - A Soldagem Elétrica sob Gás Protetor - parte I e II; apostila da UDS.
7. LINCOLN ELETRIC CO. - Gas Metal Arc Welding Guide - GS-100; dez 1985.
8. Welding Technology Data - MIG/MAG Welding Mild Steel and Carbon Manganeses; Weld. & Metal Fab., vol. 50, nº 10, p. 165-70, 1982.
9. Welding Technology Data - MIG Welding of Stainless Steel; Weld. & Metal Fabr., vol. 50, nº 10, p. 499-503, 1983.
10. Welding Technology Data - MIG Welding of Aluminum and its Alloys; Weld. & Metal Fab., vol. 51, nº 1, p. 21-29, 1983.
11. LINCOLN ELETRIC CO. - The Procedure Handbook of Arc Welding; USA, 12ª ed., 1973.
12. Welding Technology Data - MIG Welding Defects; Weld. & Metal Fabr., vol. 52, nº 2, p. 69-74, 1984.
13. Welding Technology Data - Pulsed MIG Welding; Weld. & Metal Fabr., vol. 53, nº 1, p. 24-30, 1985.
14. BARHORST, S. & CARY, H. - Sinergic Machines Simplify Pulsed Current Welding; Weld. Design & Fabr., vol. 58, nº 11, p. 49-51, 1985.

2e Soldagem com arco submerso*

Ronaldo Pinheiro da Rocha Paranhos

1.INTRODUÇÃO

Neste processo de soldagem, um arco elétrico é estabelecido entre o arame-eletrodo e o material a ser soldado, com a diferença que o arco permanece totalmente submerso em uma camada de fluxo, não sendo pois visível. Dessa forma, a solda se desenvolve sem faíscas, luminosidades e respingos, características dos demais processos de soldagem com arco aberto.

O fluxo, na forma de grânulos, age como fundente, protegendo de contaminações o metal de solda, líquido; atua ainda como isolante térmico, concentrando o calor, na parte sólida.

O processo permite alto grau de automatização, sendo o arame-eletrodo continuamente alimentado no cabeçote ou pistola de soldagem, conferindo a esse tipo de processo rapidez e economia, quando comparado aos demais processos de soldagem com arco elétrico.

Historicamente, o uso de um fluxo granulado com um arame eletrodo alimentado continuamente — o que caracteriza o processo — teve início em 1935, sendo utilizado na fabricação de tubos e de navios. Seu uso foi intensificado no período 1939 — 1945, com a automatização do processo, permitindo a construção rápida de equipamentos pesados, principalmente navios, durante a II Guerra Mundial. Desde então o processo consolidou-se, e os principais desenvolvimentos realizados dizem respeito ao aprimoramento dos fluxos e dos equipamentos de soldagem. No Brasil, a soldagem ao arco submerso é utilizada amplamente na indústria de equipamentos metálicos como tubos, navios, perfis, plataformas marítimas, trocadores de calor e toda série de equipamentos pesados, bem como na recuperação de peças, como cilindros de laminação e peças rodantes de tratores.

2. CARACTERÍSTICAS GERAIS

Durante a soldagem, o calor produzido pelo arco elétrico funde uma

---

* Este capítulo foi publicado originalmente pela Associação Brasileira de Soldagem.

SOLDAGEM: PROCESSOS E METALURGIA

parte do fluxo juntamente com a ponta do eletrodo, como mostra a Fig. 2.82. A zona de soldagem fica sempre envolta e protegida pelo fluxo escorificante, sobrepondo-se ainda por uma camada de fluxo não fundido. O eletrodo permanece um pouco acima do metal de base, e o arco elétrico se desenvolve nesta posição. Com o deslocamento do eletrodo ao longo da junta, o fluxo fundido sobrenada e se separa do metal de solda líquida na forma de uma escória. O metal de solda, já que tem um ponto de fusão mais elevado que a escória, solidifica-se, enquanto esta ainda permanece fundida, protegendo também o metal de solda recém solidificado, que é muito reativo com o oxigênio e nitrogênio da atmosfera. Com o resfriamento posterior, remove-se o fluxo não fundido, e a escória rapidamente se destaca do metal de solda.

O processo de soldagem com arco submerso pode ser semi ou totalmente automático, e em ambos os casos o eletrodo é alimentado mecanicamente a partir de um rolo para a pistola ou cabeçote de soldagem, à medida que vai sendo fundido ou depositado. O fluxo é alimentado independentemente, caindo por gravidade imediatamente à frente do eletrodo ou de forma concêntrica em relação a ele. Assim, tanto o fluxo como o eletrodo podem ser alterados a qualquer momento. Esta é a diferença fundamental em relação à soldagem com eletrodos revestidos, onde o eletrodo metálico e o seu revestimento de fluxo não são separáveis. Outra diferença da soldagem ao arco submerso com os demais processos de soldagem diz respeito às amplas faixas de intensidades correntes, tensão e velocidades de avanço que podem ser usadas. Cada uma desses variáveis pode ser controlada separadamente, porém todas elas devem operar em conjunto, produzindo soldas que estejam de acordo com as propriedades desejáveis. Cada um desses fatores influencia o perfil do cordão de

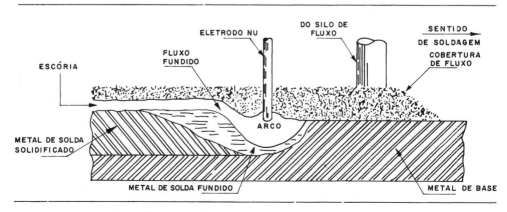

Figura 2.82 — Esquema do processo de soldagem com arco submerso

Soldagem com arco submerso

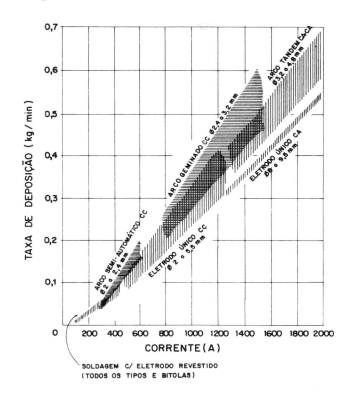

Figura 2.83 — Taxa aproximada de deposição para os equipamentos normalmente usados nos processos com arco submerso em aços de baixo carbono, comparado com as taxas de deposição na soldagem com eletrodos revestidos. Em cada faixa de CC, os valores menores são para eletrodo nu e CCPR(+) e os valores maiores para CCPD(-). Na CA o eletrodo nu único e geralmente de maior diâmetro para correntes de elevada intensidade. A faixa de arco tandem em CA engloba eletrodos nus de pequeno até grande diâmetro.

solda, as propriedades do metal de solda, bem como a limpeza e a aparência da junta.

Os fluxos para soldagem com arco submerso são projetados para suportar as elevadas correntes de soldagem usadas no processo. Os fluxos têm a função de proteger a poça de solda contra a ação da atmosfera, atuar como desoxidantes, limpando o metal de solda e ainda podem modificar a composição química do metal de solda. De acordo com o método de fabricação, os fluxos podem ser: aglomerados ou fundidos. Os fluxos aglomerados são constituídos de compostos minerais finamente moídos, como óxidos de manganês, silício, alumínio, titânio, zircônio ou cálcio e desoxidantes como ferro-silício, ferro-manganês ou ligas similares. A estes ingredientes é adicionado um agente aglomerante, normalmente silicato de sódio ou de potássio. O produto agregado e granular é finalmente sinterisado em temperaturas da ordem de 600 a 900°C.

Os fluxos fundidos são constituídos dos mesmos compostos minerais citados anteriormente, com os ingredientes fundidos em forno para formar um "vidro metálico" que, após o resfriamento, é reduzido a partículas granulares, com dimensões requeridas para assegurar as características

SOLDAGEM: PROCESSOS E METALURGIA

apropriadas de soldagem.

Os eletrodos para soldagem com arco submerso são fabricados em faixas de composição química especificadas e trefilados até os diâmetros desejados. São normalmente cobreados, a fim de evitar oxidações superficiais durante seu armazenamento. São disponíveis no mercado em rolos de 25 kg ou em rolos com suporte pesando até 400 kg.

Outra característica da soldagem ao arco submerso está no seu elevado rendimento, pois praticamente não há perdas de metal por projeção. Permite ainda o uso de correntes elevadas de intensidade acima de 2 000 A — que, aliado às altas densidades de corrente encontradas, 60 a 100 A/mm^2 — oferecem ao processo elevada taxa de deposição (Fig. 2.83), muitas vezes superiores às encontradas em outros processos de soldagem. Essas características tornam a soldagem com arco submerso um processo econômico e rápido. Em média, gasta-se em arco submerso 1/3 do tempo de soldagem requisitado por eletrodos revestidos.

Soldas feitas por arco submerso apresentam boa ductilidade e tenacidade ao impacto, além de uma boa uniformidade e acabamento na aparência dos cordões de solda. As propriedades mecânicas na solda são sempre compatíveis às do metal de base utilizado.

A maior limitação do arco submerso é que o processo não permite a soldagem fora da posição plana ou horizontal. De fato, a ação da força da gravidade, que sustenta a camada de fluxo sobre a poça de solda, impede

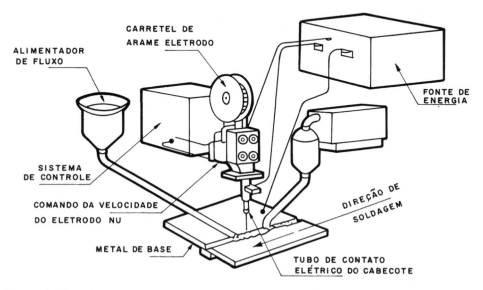

Figura 2.84 — Componentes básicos do equipamento de soldagem com arco submerso automático.

Soldagem com arco submerso

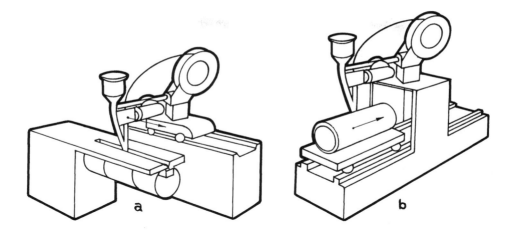

Figura 2.85 — Soldas retilíneas em pequenas peças circulares na posição plana; em (a) é o cabeçote que se movimenta: em (b), é a peça

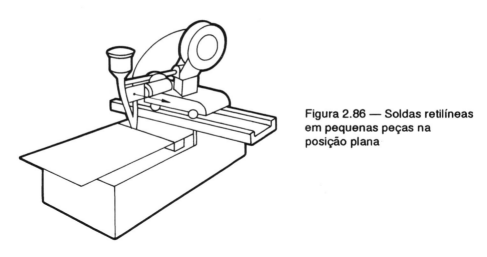

Figura 2.86 — Soldas retilíneas em pequenas peças na posição plana

a soldagem fora de posição. Para se usar esse processo, é preciso colocar a junta a ser soldada na posição plana ou horizontal para permitir suporte à camada do fluxo escorificante, o que nem sempre é possível. O uso de posicionadores de soldagem, às vezes torna-se necessário, como no caso de soldas circunferenciais.

3. EQUIPAMENTOS

Componentes básicos

A Fig. 2.84 mostra esquematicamente os componentes básicos do equipamento de soldagem com arco submerso automático.

SOLDAGEM: PROCESSOS E METALURGIA

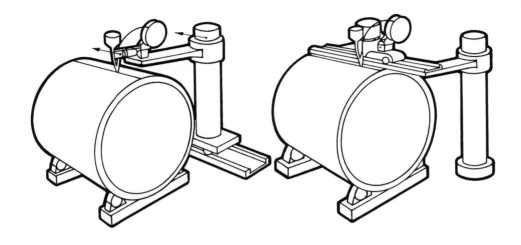

Figura 2.87 — Soldas retilíneas externas em grandes peças circulares, na posição plana; nos dois casos é o cabeçote que se movimenta

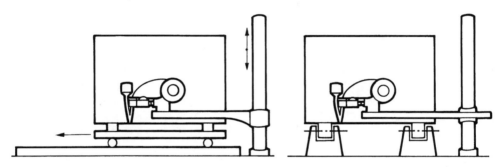

Figura 2.88 — Soldas retilíneas internas em grandes peças circulares, na posição plana; em (a) é a peça que se movimenta e em (b), é o cabeçote

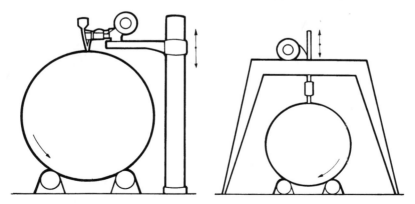

Figura 2.89 — Soldas circunferenciais externas em grandes peças circulares, na posição plana; nos dois casos é a peça que se movimenta

Soldagem com arco submerso

Figura 2.90 — Soldas circunferenciais internas em grandes peças circulares, na posição plana; nos dois casos é a peça que se movimenta

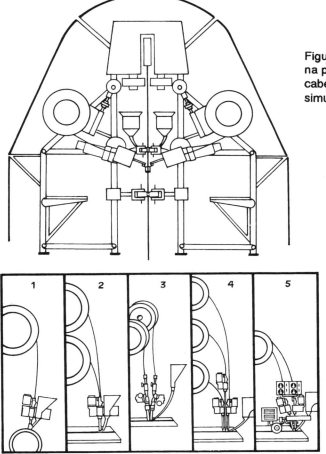

Figura 2.91 — Soldas retilíneas na posição horizontal com dois cabeçotes soldando simultaneamente

Figura 2.92 — Diferentes arranjos de equipamento normalmente usados na soldagem com arco submerso: 1 — com eletrodo nu; 2 — geminado; 3 e 5 — tandem com dois eletrodos nus; 4 — tandem com três eletrodos nus; 6 — soldagem de revestimento com fita.

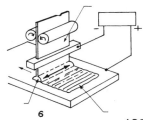

As fontes de energia são do tipo gerador ou transformador-retificador, para uso em corrente contínua e transformador para uso em corrente alternada. Para esses tipos de fontes, há ainda a forma como são ajustadas as unidades de controle:

a) Nas fontes de potencial constante, as mais usadas, uma tensão predeterminada é escolhida e correções na velocidade de alimentação do eletrodo nu são feitas pelo sistema, de modo a manter aquela tensão, sendo a intensidade de corrente ajustada na fonte de energia.

b) Nas fontes de corrente constante, uma intensidade predeterminada é escolhida, o que mantém fixa a velocidade de alimentação do eletrodo nu, sendo a tensão ajustada na fonte de energia.

Para a soldagem com arco submerso, as fontes de energias próprias devem ter capacidade de 600 a 1500A, valores elevados em relação às que são empregadas com eletrodos revestidos. Fontes de menor capacidade podem ser ligadas em paralelo, para se obter as intensidades desejadas.

O cabeçote de solda é composto de motor-redutor, rolos de pressão e guias para alimentar o eletrodo até a peça a ser soldada. Compreende ainda um tubo de contato elétrico, que transmite a corrente de solda ao eletrodo.

A alimentação do fluxo é feita por meio de um reservatório acoplado à tocha ou cabeçote, que alimenta continuamente o sistema. O movimento deste sistema pode ser feito de duas formas; ou o cabeçote se movimenta sobre a peça a ser soldada, ou esta se movimenta e o cabeçote permanece fixo. As Figs. 2.85 a 2.91 mostram alguns exemplos de trabalhos de soldagem de peças empregando o arco submerso.

Tipos de equipamentos

Arco submerso semi-automático — O soldador empunha a tocha que conduz o eletrodo e, acoplado à tocha, há um pequeno recipiente que conduz o fluxo. Os controles dos parâmetros de soldagem são feitos na própria fonte, com exceção da velocidade de avanço, determinada pelo movimento da mão do soldador.

Arco submerso automático — O operador guia o cabeçote sobre a peça a ser soldada. Os controles são feitos em um painel, normalmente acoplado ao cabeçote.

Arco submerso geminado (twin-arc) — São dois eletrodos nus soldando simultaneamente, acoplados a um mesmo cabeçote e utilizando uma única fonte de energia. O processo fornece pequena penetração e baixa diluição, sendo normalmente usado para a execução de revestimentos.

Arco submerso tandem com 2 ou 3 eletrodos — Há dois ou três eletrodos

Soldagem com arco submerso

Tabela 2.69 - Velocidades típicas de soldagem para solda de topo em chapa com espessura de 10mm

Processo de solda	Velocidade de soldagem (cm/min)
Eletrodo manual	10
Arame tubular semi-automático	25
Arco submerso semi-automático	37
Arco submerso automático (1 arame)	45
Arco submerso geminado	55
Arco submerso tandem (2 arames)	75
Arco submerso tandem (3 arames)	115

soldando simultaneamente, cada um acoplado em cabeçote diferente, formando arcos elétricos distintos, ligados a uma fonte de energia separada. Normalmente, o 2.º e 3.º eletrodos são acoplados a fontes de corrente alternada.

Arco submerso para soldagem com fita — Este tipo de equipamento utiliza um cabeçote, que conduz uma fita como eletrodo, permitindo a confecção de cordões de solda com até 100 mm de largura. Devido à largura da fita (30 a 100 mm), o processo fornece penetração e diluição extremamente baixas, e elevada deposição. Ideal para a aplicação de revestimentos, principalmente de aços inoxidáveis sobre aço-carbono.

A Fig. 2.92 mostra diferentes arranjos normalmente usados e a Tab. 2.69 mostra a velocidade de soldagem utilizada para a realização de uma solda de topo em aço-carbono com espessura de 10 mm, para diferentes processos de soldagem.

4. EFEITO DAS VARIÁVEIS DO PROCESSO

Corrente elétrica

Esta variável determina a taxa de deposição, a profundidade de penetração da poça de solda no metal de base e a quantidade de metal de base fundido.

Mantendo-se todas as outras condições constantes, uma elevação da corrente aumenta a penetração e a taxa de deposição. Em soldas de passe simples, a corrente deve ser escolhida para proporcionar a desejada penetração, sem que haja perfuração da junta; em soldas de passes múltiplos, ela deve proporcionar a desejada quantidade de enchimento. É importante que a corrente escolhida esteja dentro da faixa adequada para o diâmetro de eletrodo que está sendo usado; corrente muito elevada produz um cordão muito alto e estreito, além de mordeduras; se for muito baixa, produz um arco instável.

SOLDAGEM: PROCESSOS E METALURGIA

Tabela 2.70 - Correntes recomendadas para diferentes diâmetros de eletrodo

Diâmetro de eletrodo (mm)	Corrente elétrica (A)
2,4	230 - 600
3,2	300 - 700
4,0	400 - 800
4,8	450 - 1000
6,4	600 - 1300

Tensão do arco

Esta variável influencia a forma da seção transversal do cordão e a aparência externa da solda. Mantendo todas as outras condições constantes, o aumento da tensão conduz a:
- cordão mais plano e mais largo;
- aumento do consumo de fluxo;
- aumento da resistência à porosidade causada pela oxidação ou presença de óleos não removidos;
- aumento do teor de liga proveniente do fluxo, o que pode constituir vantagem para elevar o teor da liga do depósito quando, em revestimento duro, usam-se fluxos ligados; ele pode também reduzir a ductilidade e aumentar a sensitividade à trinca, especialmente em soldas de passes múltiplos.

Tensões excessivamente altas produzem cordão em forma de chapéu, sujeito a trincas (Fig. 2.93); tornam a remoção de escória difícil; e, em soldas de múltiplos passes, aumentam o teor de liga do depósito e a sensibilidade à trinca.

Diâmetro do eletrodo

O equipamento para soldagem com arco submerso pode aceitar uma faixa limitada de diâmetros do eletrodo. Portanto, as necessidades de trabalho devem ser cuidadosamente avaliadas antes da aquisição do equipamento. Os eletrodos normalmente empregados em solda automática têm diâmetro entre 2,4 a 6,4 mm. As correntes adequadas aos diversos diâmetros estão na Tab. 2.70.

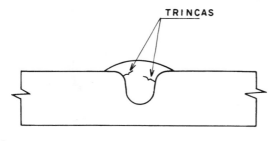

Figura 2.93 — Cordão em forma de chapéu, produzido pelo uso de excessiva tensão. Efeito similar é obtido com o uso de velocidade de avanço muito lenta. Esse tipo de cordão tem tendência a trincar nos pontos indicados pelas setas.

Soldagem com arco submerso

Tabela 2.71 - Requisitos de propriedades mecânicas para o metal de solda
(conforme AWS A 5.17-80)

Classificação do fluxo	Resistência à tração (MPa)	Resistência ao escoamento[1] (MPa)	Alongamento mínimo[1] (%)
F6XX-EXXX	414-552	531	22
F7XX-EXXX	483-655	400	22

(1) Resistência mínima ao escoamento a 0,2% de deformação permanente e alongamento medido em comprimento padrão de 51mm.

Tabela 2.72 - Requisitos de resistência ao impacto para o metal de solda
(conforme AWS A5.17-80)

Dígito	Temperatura de ensaio °C	Nível mínimo de energia
Z	—	Sem requisito de impacto
0	-18	
2	-29	
4	-40	27J
5	-46	
6	-51	
8	-62	

Mantendo todas as outras condições constantes, o aumento do diâmetro do eletrodo aumenta a largura do cordão e diminui a densidade da corrente, a penetração e a taxa de deposição. Com um eletrodo mais grosso, aumenta-se a capacidade de suportar corrente, podendo-se usar maiores intensidades e obter-se taxas de deposição mais elevadas.

Tipo de corrente

A corrente contínua de polaridade reversa CCPR(+) é recomendada para a maioria dos casos na soldagem com arco submerso, onde uma rápida seqüência de deposição de passes ou penetração total são fatores importantes. Esse tipo de corrente também oferece melhor resistência à porosidade e melhor formato do cordão de solda.

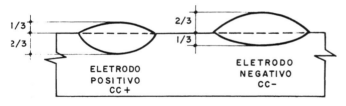

Figura 2.94 — Efeito da polaridade do eletrodo sobre o cordão de solda, mantidos constantes os demais parâmetros.

Tabela 2.73 - Requisitos de composição química para as classificações de eletrodos nus para a soldagem de aço-carbono (conforme AWS A5.17-80)

Classificação do eletrodo[a]	Composição química, porcentagem em peso					
	C	Mn	Si	S máx	P máx	Cu[b] máx
Eletrodos de aço de baixo manganês (L)						
EL8	0,10	0,25/0,60	0,07	0,035	0,035	0,035
EL8K	0,10	0,25/0,60	0,10/0,25	0,035	0,035	0,035
EL12	0,05/0,15	0,25/0,60	0,07	0,035	0,035	0,035
Eletrodos de aço de médio manganês (M)						
EM12	0,06/0,15	0,80/1,25	0,10	0,035	0,035	0,035
EM12K	0,05/0,15	0,80/1,25	0,10/0,35	0,035	0,035	0,035
EM13K	0,07/0,18	0,90/1,40	0,35/0,75	0,035	0,035	0,035
EM15K	0,10/0,29	0,80/1,25	0,10/0,35	0,035	0,035	0,035
Eletrodos de aço de alto manganês (H)						
EH14	0,10/0,20	1,70/2,20	0,10	0,035	0,039	0,035

a) O símbolo K indica aço acalmado; O símbolo N, qualidade nuclear.
b) O limite de cobre abrange qualquer recobrimento de cobre que possa ter sido aplicado ao eletrodo (ver Seção 11 - Acabamento e endurecimento, e Seção 16 - Análise química da respectiva norma).

Exemplo

F7A6-EM12K é uma designação completa. Ela refere-se a um fluxo que produzirá um metal de solda que, na condição de como soldado, terá uma resistência à tração não inferior a 483 MPa, e uma resistência ao impacto Charly-entalhe V não menor do que 27J a -51°C, quando depositado com um eletrodo EM12K, nas condições de soldagem estipuladas nesta especificação.

O uso de corrente contínua de polaridade direta CCPD(-) oferece uma taxa de deposição cerca de 30% superior à obtida com CCPR(+), mas produz menor penetração. Ela é usada nos seguintes casos:
- na soldagem de filetes onde a chapa é limpa e livre de contaminações;
- em aplicações como soldas de revestimento, onde uma taxa de deposição mais elevada é vantajosa; e
- onde a baixa penetração é condição necessária para reduzir a diluição em aços de difícil soldabilidade, evitando-se trincas e porosidade.

Ao se mudar de polaridade positiva para negativa, deve-se aumentar a tensão de cerca de 4 V sem alterar a corrente, para se obter uma forma de cordão similar. A Fig. 2.94 mostra o efeito da polaridade do eletrodo na soldagem com arco submerso.

O uso de corrente alternada, proporciona penetração e taxa de deposição intermediária entre CCPR(+) e CCPD(-). Seu emprego é recomendado para duas aplicações específicas: para os eletrodos auxiliares na soldagem

Soldagem com arco submerso

Tabela 2.74 - Parâmetros para soldagem de aço-carbono com arco submerso automático, usando eletrodo nu com 4,8 mm de diâmetro. Junta de topo com cobre-junta de aço, como indica a Fig. 2.100 (a); técnica de um passe; para espessuras de chapas entre 4,8 e 12,7 mm. Posição de soldagem plana.

Espessura da chapa e (mm)		4,8	6,4	9,5	12,7
Corrente (A) CCPR(+)		800	850	900	1000
Tensão (V)		32	33	34	35
Velocidade (cm/min)		125	82	60	42
Cobre-junta (mm)	t	4,8	6,4	8	9,5
	w	20	25	25	25
Folga g (mm)		2,4	3,2	4	4,8

Tabela 2.75 - Parâmetros para soldagem de aço-carbono com arco submerso automático, usando eletrodo nu com 4,8 mm de diâmetro. Junta de topo como indica a Fig. 2.100 (b); técnica de dois passes. Para chapas com espessura entre 6,4 e 19 mm. Posição de soldagem plana.

Espessura da chapa e (mm)	6,4		9,5		12,7		16,0		19,0	
Passe	1	2	1	2	1	2	1	2	1	2
Corrente(A) CCPR(+)	600	750	650	800	750	850	750	850	800	900
Tensão (V)	31	33	33	35	35	36	35	36	36	37
Velocidade (cm/min)	175		120		87		60		55	

Tabela 2.76 - Parâmetros para soldagem de aço-carbono com arco submerso automático, com eletrodo nu. Junta de topo como indica a Fig. 2.100 (c); técnica de dois passes. Para chapas com espessura entre 6,4 e 25 mm. Posição de soldagem plana.

Espessura da chapa e (mm)	6,4		12,7		19,0		25,0	
Passe	1.º	2.º	1.º	2.º	1.º	2.º	1.º	2.º
Diâmetro do eletrodo (mm)	4,00				4,8			
Corrente(A) CCPR(+)	475	575	700	950	700	950	850	1000
Tensão (V)	29	32	35	36	35	36	35	36
Velocidade (cm/min)	120		67		75	40	34	42
Profundidade a (mm)	—		—		3,0		10,0	
Profundidade b (mm)	—		—		10,0			

145

Tabela 2.77 - Parâmetros para soldagem de aço-carbono com arco submerso automático, com eletrodo nu de 4,8 mm de diâmetro. Junta de topo como indica a Fig. 2.100 (d); técnica de três passes. Para chapas com 31 e 38 mm de espessura. Posição de soldagem plana.

Espessura da chapa e (mm)	31,0			38,0		
Passe	1	2	3	1	2	3
Corrente (A)	850	1000	850	1000		950
Tensão (V)	35	36	35	36	36	34
Velocidade (cm/min)	34	30	22	22	25	28
Profundidade a (mm)	10,0			13,0		
Profundidade b (mm)	16			16		
Ângulo C	60°			70°		
Ângulo D	70°			90°		

Tabela 2.78 - Parâmetros para soldagem de aço-carbono com arco submerso automático, com eletrodo nu de 4 mm de diâmetro, com chanfro em V, como indica a Fig. 2.100 (e); técnica de passes múltiplos; para espessuras de chapas entre 16 e 38 mm. Corrente: 550 A CCPR (+); tensão: 28 V; velocidade: 40 cm/min. Posição de soldagem plana.

Espessura da chapa e (mm)	16,0	25,0	38,0
Passe	2 - 7	2 - 14	2 - 28

O 1.° passe deve ser feito com eletrodo revestido, de preferência com o tipo E 7018, diâmetro 4 mm (16 A, 23 V, 20 cm/mm). A raiz deve ser goivada, esmerilhada e aplicado um ou dois passes de arco submerso.

Tabela 2.79 - Parâmetros para soldagem de aço-carbono com arco submerso automático, com um eletrodo nu; para soldas em ângulo, como indica a Fig 2.100 (f); para espessuras de chapa entre 8 e 22 mm; um só passe. Posição de soldagem plana.

Tamanho filete f (mm)	3,2	4,8	6,4	8,0	9,5	12,7	16	19
Espessura da chapa e (mm)	8,0	9,5	12,7	16	19	22	25	32
Diâmetro eletrodo (mm)	3,2	4,0	4,8					
Corrente (A) CCPR (+)	425	575	675	775	850	950	1000	
Tensão (V)	26	28	31	34	35	36	37	38
Velocidade (cm/min)	150	100	75	55	45	30	22	17

Soldagem com arco submerso

tandem; e em algumas aplicações onde ocorre sopro magnético ou apagamento do arco com CC, e para velocidade de soldagem muito baixa.

Velocidade de soldagem

Fundamentalmente, a velocidade de soldagem controla o tamanho do cordão e a penetração. É uma variável interdependente da intensidade da corrente. Em soldas de um único passe, a corrente e velocidade devem ser escolhidas para se obter a penetração desejada; em soldas de passes múltiplos, para se obter o tamanho do cordão desejado.

Mantidas as outras condições constantes, observa-se que:
a) Velocidade excessivamente elevada diminui a ação de "molhar" ou de caldear, aumentando a tendência a mordeduras, e ao apagamento do arco, propiciando o surgimento de porosidades e trincas. Uma baixa velocidade de soldagem tende a reduzir a porosidade, porque o material gasoso tem tempo de flutuar e escapar da solda ainda no estado líquido.
b) Velocidade excessivamente baixa produz cordões em forma de chapéu, sujeitos a trinca, como foi mostrado na Fig. 2.93., bem como uma poça de solda muito grande em torno do arco elétrico, resultando em um cordão rugoso, respingos e inclusões de escória.

Distância tubo de contato/peça (*stickout*)

Esta distância, entre o ponto de contato elétrico no bico da pistola ou cabeçote e a ponta do eletrodo que atinge a peça a ser soldada, é submetida ao aquecimento por resistência durante a passagem de corrente. Portanto, o aumento dessa distância aumenta a taxa de deposição. Normalmente, a distância é mantida entre 20 a 35 mm.

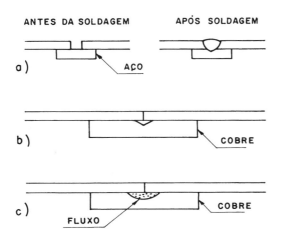

Figura 2.95 — Solda de topo em chapa fina, usando cobre-junta.
a) A chapa de aço torna-se parte integrante da junta soldada.
b) A chapa de cobre entalhada conduz o calor rapidamente e não funde junto com a junta soldada.
c) A camada de fluxo, junto com a barra de cobre, fornece, no lado oposto à solda, melhor acabamento.

SOLDAGEM: PROCESSOS E METALURGIA

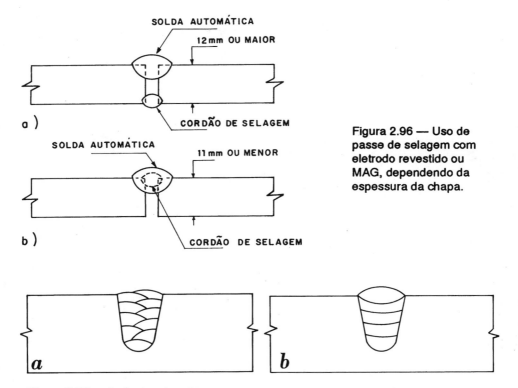

Figura 2.96 — Uso de passe de selagem com eletrodo revestido ou MAG, dependendo da espessura da chapa.

Figura 2.97 — A técnica de soldagem em passes múltiplos (a) facilita a remoção da escória em chanfros estreitos, o que é difícil em cordões largos e côncavos (b).

5. TIPOS DE JUNTA

Junta de topo

Este tipo é usado na soldagem com arco submerso, normalmente em chapas com espessura de 5 até 25 mm. O procedimento de soldagem deve ser projetado de acordo com a espessura da chapa a ser soldada.

Soldas de topo em chapa fina — Atenção especial deve ser dada ao controle da distorção e à possibilidade de a chapa ser perfurada. Para evitar distorção, a peça deve ser adequadamente fixada. Normalmente, faz-se uso de um cobre-junta, de aço ou de cobre, que evita também que a peça seja perfurada (Fig. 2.95). Neste caso, deve-se deixar uma pequena abertura entre as chapas a serem soldadas, para que a solda penetre no cobrejunta fazendo-o parte integrante da peça soldada. Quando não pode haver esta inserção, usa-se um cobre-junta de cobre que, devido à sua elevada condutibilidade térmica, não se funde junto com o metal de solda.

Solda de topo em chapa grossa — É perfeitamente viável obter-se soldas com 100% de penetração, sem furar a chapa, usando-se juntas de topo em

Soldagem com arco submerso

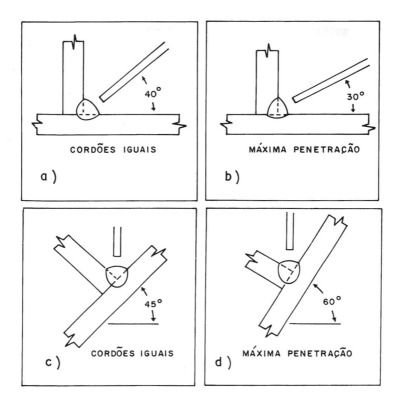

Figura 2.98 — Efeito do alinhamento do eletrodo nu na largura e penetração do cordão; (a) e (c) inclinação para obtenção de cordões iguais; (b) e (d) inclinação para máxima penetração.

chapas de espessura superior a 10 mm, aplicando um passe de solda em cada lado do chanfro. As chapas podem ser cortadas por oxi-corte, esmerilhadas, e fixadas ligeiramente uma com a outra. Para se obter bom acabamento da solda pode-se usar uma pequena abertura entre as chapas e dar um passe de selagem com eletrodo ou MAG, conforme mostra a Fig. 2.96.

Solda de chanfro estreito (*narrow gap*)

Para chapas com espessuras acima de 19 mm, emprega-se qualquer tipo de configuração de juntas normalmente usado; os mais comuns são em V, em X, em U. Normalmente, usa-se a técnica de passes múltiplos, que proporciona melhores valores de tenacidade ao impacto para o metal de solda.

A remoção de escória normalmente é dificultada em chanfros estreitos. Pequenos cordões de solda ligeiramente convexos destacam melhor a escória; cordões de solda mais largos e côncavos são de difícil limpeza, como mostra a Fig. 2.97.

Soldas em ângulo

Pode-se obter cordões de até 10 mm de largura com um único passe; entretanto, cordões muito largos podem causar mordeduras. A largura do cordão deve ser ao menos 25% maior que a profundidade, pois cordões estreitos são sujeitos a trinca.

Soldas em ângulo são normalmente mais sensíveis à trinca a quente, devido à elevada restrição imposta pelo cordão.

A Fig. 2.98 mostra a influência do alinhamento do eletrodo na penetração e tamanho do cordão. Em solda em ângulo, na posição horizontal, uma inclinação do eletrodo de 40% gera cordões iguais, enquanto que com 30% maximiza a penetração. Em soldas na posição plana, a colocação a 45º gera cordões, enquanto que com 60º maximiza a penetração.

Soldas de revestimento

A principal aplicação de revestimento consiste na manutenção de componentes de equipamentos sujeitos a desgaste. Como exemplo, podemos citar a recuperação de peças rodantes de tratores, cilindro de laminação, rodas de ponte rolante, de locomotiva e vagões etc. Na recuperação de partes rodantes sujeitas a desgaste, a principal característica a se obter é a dureza da superfície de trabalho. Normalmente utiliza-se, para este fim, material ligado ao cromo e molibdênio. Nessas recuperações, usam-se fluxos ligados e arames neutros, ou fluxos neutros e arames ligados.

Outra aplicação bastante freqüente, consiste no uso de uma fita de aço inoxidável, da classe 300 ou 400, e um fluxo próprio à essa soldagem. Com isso, obtém-se uma camada resistente à corrosão, sem necessidade que o equipamento seja inteiramente confeccionado de aço inox. Consegue assim as mesmas propriedades à corrosão, com menor custo.

6. CLASSIFICAÇÃO E SELEÇÃO DE CONSUMÍVEIS
Classificação

O sistema de classificação, comumente utilizado no Brasil para consumíveis, fluxos e eletrodos, na soldagem com arco submerso, é o definido pela American Welding Society. A 5.17-80 e A 4.23-80 contém especificações para fluxos e eletrodos utilizados na soldagem de aços-carbono e de baixa liga, respectivamente.

Os fluxos são classificados com base nas propriedades mecânicas

Soldagem com arco submerso

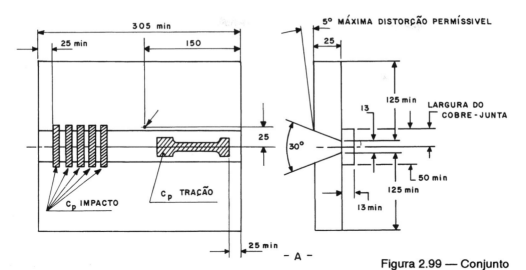

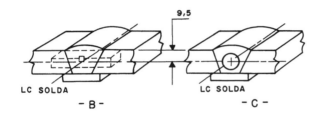

Figura 2.99 — Conjunto para ensaio de classificação de combinações fluxo/eletrodo para a soldagem com arco submerso
A - Configuração da junta e localização dos corpos-de-prova.
B - Localização dos corpos-de-prova de impacto.
C - Localização dos corpos-de-prova de tração.

Condições de soldagem(a)

Diâmetro do eletrodo[b] (mm)	Corrente[c] (A ± 25)	Tensão[d] (V ± 1)	Tipo de corrente	Velocidade de soldagem (mm/s ± 0,4)	Metal-base[e]	Temperatura[f] pré-aquec.	Temperatura[f] interpasse
1,6	350			5,1	ASTM		
2,0	400			5,5	A 36		
2,4	450		CA ou CC	5,9	A 285	18 a	135 a
3,2	500	28	qualquer	6,3	grau	163°C	163°C
4,0	560		polaridade	6,8	C ou		
4,8	600			7,2	A 516		
5,6	650			7,6	grau 70		
6,4	não especificada; por acordo entre fornecedor e comprador						

a) A corrente pode ser alternada ou contínua, com qualquer polaridade. A primeira camada deve ser depositada em um ou dois passes; todas as outras camadas devem ser depositadas em dois ou três passes por camada, exceto a última, a qual deve ser depositada em três ou quatro passes.

151

b) As classificações são baseadas nas propriedades do metal de solda depositado por eletrodos com 4,0 mm de diâmetro, ou com o maior diâmetro fabricado, se ele for inferior a 4,0 mm. As condições indicadas na tabela para bitolas diferentes de 4,0 mm serão usadas quando a classificação for baseada nessas bitolas, ou quando forem requeridas para ensaios de aceitação de lotes, de acordo com o padrão AWS A5.01 - Guia para a aquisição do metal de adição (exceto quando o comprador especificar outras condições).
c) Para a primeira camada pode ser usada corrente de menor intensidade.
d) A distância entre o tubo de contato e a peça de trabalho deve ser a seguinte: 13 a 19 mm para eletrodos de 1,6 a 2,0 mm; 19 a 32 mm para eletrodos de 2,4 mm; e 25 a 38 mm para eletrodos de 3,2 a 5,6 mm de diâmetro. Quando o fabricante de eletrodos recomendar distâncias fora das faixas indicadas, essa recomendação deve ser aplicada com tolerância de 6,4 mm.
e) Em caso de divergência, para fins de arbitramento, deve ser usado como metal-base o aço ASTM A36 e como tipo de corrente a CCPR(+).
f) O primeiro cordão deve ser depositado com o conjunto sob qualquer temperatura entre 18 e 135°C; a soldagem deve ser continuada, cordão por cordão, até que seja atingida uma temperatura dentro da faixa de temperatura de interpasse; após essa temperatura ter sido alcançada, a deposição de cordões subseqüentes somente pode ser efetuada quando a temperatura do conjunto estiver situada dentro da faixa de temperatura de interpasse.

Tabela 2.80 - Parâmetros para soldagem de aço-carbono com arco submerso automático, em soldas em ângulo; para espessuras de chapa entre 8 e 16 mm; um só passe. Junta como indica a Fig. 2.100 (g). Posição de soldagem plana.

Tamanho filete f (mm)	3,2	4,0	4,8	6,4	8,0
Espessura da chapa e (mm)	8,0	9,5	11,0	12,7	16,0
Diâmetro eletrodo (mm)	3,2			4,0	
Corrente (A) CCPR (+)	425	420	450	525	575
Tensão (V)	23	25	27	28	30
Velocidade (cm/min)	125	105	85	60	40

do metal de solda, em conjunto com uma classificação particular de eletrodo nu.

Os eletrodos são classificados somente com base em sua composição química, sendo os diâmetros do eletrodo nu padronizados, como indica a Tab. 2.70.

tsO sistema de classificação dos consumíveis, usados na soldagem com arco submerso, tem a seguinte representação:

$$F\ X_1 X_2 X_3 - E\ YYY$$

F - Designa fluxo

X_1 - Designa a resistência mínima à tração (em incrementos de 69 MPa) do metal de solda depositado, de acordo com as condições de soldagem estipuladas nesta classificação (Tab. 2.71) e resultante da combinação do fluxo com determinada classificação de eletrodo.

X_2 - Indica a condição de tratamento térmico dos corpos-de-prova para a execução dos ensaios: a letra A refere-se à condição de como soldado; a letra P à condição de tratado termicamente após a soldagem. A temperatura e a duração do tratamento térmico após a soldagem, estão indicados na norma AWS A 5.17-80.

X_3 - Indica a menor temperatura na qual a resistência ao impacto do metal de solda depositado, em referência, iguala ou excede de 27 J (Tab. 2.72).

E - Designa eletrodo nu.

YYY - Classificação do eletrodo nu empregado para a obtenção do metal de solda depositado, de acordo com a análise química indicada na Tab. 2.73.

Seleção de consumíveis

Devido à grande variedade de fluxos e tipos de eletrodos disponíveis no mercado, há um número maior ainda de combinações fluxo/eletrodo possíveis.

A seleção do fluxo e do eletrodo nu deve servir a um objetivo específico. Por exemplo, ser escolhido para soldagem em geral com baixo custo, ou para obter requisitos metalúrgicos especiais, como propriedades de impacto Charpy V, resistência à tração, dureza, etc. Algumas combinações têm excelente resistência à porosidade mesmo em chapas oxidadas, enquanto outras podem ser usadas em velocidade elevadas e aceitam a técnica tandem com 2 ou 3 eletrodos nus.

SOLDAGEM: PROCESSOS E METALURGIA

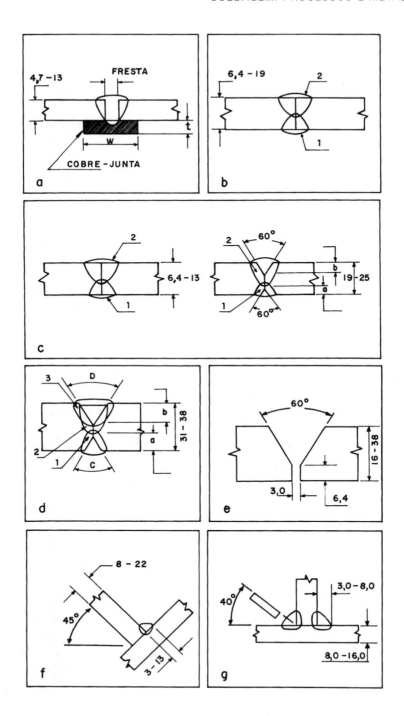

Figura 2.100 — Tipos de juntas usadas nas Tabs. 2.74 e 2.78

Soldagem com arco submerso

Como centenas de combinações são possíveis, convém sempre consultar os fornecedores desse tipo de material, para a escolha adequada para uma dada aplicação. Deve-se, sempre que possível, proceder a escolha de consumíveis em função do sistema de classificação mostrado anteriormente, de tal forma que as propriedades obtidas do metal de solda sejam compatíveis com as propriedades do metal de base a ser utilizado ou às caraterísticas de projeto da estrutura.

Qualificação de procedimentos

As Tabs. 2.74 a 2.80. apresentam alguns exemplos de procedimentos de soldagem, tomando-se como base os principais tipos de junta mencionados no texto e representados na Fig. 2.100. Todas essas tabelas são adaptadas de [1].

BIBLIOGRAFIA

1. THE LINCOLN ELECTRIC CO. — The Procedure Handbook of Arc Welding; 12th ed., Cleveland, Ohio, EUA.
2. BARROS, S. M. — Soldagem; PETROBRÁS-DIVEN, SEN, Rio de Janeiro.
3. THE WELDING INSTITUTE — Submerged Arc Welding; 1978.
4. FUNDAÇÃO BRASILEIRA DE TECNOLOGIA DE SOLDAGEM — Inspetor de Soldagem, vol. 1.

2f Processo de soldagem com plasma

Paulo Roberto Rela

1. INTRODUÇÃO

O processo de soldagem plasma é uma extensão do processo de soldagem TIG, onde a coluna do arco elétrico sofre uma constrição, obtida fazendo o arco passar através de um orifício de diâmetro reduzido e de parede fria (cobre refrigerado a água). O princípio fundamental de geração do arco por plasma, atualmente utilizado para soldagem, corte, fusão e recobrimentos de superfícies metálicas, pode ser atribuído a Gerdien[1], que em 1923 trabalhou com arcos refrigerados com água para obter iluminação de grande intensidade. Deste 1955, o arco por plasma vem sendo investigado[2] e as propriedades básicas da constrição do arco vêm sendo estabelecidas experimentalmente.

2. PRINCÍPIOS DE OPERAÇÃO

No processo de soldagem por plasma, a coalescência de metal é obtida através do aquecimento feito pelo arco que sofreu constrição. O processo consiste inicialmente em provocar numa coluna de gás, com o auxílio de um arco elétrico, o aumento de sua temperatura, o suficiente para que os impactos entre as moléculas de gás provoquem entre si certo grau de dissociação e ionização. O gás ionizado é forçado a passar através de um orifício de parede fria e esta repentina mudança provoca um grande gradiente térmico entre o centro da coluna de gás com periferia, que está em contato com a parede de cobre, fazendo com que a densidade no centro da coluna diminua, favorecendo aos elétrons adquirirem energia suficiente para provocar a ionização de outro átomos[2]. Este efeito eleva de maneira sensível o grau de ionização da coluna do arco e sua temperatura, possibilitando o aumento da taxa de energia transferida para a peça a ser soldada, sendo o aumento da velocidade do plasma conseqüência direta da constrição. A Fig. 2.101 mostra o corte esquemático de um bocal de constrição, onde a presença de um arco piloto se faz necessária para auxiliar na abertura do arco principal, chamado arco transferido.

Processo de soldagem com plasma

A proteção da peça de fusão é obtida parcialmente com o gás ionizado a alta temperatura, que escoa através do bocal de constrição. Uma proteção auxiliar de gás pode ser necessária para proteger completamente a poça de fusão da oxidação do ar. O gás auxiliar de proteção pode ser um gás inerte ou uma mistura de gases.

Sendo o processo de soldagem do plasma uma extensão do processo TIG, é útil uma comparação entre os esquemas básicos de operação dos dois processos, como mostra a Fig. 2.102. Em ambos os processos temos o plasma (coluna de gás ionizado), estando a diferença básica no bocal de constrição do arco e na existência de um arco-piloto para a abertura do arco principal, presente no processo plasma. No processo TIG o eletrodo se estende para fora do bocal e permite a visualização completa do arco, que assume forma aproximada de um cone, produzindo uma região relativamente grande da zona aquecida pelo arco. A área da base do cone que se projeta sobre a superfície da peça a ser soldada varia com a distância da tocha à peça (comprimento do arco); portanto, pequenas mudanças no comprimento do arco, produzem variações relativamente grandes na taxa de calor transferida para a peça, por unidade de área.

No caso de soldagem com plasma, o eletrodo é alojado no interior do bocal de constrição. O arco é colimado e focalizado por esse bocal e se projeta em uma área relativamente pequena sobre a peça a ser soldada. A coluna do arco que emerge do bocal pode ser considerada, com boa aproximação, um cilindro, e praticamente não ocorre variação da área projetada pelo arco com a variação dentro de certos limites do comprimento do arco.

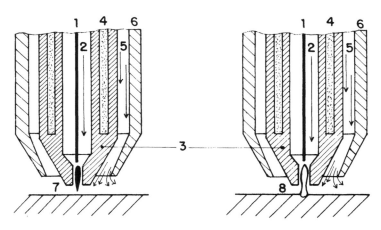

Figura 2.101 — Representação esquemática de tocha de plasma
1. Eletrodo. 2. Canal para admissão do plasma. 3. Bocal de constrição refrigerado a água. 4. Circulação de água. 5. Canal para distribuição do gás de proteção. 6. Bocal do gás de proteção. 7. Arco-piloto. 8. Arco transferido ou principal.

Efeitos da constrição do arco

Uma série de melhorias no desempenho do processo pode ser obtida fazendo o arco por plasma passar através de um pequeno orifício refrigerado. A mais notável melhoria é a estabilidade do arco. No arco aberto, ou melhor, no processo convencional TIG, o arco é atraído para a região mais próxima da peça a ser soldada (terra) e é defletido por campos magnéticos fracos; por outro lado, no processo de soldagem com plasma, o jato por plasma pode ser considerado como sendo rijo, ou seja, seu percurso tem a direção para o qual ele é apontado, e é menos afetado por campos magnéticos.

A constrição possibilita grandes densidades de corrente e, conseqüentemente, grande concentração de energia; as altas densidades de corrente resultam em altas temperaturas na coluna do arco.

A Figura 2.103, mostra que, além do aumento de temperatura, a constrição provoca mudanças de características elétricas do arco. No lado esquerdo da figura temos um arco normal aberto (TIG), operando em 200 A, em corrente contínua e polaridade direta (CCPD), usando o argônio como gás de proteção. O lado direito mostra uma arco que sofre constrição em um orifício de 4,8 mm com mesma corrente elétrica. Nessas condições, comparado com o arco aberto (TIG), o arco constrito mostra um aumento de 100% na energia do arco e cerca de 30% de acréscimo na temperatura.

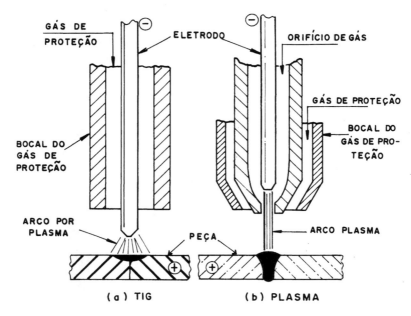

Figura 2.102 — Comparação entre os processos TIG e plasma

Processo de soldagem com plasma

A constrição do arco oferece melhor controle sobre a energia do arco. O grau de colimação, a força do arco, a densidade de energia sobre a peça a ser soldada e outras características são funções das seguintes variáveis: intensidade de corrente do plasma, forma e diâmetro do orifício de constrição, tipo de gás do arco de plasma e vazão do gás. As diferenças fundamentais entre muitos processos que utilizam o plasma no trabalho com metais são decorrentes de variações dos quatro fatores mencionados. Assim, eles podem ser variados, de modo a permitir a obtenção de grande concentração de energia e alta velocidade do jato do plasma para ser utilizado no corte dos metais, sendo necessária a seleção de: alta intensidade de corrente, pequeno orifício de constrição do gás, grande fluxo de gás e emprego de gás com alta condutividade térmica. Por outro lado, para a soldagem, é necessário ter baixa velocidade do jato de plasma para evitar a expulsão do metal fundido da poça de fusão e, nessas condições, é necessário a seleção de orifícios de constrição com maior diâmetro e baixo fluxo de gás.

Tipos de arco

Dois tipos de arco são utilizados no processo de soldagem com plasma: arco transferido e arco não-transferido (Fig. 2.104). No arco transferido, o arco principal é estabelecido entre o eletrodo e a peça a ser soldada. No arco não-transferido o arco é estabelecido entre o eletrodo e o orifício de constrição no interior da tocha, o arco plasma é forçado através do orifício com a pressão do gás e a peça a ser soldada não faz parte do circuito elétrico do arco.

No arco transferido, a peça a ser soldada é parte integrante do circuito elétrico, sendo o arco transferido do eletrodo para a peça; a taxa de transferência de energia para peça é maior, pois sofre a influência de duas fontes de calor: mancha anódica em sua superfície (bombardeio de elétrons) e de jato plasma incidente. Este tipo de arco é o mais utilizado para a soldagem.

No arco não-transferido, o calor gerado sobre a peça a ser soldada é obtido somente pelo jato de plasma que atravessa o orifício da boca de constrição. Este tipo de arco é utilizado para corte e junção de peças não condutoras e em aplicações que requerem baixa concentração de energia.

Vantagens do processo

A principal vantagem da soldagem com plasma é a estabilidade direcional e focal do arco, que não sofre mudanças de suas características quando ocorrem variações da distância da tocha à peça a ser soldada;

SOLDAGEM: PROCESSOS E METALURGIA

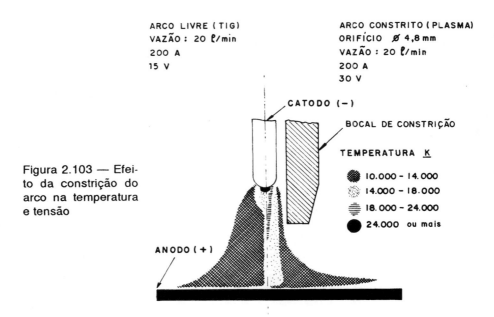

Figura 2.103 — Efeito da constrição do arco na temperatura e tensão

assim, a constrição do arco ocasiona sua colimação, possibilitando que variações no comprimento do arco não afetem significativamente sua capacidade de fundir o metal a ser soldado. Devido à sua grande estabilidade, é possível obter comprimento de arco maior que no processo TIG, com isso facilitando a visibilidade do soldador.

No processo com plasma, o eletrodo está confinado no bocal de constrição e é impossível seu contato com a peça a ser soldada; esse arranjo dá maior vida ao eletrodo e reduz a possibilidade de inclusão de tungstênio na solda.

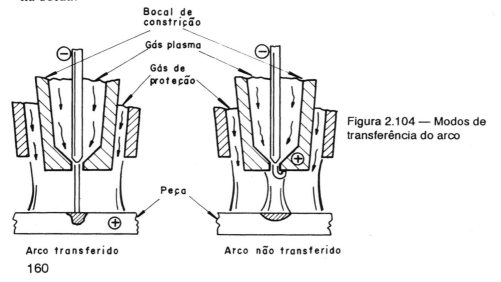

Figura 2.104 — Modos de transferência do arco

160

Processo de soldagem com plasma

Outra grande vantagem é a de permitir a técnica de soldagem do tipo buraco de fechadura (key hole), que permite a soldagem da maioria dos metais em certas faixas de espessura com juntas de topo sem a necessidade de chanfrar as peças a serem soldadas. A formação do buraco de fechadura é uma indicação positiva de completa penetração e uniformidade da solda. Essa técnica, que será estudada mais adiante, apresenta grandes vantagens metalúrgicas, pois a baixa taxa de calor transferida às peças soldadas limita a zona termicamente afetada, onde ocorre o crescimento dos grãos; sua alta velocidade de soldagem resulta em menor tempo para a fragilização de aços inoxidáveis e superligas.

Nos processos de fabricação, utilizando o plasma, consegue-se menores quantidades de passes de soldagem e de material de adição, menor tempo de preparação das juntas a serem soldadas quando comparado com o processo usual TIG.

O arco-piloto do processo por plasma permite sua visualização pelo soldador, através das lentes de proteção, facilitando o posicionamento preciso da tocha de soldagem na abertura do arco. Outra característica importante do arco-piloto é a de permitir a abertura instantânea do arco de soldagem, mesmo com baixa intensidade de corrente.

Limitações do processo

O processo de soldagem com plasma é limitado para espessuras acima de 25 mm, sendo necessário novos desenvolvimentos para aumentar a sua aplicação para chapas de seções mais espessas.

A soldagem com plasma requer do operador maior conhecimento do processo, quando comparado com o TIG. A tocha é mais complexa, o eletrodo requer configuração e posicionamento precisos, havendo também necessidade de seleção correta do diâmetro do bocal de constrição e da vazão do gás de plasma e de proteção.

3. EQUIPAMENTO

O equipamento básico para a soldagem com plasma é ilustrado na Fig. 2.105. O sistema consiste de uma tocha, fonte de energia, console de controle, cilindros de gases de plasma e proteção, circuito de água de refrigeração, controle remoto de corrente de soldagem etc.

Abertura do arco

O arco por plasma não pode ser iniciado com as técnicas normais utilizadas no processo TIG, pois estando o eletrodo confinado no interior do bocal de constrição, ele não pode tocar a peça a ser soldada para

SOLDAGEM: PROCESSOS E METALURGIA

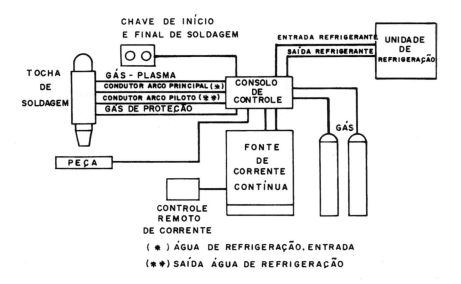

Figura 2.105 — Equipamento para soldagem com plasma

abertura do arco. Para o arco ter início, é estabelecido entre os eletrodos e a peça a ser soldada um arco-piloto, obtido através de um circuito de alta freqüência, interligado com o circuito de potência, conforme ilustra a Fig. 2.106. O circuito elétrico é completado através de uma resistência. O arco formado entre o eletrodo e o bocal tem corrente elétrica baixa e forma um caminho de baixa resistência entre o eletrodo e a peça a ser soldada, permitindo o fácil estabelecimento do arco principal quando a fonte de potência é energizada. Quando o arco principal é formado, o arco-piloto é eliminado e somente volta a ser reestabelecido quando o arco principal é extinto.

Tochas de soldagem

A Fig. 2.107 mostra, em corte, uma tocha manual para plasma. No interior da mangueira, que alimenta a tocha com água fria, está montado o cabo que conduz energia para o arco principal; as demais mangueiras são utilizadas para condução de água de retorno e gases do arco de plasma e proteção. O eletrodo é fixado à tocha através de uma pinça, o que permite sua centragem com precisão; a descentragem provocaria um superaquecimento localizado no bocal de constrição, causando a fusão desta região e diminuindo, conseqüentemente, a vida útil do bocal.

Processo de soldagem com plasma

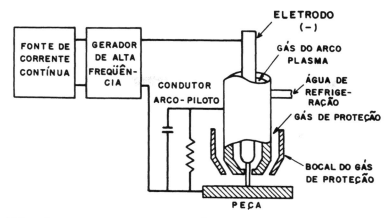

Figura 2.106 — Sistema de soldagem com plasma com circuito de alta freqüência do arco piloto para abertura do arco principal

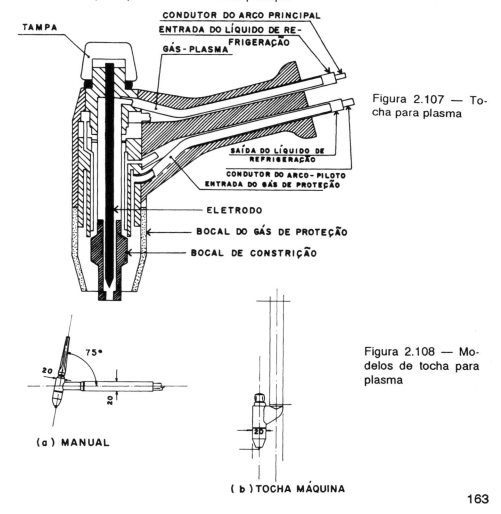

Figura 2.107 — Tocha para plasma

Figura 2.108 — Modelos de tocha para plasma

O baixo fluxo de gás utilizado para a formação do arco de plasma não é suficiente para proteção adequada contra a poça de fusão da peça, sendo necessária a utilização do gás auxiliar de proteção que, antes de deixar a tocha, passa ao redor do bocal de constrição, auxiliando sua refrigeração. Usando, por exemplo, uma corrente de 20 A, a vazão do gás de plasma é da ordem de 0,5 l/min e o gás de proteção deve ser, no mínimo, de 10 l/min[3].

Existem diferentes geometrias de bocais para diferentes aplicações, já que o diâmetro do orifício depende da corrente a ser utilizada. Para altas correntes são requeridos orifícios com grandes diâmetros. A Fig. 2.108 mostra duas configurações de tocha para plasma; em (a) temos a tocha manual com extensão, formando ângulo de cerca de 75° com o cabeçote de solda, permitindo soldagens manuais; as tochas manuais são disponíveis para corrente de soldagem até 250 A. A disposição (b) mostra uma tocha-máquina, similar à tocha manual, mas diferindo na extensão, que é paralela à linha de centro do cabeçote de soldagem; esse tipo de tocha se presta para soldagem automatizada, com auxílio de dispositivos mecanizados para translação da tocha. As tochas-máquina são disponíveis comercialmente para correntes até 500 A e podem ser utilizadas para soldagem com corrente contínua com polaridade direta ou reversa, para soldagem de alumínio e suas ligas.

Fontes de energia

As fontes de energia disponíveis para a soldagem com arco de plasma variam desde 0,1 até centenas de ampères. Fontes convencionais, com características do tipo corrente constante, são as mais adequadas para uso com corrente contínua com polaridade direta (eletrodo negativo); são tipi-

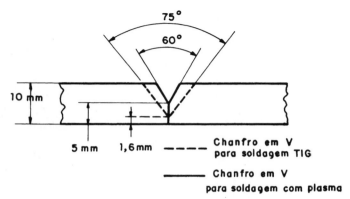

Figura 2.109 — Comparação de uma junta V de material com espessura de 10 mm para soldagem com os processos TIG e plasma.

Processo de soldagem com plasma

camente do mesmo tipo das usadas para soldagem com processo TIG.

As fontes do tipo retificador são preferidas aos tipos motor-gerador, devido às suas características elétricas de saída[3]. Retificadores com tensão de circuito aberto, variando de 65 a 80 V, são satisfatórios para soldagem com arco de plasma com argônio, puro ou com o máximo de 7% de hidrogênio. Entretanto, usando hélio puro ou misturas argônio-hélio, tensões maiores serão necessárias para abertura do arco. Fontes de energia de corrente contínua são disponíveis com uma série de opções de programação, tais como:

a) Aclive (*up-slope*) — regulagem progressiva do tempo para atingir a nominal de soldagem.
b) Declive (*down-slope*) – regulagem progressiva de tempo até a interrupção do arco.
c) Para soldagens automatizadas, corrente pulsada com ajustes nas freqüências de pulsação e intensidade dos níveis de corrente de base e de pico.

Controles

O controle de um equipamento para soldagem com plasma compreende: fonte para o arco-piloto; válvulas e medidores de vazão dos gases do plasma e de proteção; sensor de fluxo de água de refrigeração; indicadores de arco-piloto; corrente e tensão de soldagem; controles de ajuste de corrente centralizado e remoto. Para equipamentos também destinados à soldagem automatizadas deve ser incluído o circuito e ajustes do programador de soldagem, permitindo a programação da seqüência do gás de proteção, aclive, pulsação, declive e intensidade de corrente; para soldagem utilizando a técnica de buraco de fechadura o controle do fluxo de gás desde a abertura até a redução do fluxo para o fechamento do orifício no término da soldagem.

4. VARIÁVEIS DE PROCESSO

As variáveis para qualificação de soldagem, segundo código da ASME Seção IX - QW.257[4], são: Juntas (QW 402); Metais de base (QW 403); Metais de adição (QW 404); Posições (QW 405); Pré-aquecimento (QW 406); Tratamento térmico após a solda (QW 407); Gases (QW 408); Características elétricas (QW 409); e Técnica (QW 410).

As variáveis essenciais para qualificação do soldador, segundo ASME seção IX - QW 357, são: juntas, metais de base, metais de adição, posições e gases.

Juntas

Os tipos de juntas mais utilizados para a soldagem com plasma se assemelham aos do processo TIG, sendo mais utilizados os de bordos retos (sem chanfro), simples e duplo V ou U.

Comparado com o processo TIG, o plasma possibilita grande densidade de corrente e concentração de energia e, portanto, maiores graus de penetração e velocidade de soldagem. Estas vantagens possibilitam que juntas sejam soldadas sem a necessidade de grandes chanfros, que constituem reduções localizadas da espessura dos materiais a serem unidos, e cujo objetivo principal é evitar a perda de calor através da junta. Juntas de bordos retos (sem chanfro) são utilizadas para soldagem de espessuras variando de 0,1 a 6,4 mm[3]. A Fig. 2.109 compara o chanfro com geometria em V para os processos plasma e TIG em uma chapa de 10 mm de espessura. Para metais com espessuras de 0,05 a 0,25 mm, é necessário a preparação de bordos dobrados para a soldagem sem adição de material. A altura destes bordos é mostrada na Tab. 2.81.

Metais de base

O processo de soldagem por plasma é utilizado para a união da maioria dos metais comumente soldados pelo processo TIG: aços-carbonos e inoxidáveis, ligas de cobre, níquel, cobalto, titânio etc.

A soldagem de alumínio e suas ligas, pode ser realizada com corrente contínua de polaridade reversa (eletrodo positivo) ou com corrente alternada, sendo que esta prática de soldagem requer equipamentos especiais, estando a espessura máxima a ser soldada limitada a 11 mm.

Tabela 2.81 - Alturas das abas das juntas do tipo de bordos dobrados (em L); adaptada de [3]

Espessura do metal t (mm)	Altura das abas h (mm)
0,05	0,25 a 0,50
0,13	0,50 a 0,60
0,25	0,75 a 1,00

Processo de soldagem com plasma

Tabela 2.82 - Especificações AWS para metais de adição utilizados no processso plasma[3]

Especificação AWS	Metal de adição
A 5.7	Cobre e ligas de cobre
A 5.9	Aços resistentes à corrosão a base de cromo; ligas de aço cromo-níquel
A 5.10	Alumínio e ligas de alumínio
A 5.14	Níquel e ligas de níquel
A 5.16	Titânio e ligas de titânio
A 5.18	Aços-carbono
A 5.19	Magnésio e ligas de magnésio
A 5.24	Zircônio e ligas de zircônio

Metais de adição

Os critérios de seleção são os mesmos do processo TIG. Os materiais são adicionados na forma de arame, contínuo para o caso de soldagem automatizada e em vareta para soldagem manual. A Tab. 2.82 indica as especificações dos metais de adição para processo de soldagem plasma segundo a norma AWS.

Características elétricas

Na maioria das aplicações dos processos de soldagem por plasma, é usada a configuração de corrente contínua com polaridade direta (eletrodo negativo), circuito de arco transferido e eletrodo de tungstênio. A configuração de corrente contínua com polaridade reversa (eletrodo positivo), eletrodo de tungstênio ou cobre refrigerado a água é utilizado, com limitações, para a soldagem de alumínio.

Nos equipamentos de corrente contínua disponíveis no mercado, a corrente varia de 0,1 a 500 A. Equipamentos especiais de corrente alternada com estabilizador contínuo de alta freqüência podem ser utilizados para a soldagem de alumínio e suas ligas na faixa de corrente de aproximadamente 10 a 100 A.

Técnica de soldagem

Duas técnicas de soldagem são utilizadas no processo de soldagem por plasma: convencional e buraco de fechadura (key hole).
Convencional — É a soldagem usual por fusão, tal como é realizada no processo TIG. Essa técnica normalmente é utilizada para a soldagem manual e varetas de adição podem ser adicionadas à solda. Nesta técnica, as soldagens são efetuadas com baixas correntes e fluxos de gás de plasma.
Buraco de fechadura (key hole) — Nesta técnica a poça de fusão é relati-

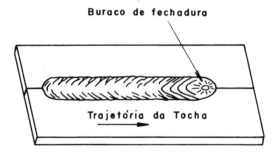

Figura 2.110 — Técnica de soldagem com buraco de fechadura

vamente pequena, com um furo passante através do metal-base; esta situação é conseguida por meio de combinações especiais de fluxo de gás de plasma, corrente do arco e velocidade de soldagem. Nesse método, a tocha-plasma movimenta-se mecanicamente ao longo do cordão, o metal fundido pelo arco é forçado a fluir ao redor do jato de plasma e para trás, onde a poça de fusão está se solidificando. O movimento do metal fundido e a completa penetração da espessura do metal permitem que as impurezas fluam para a superfície e os gases sejam expelidos antes da solidificação. O volume máximo da poça e o perfil resultante na raiz são largamente influenciados pelos efeitos de balanço de força entre a tensão superficial do metal fundido e as características de velocidade do fluxo de plasma. A alta corrente utilizada nesta técnica faz com que a condição de soldagem ocorra bastante próxima à de corte do material; na condição de corte, o fluxo do gás de plasma é ligeiramente superior ao do buraco de fechadura, fazendo com que a velocidade do gás expulse para fora o metal fundido; conseqüentemente, o fluxo do gás de plasma na técnica buraco de fechadura é crítico e a velocidade do gás deve ser suficientemente baixa para permitir apenas que a tensão superficial da poça de fusão fixe o metal fundido na junta soldada. A Fig. 2.110 ilustra essa técnica.

Para soldagens longitudinal e circunferencial de chapas com espessuras de até 3 mm, com o emprego da técnica de buraco de fechadura, a operação pode ser iniciada com os parâmetros nominais de soldagem: corrente, velocidade de translação e fluxo do gás do plasma. Naquela faixa de espessura o processo é desenvolvido com pequena perturbação na poça de soldagem e no cordão de solda; tanto do lado da tocha como do lado oposto o aspecto é razoavelmente liso. Com chapas de espessuras acima de 3 mm, iniciado com as condições nominais de soldagem, o jato de plasma tende a escavar debaixo da poça de fusão, causando irregularidades no cordão de solda. Devido a este tipo de problema, nas chapas espessas, o início e o final da soldagem com buraco de fechadura devem ser feitos em abas postiças, que serão removidas após a soldagem. Na

Processo de soldagem com plasma

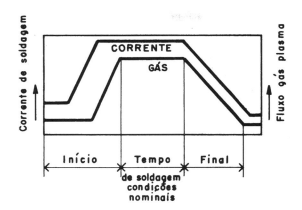

Figura 2.111 — Ciclo de soldagem utilizando a técnica de buraco de fechadura para trajetórias circulares.

soldagem circunferencial, onde é impraticável o uso de abas, é necessário a utilização de equipamento dotado de um programador, que deve possibilitar na abertura do buraco de fechadura, uma baixa corrente e baixo fluxo de gás. A região inicial, percorrida pelo jato plasma até o estabelecimento completo do buraco de fechadura, deverá ser sobreposta para evitar defeitos na solda. Na finalização do buraco de fechadura, o programador deve permitir um caimento suave da corrente e do fluxo de gás, para garantir o fechamento do orifício do buraco de fechadura. A Fig. 2.111 mostra esquematicamente o programa de corrente e de fluxo de gás de plasma para a soldagem circunferencial.

Eletrodos

Os eletrodos de tungstênio utilizados nas tochas de plasma são os mesmos utilizados no processo TIG. São basicamente barras de tungstênio puros ou com adições de outros elementos de ligas.

Eletrodos de tungstênio puro — Têm baixa capacidade de corrente comparado com os demais; são normalmente utilizados para a soldagem com correntes baixas.

Eletrodos de tungstênio com tória — O teor de tória varia de 0,8 a 2,2% e tem como objetivo aumentar a emissividade de elétrons do eletrodo e conseqüentemente alcançar altas correntes no arco de plasma, principalmente com corrente contínua e polaridade direta (eletrodo negativo).

Eletrodos de tungstênio com zircônio — O teor de zircônio varia de 0,15 a 0,40%; são normalmente utilizados para soldagem com corrente alternada ou com corrente contínua alta.

O critério adotado para a seleção das características do eletrodo, a ser utilizado em função da corrente, pode ser a mesma adotada para o processo TIG: a norma AWS - A5.12 - 69. A ponta do eletrodo deve ser cônica, com ângulo de 20 a 60°, e perfeitamente concêntrica, a fim de evitar duplo arco no interior do bocal de constrição. Para altas correntes são necessários diâmetros maiores e eles podem ter as pontas ligeiramente achatadas; para eletrodos de 3,2 mm, por exemplo, o diâmetro da ponta não deve ser superior a 0,8 mm e proporcionalmente menor para diâmetros menores de eletrodos.

Posições de soldagem

A soldagem manual com o processo plasma pode ser feita em todas as posições. A soldagem automatizada é normalmente feita na posição plana e horizontal; as soldagens automatizadas de tubos podem ser feitas nas posições 1G (ASME — tubo horizontal) e 2g (tubo vertical.

Para a soldagem manual, o eixo do cabeçote da tocha é posicionado de modo que forme com o plano de soldagem um ângulo com cerca de 55 a 65º. Para o controle da peça de fusão quanto à forma, tamanho e penetração, a tocha deve ser manipulada da mesma maneira que o processo TIG. A Fig. 2.112 ilustra a posição da tocha de plasma para a soldagem manual.

Para a soldagem automatizada, o ângulo deve ser de 10 a 15º e o arco de plasma apontado para a direção do percurso da tocha.

Para a técnica de buraco de fechadura, na soldagem de juntas de topo, a tocha é posicionada perpendicularmente ao plano da superfície de soldagem. Na soldagem de tubos na posição 1G, a tocha de plasma é normalmente colocada na posição "11 horas" e o tubo é girado no sentido horário.

A distância da parte inferior do bocal de constrição à superfície de soldagem é de aproximadamente 5 mm; entretanto, ela pode variar de 3 a 6 mm, sem mudanças significativas no arco de plasma.

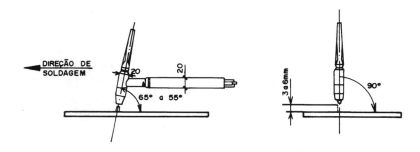

Figura 2.112 — Posição de soldagem manual com plasma

Processo de soldagem com plasma

Tabela 2.83 - Seleção de gases a serem utilizados no processo de plasma.
Gás do plasma e proteção; adaptada de[3]

Metal	Espessura (mm)	Técnica de soldagem	
		buraco de fechadura	convencional
Aço-carbono	abaixo de 3,3 acima de 3,2	A	A (75% He + 25% A)
Aços de baixa liga	abaixo de 3,2 acima de 3,2	A	A (75% He + 25% A)
Aços inoxidáveis	abaixo de 3,2 acima de 3,2	A; (92,5%A + 7,5%H$_2$) A; (95%A - 5%H$_2$)	A (75% He + 25% A)
Cobre	abaixo de 2,4 acima de 2,4	A não recomendado(*)	(75% He + 25% A): He He
Ligas de níquel	abaixo de 3,2 acima de 3,2	A; (92,5%A + 7,5% H$_2$) A; (95%A + 5% H$_2$)	A (75% He + 25% A)
Metais reativos (titânio, tântalo, ligas, zircônio)	abaixo de 6,4 acima de 6,4	A A + (50 a 75% He)	A (75% He + 25% A)

(*) O cordão do lado oposto ao da tocha não se formará corretamente.

Alimentação do metal de adição

Para a soldagem manual com o processo por plasma, o metal de adição deve ser colocado da mesma maneira que no processo TIG, porém com a vantagem de a vareta de adição poder tocar o bocal de constrição sem contaminar o eletrodo.

Para a técnica de buraco de fechadura, o metal de adição também deve ser colocado junto à poça de fusão, de modo que o metal fundido flua ao redor do furo provocado pelo jato de plasma para formar um cordão de solda reforçado (com sobremetal).

Gases

Os gases utilizados para a formação do plasma devem ser inertes, para não causarem a deterioração do eletrodo. Os gases utilizados para proteção não precisam necessariamente ser inertes, desde que não afetem as propriedades da junta soldada. A escolha do gás a ser utilizado para o plasma depende do metal a ser soldado. Para altas correntes, o gás de proteção deve ser o mesmo do plasma, a fim de evitar variações na consistência dos gases.

A Tab. 2.83 mostra os gases utilizados na formação do plasma para a soldagem de vários tipos de metais. O argônio é o gás preferido para a

Tabela 2.84 - Seleção de gases de proteção para soldagem com plasma; adaptado de(3). O gás do plasma é o argônio em todos os casos

Metal	Espessura (mm)	Técnica de soldagem	
		buraco de fechadura	convencional
Alumínio	acima 1,6 abaixo 1,6	não recomendado He	A; He He
Aço-carbono	acima 1,6 abaixo 1,6	não recomendado A; (75% He + 25% A)	A; (25%He + 75%A) A; (75%He + 25%A)
Aços de baixa liga	acima 1,6 abaixo 1,6	não recomendado (75% He + 25% A) (A + 1,5% H_2)	A; He; A + (1 a 5% H_2) A; He; A+(1 a 5% H_2)
Aços inoxidáveis	todas	A; (75% He+25% A) A + (1 a 5% H_2)	A; He; A+(1 a 5% H_2)
Cobre	acima 1,6 abaixo 1,6	não recomendado (75% He + 25% A); He	(75% He + 25%A); He He
Ligas de níquel	todas	A; (75%He + 25%A) A + (1 a 5% H_2)	A; He; A + (1 a 5% H_2)
Metais reativos (titânio, tântalum, ligas, zircônio)	acima 1,6 abaixo 1,6	A; (75%He+25%A); He	A A; (75%He + 25% A)

formação do plasma para arcos com baixa vazão, devido ao seu baixo potencial de ionização, assegurando facilidade na abertura do arco. Sendo o arco-piloto utilizado apenas para manter a ionização dentro do bocal de constrição, sua intensidade de corrente não é crítica e ela pode ser fixada em um determinado valor para uma série de condições de soldagem. O fluxo recomendado para o gás do plasma é menor que 2 l/min e o arcopiloto fixado em torno de 5 A.

Os gases de proteção usuais para a soldagem de metais são mostrados na Tab. 2.84. O argônio é utilizado para a soldagem de aços-carbonos, aços de alta liga e metais reativos como titânio, tântalo e ligas de Zircônio, uma vez que diminuta quantidade de hidrogênio no gás pode causar porosidades, fraturas e redução das propriedades mecânicas. O fluxo dos gases de proteção normalmente estão na faixa de 5 a 15 l/min para baixas correntes de soldagem; para altas correntes são utilizados fluxos da ordem de 15 a 30 l/min.

Embora o argônio possa ser utilizado sem restrições como gás de plasma e de proteção para soldagem de todos os metais, ele não produz ótimos resultados de soldagem. Como no processo TIG, dentro de certos limites, a mistura de hidrogênio com o argônio para o gás de plasma

Processo de soldagem com plasma

Tabela 2.85 - Condições de soldagem de aço inoxidável utilizando a técnica de buraco de fechadura; adaptado de[3].

Espessura (mm)	Velocidade de soldagem (mm/s)	Corrente (A)	Tensão (V)	Diâmetro do bocal (mm)	Fluxo de gás (l/min) (*) Plasma	Fluxo de gás (l/min) (*) Proteção
2,4	10	115	30	2,8	3	17
3,2	10	145	32	2,8	5	17
4,8	7	165	36	3,4	6	21
6,4	6	240	38	3,4	8	24

(*) Gás utilizado 95% argônio + 5% hidrogênio
- Distância da tocha à peça = 4,8 mm
- Foi utilizado argônio como gás de proteção para raiz da solda
- Junta de topo com bordos retos (Fig. 2.114A)

Tabela 2.86 - Condições de soldagem de aço-carbono e aços de baixa liga utilizando a técnica de buraco de fechadura; adaptado de [3].

Metal	Espessura (mm)	Velocidade (mm/s)	Corrente (A)	Tensão (V)	Bocal (mm)	Fluxo de gás (l/min) (*) Plasma	Fluxo de gás (l/min) (*) Proteção
Aço-carbono	3,2	5	185	28	2,8	6	28
Aço 4130	4,3	4	200	29	3,4	6	28
Aço AISI-D6	6,4	6	275	33	3,4	7	28

(*) Gás utilizado argônio
- Gás argônio utilizado para proteção da raiz
- Distância da tocha à peça = 1,2 mm
- Junta de topo com bordos retos (Fig. 2.114)

aumenta a energia do arco (temperatura), proporcionando maior eficiência na transferência de calor e maiores velocidades de soldagem podem ser obtidas com a mesma corrente.

A adição do hélio ao argônio também produz um arco mais energético para um mesmo valor de corrente. A mistura deve conter pelo menos 40% He para que se possa detectar mudanças significativas no poder energético do arco. Misturas argônio-hélio, contendo acima de 75% He, comportam-se como se fossem formadas somente de hélio puro.

A utilização do hélio como gás do plasma aumenta a taxa de calor transferido à tocha, diminuindo sua capacidade de corrente e o tempo de sua utilização. Devido à pequena massa de hélio (baixo valor para seu peso atômico), para um dado valor de fluxo de gás, é difícil sua utilização na técnica de buraco de fechadura, quando são empregadas misturas hé-

Tabela 2.87 - Condições de soldagem pelo processo por plasma; técnica convencional; aço inoxidável; adaptada de [3].

Tipo de junta	Espessura (mm)	Velocidade de soldagem (mm/s)	Corrente (A)	Diâmetro bocal (mm)	Fluxo de gás Plasma (l/min)	Distância tocha-pç	Eletrodo diâmetro	Obs.
De topo com bordas retas (Fig. 2.114A)	0,76	2	11	0,76	0,3	6,4	1,0	(1)
	1,5		28	1,2	0,4	6,4	1,5	(1)
Em T	0,76	1,5 a 2	8	0,76	0,3	6,4	1,0	(2)
(Fig. 2.114B)	1,5		22	1,2	0,4	6,4	1,5	(2)
Sobreposta	0,76		9	0,76	0,3	9,5	1,0	(2)
(Fig. 2.114C)	1,5		22	1,2	0,4	9,5	1,5	(3)

Observações: - Gás de proteção: 95% A + 5% H_2 na vazão de 10 l/min
- Gás de proteção da raiz: A na vazão de 5 l/min
(1) Solda automatizada
(2) Solda manual com metal de adição AISI 310 Ø 1,1 mm
(3) Solda manual com metal de adição AISI 310 Ø 1,4 mm

lio-argônio contendo mais de 75% He.

A vazão de gás do plasma influencia no poder de penetração do processo de soldagem por plasma; quanto maior for o fluxo do gás de plasma, tanto maior será a penetração; o aumento da vazão é limitado pela formação de mordeduras nas bordas da junta soldada.

O tamanho do orifício de constrição a ser utilizado está relacionado diretamente com a corrente de soldagem e o fluxo de gás.

5. CONDIÇÕES DE SOLDAGEM

Embora o arco de plasma para baixa correntes seja de manejo mais fácil do que o arco TIG, devido à sua estabilidade, mesmo com variações da distância da tocha à peça a ser soldada, o comportamento do metal fundido é o mesmo para os dois processos de soldagem e a necessidade de fixação da junta são as mesmas. Por exemplo, as bordas das juntas devem estar em contato, ou suficientemente próximas, para assegurar que o metal fundido forme uma ponte entre as duas bordas. De uma maneira geral, a abertura entre as bordas (ou raízes) adjacentes não deve ser maior do que

Processo de soldagem com plasma

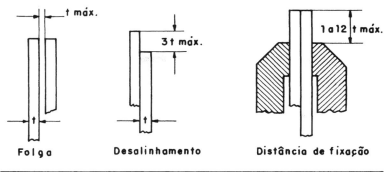

Folga   Desalinhamento   Distância de fixação

Folga (A) máx.	Desalinhamento (B) máx.	Espaçamento dos fixadores (C) mín.	Espaçamento dos fixadores (C) máx.	Largura do canal (D) mín.	Largura do canal (D) máx.
0,2 t	0,4 t	10 t	20 t	4 t	16 t
0,6 t	1,0 t	15 t	30 t	4 t	16 t

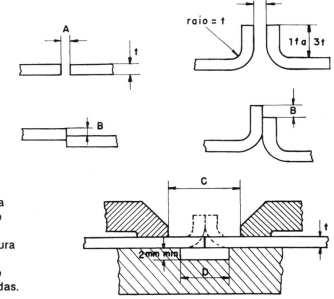

Figura 2.113 — Tolerâncias para a fixação de chapas a serem soldadas, com espessura até 0,8 mm; adaptada de[3]
Observações:
a) Para a proteção da raiz da solda, é necessário o uso de gás argônio ou hélio.
b) Para chapas com espessura inferior a 0,25 mm, é recomendável o emprego de juntas com as bordas dobradas.

10% da espessura do metal-base. Para casos onde a obtenção desta tolerância se torna difícil, é necessário a utilização de material de adição.

A fixação adequada das juntas é necessária para assegurar seu alinhamento e rigidez antes e durante a soldagem. O aumento do calor proveniente da soldagem não deve causar empenamentos, caso contrário surgirão folgas e a ponte de metal fundido poderá não ter continuidade.

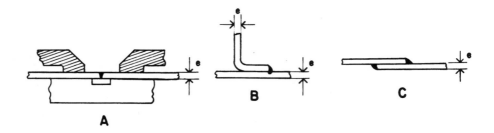

Figura 2.114 — Tipos de juntas usadas para as condições apresentadas na Tab. 2.87.

Barras de cobre refrigerado poderão ser utilizadas para fixar as bordas e auxiliar na dissipação de calor equalizando as taxas de fusão do metal nas soldagens de espessuras dissimilares. A melhor prática é equalizar as espessuras das juntas, usinando as bordas a serem soldadas.

As tolerâncias dimensionais das bordas a serem soldadas são comparáveis às do processo TIG. Bordas até 6,4 mm, cortadas a frio (por guilhotina), podem ser satisfatoriamente aceitas para soldagem, porém as juntas usinadas devem ser preferidas. Folgas de até 0,5 mm são permissíveis para soldagem de chapas acima de 6,4 de espessura. Para chapas abaixo desta espessura, a folga entre as bordas deve ser proporcionalmente menor.

Tabela 2.88 - Condições de soldagem pelo processo plasma; técnica convencional para material com espessuras finas; adaptada de [3, 6]

Metal	Espessura (mm)	Corrente (A)	Gás de proteção(*)	Velocidade de soldagem (cm/min)
Aço inoxidável	0,03	0,3	99%A + 1%H$_2$	12
	0,08	1,6	"	15
	0,13	2,4	"	12
	0,8	10,0	"	12
Titânio	0,08	3,0	50%A + 50%He	36
	0,2	5,0	A	30
	0,4	5,8	A	30
	0,5	10,0	75%He + 25%A	42
Hastelloy-X	0,1	0,2	96%A + 4%H$_2$	15
	0,2	2,0	A	6
	0,5	6,5	A	18
Inconel 718	0,3	3,5	25%A + 75%He	36
	0,4	6,0	99%A + 1%H$_2$	15
Cobre	0,1	10,0	25%A + 75%He	15

Observações: - O gás do plasma é o argônio, com a vazão de 24 l/min.
  -Bocal com diâmetro de 0,8 mm.
  - Junta de topo com bordos retos (Fig. 2.114A)
  (*) Vazão do gás de proteção: 10 l/min.

Processo de soldagem com plasma

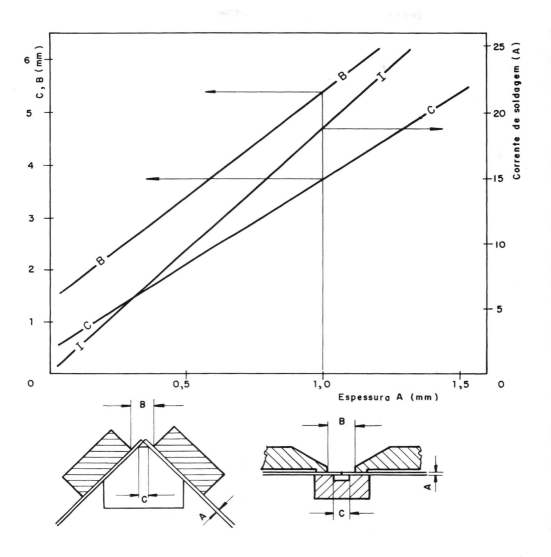

Figura 2.115 — Parâmetros de soldagem do aço AISI 304 pelo processo de plasma.

A Fig. 2.113 apresenta dados práticos para o posicionamento e fixação de chapas finas com espessura menor que 1 mm, onde o requisito básico para a garantia de qualidade da junta soldada é o espaçamento constante, ou contato contínuo das bordas a serem soldadas.

Na aplicação do processo por plasma, as principais considerações que devem ser feitas são: metais a serem soldados, geometria da junta e espessura do material.

177

SOLDAGEM: PROCESSOS E METALURGIA

Tabela 2.89 - Soldagem Plasma-MIG - Parâmetros de soldagem chapa ASTM 5052; 23 mm de espessura; adaptado de [8]

Parâmetros	1.° passe	2.° passe
Corrente MIG (A)	310 - 330	350 - 390
Tensão MIG (V)	32	
Corrente do plasma (A)	280 - 300	
Tensão do plasma (V)	33 - 35	
Preaquecimento com o plasma (segundos)	9 - 11	
Gás de proteção	88%He + 12%A	
Alimentação do eletrodo nu (cm/min)	150 - 157	168 - 175
Velocidade de soldagem (cm/min)	40	
Distância da tocha à peça (mm)	15	

Metal de adição: AWS ER 5356; diâmetro 1,6 mm.

Os requisitos de limpeza, alinhamento da junta, rigidez na fixação, como nos demais processos de soldagem, influenciam na qualidade da junta soldada. O preaquecimento e o tratamento térmico, a ser empregado após a soldagem são características das propriedades metalúrgicas dos metais de base a serem soldados e independem do processo de soldagem empregado.

As Tab. 2.85 a 2.88 orientam na determinação dos parâmetros de soldagem que devem ser seguidos para operação manual e automatizada. Para elas se aplicam os tipos de juntas mostrados na Fig. 2.114.

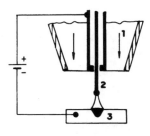
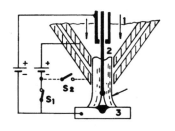

PROCESSO MIG   PROCESSO PLASMA - MIG

Figura 2.116 — Comparação dos processos de soldagem MIG e Plasma-MIG.
1 - gás de proteção;
2 - metal de adição;
3 - peça; 4 - arco de plasma.

A Fig. 2.115 apresenta um ábaco para a seleção dos parâmetros de soldagem para chapas de aço inoxidável AISI 304 com espessura até 1,2 mm. No exemplo indicado na figura, para a soldagem de uma chapa com 1 mm de espessura, os parâmetros recomendados seriam: I = 18 A; B = 5,5 mm; C = 3,7 mm.

6. VARIANTES DO PROCESSO

No processo plasma-MIG, que combina a soldagem por plasma com MIG, o arco formado pelo processo MIG é envolvido por um plasma (coluna de gás ionizado em alta temperatura), que é controlado independentemente. A Fig. 2.116 compara os processos MIG e o plasma-MIG. Devido aos controles independentes de alimentação do eletrodo nu e da corrente do arco de plasma, o processo permite ao operador regular a taxa de energia a ser transferida à peça a ser soldada através da mistura da energia do plasma com a do MIG[8].

Este processo de soldagem encontra grandes vantagens na sua aplicação para a soldagem de alumínio e suas ligas, pelo fato de que a alta temperatura do plasma (superior a 15.000°C) possibilita limpar a camada de óxido que cobre as superfícies a serem soldadas[9]. Outra grande vantagem é que a combinação das duas fontes de energia, principalmente a do plasma, proporcionando alta taxa de transferência de calor, faz com que sejam necessários poucos passes de solda em peças espessas de alumínio.

A Tab. 2.89 apresenta os parâmetros de soldagem de uma chapa de alumínio ASTM 5052 com espessura de 23 mm.

BIBLIOGRAFIA

1. OKADA, M.; ARIYASU, T. & MARUO, H. - Yamada Technnol. Repts; Osaka Univ, 10, p. 209, 1960.
2. COBINE, J. D. - Gaseous Electronics; Ed. Dover; EUA; 1951.
3. AWS - Welding Handbook; vol. 2, p. 277; 7 ed., 1978.
4. ASME - Section IX; Welding Qualification; 1983
5. SECHERON SOUDURE S.A. - Equipamento de Soldagem Microplasma - Plasmafix 50[E].
6. UNION CARBIDE - Operação Equipamento de Solda Microplasma PWM-6.
7. PHILIPS WELDING INDUSTRIES - Plasma GMA Welding: A New Way for Aluminium; Welding Design and Fabrication, mai. 1981, p. 89.
8. ESSERS, W. G. & WALTER, R. - Heat Transfer and Penetration Mechanisms with GMA and Plasma Welding - Welding Research Supplement.

3a Soldagem com gás

Sérgio D. Brandi

1. INTRODUÇÃO

A soldagem oxigás é definida pela American Welding Society como sendo um "grupo de processos onde o coalescimento é devido ao aquecimento produzido por uma chama, usando ou não metal de adição, com ou sem aplicação de pressão".

Esse processo de soldagem data do século XIX. Foi o cientista francês Le Châtelier que, em 1895, observou que quando o acetileno queima com o oxigênio produz uma chama que atinge a temperatura aproximada de 3000°C. O processo de soldagem oxiacetilênico foi explorado comercialmente a partir do século XX, quando foram desenvolvidos processos de produção de acetileno e do oxigênio.

O processo da soldagem oxigás apresenta as seguintes vantagens:
- baixo custo;
- emprega equipamento portátil;
- não necessita de energia elétrica; e
- permite o fácil controle da operação.

Entre as desvantagens podem ser apontadas as seguintes:
- exige soldador hábil;
- tem baixa taxa de deposição;
- conduz a um superaquecimento; e
- apresenta riscos de acidente com os cilindros de gases.

2. FUNDAMENTOS DO PROCESSO

A chama oxiacetilênica

A combustão do acetileno ocorre em duas etapas: a combustão primária, onde somente o oxigênio do cilindro participa da reação; a combustão secundária, cuja reação ocorre com a participação do ar atmosférico. Para volumes iguais de acetileno e oxigênio, as reações são as seguintes:

combustão primária: $C_2H_2 + O_2 \rightarrow 2\,CO + H_2$

combustão secundária: $2CO + H_2 + {}^3/_2 (O_2 + 4N_2) \rightarrow 2CO_2 + H_2O + 6N_2$

Soldagem com gás

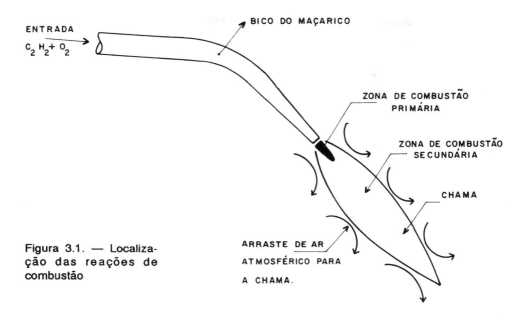

Figura 3.1. — Localização das reações de combustão

Observando-se as duas equações, percebe-se que na primeira a combustão é parcial, gerando uma atmosfera redutora. A segunda equação completa a combustão, gerando uma atmosfera oxidante com menor temperatura, uma vez que o nitrogênio do ar entra na reação apenas para retirar calor e essa região da chama possui maior seção transversal. A Fig. 3.1. esquematiza o local das reações de combustão.

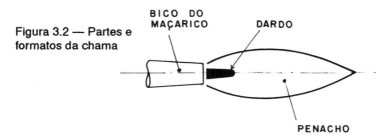

Figura 3.2 — Partes e formatos da chama

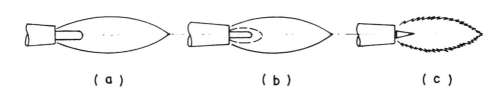

(a)   (b)   (c)

Tabela 3.1- Tipos e características das chamas; adaptada de [1-3]

Regulagem da chama	Tipo da chama	Formato da chama	Característica	Aplicação
1,0 < a < 1,1	Neutra	Fig.3.2a	Penacho longo. Dardo branco, brilhante e arredondado.	Soldagem de aços (ou regulagem neutra levemente redutora). Cobre e suas ligas (exceto latão). Níquel e suas ligas.
a < 1,0	Redutora	Fig.3.2b	Penacho esverdeado. Véu branco circundando o dardo. Dardo branco, brilhante e arredondado. Chama menos quente.	Revestimento duro, ferro fundido, alumínio e chumbo
a > 1,1	Oxidante	Fig.3.2c	Penacho azulado ou avermelhado, mais curto e turbulento. Dardo branco, brilhante, pequeno e ponteagudo. Chama mais quente. Ruído característico.	Aços galvanizados (regulagem neutra levemente oxidante). Latão Bronze

As chamas possuem duas partes (Fig. 3.2): dardo e penacho. No primeiro ocorre a combustão primária e no penacho, a combustão secundária.

As características da chama dependem da relação entre o combustível (acetileno, hidrogênio, propano ou GLP) e o comburente (oxigênio). Define-se a regulagem da chama, ou relação de consumo, a razão entre os volumes do comburente e do combustível na zona de combustão primária :

$$a = \text{regulagem da chama} = \frac{\text{volume do comburente (oxigênio)}}{\text{volume do combustível (gás)}}$$

Com o conceito de regulagem da chama pode-se definir 3 tipos de chama: neutra, redutora (ou carburante) e oxidante, cujas características são mostradas na Tab. 3.1.

A temperatura máxima da chama é função de sua regulagem e a Fig. 3.3 mostra as temperaturas máximas para o acetileno.

A temperatura da chama é função da distância, medida a partir da

Soldagem com gás

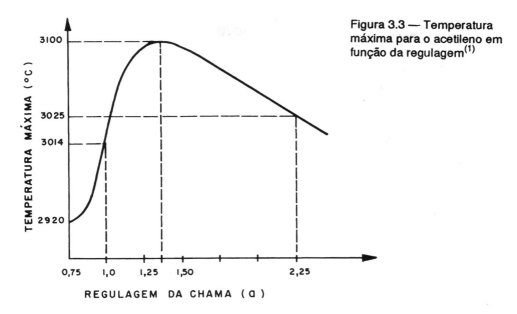

Figura 3.3 — Temperatura máxima para o acetileno em função da regulagem[1]

extremidade do dardo. Existe um ponto onde ela atinge o máximo e depois começa a decrescer. Da mesma maneira, a atmosfera do penacho muda sua composição química, tornando-se mais oxidante à medida que aumenta a distância a partir da extremidade do dardo. Esses efeitos são mostrados na Fig. 3.4.

Características dos gases

Como a chama é gerada pela combustão de um gás, as propriedades físicas desse gás determinam as características da chama. Esta deve possuir, do ponto de vista do aquecimento localizado, uma elevada tempera-

Tabela 3.2 - Temperatura máxima da chama (T_m) e repartição térmica (R) para diversos combustíveis [1]

Combustível	Composição da mistura	T_m (°C)	Q_p (kJ/mol)	Q_s (kJ/mol)	Q_t (kJ/mol)	$\frac{Q_s}{Q_p}$ = R
Hidrogênio	$H_2 + ¼ O_2$	2480	120,5	120,5	241	1
Metano	$CH_4 + 3/2 O_2$	2730	560,2	241,5	801,7	0,43
Propano	$C_3H_8 + 7/2 O_2$	2830	1 552,3	665,3	2 217,5	0,43
Butano	$C_4H_{10} + 9/2 O_2$	2830	1 729,7	1143,1	2 872,8	0,66
Etileno	$C_2H_4 + 5/2 O_2$	2840	1 041,7	241,5	1 283,2	0,23
Acetileno	$C_2H_2 + 1,1 O_2$	3050	493,8	769,4	1 263,2	1,56

SOLDAGEM: PROCESSOS E METALURGIA

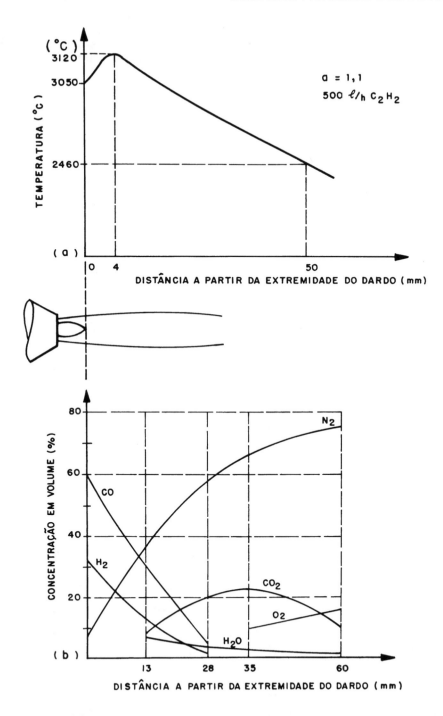

Figura 3.4 — Variação da temperatura (a) e da composição química da chama (b) em função da distância a partir da extremidade do dardo; adaptado de[1]

Soldagem com gás

tura máxima de chama, além de uma repartição térmica no volume da chama, suficiente para suprir calor para a fusão.

A temperatura máxima da chama, ou temperatura teórica da chama, é uma propriedade física do combustível, obtida a partir do calor de reação.

A repartição térmica é determinada pelos calores de reação da combustão primária e da secundária. Uma das maneiras de quantificar a repartição térmica da chama, é dividir a soma dos calores das reações de combustão secundária pelo calor de reação da combustão primária.

Quanto maior o valor, mais concentrada é a chama. Essas grandezas podem ser vistas na Tab. 3.2, onde Q_p é o calor de reação da combustão, Q_s o da secundária e Q_t o calor total.

O calor da combustão primária é importante para a fusão localizada do metal-base, enquanto que o calor de reação da combustão secundária tem a função de preaquecer a chapa. A comparação, para diferentes gases, da porcentagem de calor total usado na combustão primária mostra que quanto maior for esse valor, mais adequado é o gás para a soldagem. Assim, de acordo com os valores da Tab. 3.2, considerando-se que os gases com maior temperatura máxima de chama, para o acetileno a proporção é de aproximadamente 39%, enquanto que para o etileno é de 81%.

Apesar de a temperatura máxima de chama e dos calores de combustão serem bastante utilizados para a avaliação de combustíveis, esses parâmetros não são suficientes. É importante analisar também a intensidade de combustão, uma outra maneira de quantificar a concentração de energia de uma chama. Ela é definida como a quantidade de energia disponível por área do orifício do bico do maçarico e pelo tempo[1,3]. A intensidade de combustão é calculada pelo produto da velocidade de combustão da chama e da capacidade volumétrica de aquecimento da mistura gasosa.

A velocidade de combustão da chama é uma propriedade do combustí-

Tabela 3.3 - Velocidade de propagação e intensidade de combustão para algumas misturas gasosas [3]

Combustível	Velocidade de propagação da chama (m/s)		Intensidade de combustão (MJ/m².s)				
			Combustão primária		Combustão secundária	Total	
	Chama estequiom.	Chama neutra	Chama estequiom.	Chama neutra	Chama neutra	Chama estequiom.	Chama neutra
Hidrogênio	11,2	10,9	70	40	40	72	82
Metano	5,5	5,5	55	45	23	60	68
Propano	3,9	3,7	52	48	15	62	60
Acetileno	7,8	5,7	112	48	90	112	135

vel, sendo definida como a velocidade de propagação da frente de combustão na mistura gasosa. Ela influencia o tamanho e a temperatura do dardo, bem como a velocidade de escoamento da mistura gasosa no bico do maçarico[3], que tem de ser igual à velocidade de propagação da chama, para evitar tanto o retrocesso como o "descolamento" da chama no bico do maçarico. A Tab. 3.3 mostra valores da velocidade de propagação da chama e da intensidade de combustão, mostrando que esta varia bastante com a regulagem da chama.

3. EQUIPAMENTOS

Maçaricos

O maçarico é um instrumento para misturar e controlar a vazão da mistura na saída do bico. Com ele consegue-se obter a chama com regulagem e intensidade de combustão ideais para a operação de soldagem ou corte. A Fig. 3.5 mostra o maçarico.

O corpo do maçarico contém as entradas dos gases com as respectivas válvulas de regulagem de vazão. As entradas dos gases costumam ter roscas diferentes por motivo de segurança: a tomada de oxigênio possui rosca à direita e a do combustível, rosca à esquerda. As válvulas de regulagem da vazão são do tipo agulha.

No misturador ocorre a mistura dos gases em proporções iguais. O volume do misturador é pequeno para manter a mistura dentro dos limites de segurança, uma vez que muitas misturas são explosivas. A mistura pode ser conduzida pela lança até o bico do maçarico ou diretamente a um bico com o formato de lança. A função do bico é controlar a transferência de calor e direcionar da chama.

Os maçaricos podem ser classificados de acordo com o tipo de misturador em: injetor e de pressão média. No maçarico injetor o acetileno (baixa pressão) é aspirado pelo oxigênio (alta pressão), pelo princípio do tubo venturi no misturador. No maçarico de média pressão, ambos os

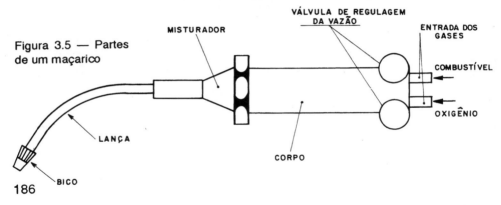

Figura 3.5 — Partes de um maçarico

Soldagem com gás

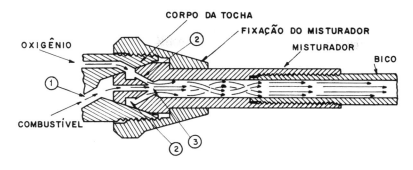

(A) MAÇARICO DE MÉDIA PRESSÃO

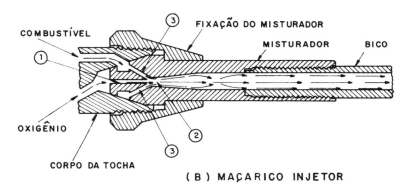

(B) MAÇARICO INJETOR

Figura 3.6 — Corte transversal esquemático do misturador em função do tipo de maçarico[3]

gases chegam com a mesma pressão ao misturador. Um detalhe esquemático de cada tipo de misturador é mostrado na Fig. 3.6.

Na Fig. 3.6a o combustível entra no local (1), enquanto que o oxigênio entra por diversos locais (2) em volta da entrada de combustível (3). Os gases acabam adquirindo um movimento de rotação, misturando-se entre si. Na Fig. 3.6b o oxigênio entra em (1) e através do venturi aspira o combustível (2), que entra por diversos locais (3), ocorrendo uma rotação entre os gases e formando a mistura.

O maçarico deve gerar uma chama estável e manter a dosagem dos gases da mistura constante durante todo o processo da soldagem ou corte. Em outras palavras, deve manter constante a regulagem da chama, tanto com variações na pressão do oxigênio como com o aquecimento excessivo. A Fig. 3.7 mostra de modo esquemático como esses dois parâmetros afetam a regulagem da chama para os dois tipos de maçarico.

Os maçaricos devem ser projetados para resistir ao retrocesso da chama, caracterizado por um ruído bem característico e que pode danificar o

SOLDAGEM: PROCESSOS E METALURGIA

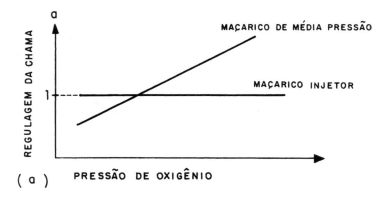

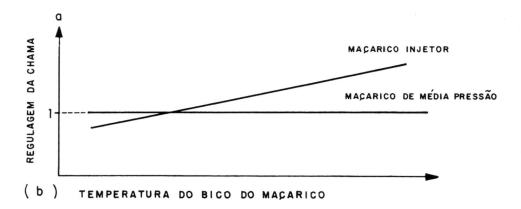

Figura 3.7 — Esquema da variação da regulagem da chama em função da pressão do oxigênio (a) e da temperatura (b) [1]

maçarico ou até causar um acidente grave. O retrocesso pode ocorrer quando o bico é parcialmente obstruído, quando ocorre aquecimento excessivo ou quando a velocidade de saída da mistura é menor que a da propagação da chama. Se o ruído característico continuar, o retrocesso da chama é mais grave e pode se propagar pelas mangueiras até o cilindro.

A explicação do comportamento mostrado na Fig. 3.7a, para dois tipos de maçarico, está ligada à pressão do oxigênio. No maçarico injetor, se a pressão do oxigênio variar, sua vazão também muda e, conseqüentemente, a vazão do acetileno muda no mesmo sentido, havendo uma autocompensação. Já para a Fig. 3.7b, o maçarico injetor varia sua vazão com a troca do bico ou do injetor, ou com a regulagem do injetor. Com o aquecimento, as dimensões são alteradas, podendo causar a desregulagem.

Soldagem com gás

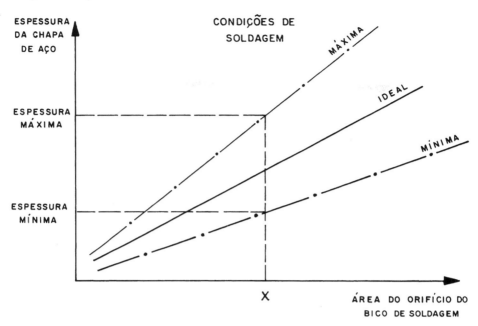

Figura 3.8 — Esquema da relação entre a espessura da chapa de aço e a área do orifício do bico[3]

Já para o maçarico de média pressão, a vazão varia com a troca do bico e a regulagem da pressão de admissão.

Bicos

Os bicos são feitos de ligas com elevada condutibilidade térmica, como as ligas de cobre, para evitar um superaquecimento, gerando problemas como os que foram referidos no item anterior.

A área do orifício do bico está linearmente relacionada com a espessura da chapa a ser soldada. Esquematicamente, pode-se observar esse comportamento na Fig. 3.8. Nota-se que, para uma dada área do orifício do bico, existe uma faixa de espessura que varia com as condições de soldagem. Existe um feixe de superposição das espessuras a serem soldadas, porém deve-se ter atenção devido às condições de soldagem, que podem ser ideais para um dado bico e não para outro, mantendo-se constante a espessura da chapa.

A Tab. 3.4 sugere faixas de espessura de chapa de aço-carbono em função do tamanho do bico.

O formato e o tamanho do dardo depende, entre outros fatores, do diâmetro do orifício do bico, da relação entre os diâmetros de entrada e saída do bico etc. O bico deve fornecer então um escoamento laminar da

SOLDAGEM: PROCESSOS E METALURGIA

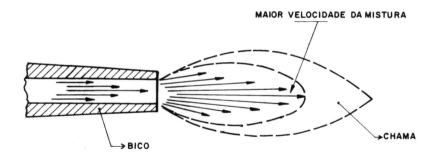

Figura 3.9 — Representação vetorial da mistura no interior do bico e na chama[3]

mistura gasosa. A Fig 3.9 mostra uma representação vetorial, em escala, das velocidades de escoamento da mistura gasosa no interior do bico e na chama.

O diâmetro do orifício do bico também determina as condições térmicas da chama. A Tab. 3.5 mostra as propriedades térmicas para a chama oxiacetilênica, sob as seguintes condições: regulagem a = 1, ângulo de trabalho do maçarico: 90°; distância do bico à chapa: 1,25 L (L = comprimento do dardo); chapa de aço de 6 mm de espessura; e velocidade de soldagem: 500 mm/min.

O diâmetro do orifício do bico também influi na potência específica da fonte de calor, o que significa que esta pode ser mais concentrada para uma dada mistura gasosa, variando-se o tamanho do orifício do bico. Esse efeito é mostrado na Fig. 3.10.

Reguladores de pressão

Os reguladores são equipamentos utilizados para descomprimir os gases armazenados em alta pressão nos cilindros. A função do regulador é baixar a pressão do gás ao valor desejado pelo usuário e mantê-la estabilizada, independentemente de flutuações de pressão no cilindro.

Tabela 3.4 - Faixas de espessura de aço-carbono em função do tamanho do bico

Tamanho do bico	Área do orifício (mm^2)	Faixa de espessura (mm)
1	0,78	0,5 - 1,5
2	1,33	1,0 - 3,0
3	2,01	2,5 - 4,0
4	3,14	4,0 - 7,0
5	4,91	7,0 - 11,0
6	7,06	10,0 - 18,0
7	9,62	17,0 - 30,0

Soldagem com gás

Tabela 3.5 - Condições térmicas da chama oxiacetilênica [4]

Tamanho do bico	Diâmetro do orifício (mm)	Vazão de acetileno (l/h)	Comprimento do dardo (mm)	Energia de soldagem (kJ/s)	Eficiência da chama (η)
1	1,0	150	9	1,59	0,72
2	1,3	250	10	2,51	0,68
3	1,6	400	11	3,01	0,51
4	2,0	600	12	3,85	0,44
5	2,5	1000	14	5,31	0,36
6	3,0	1700	15	7,32	0,29
7	3,5	2600	17	9,40	0,25

Nota:
$$\eta = \frac{\text{energia de soldagem (J//s)}}{14{,}7 \cdot \text{vazão de acetileno (l/h)}}$$

Os reguladores são constituídos geralmente por um sistema de regulagem da pressão do gás expandido, uma válvula de segurança e dois manômetros para leitura da pressão no interior do cilindro (alta pressão) e a pressão para soldagem ou corte (baixa pressão).

O funcionamento de um regulador pode ser acompanhado na Fig. 3.11, onde não está indicada a posição dos manômetros. A entrada do regulador é conectada no cilindro do gás. O gás preenche uma pequena

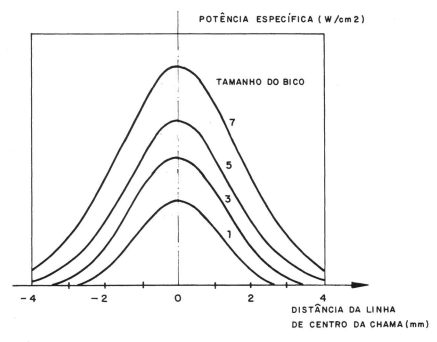

Figura 3.10 — Distribuição espacial da potência específica em função do tamanho do orifício do bico [4]

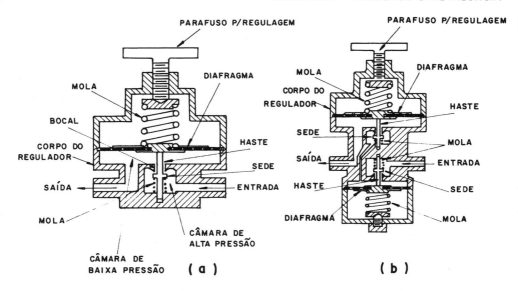

Figura 3.11 — Seção transversal de um regulador de pressão de um estágio (a) e de dois estágios (b)[3]

câmara, de alta pressão, através de um bocal que está associado a uma sede; esta regula a quantidade de gás que entra na câmara de baixa pressão, cujo diafragma tem a função de manter a desejada pressão. Quando o parafuso de regulagem é apertado, a sede da válvula da câmara de alta pressão fica afastada do boca, aumentando a pressão. Quando o regulador não está sendo usado, o parafuso de regulagem deve ser desapertado, fazendo com que a sede da válvula encoste no boca, fechando a passagem do gás. Os reguladores podem ser de um ou dois estágios.

Válvulas de segurança

As válvulas de segurança devem ser utilizadas em todos os equipamentos de soldagem e corte oxigás. São dispositivos importantes, pois podem minimizar, ou até evitar acidentes com aqueles tipos de equipamento. As válvulas de segurança são de dois tipos:[5,6] válvula contra retrocesso de chama e válvula de contrafluxo.

A válvula contra retrocesso de chama é conectada ao regulador de pressão do combustível, ou central de gases combustíveis. Essas válvulas devem evitar o contrafluxo dos gases, extinguir o retrocesso da chama e cortar o suprimento do gás combustível após o retrocesso. O funcionamento de uma válvula contra o retrocesso da chama pode ser acompanhada com a Fig. 3.12. O combustível entra na válvula, atravessa um diafragma perfurado e depois um bocal, entra em outra câmara através de outro bocal, atravessa outro diafragma perfurado, um disco de material

Soldagem com gás

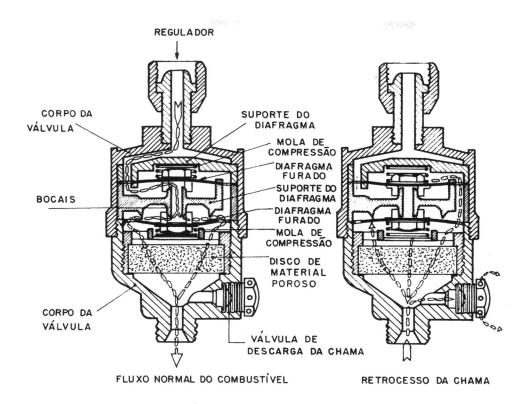

Figura 3.12 — Seção transversal de um tipo de válvula de segurança para retrocesso de chama[6]

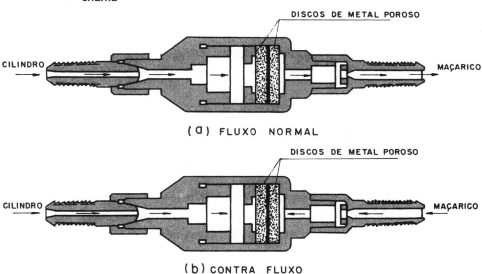

Figura 3.13 — Seção transversal de um tipo de válvula de segurança para contrafluxo[6]

poroso e é direcionado para a mangueira de combustível que alimenta o maçarico. No caso de retrocesso, o disco de material poroso evita a propagação da chama para o interior do maçarico junto com os dois diafragmas que mudam os raios de curvatura e interrompem, através de bocais, o fluxo do gás combustível.

A válvula de contrafluxo evita a passagem do combustível do maçarico em direção ao cilindro. O funcionamento de uma dessas válvulas pode ser acompanhado através da Fig. 3.13. O combustível flui normalmente através de discos porosos de um metal dúctil, como mostra a Fig. 3.13a. Caso haja contrafluxo devido a uma mistura explosiva de acetileno e ar, por exemplo, esses discos absorvem as ondas de choque e bloqueiam o contrafluxo (Fig. 3.13b). Esse tipo de válvula não impede o retrocesso da chama, uma vez que a temperatura elevada danifica seus componentes internos.

4. CONSUMÍVEIS PARA A SOLDAGEM

Cilindro de acetileno

O acetileno no estado gasoso é incolor e inodoro quando puro. Sua massa específica, nas condições normais de temperatura e pressão (CNTP), é de 1,1747 kg/m^3, tornando-o mais leve que o ar (1,2928 kg/m^3). Ele é obtido industrialmente através da reação do carbeto de cálcio (CaC_2) com água em recipientes especiais.

O acetileno é uma substância explosiva quando no estado sólido ou líquido. No estado gasoso ele é instável, isto é, pode decompor-se ou polimerizar-se. Neste último caso, o produto da polimerização é líquido ou gasoso, acarretando problemas como: entupimento de tubulações, diminuição da capacidade térmica da chama e dificuldades na recarga do cilindro[1].

Para contornar as características do acetileno, ele é armazenado no cilindro com a pressão máxima de 1,5 kg/cm^2 e dissolvido em acetona. Um litro de acetona dissolve entre 312 e 350 litros de acetileno[1,6]. Para que o armazenamento dessa mistura seja uniforme dentro do cilindro, é colocado em seu interior uma massa porosa constituída da mistura de carvão, amianto e cimento ou sílica e calcário.

Os cilindros de acetileno são geralmente de aço-carbono. Após a fabricação, os cilindros são ensaiados hidrostaticamente até uma pressão de 6 kg/cm^2. Cada 5 anos os ensaios são repetidos e inspecionadas as condições externas do cilindro e da massa porosa.

Soldagem com gás

Cilindro de oxigênio

O oxigênio é um gás presente no ar, em menor proporção que o nitrogênio (1:4). Este fato faz com que o oxigênio puro acelere muito as reações que ocorrem no ar, tornando-se até mesmo explosivas. Sua densidade nas CNTP é de 1,3266 kg/m^3. Sua obtenção industrial é realizada a partir da destilação do ar atmosférico, por isso, suas impurezas mais comuns são o argônio e o nitrogênio.

O oxigênio é armazenado em cilindros de aço-carbono ou de aço Cr-Mo, em pressões variando de 150 a 200 kg/cm^2, normalmente 185 kg/cm^2. Ao contrário do acetileno, os cilindros de oxigênio não podem ser soldados, sendo fabricados ou por forjamento ou estampados. São submetidos a ensaio hidrostático 1,5 vez maior que a pressão máxima de serviço, a 50oC. Os ensaios hidrostáticos são repetidos a cada 5 anos, submetidos também a uma inspeção nas roscas e em sinais de corrosão.

Metal de adição

Aço-carbono (AWS A 5.2.-80) — O critério de classificação de varetas de aço-carbono para a soldagem a gás é baseado somente no limite de resistência do metal de solda nas condições, como soldado.

O sistema de classificação é feito da seguinte forma:[7]

$$R\ G\ XX$$

onde: R= vareta; G= gás; XX= limite máximo de resistência (em ksi) do metal de solda na condição, como soldado.

Os valores dos limites de resistência são mostrados na Tab. 3.6, junto com os ensaios mecânicos necessários para a classificação.

Tabela 3.6 - Ensaios e propriedades mecânicas de aços-carbono necessárias, na condição de como soldado.[7]

Classificação AWS	Ensaios mecânicos[a]		Propriedades mecânicas[b]		Alongamento em 4 diâmetros (%)
	Tração	Dobramento	Limite de resistência		
			ksi	MPa	
RG 45	S[c]	N	45	310	—
RG 60	S	S	60	414	20
RG 65	S	S	67	462	16

Notas: (a) S = necessário; N = não necessário.
(b) Valores mínimos.
(c) Os valores são obtidos em corpos-de-prova de tração transversais à linha de centro dos cordões de solda. Os outros valores são ensaiados com corpos-de-prova do metal de solda somente.

SOLDAGEM: PROCESSOS E METALURGIA

Tabela 3.7 - Requisitos de composição química das varetas de ferro fundido.[8]

Classificação AWS	Composição química em % [a]									
	C	Mn	Si	P	S	Ni	Mo	Mg	Ce
RCI	3,2 - 3,5	0,60 - 0,75	2,7 - 3,0	0,50 - 0,75	0,10	traços	traços	—	—
RCI-A	3,2 - 3,5	0,50 - 0,70	2,0 - 2,5	0,20 - 0,40	0,10	1,2 - 1,6	0,25 - 0,45	—	—
RCI-B	3,2 - 4,0	0,10 - 0,40	3,2 - 3,8	0,05	0,015	0,50	—	0,04 - 0,10	0,20

(a) Valores únicos indicam porcentagem máxima.

Ferro fundido (AWS A 5.15-82) — O critério de classificação de varetas para a soldagem oxigás de ferro fundido é feito através de requisitos de composição química do metal de adição. O sistema de classificação é feito com a seguinte metodologia:[8]

R CI -X

onde: R = vareta; CI= ferro fundido; X= indicador da faixa de composição química.

O requisito de análise química para as varetas de ferro fundido são mostrados na Tab. 3.7. Além das varetas indicadas nessa tabela, podem ser usadas, para soldar ferro fundido, metais de adição de ligas à base de cobre.

Cobre e suas ligas (AWS A 5.27-28) — O critério, de classificação das varetas à base de ligas de cobre para a soldagem oxigás, é baseado nos requisitos de composição química. O sistema de classificação é feito da seguinte maneira:[9]

RBLL... -X

onde: R = vareta; B= metal de adição adequado para a soldagem oxigás ou brasagem; LL = símbolo dos principais elementos químicos do metal de adição; X = letra indicando o grupo do metal de adição.

A Tab. 3.8 indica os requisitos de composição química para os metais de adição.

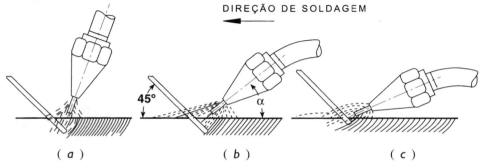

Figura 3.14 — Ângulo do maçarico para as diversas etapas da soldagem oxigás: no preaquecimento (a); durante a soldagem (b); no término da soldagem (c)[4].

Soldagem com gás

Tabela 3.8 - Composição química do metal de adição.[9]

Classificação AWS	Composição química em % [a]										
	Cu+Ag	Zn	Sn	Mn	Fe	Si	Ni+Co	P	Al[c]	Pb[c]	Ti	Residual[b]
ERCu[d]	98,0(min)	—	1,0	0,5	(c)	0,50	(c)	0,15	0,01	0,02	—	0,50
ERCuSi-A[d]	94,0(min)[e]	1,5[e]	1,5	1,5[e]	0,5	2,8-4,0	(c)	(c)	0,01	0,02	—	0,50
ERCuNi[f]	restante	(c)	(c)	1,00	0,40-0,70	0,15	29,0-32,0	0,02	—	0,02	0,20-0,50	0,50
RBCuZn-A[g]	57,0-61,0	restante	0,25-1,0	(c)	(c)	(c)	—	—	0,01	0,05	—	0,50
RCuZn-B	56,0-60,0	restante	0,80-1,10	0,01-0,50	0,25-1,20	0,04-0,15	0,20-0,80	—	0,01	0,05	—	0,50
RCuZn-C	56,0-60,0	restante	0,80-1,10	0,01-0,50	0,25-1,20	0,04-0,15	—	—	0,01	0,05	—	0,50
RECuZn-D[g]	46,0-50,0	restante	—	—	—	0,04-0,25	9,0-11,0	0,25	0,01	0,05	—	0,50

Notas: (a) Valores únicos indicam teores máximos.
(b) Se na análise química aparecer outros elementos, o total desses elementos não deve exceder o valor do residual.
(c) Elementos que devem ser incluídos no residual.
(d) Classificação idêntica à AWS A5.7
(e) Um ou mais desses elementos pode estar presente, dentro dos limites especificados.
(f) Enxofre restrito a 0,01%.
(g) Classificação idêntica a AWS A5.8.

Tabela 3.9 - Ângulo do maçarico em função da espessura de chapas de aço-carbono.

Espessura da chapa (mm)	Ângulo do maçarico
Até 1,0	10°
1,1 - 3,0	20°
3,1 - 5,0	30°
5,1 - 7,0	40°
7,1 - 10,0	50°
10,1 - 12,0	60°

Fluxos

Na soldagem oxigás, o fluxo tem a função de remover ou escorificar óxidos de metais que possuem elevado ponto de fusão, melhorar a fluidez da escória formada e auxiliar sua remoção.[2,3]

Os fluxos são compostos de boratos, fluorboratos, ácido bórico, carbonato de sódio e outros compostos. A composição química do fluxo varia com o tipo de metal-base. Assim, o fluxo para o alumínio e suas ligas deve ser rico em compostos à base de flúor e cloro.

5. TÉCNICA DE SOLDAGEM

Ângulo de soldagem

O ângulo formado entre o maçarico e o metal-base é função da espessura da chapa, do ponto de fusão do metal-base e de sua condutividade térmica[4]. A Tab. 3.9 mostra a relação entre o ângulo formado pelo maçarico e o metal-base para chapas de aço-carbono.

No caso de utilização de chapas de cobre, os ângulos variam de 60 a 80°, enquanto que para o chumbo é de 10°[4].

Durante as diversas etapas da soldagem oxigás, o ângulo do maçarico varia. No início, na fase de preaquecimento da chapa, o ângulo recomendado está entre 80° e 90°. Na soldagem propriamente dita, utiliza-se, no caso dos aços, os ângulos mostrados na Tab. 3.9. No término da soldagem, o ângulo é de 10 a 20° para o preenchimento da cratera. Essa técnica é mostrada na Fig. 3.14.

Execução da soldagem

A soldagem oxigás pode ser feita de dois modos: à direita (backhand) ou à esquerda (forehand). Na soldagem à direita, a chama é apontada para o cordão de solda e o processo da soldagem é feito da esquerda para a direita. Na soldagem à esquerda, a chama é direcionada na frente do cor-

Soldagem com gás

dão de solda e o progresso da soldagem é da direita para a esquerda. A Fig. 3.15 mostra essa técnica.

A soldagem à esquerda é a mais indicada para chapas com a espessura de até 3 mm aproximadamente, enquanto que a soldagem à direita produz melhores resultados para espessuras maiores.

A soldagem à direita tem maior velocidade que a soldagem à esquerda, porque nela é maior a energia de soldagem. A explicação é que na soldagem à direita a parte mais quente da chama está mais afastada do local a ser fundido.

6. SEGURANÇA NA SOLDAGEM

Cilindro de acetileno

As seguintes recomendações devem ser observadas:
- Evitar choques violentos, principalmente nos reguladores de pressão.
- Não armazenar os cilindros em local próximo a uma fonte de calor.
- Armazenar os cilindros preferencialmente na posição vertical e seguros por correntes.
- O acetileno é mais leve que o ar e não se acumula em locais baixos.
- Não esvaziar o cilindro completamente, evitando a entrada de ar ou a saída de vapor de acetona misturado com o acetileno.
- Ter cuidado com vazamentos, uma vez que a mistura do acetileno com o ar pode ser explosivo.
- Verificar sempre o estado das válvulas e reguladores de pressão, para evitar vazamentos.

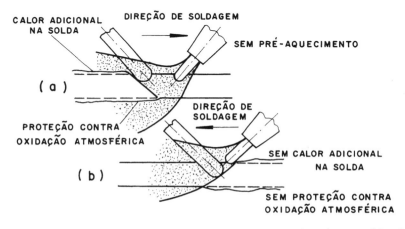

Figura 3.15 — Técnicas de soldagem oxigás: em (a) soldagem à direita; em (b) soldagem à esquerda[4].

- Evitar o contato do acetileno com tubulações ou conexões de cobre e algumas de suas ligas, porque pode-se formar um composto explosivo do acetileno com o cobre.

Cilindro de oxigênio

- Não usar o oxigênio no lugar do ar comprimido para retirar resíduos de locais que estejam também sujos de óleo ou graxa, pois pode haver combustão espontânea dos óleos.
- Não usar o oxigênio para limpar roupa que esteja suja de óleo ou graxa, pois há risco de combustão espontânea da roupa.
- Não lubrificar nenhuma conexão ou parte do equipamento em contato com o cilindro de oxigênio.
- Evitar choques violentos nos reguladores de pressão, uma vez que, devido à elevada pressão interna, o cilindro do oxigênio pode voar como um míssil.
- Conservar o cilindro sempre com o capacete de proteção, quando não estiver em uso.

Durante a soldagem

- Caso ocorra retrocesso da chama, fechar imediatamente as válvulas do maçarico e dos cilindros de gases.
- Limpar o bico do maçarico, evitando entupimentos.
- Ter cuidado com o risco de explosão ao soldar ou cortar recipientes metálicos que tenham tido contato com combustíveis.

BIBLIOGRAFIA

1. BARROS, S. M. - Processos de Soldagem; PETROBRÁS, 1976, p. 3.1-3.54.
2. NIPPES, E. F. (Editor) - Welding, Brazing and Soldering, vol. 6 do Metals Handbook; ASM; 9ª ed. 1983, p. 581-606.
3. KEARNS, W. H. (Editor) - Welding Processes Arc and Gas Welding and Cutting, Brazing and Soldering; Welding Handbook, vol. 2, Welding Processes Arc and Gas Welding and Cutting, Brazing and Soldering; 7ª ed., 1978, p. 331-68.
4. GLIZMANENKO, D.; YEVSEYEV, G. - Gas Welding and Cutting; MIR Publishers, 1967.
5. MIRANDA, M. M. E. et al - Gases e Equipamentos para Solda e Corete Oxi-acetilênicos; Aga Gases S.A., 1988.
6. LEUSI, M. - Solda oxiacetilênica; Hemus Livraria Editora Ltda., 1ª ed., 1975.
7. AWS A 5.2-80 - Specification for Iron and Steel Oxyfuel Gas Welding Rods; 1984.
8. AWS A 5.15-82 - Specification for Welding Rods and Covered Electrodes for Cast Iron; 1984.
9. AWS A 5.27-78 - Specification for Copper and Copper Alloy Gas Welding Rods; 1984.

3b Oxicorte e processos afins*

Emilio Wainer

1. INTRODUÇÃO

Este é o nome dado a um grupo de processos de corte de metais e ligas, por reação química entre o oxigênio de alta pureza e o metal preaquecido ao seu ponto de ignição. No caso de metais e ligas refratários à oxidação — como aços ligados, aços refratários, ferros fundidos e não ferrosos — a reação é facilitada pela injeção de um fluxo, pó metálico, agente químico ou abrasivo ou, ainda, a mistura deles. São duas ainda as alternativas: corte com arco ou com plasma.

A reação é fortemente exotérmica e o calor desprendido aquece as zonas vizinhas, favorecendo o corte progressivo. Todavia, é necessário durante o corte manter uma fonte de calor para que o metal permaneça no ponto de fusão, sendo a intensidade proporcional à espessura que se deseja cortar.

Somente aços com menos de 0,5% C e que não contenham teor elevado de outros metais, tais como cromo, níquel, manganês ou silício, queimam no oxigênio. Somente os aços ao carbono e os de baixa liga podem ser cortados com maçarico em boas condições.

A introdução do oxicorte na operação de conformação de metais, particularmente do aço, está em uso desde o início do século nos Estados Unidos e Europa. Ela provocou profunda mudança na rotina industrial, especialmente de fabricação de peças de grande espessura de até mais de 2 m, dando lugar, com freqüência, à substituição de peça fundida por peça cortada e soldada.

2. FUNDAMENTOS DO PROCESSO

Reações químicas do oxicorte

As reações do ferro aquecido à sua temperatura de ignição no oxigê-

---

* A elaboração deste capítulo foi baseada em texto preparado por Waldomiro dos Santos para a publicação "Soldagem" editada pela Associação Brasileira de Metais.

nio puro são as seguintes:

primeira reação $Fe + 1/2\ O_2 = FeO + 64$ kcal
segunda reação $3Fe + 2O_2 = Fe_3O_4 + 266$ kcal
reação final $2Fe + 3/2\ O_2 = Fe_2O_3 + 109,7$ kcal

Estequiometricamente seriam necessários 130 m^3 de oxigênio para oxidar 1 kg de ferro a Fe$_3$O$_4$; na prática, a demanda é bem menor, já que nem todo o ferro é oxidado, sendo parte dele (30%) removido pela energia cinética do jato.

Gases combustíveis

Os combustíveis usados para gerar a chama de preaquecimento são: acetileno, propana, GLP, gás natural, gás de nafta, hidrogênio.

Acetileno — É o mais usado, graças à alta temperatura de chama (3.100° C), particularmente importante quando o tempo de partida é fração importante do tempo total da operação; com são os cortes curtos de canais e massalotes de fundição e sucata irregular.

Propana/GLP — É usado em virtude do relativo baixo custo por energia térmica contida (o poder calorífero da propana é de 24.300 kcal/m^3); exige no entanto maior volume de oxigênio (3,5 a 4,5 volumes de oxigênio/volume de combustível).

Gás natural/Gás de nafta — A crescente disponibilidade desses gases em áreas industriais tem aumentado sua demanda para corte. São utilizados, em geral, com as mesmas cabeças de corte/bicos de usados com a propana/GLP. O maior cuidado é verificar a pressão de suprimento. Exige 1,7 a 2 volumes de oxigênio/volume de combustível.

Hidrogênio — Ainda é usado em corte subaquático, graças à facilidade de utilizá-lo em pressões que vençam a pressão hidrostática nas grandes profundidades, apesar de apresentar baixo poder calorífero volumétrico.

3. EQUIPAMENTO

Uma instalação de oxicorte é semelhante a um instalação de soldagem a gás, diferindo apenas o maçarico. Tem este as seguintes funções:
• Misturar o combustível e o oxigênio, produzindo a chama de aquecimento para preaquecer e manter constante a alta temperatura.
• Fornecer um jato de oxigênio puro, que vai oxidar e remover mecanicamente o material fundido. O maçarico é então deslocado em velocidade constante, tanto menor quando mais espessa a peça a ser cortada, movimento obtido manual ou mecanicamente. São máquinas de oxicorte: "tartarugas", pantógrafos, mono ou multimaçarico, em escala ou 1 x 1, com controle numérico ou computadorizado etc.

Oxicorte e processos afins

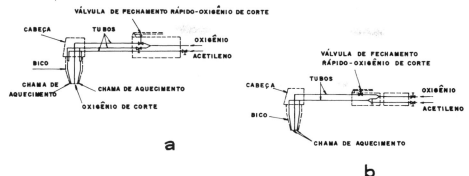

Figura 3.16 — Esquemas de maçarico de corte

Maçarico de corte

O maçarico de corte possui as partes essenciais de um maçarico de soldagem, além de uma tubulação de oxigênio de corte equipada com válvula de comando. A Fig. 3.16 mostra o esquema do equipamento.

A extremidade ativa do maçarico de corte, constituída por peças removíveis, é denominada cabeça, e nela estão reunidos os orifícios da chama de aquecimento e de jato de corte. Cada maçarico de corte dispõe de diferentes cabeças apropriadas às espessuras a serem cortadas e ao gás combustível utilizado.

Por analogia com os maçaricos de solda, os de corte são classificados como de alta e baixa pressão, por ser a chama de aquecimento produzida por misturadores de alta ou de baixa pressão, respectivamente.

Máquinas de oxicorte

A perfeição dos cortes obtidos com maçarico manual, a velocidade de execução e o custo dependem da habilidade do operador. O oxicorte automático elimina o fator humano, substituindo o operador por uma máquina que conduz o maçarico, realizando o corte com velocidade uniforme e regulável, seguindo um traçado determinado ou um gabarito. Em muitos casos permite a substituição de peças fundidas, forjadas ou estampadas por peças recortadas. A precisão do corte, freqüentemente dispensa usinagem posterior.

Existem vários tipos de máquinas, adaptando-se cada uma a determinado tipo de trabalho, incluindo cortes retos, em chanfros de 30 a 45°, ou em T, X e K.

Os fabricantes de maçaricos e de máquinas de corte fornecem catálogos e tabelas com as características técnicas e econômicas de uma operação de corte manual ou automático. A Tab. 3.10 é do tipo de informações disponíveis.

Tabela 3.10 - Corte de aço-carbono

Espessura (mm)	Bicos de corte (mm)	Velocidades (cm/min) Corte de peças	Cortes retilíneos	Pressões de oxigênio de corte (Kg/cm^2)	Pressões de aquecimento Oxigênio (kg/cm^2)	Acetileno (kg/cm^2)	Consumos horários Oxigênio (l/h)	Acetileno (l/h)	Largura da sangria (mm)
5	1,0	50	80	1,7 a 2	1,5	0,150	1200 a 1300	175 a 280	1,8 a 2,6
8	"	45	72	2 a 2,7	"	"	1300 a 1700	"	"
10	"	42	66	2,2 a 3	"	"	1400 a 1900	"	"
12	"	37	60	2,4 a 3	"	"	1550 a 1900	"	1,8 a 3
15	"	33	53	2,7 a 3	"	"	1700 a 1900	"	"
12	1,5	43	70	1,8 a 2,5	"	"	2800 a 3600	220 a 400	2,4 a 3,5
15	"	41	66	2 a 2,5	"	"	3000 a 3600	"	"
20	"	37	60	2,3 a 3,5	"	"	3400 a 4600	"	"
25	"	33	57	2,7 a 3,8	"	"	3800 a 5000	"	"
30	"	30	53	3 a 4	"	0,200	4150 a 5150	350 a 450	"
35	"	27	49	3,4 a 4,2	"	"	4550 a 5300	"	"
40	"	25	46	3,7 a 4,5	"	"	4900 a 5600	"	"
40	2,0	26	53	3 a 4,3	"	0,150	7100 a 9850	400 a 600	3,2 a 6
50	"	25	49	3,1 a 5	"	"	7250 a 11350	"	"
60	"	24	45	3,2 a 6	"	"	7500 a 13400	"	"
70	"	23	41	3,3 a 6,3	"	"	7700 a 14000	"	"
80	"	22	38	3,4 a 6,5	"	0,200	7900 a 14400	530 a 680	"
90	"	21	34	3,5 a 6,7	"	"	8100 a 14800	"	"
100	"	20	30	3,6 a 7	"	"	8350 a 15500	"	"
100	2,5	22	35	3,4 a 7	"	"	11150 a 22000	600 a 850	4,3 a 8
110	"	20	32	3,5 a 7,3	"	"	11500 a 22900	"	"
125	"	18	29	3,7 a 7,6	"	"	12050 a 23800	"	"
150	"	16	26	3,9 a 8	"	0,250	12700 a 25000	850 a 950	"
150	3,0	17	30	3 a 7	"	0,200	14300 a 28700	850 a 1000	5 a 12
175	"	16	27	4 a 7,8	"	"	17800 a 31500	"	"
200	"	14	23	5 a 8,5	"	"	21300 a 34000	"	"
250	"	11	18	6 a 9	"	0,300	25000 a 36000	1150 a 1300	"
300	"	10	14	7 a 9,5	"	"	28500 a 38000	"	"

4. EXECUÇÃO DO OXICORTE

Precauções a observar

Cortes precisos e de bom aspecto são desejáveis, sobretudo para a preparação da soldagem. Essas qualidades são asseguradas com os seguintes cuidados:

• Empregar cabeças cortadoras em bom estado e adequadas às espessuras que serão cortadas.

• Empregar pressões corretas para o combustível (oxigênio de aquecimento e de corte), de acordo com as tabelas dos fabricantes. Elas indicam as pressões de entrada de maçarico e não nas partes de regulagem, que podem estar distantes. É necessário levar em conta as perdas de carga nas mangueiras longas, aumentando essas pressões; até 10 m, adicionar 0,05 kg/cm^2 para o combustível, 0,2 a 0,5 kg/cm^2 para o oxigênio. A pressão de oxigênio de corte deve ser regulada com a válvula aberta.

Oxicorte e processos afins

- Empregar velocidade de corte apropriada, de acordo com a tabela; diminuição ou aumentos excessivos comprometem a qualidade do corte e podem ocasionar defeitos.
- Assegurar a pureza do oxigênio.

Observadas essas condições e mantida correta a distância do bico a chapa, o corte deve progredir regularmente, com um jato de corte abundante e com pouca defasagem, sob a forma de um feixe brilhante, com projeção de finas gotas de óxido. A velocidade correta é acompanhada de uma crepitação característica do jato, indicativa de uma operação normal.

A inobservância destas recomendações, pode acarretar defeitos no corte.

Dilatações e contrações

Os fenômenos de dilatação e de contração ocorrem em oxicorte como na soldagem. Cortando, por exemplo, a alma de um perfil I ou H para fazer duas peças T, o material se curva como indica a Fig. 3.17. Para corrigir este defeito, é necessário martelar a alma da viga ao logo das partes oxicortadas para endireitá-las. Seria possível limitar as deformações, aquecendo a viga nos pontos B e C com a ajuda de dois maçaricos. Uma prática bastante generalizadas consiste em terminar o corte no ponto onde a espessura é maior, de forma que a massa resista melhor às deformações.

Defeitos dos cortes

Fusão das arestas — Pode haver duas causas ou a combinação de ambas:
- velocidade insuficiente com aquecimento normal;
- aquecimento excessivo, quando a velocidade é correta.

Deve-se verificar a regulagem correta da distância maçarico-peça; se for exagerada, há risco de fusão.

Desprendimento de metal — A causa mais freqüente é a velocidade de avanço insuficiente, associada a uma chama de aquecimento de baixa potência.

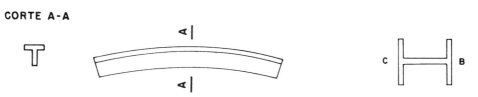

Figura 3.17 — Situações possíveis no corte de perfis

Defasagem considerável — As causas possíveis são duas:
* exagerada velocidade de avanço, quando mantidas normais as outras condições; ou
— insuficiente pressão do oxigênio de corte com a velocidade normal.

Goiva (ou sulco) na parte superior — Pode ocorrer com ou sem fusão de arestas. É causada por exagerada pressão de corte (jato dilatado), com ou sem excesso de aquecimento e velocidade normal de corte.

Deformação sobre as faces cortadas (leve sulco) — É conseqüência do estreitamento pronunciado do canal de corte. É necessário limpar cuidadosamente com uma agulha de latão.

Irregularidades localizadas — São defeitos inerentes à laminação da chapa.

Pureza do oxigênio

A pureza do oxigênio atualmente comercializado, acima de 99,5%, possibilita eficiência técnica e econômica perfeitamente satisfatória. Várias experiências foram realizadas para estudar a influência da pureza do oxigênio na velocidade e qualidade do corte e no consumo de gás. Verificou-se que a queda de 1% na pureza do oxigênio resultara em 25% de redução da velocidade de corte, aumento de 25% do consumo de oxigênio, maior dificuldade de deslocamento da escória e baixa qualidade da superfície cortada.

Conseqüências do oxicorte

A operação de oxicorte desenvolve calor, em boa parte transferido para as proximidades da zona cortada. Com o deslocamento da fonte de calor, há um rápido resfriamento da massa metálica e eventual endurecimento do aço. Este endurecimento dependerá dos teores de carbono e dos elementos de liga, da velocidade de translação do maçarico, e, portanto, da espessura que está sendo cortada, e da distância à zona de corte.

Para a maioria dos casos, a zona afetada pelo calor não precisa ser removida por operações posteriores; usinagem, esmerilhamento, lixamento etc, só são usados para aços de alta liga.

Efeito dos elementos dos aços

Carbono — Aços com até 0,25% C não apresentam dificuldades. Para teores maiores, é preciso ter cuidado com a têmpera e possíveis trincas, o que se consegue preaquecendo o local.

Manganês — Aços ao manganês, com 14% Mn e 1,5% C, são difíceis de cortar, exigindo preaquecimento.

Silício — Não tem maior efeito, salvo em aços ao silício com presença de carbono e manganês, exigindo preaquecimento.

Cromo — Aços com até 5% Cr são difíceis de cortar. Acima desse teor, é necessário usar processos e técnicas especiais como o oxicorte com pó ou a chama de preaquecimento carburante.

Níquel — Aços com até 7% Ni podem ser cortados com oxigênio, desde que o teor de carbono não seja elevado.

Molibdênio — Apresenta as mesmas dificuldades que o cromo.

Cobre — Não tem nenhum efeito até o teor de 2%.

Tungstênio — Até 12-14% não apresenta nenhuma dificuldade; estas aparecem com teores maiores, até 20%.

Alumínio, fósforo, enxofre, vanádio — Não interferem nos teores normalmente encontrados nos aços; o vanádio pode até ajudar o corte.

5. EXTENSÃO A PROCESSOS AFINS

O mesmo principio de reação dos metais e ligas com o oxigênio, de grande sucesso no corte, tem sido estendido a outras operações industriais, modificando-se apenas o projeto do maçarico usado. Examinaremos os principais.

Corte em alta velocidade — É executado com o auxílio do jato auxiliar de oxigênio.

Goivagem — É a remoção de defeitos de soldagem para reparação do cordão de solda, eliminação de trincas, inclusões de areia ou outros defeitos de fundição. É usada também na preparação do chanfro de soldagem de seções complexas, como U e J.

Escarfagem — É a remoção de trincas, escamas, inclusões e outros defeitos da superfície de semi-acabados — lingotes, placas, placas e tarugos — antes de operação final de conformação (laminação, por exemplo). Pode ser localizada ou generalizada; manual ou automática.

Perfuração — Consiste na execução de um furo no meio da massa metálica para retirar rebites ou parafusos, para início do corte por oxigênio.

Corte destrutivo — É usado para condicionar grandes ou irregulares volumes de sucata, para posterior transporte e refusão em fornos. Usa-se eventualmente uma lança auxiliar consumível com jato complementar de oxigênio, para casos de massa metálica com inclusões de material estranho como escória.

Oxicorte com pó de ferro — O oxicorte clássico não pode ser usado, para o corte de aços ligados contendo grandes teores de cromo e níquel, para o ferro fundido, nem para ligas não-ferrosas. A injeção de pó de ferro especial na chama de aquecimento de um maçarico de corte fornece, por combustão no contato com o jato de corte, um importante complemento de calor que favorece a reação de corte. Além disso, o óxido de ferro líquido, assim formado, é superaquecido e age como fundente de outros óxidos como o de cromo, facilitando sua diluição e seu arraste na escória. O processo permite, principalmente, o corte de aços inoxidáveis 18-8 ao cromo-níquel, de aços refratários e de aços com alto teor de manganês (12-14% Mn).

Aquecimento com chama — O trabalho dos metais sempre necessitou em pelo menos uma de suas fases do emprego de um meio de aquecimento. Modernamente, dispõem-se para essa finalidade de diversos equipamentos, desde o mais antigo, o calor de forja, ao mais moderno, o forno com regulagem automática de temperatura. No conjunto, eles se aplicam mais particularmente a operações de aquecimento global, como para a forjaria, por exemplo. Seu emprego é menos racional quando se trata de aquecer localmente um elemento de peça, situação freqüente em caldeiraria. Para esse trabalho, ao contrário, convém empregar queimadores, geralmente portáteis. Nessa gama de aparelhos, coloca-se o maçarico de aquecimento.

Maçarico de aquecimento

Originalmente, o maçarico de solda era correntemente utilizado nas operações de aquecimento, munido de um simples bico monochama. Sua utilização ainda é possível, mas seu emprego necessita de algumas preocupações operacionais, em conseqüência dos riscos de superaquecimento de metal e até fusão localizada, possíveis de ocorrer com uma chama de cone único. Inicialmente, os construtores conceberam bicos de cones múltiplos, aumentando os maçaricos de solda e cobrindo uma superfície maior.

A extensão de emprego do maçarico, no caso de aquecimento de peças grandes, tornou necessário o estudo de aparelhos de potência adaptada a essas necessidades. Assim surgiram os chamados maçaricos de aquecimento, com forte potência de chama e cujas vazões de acetileno atingem a valores superiores a $15m^3/h$. A vazão é adaptada ao trabalho a ser efetuado, por simples regulagem da pressão do gás combustível, acetileno ou propana. Os fabricantes do equipamento fornecem tabelas com as pressões e os consumos recomendados do oxigênio e dos combustíveis.

Operação de aquecimento

Ainda que os cuidados nos trabalhos de aquecimento sejam menores do que para os de solda, existem regras bem definidas relativas ao uso do maçarico. Sua utilização é freqüentemente determinada pela experiência adquirida pelo operador. No caso de execução do aquecimento para alívio de tensões em aço, a vazão necessária de acetileno varia entre 200 a 300 l/mm de espessura. Para elementos de espessura média ou pesada, as vazões máximas podem ultrapassar amplamente esses valores.

A chama deve ser perfeitamente neutra, a fim de evitar toda oxidação ou carburação da superfície aquecida. O melhor rendimento é obtido quando a zona aquecida do metal se encontra de 5 a 6 mm da extremidade do cone.

Algumas características do equipamento permitem facilmente inserir a operação de aquecimento com maçarico em um ciclo de fabricação:

Potência de aquecimento — Apresenta alta temperatura e elevada potência específica de chama, assegurando rapidez na obtenção da temperatura necessária à execução do trabalho, permitindo um adequado aquecimento localizado.

Maneabilidade e simplicidade — O maçarico é relativamente leve, de volume reduzido, e permite um trabalho preciso e pouco cansativo.

O conjunto constituído pelo maçarico e suas fontes de alimentação, cilindros de oxigênio e de gás combustível, reguladores etc, é facilmente transportável, e permite executar trabalhos em todos os locais de uma oficina, com grande mobilidade.

Aplicações

As possibilidades de aplicações industriais do aquecimento com maçarico são múltiplas e se estendem à fabricação ou reparação.
• Oficina de manutenção de fábricas com utilizações variadas: aquecimento para conformação de chapas, perfilados, tubos etc.; para forjagem; no aquecimento de contração para blocagem de centros de rodas em emachamento num eixo.
• Tubulações: arqueamento, aquecimento de contração e de calibragem após arqueamento à frio.
• Caldeiraria: aquecimento para conformação, na curvatura de tubos; calibragem; aquecimentos de contração; preaquecimento das bordas de solda das peças de cobre antes de se utilizar o maçarico de solda (aproximadamente 700° C); recozimento do cobre, a aproximadamente 850° C, para devolver-lhe as propriedades de alongamento após martelamento a frio; recozimento do alumínio a 400° C, com a mesma finalidade.
• Construções metálicas: aquecimento para moldagem e calibração.
• Construção de material ferroviário: calibragem, aplainamento por aquecimentos, aquecimento para soldagem, igualamento, utilizações diversas na reparação de vagões.

- Aciaria: reaquecimento de massalotes, para reduzir o peso do metal excedente em lingotes de pequeno porte.
- Construção naval: aquecimento para conformação de chapa: técnica criada por estaleiros japoneses, que permitiram estabelecer regras para a determinação dos resultados, alívio das tensões de soldagem por aquecimento das chapas ao longo das linha de soldagem, a uma temperatura de 200° C, aproximadamente.
- Utilizações especiais em construção mecânica: emprega-se o maçarico no caso de certos emachamentos a quente.
- Oficina mecânica: em aços especiais de usinagem difícil; aquecimento para reduzir a resistência ao cisalhamento antes de usiná-lo, de maneira a reduzir a potência necessária à usinagem. O aquecimento a 820° C, aproximadamente, do aço carbono, permite usiná-lo em um terço do tempo.

6. TÊMPERA SUPERFICIAL COM CHAMA
Escolha do processo

A têmpera superficial não pode ser comparada à têmpera clássica, nem substituí-la, pois nesta o aquecimento é feito em fornos, lentamente, até alcançar o centro da peça. O resfriamento na têmpera clássica também tem características completamente diferentes da têmpera superficial.

Na têmpera superficial, a escolha do processo de aquecimento é feita segundo a facilidade com que é possível limitar sua ação em superfície e profundidade. As duas técnicas mais utilizadas, aquecimento elétrico e à chama, colocam em jogo temperaturas muito superiores às de têmpera.

O aquecimento elétrico, que utiliza o efeito de correntes induzidas de alta e baixa freqüência, somente é eficiente e econômica para peças fabricadas em grandes séries. Para aquecimentos localizados em peças avulsas ou de grande porte, a chama é o meio mais simples de aquecer para têmpera superficial.

Emprego do maçarico

O aquecimento deve ser preciso, constante, e efetuado com o melhor rendimento possível. Para atingir esses objetivos, devem ser afastadas soluções empíricas, bem como o emprego de maçarico manual. É necessário que o processo derive unicamente de alguns princípios decorrentes de experiências racionais e do estudo dos fatores suscetíveis de influenciarem o resultado.

Técnica de operação

A operação da têmpera com maçarico varia essencialmente com as formas e dimensões das superfícies a tratar. Os diversos métodos praticados derivam de duas modalidades operacionais, denominadas têmpera instantânea progressiva. Na primeira, peça e maçarico permanecem fixos um em relação ao outro; na segunda, há deslocamento relativo entre eles; exemplo: uma peça cilíndrica girando em torno de seu eixo de rotação.

Aplicações

A relação seguinte de tipos de indústrias e peças temperadas com maçarico, por longa que possa parecer, está longe de englobar todas as aplicações.
• Indústria de autoveículos: virabrequins, coroas de arranque, terminais de direção, válvulas e comando de válvulas, garfos do câmbio, panelas de freios, eixos, pinhões.
• Em tratores: patins e roletes de lagarta, coroas de rolamentos, garfos virabrequins, coroas com dentes.
• Máquinas operatrizes e ferramentarias: peças em ferro fundido para tornos, fresas, peças de plainas, braços de furadeiras radiais.
Mesas em ferro fundido de furadeira, cremalheiras, eixos, engrenagens das caixas de velocidades, roletes, mandril de furadeira e de torno, rosca-sem-fim, chavetas de fixação; martelos, bigornas, alicates cortantes, lâminas de guilhotinas, matrizes de estampagem.
• Máquinas para elevação e transporte de cargas: engrenagens de todos os módulos, roscas-sem-fim, eixos e roletes de pontes rolantes e guindastes, trilhos, coroas de rolamentos, eixos e anéis de esteiras transportadoras, rodas de carrinhos, peças de bombas e compressores.
• Máquinas agrícolas: seções e contrafacas de ceifadoras, eixos, engrenagens, alavancas.
• Outras indústrias: a têmpera com maçarico é também utilizada na fabricação de componentes para as indústrias têxtil, tipográfica, metalúrgica, de mineração.

7. METALIZAÇÃO COM CHAMA

Princípio do processo

A metalização com chama é a operação que consiste em projetar um metal, pulverizado por um jato de ar, sobre uma superfície metálica ou não-metálica. após aquele metal atravessar a chama de um maçarico. O processo foi inventado em 1909 e pode projetar também alguns materiais não-metálicos (óxidos refratários, materiais plásticos).
O material projetado é empregado sob a forma de pó ou em fio que

funde ou se desagrega ao passar através da chama.

Operação com fio

A extremidade do fio metálico é arrastada mecanicamente e, colocada diante do cone da chama, funde-se progressivamente e forma pequenas gotas. Estas, arrastadas pelos gases da combustão entram no jato de ar comprimido, que as divide em partículas bastante diminutas e as impulsiona com grande velocidade, cerca de 200 m/s.

Estando o ar frio, a superfície das partículas se esfria bastante ou se oxida e, no instante em que elas se chocam contra o objeto a ser metalizado, a energia do choque aumenta suficientemente a temperatura das mesmas, permitindo que se soldem entre si. O aumento da temperatura da superfície que as recebe, ao contrário, é pequeno, cerca de 100 a 150 ÉC, devido à reduzida massa das partículas, com diâmetros entre 0,2 e 0,002 mm. A camada de óxido formada durante o trajeto no ar se fragmenta no choque e, em grande parte, dispersa-se na atmosfera. Todavia, certa porcentagem permanece no metal depositado, conferindo-lhe propriedades particulares.

Materiais usados

Os materiais suscetíveis de serem projetados, após fusão ou simples aquecimento por chama, podem ser: metais, refratários ou plásticos, sempre sob forma de fios, pós ou varetas.

A maioria dos metais trefiláveis usuais são empregados sob forma de fios de diâmetro entre 1 e 5 mm, dependendo da natureza do trabalho. Os metais não trefiláveis são utilizados em pó, algumas vezes recobertos por um material plástico que se volatiliza no instante da projeção.

Os materiais refratários são utilizados em pó ou em varetas.

Metais — A maioria dos metais pode ser projetado sobre as superfícies que se deseja tratar, as quais podem ser de natureza bastante variadas. Se a superfície a ser tratada e o metal a ser projetado são diferentes, é importante ter em conta sua posição relativa na escala das polaridades eletroquímicas relacionada a seguir para os metais usuais (de cima para baixo, da esquerda para a direita):

magnésio	aço inox.	bronze de alumínio
zinco	níquel-cromo	bronze
alumínio	níquel	cobre
cádmio	chumbo	antimônio
ferro	estanho	prata
aço	alpaca	platina
cromo	latão	ouro

Oxicorte e processos afins

O filme de metal depositado por metalização é constituído por camadas estratificadas compostas de pequenas partículas esféricas soldadas entre si e que deixam aparecer alguns vazios chamados poros.

A densidade do metal projetado é um pouco menor que a do mesmo metal no estado laminado (82 a 94%). A relação dessas duas densidades indica o grau de porosidade. A porosidade do metal depositado lhe permite absorver óleo lubrificante, o que lhe dá grande possibilidade de resistir ao uso por fricção e sobretudo de resistir ao engripamento.

O metal projetado tem as propriedades do metal prensado e temperado: boa resistência à compressão e dureza elevada. Em contrapartida, sua resistência à tração é baixa e seu alongamento é quase nulo.

O recozimento, em atmosfera redutora se possível, permite reduzir a dureza e evitar a oxidação pelo oxigênio incluso, de 1 a 2% nos aços e bem menos para metais de fácil fusão.

Os coeficientes de dilatação são semelhantes aos dos metais laminados. A coesão dos metais depositados depende de sua resistência à tração, sendo mais elevada no sentido paralelo às camadas estratificadas do que no sentido perpendicular. A resistência ao choque das camadas depositadas por metalização é bastante reduzida.

Revestimentos refratários — A metalização pode ser feita em:

Cermets — São materiais compostos de um óxido ou de um sal metálico refratário e de um aditivo suficientemente dúctil, geralmente um metal. Um cermet muito empregado contém 66% Ni e 33% Mg. A metalização resiste bem a gases quentes até 1.500 ÉC.

Óxidos e carburetos metálicos — Materiais como alumina ou o óxido de zircônio são utilizados em pó fino ou preferivelmente sob forma de varetas. Os depósitos de 0,7 a 0,8 mm resistem a 2000 ÉC. Podem ser retificados com rebolos. Sua resistência à abrasão é elevada.

Materiais plásticos — Grande número de materiais plásticos podem ser aplicados sobre superfícies, pelo processo de metalização. Estes materiais fundem na maioria dos casos a menos de 200 ÉC, mas atravessam uma chama de 3000 ÉC sem decompor-se, pois são maus condutores de calor.

Entre os materiais utilizáveis podemos citar: os termofixos, pouco utilizados; o polietileno, os acetatos de vinila (mas não os cloratos, que se decompõem), o náilon, os poliestirenos, as borrachas naturais ou sintéticas, a ebonite. Alguns materiais, como o neoprene e o teflon, podem ser obtidos em pó, mas não se prestam para efetuar revestimentos por metalização. O neoprene forma bolhas e o teflon permite somente revestimentos finos não estanques.

A plastificação não deve ser executada, se a temperatura de serviço da peça a ser revestida de plástico não for pelo menos 30 ÉC inferior à temperatura de fusão do material utilizado. Assim, o acetato de vinila, cuja temperatura de fusão é de 80 ÉC, não pode ser usado em peças que irão trabalhar a 110 ÉC.

Superfícies metalizáveis

As superfícies de baixa dureza não podem ser metalizadas com metais duros como o cobre, ferro e níquel. Para essas superfícies somente são indicados metais como zinco, estanho, alumínio.

As superfícies de alta dureza devem ser preparadas; não devem ser lisas e a penetração é variável conforme o estado da superfície.

Na preparação para a metalização a superfície deve estar limpa, sem óleo, graxa, água, ácidos, tintas etc, e com rugosidade favorável à aderência do material a ser depositado. Para essa preparação, utilizam-se vários processos: jato de areia, usinagem mecânica, preparação elétrica, esmerilhamento, bem como o enchimento inicial com molibdênio, metal que permite um tipo de aderência com aço de superfície não-preparada. Usa-se também a preparação térmica, a decapagem com chama para carbonizar as contaminações de graxas ou óleos na superfície, bem como o preaquecimento, já que a presença de água de condensação diminui muito a aderência, e o aquecimento, próximo ao instante da metalização, é sempre recomendado, são sendo necessário ultrapassar 90 a 100 ÉC.

Equipamento de metalização

O equipamento fundamental de metalização é a pistola, da qual existem muitos tipos:
- com alimentação do fio, por meio de turbina acionada por ar comprimido ou por motor elétrico;
- com alimentação de pó, por meio de ar comprimido;
- pistolas para varetas;
- pistolas especiais para materiais plásticos;
- pistolas com arco elétrico e plasma

Em cada tipo, existe geralmente um modelo manual, mais leve, e um modelo para máquina, mais robusto.

A Fig. 3.18 mostra uma instalação de metalização.

Aplicações

Entre as aplicações da metalização com chama estão as seguintes:
- Proteção contra oxidação com o calor: tubulações, peças de fornos, câ-

Oxicorte e processos afins

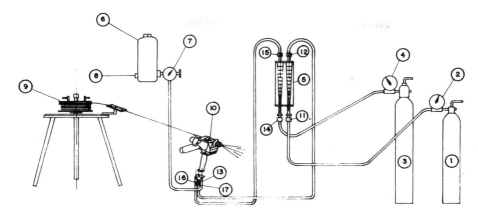

Figura 3.18 — Montagem de um posto de metalização.
Circuito do gás combustível: 1 - 2 - 11 - 12 -13
Circuito do oxigênio: 3 - 4 - 14 - 15 -16
Circuito do ar: 8 - 6 - 7 - 17

maras de cementação, coletores de escapamentos de motores de avião.
• Revestimentos decorativos, principalmente com cobre, latão, bronze, acetato de vinila colorido.
• Correção de cavidades e outros defeitos de fundição: por meio de endurecimento.
• Proteção contra a corrosão e abrasão.
• Fabricação de peças sobre moldes — peças de formas complexas em materiais de difícil usinagem ou refratários podem ser obtidos por metalização. Camadas sucessivas do material são depositadas por esse processo sobre um molde em grafita, madeira ou outro material, até que a espessura desejada seja obtida. Em seguida, o molde é desmontado ou destruído mecanicamente ou por combustão. As dimensões das peças podem ser obtidas com uma tolerância limite de 0,03 mm. Podem-se realizar desta mesma forma modelos de fundição.
• Enchimentos — têm finalidade de restabelecer as formas e dimensões iniciais de peças que tiveram grande uso, sofrendo fricção, abrasão, erosão ou corrosão. Pode-se fazer também enchimentos duros ou enchimentos antifricção, no caso de se desejar qualidades especiais na utilização das peças.
• Fabricação de equipamentos elétricos — utiliza-se a metalização com cobre na fabricação de equipamentos de resistências para aquecimento, circuitos impressos, capacitores etc. Os plásticos são também utilizados para isolamento elétrico.

Os fabricantes de pistolas de metalização com chama fornecem tabelas dos consumos específicos de combustível, oxigênio e ar para projeção.

Essas tabelas indicam também as pressões dos gases e os tempos de deposições de material.

BIBLIOGRAFIA

1. BARROS, S.H. - Processos de soldagem; PETROBRÁS, 1976.
2. NIPPES, E.F. (editor) - Welding, Brasing and Soldering Metals Handbook, vol. 6 - ASM, 9' ed. 1983, p. 581-606.
3. KEARNS, M.W. (editor) - Welding Process, Arc and Gas Welding and Cutting, Brazing and Soldering; Welding Handbook, vol. 2, AWS, 7ª ed. 1978, p. 331-68.
4. GLIZMANENKO, D. & YEVSEYEV, G. - Gas Welding and Cutting, MIR Publishers, 1967.
5. MIRANDA, M.M.E. et al - Gases e Equipamentos para Solda e Corte Oxiacetilênico; Aga Gases S.A., 1988.
6. LENSI, M. Solda Oxiacetilênica; Hemus Livraria Editora Ltda., 1ª ed. 1975.
7. AWS A 5.2.-80 - Specification for Iron and Steel Oxyfuel Gas Welding Rods; 1984.
8. AWS A 5.15-82 - Specification for Welding Rods and Covered Electrodes for Cast Iron, 1984.
9. AWS A 5.27-78 - Specification for Copper and Copper Alloy Gas Welding Rods, 1984.
10. ABM - "Soldagem" (apostila) Aulas I e II - Waldomiro dos Santos
11. Slottman & Ropper - Oxygen Cutting - Mc Graw Hill, 1951.
12. AWS - Welding Handbook - Special Processes and Cutting
13. VELEZ, M. - La Trempe Superficielle au chalumeau
14. SNM - Ste. Nouvelle de Metallization - "La metallization en mecanique"

4 Soldagem por resistência

Sérgio D. Brandi

1. PRINCÍPIO DE FUNCIONAMENTO

A junção de duas peças na soldagem por resistência elétrica é feita através da geração de calor, devida à passagem da corrente elétrica, e da aplicação de pressão. Durante o processo, as peças aquecem-se e ocorre a fusão localizada no ponto de contato na superfície de separação entre ambas, conforme se observa na Fig. 4.1.

A geração de calor é devida à resistência do conjunto à passagem de corrente. Neste processo de soldagem, essa resistência é composta de resistência de contato peça/eletrodo e peça/peça.

A energia térmica total gerada durante o processo de soldagem pode ser calculada pela lei de Joule:

$$Q = \frac{1}{J} \int_0^t I^2 R_T \, dt \qquad (1)$$

onde: J = 4,185 J
I = corrente de soldagem (A)
R_T = conjunto de resistência elétrica (Ω)
dt = intervalo de tempo de passagem da corrente (s)

2. RESISTÊNCIAS ELÉTRICAS NA SOLDAGEM POR RESISTÊNCIA

Neste processo de soldagem, as resistências elétricas de todo o circuito secundário são importantes, devido às elevadas correntes de soldagem. Quando as peças a serem soldadas já estão unidas mecanicamente através da pressão exercida pelo eletrodos, pode-se dizer que a resistência entre eletrodos é um conjunto de cinco resistências elétricas, localizadas esquematicamente na figura 4.2, sendo a resistência total dada pela soma das parciais:

$$R_T = R_1 + R_2 + R_3 + R_4 + R_5 \qquad (2)$$

SOLDAGEM: PROCESSOS E METALURGIA

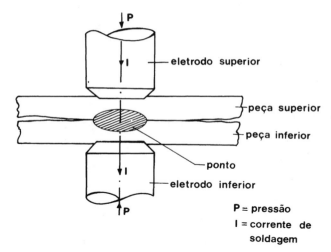

Figura 4.1 — Esquema do princípio de funcionamento da soldagem por resistência. Observa-se que a ligação entre as peças é o resultado de um fusão localizada. Por simplicidade, utilizou-se a soldagem a ponto para ilustrar o processo de ligação na soldagem por resistência

P = pressão
I = corrente de soldagem

De todas as resistências, R_3 é a mais importante, porque é nesse local que se formará o ponto e, conseqüentemente, a geração de calor para ocorrer a fusão localizada.

As resistências R_1 e R_5 tornam-se também importantes no caso de metais com baixa resistividade elétrica. Os valores R_1 e R_5 devem ser mantidos o mais baixo possível, para evitar excessiva geração de calor na região de contato eletrodo/peça, bem como aumentar a vida útil do eletrodo.

As resistências R_2 e R_4 não têm praticamente influência nos estágios iniciais da soldagem, são importantes, porém, nos estágios finais.

Resumindo, as resistências de contato têm papel muito mais importante na geração de calor, durante o processo de soldagem por resistência, do que as resistências das peças a serem soldadas.

Resistência elétrica de contato

Os grandes valores das resistências nas superfícies de contato é cau-

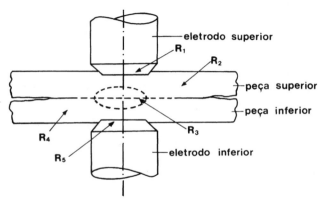

Figura 4.2 — Esquema das resistências elétrica na soldagem por resistência a ponto. R_1 = resistência de contato entre o eletrodo superior e a peça superior. R_2 = resistência da peça superior. R_3 = resistência de contato entre as peças superior e inferior. R_4 = resistência da peça inferior. R_5 = resistência de contato entre o eletrodo inferior e a peça inferior.

Soldagem por resistência

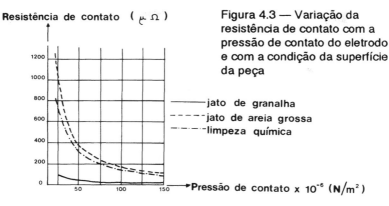

Figura 4.3 — Variação da resistência de contato com a pressão de contato do eletrodo e com a condição da superfície da peça

sado pela existência de um filme de óxido não condutor na superfície da peça. O valor das resistências de contato estão no intervalo de 50-100 m W, porém, no caso do alumínio, esse valor cai para 20 m W. Segundo Houldcroft[3], há correlação entre a resistência de contato, a pressão no eletrodo e a condição da superfície da peça a ser soldada, e que pode ser observada na Fig. 4.3.

Estudos teóricos, complementados com fatores de correção experimentais, indicam para a resistência de contato o valor dado pela expressão (3), válida no intervalo de pressão: $0,8Y > P \geq 0,3Y$.

$$R = \frac{0,85 \, \rho \, \sqrt{Y}}{\sqrt{\pi n \, C_p}}$$

onde: R = resistência de contato ($\mu \Omega$)
 ρ = resistividade elétrica dos materiais em contato (Ω m)
 n = número de pontos por unidade de área
 C_p = porcentagem da área metálica condutora em contato; característica do estado superficial das peças em contato
 Y = limite de escoamento (kgf/cm²)

Para valores próximos do limite de escoamento, ou mesmo acima dele, a expressão (3) é válida, pois a condutibilidade aumenta de forma aproximadamente linear com a pressão. Essa equação também não é válida para o alumínio, possivelmente devido ao óxido que se forma na superfície das chapas.

Outro aspecto a ser ressaltado é a variação da resistência com a temperatura, dada por:

$$R = k_1 \, e^{-k_2(T-30)} + k_3 \quad \quad (4)$$

onde: R = resistência de contato ($\mu \Omega$)
 T = temperatura (°C)
 k_i = constantes para cada material

(a) solda por pontos

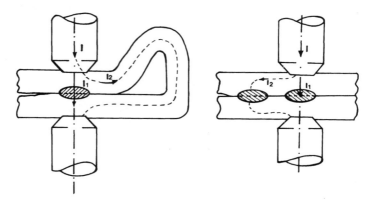

Figura 4.4 — Exemplos de circuitos derivados

(b) solda por pontos múltiplos

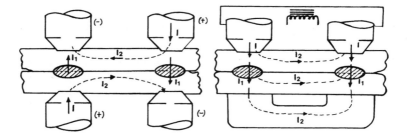

Circuitos derivados

Quando a resistência de contato entre as duas peças é muito grande, parte da corrente utilizada para soldagem é desviada para percurso, onde a resistência é menor, formando os circuitos derivados (Fig. 4.4). Para evitar ou minimizar o fenômeno, costuma-se definir um espaçamento mínimo entre dois pontos; caso não seja possível, aumenta-se a corrente para diminuir as perdas.

Os circuitos derivados são mais críticos no caso de solda por pontos múltiplos. A Fig. 4.5 mostra o oscilograma de corrente em cada um dos circuitos derivados. Uma visão quantitativa dessas correntes pode ser observada na Tab. 4.1.

Mostra a tabela que, quanto menor for o espaçamento do eletrodo, maior será a perda pelas correntes dos circuitos derivados. À medida que se aumenta a distância, aumenta a corrente no contra-eletrodo e diminui a diferença entre as correntes de início e fim de processo. Portanto, o distanciamento adequado dos eletrodos pode minimizar as perdas no processo de soldagem.

Soldagem por resistência

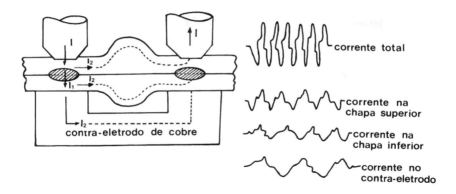

Figura 4.5 — Oscilograma de corrente em solda por pontos múltiplos. Observar a magnitude de cada corrente

Diâmetro do eletrodo

De maneira geral, considera-se que as faces de contato dos eletrodos com a peça devam ser aproximadamente 1,6 mm maior do que o diâmetro do ponto de solda, o qual pode ser calculado pelas relações:

$$d = 5\sqrt{S} \qquad (5)$$

$$\text{ou } d = 2{,}5 + 2S \qquad (6)$$

onde: d = diâmetro do ponto (mm)
S = espessura da chapa (mm)

As equações (5) e (6) dão resultados semelhantes, desde que as chapas não sejam nem muito finas nem muitos grossas. Caso os valores calculados nessas situações sejam muito diferentes, deve-se usar somente a equação (5).

Tabela 4.1 - Correntes derivadas na soldagem por pontos múltiplos de um aço de baixo carbono, com 0,9mm de espessura; 12 ciclos a 10.700 A; raio de eletrodo 150mm; força do eletrodo 1,7 kN.

Espaçamento do eletrodo (mm)	Períodos da soldagem	Corrente na chapa superior (A)	Corrente na chapa inferior (A)	Corrente no contra-eletrodo (A)
50	Início Fim	3.200 2.200	2.000 2.100	5.500 6.400
100	Início Fim	3.200 1.750	1.600 1.700	6.800 7.250
150	Início Fim	1.800 1.450	1.450 1.500	7.450 7.750

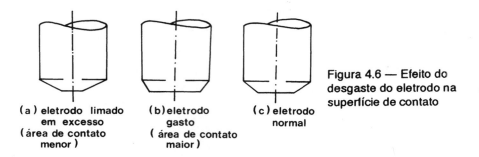

Figura 4.6 — Efeito do desgaste do eletrodo na superfície de contato

Efeito do desgaste do eletrodo

Devido ao desgaste na ponta do eletrodo, haverá aumento na área de contato; de outro lado, na recuperação da ponta, pode haver diminuição na área de contato. Ambas as situações causam perdas no processo. No primeiro caso, haverá diminuição da densidade superficial de corrente, diminuindo o rendimento do processo. No segundo, haverá aumento na densidade superficial de corrente, acarretando sobreaquecimento do eletrodo e diminuindo sua vida. A Fig. 4.6 mostra um eletrodo normal e gasto.

Soldagem de peças com espessuras diferentes ou materiais dissimilares

As fórmulas (5) e (6) supõem que ambas as peças tenham a mesma espessura. Nesse caso, o calor gerado nas peças deve ser igual ao calor cedido para ambas. Essa suposição não é válida para o caso de espessuras diferentes ou materiais dissimilares. Nessas situações, utiliza-se eletrodos com diâmetro diferentes.

No caso de espessuras diferentes, para um mesmo material, o eletrodo menor deve ser colocado em contato com a peça mais fina. Para peças com condutibilidades diferentes, porém com mesma espessura, o eletrodo menor deve ficar em contato com a peça de maior condutibilidade. A Fig 4.7 mostra esse arranjo dos eletrodos.

Para calcular as áreas de contato, utiliza-se a relação:

$$\frac{G_1 A_1}{e_1} = \frac{G_2 A_2}{e_2} = \ldots \frac{G_n A_n}{e_n} \qquad (7)$$

onde: G_1, G_2, ... = condutibilidade elétrica das peças
A_1, A_2, ... = área de contato dos eletrodos
e_1, e_2, ... = espessura das peças

Soldagem por resistência

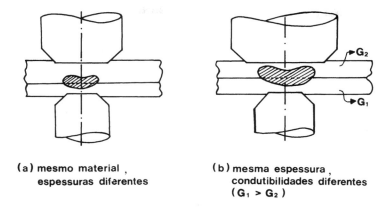

(a) mesmo material, espessuras diferentes

(b) mesma espessura, condutibilidades diferentes ($G_1 > G_2$)

Figura 4.7 — Diâmetro do eletrodo em função da soldagem de metais de espessura ou condutibilidade diferentes

No caso de materiais dissimilares, deve-se ter em mente os problemas metalúrgicos resultantes da mistura dos dois materiais fundidos. Como exemplo, pode-se citar um aço inoxidável soldado com um aço-carbono. Nesse caso, deve-se evitar a fusão de um dos materiais.

3. TIPOS DE SOLDAGEM POR RESISTÊNCIA

Entre os tipos e as variantes mais importantes do processo de soldagem por resistência, pode-se citar: por ponto; de topo-a-topo, por resistência pura e por centelhamento; por ressalto; e por costura.

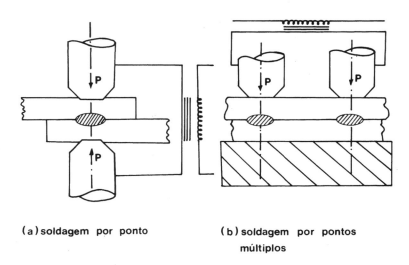

(a) soldagem por ponto

(b) soldagem por pontos múltiplos

Figura 4.8 — Tipos de soldagem a ponto

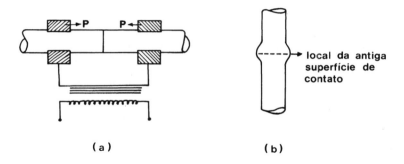

Figura 4.9 — a) Esquema da soldagem topo-a-topo por resistência pura. b) aspecto da solda terminada

Soldagem por ponto — É o processo onde a ligação é produzida pelo calor obtido pela passagem da corrente pelas peças através dos eletrodos, os quais mantêm as chapas unidas por pressão. A soldagem por ponto pode ser simples ou múltipla e a Fig. 4.8 mostra esquematicamente essas duas variantes.

Soldagem topo-a-topo por resistência pura — É o processo de soldagem por resistência, onde a ligação é produzida em toda a área de contato entre as duas partes a serem soldadas. Neste caso, ambas as partes são pressionadas uma contra a outra até que o calor, gerado pela passagem da corrente, seja suficiente para soldar ambas as partes. Um esquema desse tipo de soldagem pode ser visto na Fig. 4.9.

Soldagem topo-a-topo por centelhamento — É o processo de soldagem por resistência elétrica, onde a ligação é feita em toda a área de contato entre as duas partes a serem soldadas. Neste caso, diferentemente do anterior, essas áreas em contato são afastadas, formando uma faixa, para em seguida voltarem a ser unidas. Esse processo é repetido até atingir-se a temperatura de forjamento, onde então aplica-se a pressão de forjamento para completar a soldagem. O esquema desse processo de soldagem é mostrado na Fig. 4.10.

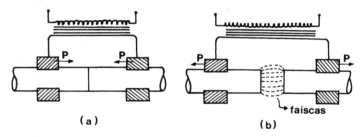

Figura 4.10 — Esquema da soldagem topo-a-topo por centelhamento, mostrando as posições alternadas (a) e (b) durante a fase de aquecimento.

Soldagem por resistência

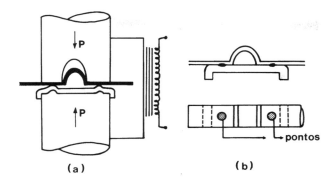

Figura 4.11 — Esquema do processo de soldagem por ressalto (a) mostrando o tipo de soldagem obtida (b)

Soldagem por ressalto — A ligação é feita com a passagém de corrente associada com a pressão. Neste caso, porém, as ligações são feitas em locais predeterminados, através de formas convenientes das peças a serem soldadas. Está esquematicamente mostrado na Fig. 4.11.

Soldagem por costura — O processo é semelhante à soldagem por ponto. Neste caso, porém, o eletrodo tem o formato de discos. Forma-se um "cordão" de solda com pontos. Um arranjo esquemático pode ser visto na Fig. 4.12.

Uma importante aplicação deste processo é a fabricação de tubos com costuras; os tubos são enrolados por cilindros rotativos e, no estágio final, as duas bordas são pressionadas uma contra a outra e dois eletrodos circulares executam a solda. Este arranjo é mostrado na Fig. 4.13.

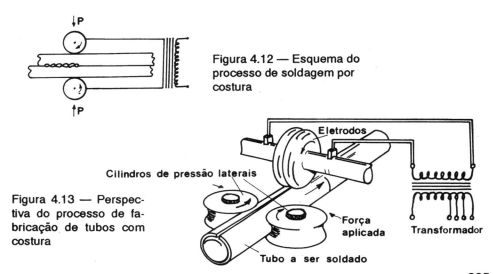

Figura 4.12 — Esquema do processo de soldagem por costura

Figura 4.13 — Perspectiva do processo de fabricação de tubos com costura

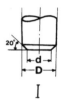 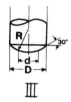

Figura 4.14 — Tipos de eletrodos usados na soldagem por pontos

I   II   III

4. CICLOS DE SOLDAGEM POR RESISTÊNCIA

Para cada tipo de material, dimensão e processo de soldagem por resistência existe um ciclo diferente de soldagem. Para orientar a execução do trabalho, são aqui apresentadas várias tabelas com os parâmetros de soldagem;
- Tabelas 4.2 a 4.5 para a soldagem por pontos; os eletrodos nelas indicados correspondem aos tipos I, II e III da Fig. 4.14.
- Tabelas 4.6 a 4.9 para a soldagem por costura; para elas se aplicam as indicações da Fig. 4.15.
- Tabelas 4.10 para a soldagem por ressalto, para ela valendo a indicação da Fig. 4.16.

Tabela 4.2 - Ciclo de soldagem por pontos para chapas de aço-1010; adaptada de [1]

Espessura da chapa mais fina (mm)	Eletrodos tipos I e II (R = 75mm)		Força entre eletrodos (N)	Tempo de soldagem (impulso único) ciclos	Corrente de soldagem (A)	Contato mínimo p/ superposição (mm)	Espaçamento mínimo entre os centros das soldas (mm)	Diâmetro do ponto de solda (mm)	Resistência mínima ao cisalhamento (N)	
									Limite de resistência à tração	
a	D máx (mm)	d máx (mm)							< 480 MPa	≥ 480 MPa
0,25	15,9	3,2	890	4	4.000	9,5	3,2	2,5	580	800
0,5		4,8	1.350	6	6.500	11,1	9,5	3,3	1.420	1.960
0,8		4,8	1.800	8	8.000	11,1	13	4,0	2.540	3.560
1,0	12,7	6,4	2.250	10	9.500	12,7	19	4,8	4.100	5.400
1,3		6,4	2.900	12	10.500	14,2	22	5,6	6.000	—
1,6		6,4	3.500	14	12.000	15,8	25	6,4	8.230	—
2,0	15,9	8,0	4.500	17	14.000	17,4	32	7,4	12.000	—
2,4		8,0	5.800	20	15.500	19,0	38	7,9	15.350	—
2,5	22,2	9,5	7.100	23	17.500	20,6	41	8,1	18.460	—
3,2		9,5	8.000	26	19.000	22,2	44	8,4	22.250	—

Observações: 1) Superfície do aço livre de lubrificantes
2) Espessura máxima total de soldagem igual a 4.a
3) Material do eletrodo: classe 2

Soldagem por resistência

Tabela 4.3 - Ciclo de soldagem por pontos para aços-carbono e aços-liga; adaptada de [1]

Material			Eletrodo tipo III			Força do eletrodo (N)	Tempo (ciclos)			Corrente de soldagem (A)	Contato mínimo para superposição (mm)	Corrente de revenido (% da corrente de soldagem)	Espaço mínimo entre soldas (mm)	Diâmetro da zona fundida (mm)
Tipo ABNT	Condição (*)	Espessura (mm)	D mín (mm)	d (mm)	R (mm)		Soldagem	Têmpera	Revenimento					
1020	LQ	1,02	15,9	6,4	150	6.600	6	17	6	16.000	13	90	25	5,8
1035	LQ	1,02		6,4	150	6.600	6	20	6	14.200	13	91	25	5,6
1045	LQ	1,02		6,4	150	6.600	6	24	6	13.800	13	88	25	5,3
4130	LQ	1,02		6,4	150	6.600	6	18	6	13.000	13	90	25	5,6
4340	N&E	0,79		4,8	150	4.000	4	12	4	8.250	11	84	19	4,1
4340	N&E	1,59	19,1	8	150	8.900	10	45	10	13.900	16	77	38	6,9
4340	N&E	3,18	25,4	16	250	24.500	45	240	90	21.800	22	88	64	14,0
8630	N&E	0,79	12,7	4,8	150	3.550	4	12	4	8.656	11	88	19	4,1
8630	N&E	1,57	15,9	8	150	8.000	10	36	10	12.800	16	83	38	6,9
8630	N&E	3,18	25,4	16	250	20.000	45	210	90	21.800	22	84	64	14,0
8715	N&E	0,46	12,7	3,2	150	1.600	3	4	3	3.900	11	85	16	2,5
8715	N&E	1,57	15,9	8	150	7.200	10	28	10	12.250	16	85	38	6,9
8715	N&E	3,18	25,4	16	250	20.000	45	180	90	22.700	22	85	64	14,0
9115	R	1,02	12,7	6,4	150	4.450	6	14	5	12.000	13	79	25	5,6
9115	1/2 D	1,02	15,9	6,4		5.500	6	14	5	12.000	13	79	25	5,6
9115	R	1,78		8,7		10.300	8	34	8	22.600	17	67	48	8,1
9115	1/2 D	1,78	19,1			12.500	8	34	8	22.600	17	71	48	8,1

(*) LQ = laminado a quente
N&E = normalizado e estampado
R = recozido
1/2 D = meio duro

Tabela 4.4 - Ciclo de soldagem por pontos para chapas de aço inoxidável; adaptado de [1]

Espessura da chapa mais fina (mm)	Eletrodo tipos I e II (R = 75mm) D máx (mm)	d máx (mm)	Força entre eletrodo (N)	Tempo de soldagem (impulso único) ciclos	Corrente de soldagem (A) LE < 1000 MPa	Corrente de soldagem (A) LE ≥ 1000 MPa	Contato mínimo de super- posição (mm)	Espaça- mento mínimo entre soldas (mm)	Diâmetro da zona fundida (mm)	Resistência mínima de cisalhamento (N) Para LR (em MPa) 490/560	560/1000	> 1000
0,15	4,7	1,6	800	2	2.000	2.000	4,8	4,8	1,1	270	315	355
0,20			890	3	2.000	2.000	4,8	4,8	1,4	445	580	645
0,25			1.000	3	2.000	2.000	4,8	4,8	1,7	670	760	935
0,30			1.150	3	2.000	2.200	6,4	6,4	1,9	825	935	1.115
0,36			1.350	4	2.500	2.200	6,4	6,4	2,1	1.020	1.115	1.425
0,41	6,4	3,2	1.500	4	3.000	2.500	6,4	8	2,2	1.245	1.335	1.690
0,46			1.700	4	3.500	2.800	6,4	8	2,4	1.425	1.600	2.090
0,53			1.800	4	4.000	3.200	8	8	2,5	1.645	2.090	2.240
0,64			2.300	5	5.000	4.100	9,5	11	3,1	2.225	2.670	3.025
0,79			2.900	5	6.000	4.800	9,5	13	3,3	3.025	3.560	4.135
0,86	9,5	4,8	3.350	6	7.000	5.500	11	14	3,8	3.560	4.090	4.890
1,02			4.000	6	7.800	6.300	11	16	4,1	4.450	5.650	6.230
1,12			4.500	8	8.700	7.000	11	17	4,6	5.340	6.450	7.560
1,27			5.350	8	9.500	7.500	13	19	4,8	6.450	7.560	8.900
1,42	12,7	6,4	6.000	10	10.300	8.300	14	22	5,3	7.560	8.900	10.900
1,57			6.700	10	11.000	9.000	16	25	5,5	8.675	10.675	12.900
1,78			7.600	12	12.300	10.000	16	29	6,4	10.675	12.455	15.800
1,98	15,9	7,9	8.450	14	14.000	11.000	17	32	7,0	12.000	15.125	17.790
2,39			10.700	16	15.700	12.700	19	35	7,2	15.790	18.680	23.575
2,77	19,1	9,5	12.450	18	17.700	14.000	21	38	7,4	18.680	22.400	28.470
3,18			14.700	20	18.000	15.500	22	51	7,6	22.240	26.688	31.140

Obs.: Válida para os aços tipo 301, 302, 303, 304, 308, 309, 310, 316, 317, 321, 347 e 399.

Soldagem por resistência

Tabela 4.5 - Ciclo de soldagem por pontos para chapas de alumínio e suas ligas; adaptado de [1]

Espessura (mm)	Eletrodo tipo II D (mm)	Eletrodo tipo II R (mm)	Força do eletrodo (N)	Tempo de soldagem ciclos	Corrente de soldagem (A)	Contato mínimo de super-posição (mm)	Diâmetro da zona fundida (mm)	Resistência média do cisalhamento (N) Para LR (em MPa) 135/195	195/385	≥ 385
0,41	15,9	25	1.420	4	15.000	8	2,8	425	580	645
0,51	15,9	25	1.500	5	18.000	9,5	3,2	600	780	845
0,64	15,9	51	1.750	6	21.800	11	3,6	865	1.045	1.115
0,81	15,9	51	2.250	6	26.000	13	4,1	1.245	1.400	1.560
1,02	15,9	76	2.700	8	30.700	14	4,6	1.780	1.845	2.050
1,30	15,9	76	3.000	8	33.000	16	5,3	2.450	2.630	2.850
1,63	15,9	76	3.350	10	35.900	19	6,4	3.360	3.720	4.100
1,83	15,9	102	3.550	10	38.000	21	7	3.890	4.360	5.030
2,06	22,2	102	3.850	10	41.800	22	7,6	4.600	5.140	6.230
2,31	22,2	152	4.250	12	46.000	24	8,4	5.230	6.030	7.560
2,59	22,2	152	4.650	15	56.000	25	9,1	5.650	7.120	9.120
3,18	22,2	152	5.800	15	76.000	32	11	6.230	9.650	12.590

Obs.: Para ligas de alumínio tipo: 1100 H12, 1100 H18, 3003 H12, 3003 H18, 3004 H32, 3004 H38, 5052 H32, 5052 H38, 5005 H38, 5154 H32, 5154 H38, 6061 T4, 6061 T6, 6063 T4 e 6063 T6.

229

SOLDAGEM: PROCESSOS E METALURGIA

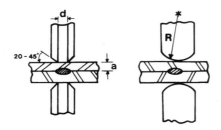

Figura 4.15 — Condições dos eletrodos na soldagem por costura

Tabela 4.6 - Ciclo de soldagem por costura de aços ao carbono com até 0,3% C para costuras herméticas; adaptada de [7];
a) Com programa de solda

Espessura da chapa a (mm)	Pressão entre eletrodos (N)	Velocidade da soldagem (m/min)	Corrente de soldagem em (kA)	Corrente em ciclos	Tempo de pausa Mínimo ciclos	Tempo de pausa Máximo ciclos	Disco d (mm)	Disco R (mm)	Número de soldas p/ cada 10mm
0,5	2.400	2,0	10	2	1	2	3,0	50	5
0,75	3.200	2,0	12	2	2	3	3,5	50	4
1,0	4.000	1,8	14	3	3	4	4,0	75	4
1,25	4.800	1,8	16	4	3	5	4,5	75	3
1,5	5.000	1,5	17	4	4	6	5,0	75	3
2,0	6.000	1,5	19	6	5	7	5,0	75	2,5
2,5	7.000	1,5	20	7	6	8	5,5	100	2
3,0	8.000	1,1	22	10	7	10	6,0	100	2

b) Com solda direta (freqüência de rede elétrica)

Espessura da chapa a (mm)	Pressão nos eletrodos Mínima (N)	Pressão nos eletrodos Máxima (N)	Velocidade máxima (m/min)	Velocidade máxima (kA)	Velocidade média de sobreposição (m/min)	Velocidade média de sobreposição (kA)	Distância mínima entre pontos (mm)	Disco d (mm)
0,25	1.500	1.800	12	10	6,1	8	6	3
0,5	2.000	2.400	11	12	5,3	9	6	3
0,75	2.300	2.900	10	13	4,7	10	6	3,5
1,0	2.700	4.000	8	14	3,7	11	6	4
1,25	3.100	4.500	7	17	3,1	12	6	4,5
1,5	3.400	5.300	5	17	2,2	14	8	5
2,0	4.000	6.000	3	17	1,5	15	10	5

Em todas essas tabelas, o tempo de soldagem, em segundos será obtido dividindo por 60 o número de ciclos indicado na respectiva tabela, se a freqüência da corrente for de 60 Hz, usada em todos os casos.

A Fig. 4.17 estabelecida para o caso de soldagem por pontos de duas chapas de aço-carbono, com 1,6 mm de espessura e corrente de 5,8 kA, mostra o ciclo de soldagem, isto é, o movimento do eletrodo, a aplicação da pressão e da corrente.

Observando-se o movimento do eletrodo, nota-se que há, no momento de formação do ponto, uma descontinuidade, devida principalmente à exposição do ponto de solda.

Soldagem por resistência

Tabela 4.7 - Ciclo de soldagem por costura de aços inoxidáveis e superligas para costuras herméticas; adaptada de [7] com programa de solda

a) Aços inoxidáveis

Espessura da chapa a (mm)	Pressão entre eletrodos (N)	Velocidade da soldagem (m/min)	Corrente de soldagem (kA)	Corrente em ciclos	Tempo de pausa Mínimo	Tempo de pausa Máximo	Disco d (mm)	Disco R (mm)	Solda p/ cada 10mm mínima	Solda p/ cada 10mm máxima
0,5	3.000	1,4	8	3	2	3	3	50	4	5
0,75	4.000	1,3	11	3	3	4	3,5	50	4	5
1,0	5.000	1,2	12	3	4	5	4	75	4	5
1,25	6.000	1,2	13	4	4	5	4,5	75	3	4
1,5	8.000	1,1	15	4	5	6	5	75	3	4
2,0	10.000	1,0	16	4	6	7	6	75	3	4
2,5	12.500	1,0	16,5	5	6	7	7	150	2,5	3,5
3,0	15.000	0,9	17	6	6	8	8	150	2,5	3

b) Superligas (por exemplo, Nimonic 80)

Espessura da chapa a (mm)	Pressão entre eletrodos (N)	Velocidade da soldagem (m/min)	Corrente da soldagem (kA)	Corrente em ciclos	Tempo de pausa Mínimo	Tempo de pausa Máximo	Disco d (mm)	Disco R (mm)	Solda p/ cada 10mm mínima	Solda p/ cada 10mm máxima
0,5	4.500	0,9	8	3	6	9	3,0	50	4	5
0,75	7.000	0,8	8,5	3	6	9	3,5	50	4	5
1,0	10.000	0,6	9	4	8	12	4,0	75	4	5
1,25	12.000	0,45	9,5	6	12	18	4,5	75	3	4
1,5	14.000	0,3	10	8	16	24	5,0	75	3	4
2,0	16.000	0,2	11	10	20	40	6,0	75	3	4

Tabela 4.8 - Ciclo de soldagem por costura de metais leves. (Al-Cu-Mg 2024, Al-Zn-Mg-Cu 7075) para costuras herméticas - Alta qualidade. Adaptado de [7]

Espessura da chapa a (mm)	Pressão entre eletrodos (N)	Velocidade da soldagem (m/min)	Corrente de solda (kA)	Corrente em ciclos	Tempo de pausa Mínimo	Tempo de pausa Máximo	Disco de solda R(mm)	Número soldas cada 10mm
0,5	3.000	0,75	25	1	4	6	50	8
0,75	4.500	0,75	32	1	5	7	50	7
1,0	6.000	0,75	42	1	6	8	50	6
1,25	7.500	0,7	48	2	7	9	50	5
1,5	9.500	0,6	55	2	9	12	75	4
2,0	13.000	0,5	65	3	12	15	75	3,5
2,5	16.000	0,5	75	4	14	17	100	3

5. DISTRIBUIÇÃO DA TEMPERATURA NO CICLO DE SOLDAGEM

Durante o processo de soldagem existem vários tipos de ciclos com seqüências bem diversificadas, como os ciclos para preaquecimento e pós-aquecimento. Por isso, o conhecimento da distribuição de temperatura na peça e no eletrodo é de fundamental importância. A Fig. 4.18 mostra a distribuição de temperatura na soldagem por ponto.

SOLDAGEM: PROCESSOS E METALURGIA

Tabela 4.9 - Ciclo de soldagem por costura de metais leves.
(Al - 3% Mg 5152) para costuras herméticas
Qualidade industrial. Adaptado de [7].

Espessura da chapa a (mm)	Pressão entre eletrodos (N)	Velocidade da soldagem (m/min)	Corrente de solda (kA)	Corrente em ciclos	Tempo de pausa Mínimo	Tempo de pausa Máximo	Disco de solda R (mm)	Número soldas cada 10mm
0,5	2.500	1,0	24	1	3	4	30	8
0,75	3.000	0,95	28	1	3	5	30	7
1,0	3.500	0,9	32	2	5	6	30	6
1,25	3.800	0,8	34	2	6	9	50	5
1,5	4.200	0,75	37	3	8	11	50	4
2,0	5.000	0,6	40	4	10	12	50	3,5
2,5	5.500	0,55	42	5	14	16	75	3

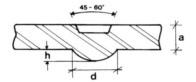

Figura 4.16 — Situação observada na soldagem por ressalto. A superfície do eletrodo deve ser 5 a 10 vezes maior que a superfície de cada ressalto

Tabela 4.10 - Ciclo de soldagem por ressalto de aço com teor de carbono inferior a 0,3%; adaptado de [7].

Espessura da chapa a (mm)	Diâmetro do ressalto d (mm)	Altura do ressalto h (mm)	Com 1 ressalto Pressão eletrodo por ressalto (N)	Com 1 ressalto Corrente de solda por ressalto (kA)	Com 1 ressalto Tempo em ciclos	Com 2 ou 3 ressaltos Pressão entre eletrodo por ressalto (N)	Com 2 ou 3 ressaltos Corrente de solda por ressalto (kA)	Com 2 ou 3 ressaltos Tempo em ciclos	Com 4 ou mais ressaltos Pressão entre eletrodo por ressalto (N)	Com 4 ou mais ressaltos Corrente de solda por ressalto (kA)	Com 4 ou mais ressaltos Tempo em ciclos
0,5	2,3	0,6	600	4,4	3	600	3,8	6	400	2,9	6
0,75	2,8	0,9	1.000	6,6	3	600	5,1	6	500	3,8	11
1,0	2,8	0,9	1.500	8,0	5	950	6,0	10	700	4,3	15
1,5	3,8	1,1	2.300	10,3	10	1.650	7,6	20	1.500	5,3	25
2,0	4,6	1,2	3.600	12,0	14	2.400	8,9	28	2.100	6,5	34
2,5	5,8	1,3	5.000	13,6	17	3.300	10,2	35	3.000	7,7	45
3,0	6,8	1,4	6.500	14,5	20	4.300	11,0	45	4.000	9,0	60

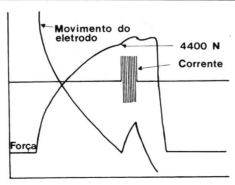

Figura 4.17 — Ciclo de soldagem por ponto de duas chapas de aço-carbono

Soldagem por resistência

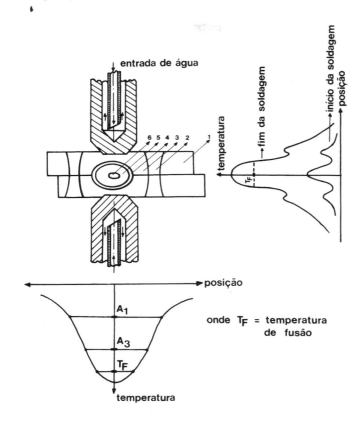

Figura 4.18 — Distribuição da temperatura em uma soldagem por ponto. A distribuição (a) é no plano que passa no centro dos eletrodos; a distribuição (b) é no plano que passa pela superfície de contato entre as chapas.

onde T_F = temperatura de fusão

Conforme se observa na Fig. 4.18, cada uma das regiões numeradas representa um tipo de transformação metalúrgica:

Região 1 — Metal-base, não afetada.

Região 2 — Zona onde se forma ferrita e austenita no aquecimento, podendo dar, no resfriamento, perlita e martensita, dependendo da velocidade de resfriamento.

Região 3 — Estando acima de A_3, conforme a temperatura atingida, pode haver homogeneização dos grão de austenita e/ou crescimento de grão. Se o metal-base estiver encruado, poderá haver recristalização.

Região 4 — Onde há reações no estado sólido, difusão de carbono e outros elementos.

Região 5 — Zona fundida com a formação de grãos equiaxiais.

Para se ter uma idéia quantitativa da distribuição de temperatura em um ponto de solda de um aço-carbono, basta observar a Fig. 4.19, onde as regiões foram estimadas por análise metalográfica.

Não se pode esquecer a distribuição de temperatura nos eletrodos, refrigerados a água, conforme observa-se na Fig. 4.18. A distância entre a

SOLDAGEM: PROCESSOS E METALURGIA

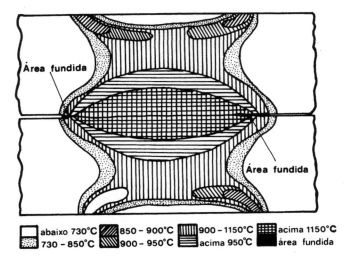

Figura 4.19 — Distribuição de temperatura em um aço-carbono durante a formação de um ponto.

extremidade do tubo e o final do furo de refrigeração é muito importante para o resfriamento adequado o eletrodo. A refrigeração do eletrodo associada à condução de calor pelas chapas são as grandes responsáveis pela diminuição do rendimento do processo.

O tempo de soldagem também é importante no rendimento da operação. Pode-se demonstrar que as perdas de calor são máximas no início da soldagem, mas o valor total das perdas é proporcional à raiz quadrada do tempo de soldagem. A Fig. 4.20 evidencia o fato.

Entende-se por rendimento a relação entre o volume de material realmente fundido para uma determinada quantidade de calor (no caso da figura, 300 cal), e o volume do material que seria fundido caso não houvesse perda.

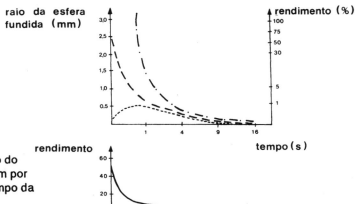

Figura 4.20 — Variação do rendimento de soldagem por ponto em função do tempo da operação.

234

Soldagem por resistência

Com base na Fig. 4.20, conclui-se que se deve utilizar tempos pequenos de soldagem para minimizar as perdas.

6. EQUIPAMENTOS
Máquinas

Todas as máquinas de soldagem por resistência apresentam, basicamente, três componentes fundamentais: sistema mecânico, circuito primário e sistema de controle.

• O sistema mecânico é aquele no qual a peça é fixada e a força do eletrodo é aplicada.
• O circuito primário consiste de um transformador, cuja função é **regular** à corrente de soldagem.
• O sistema de controle pode atuar somente sobre o tempo de soldagem ou também sobre a ação mecânica da aplicação da força do eletrodo.

Esses três componentes regulam as variáveis mais importantes na soldagem por resistência, isto é, a força do eletrodo, a intensidade da corrente e o tempo de passagem da corrente de soldagem.

A Fig. 4.21, mostra o esquema da máquina de soldagem por pontos, pneumática, que pode funcionar como máquina para soldagem por ressalto.

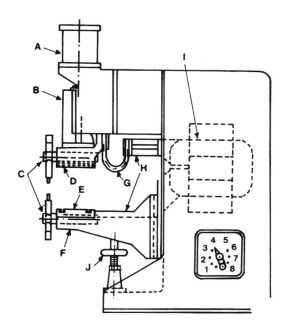

Figura 4.21 — Máquina de solda por resistência, tanto por ponto como por ressalto.
A- cilindro hidráulico ou pneumático; B- cabeçote de solda; C- eletrodos com seus suportes; D- mesa superior; E- mesa inferior; F- chapa inferior de reforço; G- contatos flexíveis; H- terminais de contato superior e inferior; I- transformador secundário; J- suporte da chapa de reforço e macaco de parafuso.

Eletrodos

Função dos eletrodos — Na operação de soldagem por resistência, os eletrodos ficam em contato direto com a peça a ser soldada, conduzem a corrente de soldagem, aplicam a força no local a ser soldado e dissipam parte do calor gerado durante a soldagem. Por isso, ele deve ser projetado para suportar densidades de correntes entre 800 a 10.000 A/cm^2 e pressões entre 70 a 400 MPa sem se deformar, possuindo então propriedades mecânicas elevadas, principalmente em altas temperaturas; não deve também formar liga com o metal a ser soldado.

Materiais para os eletrodos — As ligas para os eletrodos devem ter temperatura de recozimento elevada, grande resistência à compressão e boa resistência ao atrito. Esses requisitos são conseguidos com ligas cobre-cromo, cobre-cromo-zircônio, cobre-cádmio, cobre-berílo etc.

Essas ligas sofrem, além dos tratamentos mecânicos (trefilação, forjamento etc), tratamentos de solubilização, seguidos de resfriamento rápido, para em seguida sofrer um tratamento de envelhecimento em temperaturas mais elevadas que as de trabalho.

A classificação dos materiais para eletrodos, segundo a RWMA, é dividida em dois grupos: ligas à base de cobre e ligas cobre-tungstênio.

Ligas a base de cobre

Classe 1 — Ligas de cobre com aproximadamente 1% Cd. Não são tratáveis termicamente mas são endurecidas por trabalho a frio, que não afeta as propriedades elétricas e térmicas. Possuem resistência mecânica, dureza e condutibilidade elétrica elevadas. Essa classe é usada na soldagem de chapas de aço zincadas, estanhadas ou cromadas, alumínio e suas ligas e magnésio e suas ligas.

Classe 2 — Ligas de cobre com aproximadamente 0,8% Cr. São endurecíveis por tratamento térmico ou por tratamento termomecânico. Possuem propriedades mecânicas melhores que as ligas de classe 1, porém com condutibilidade elétricas e térmica inferiores. Esta classe é a de mais amplo uso em soldagem por resistência, tanto do ponto de vista das ligas como das condições de soldagem. Utilizadas na soldagem por resistência de aço de baixo carbono, aço-carbonos niquelados, aços inoxidáveis, ligas a base de níquel e ligas à base de cobre, como bronze-silício e cobre-prata.

Classe 3 — Ligas à base de cobre com aproximadamente 0,5% Be e 1% Co, possuindo às vezes 1% Ni. São endurecidas por tratamento térmico. Possuem propriedades mecânicas mais elevadas que as outras duas classes, porém com propriedades térmicas e elétricas muito inferiores. São utilizadas quando se faz necessário pressões elevadas ou quando o metal a ser soldado tem elevada resistência mecânica. Esta classe é indicada na soldagem de seções espessas de aços-carbono, aços inoxidáveis, monel e inconel.

Ligas cobre-tungstênio

São obtidas por metalurgia do pó. Como não são ligas verdadeiras, não respondem aos tratamentos térmicos e mecânicos. Suas propriedades

Soldagem por resistência

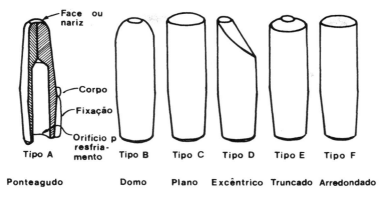

Figura 4.22 — Tipos padrões de eletrodos para a soldagem por ponto

mecânicas e elétricas dependem dos teores de cobre e de tungstênio. São utilizadas quando se tem pressões, tempos de soldagem e aquecimento elevados. O grupo é dividido em cinco classes.

Classe 10 — Ligas cobre-tungstênio, com elevado ponto de fusão. São utilizadas como revestimentos em soldagem por ponto, onde seja necessário aliar a elevada condutibilidade térmica e elétrica do cobre com a elevada dureza e resistência mecânica do tungstênio.

Classe 11 — Ligas com 42% Cu e 8% W. Possuem dureza mais elevada e menor condutibilidade elétrica e térmica que as classe 10. Indicadas para soldar ligas ferrosas com elevadas resistência elétricas, como o aço inoxidável.

Classe 12 — Similar às classes anteriores, porém com maiores propriedades mecânicas e menores propriedades elétricas que as classes anteriores.

Classes 13 e 14 — A classe 13 consiste de eletrodos de tungstênio puro, enquanto a classe 14 é de molibdênio puro. Suas propriedades não são necessárias na soldagem de aços de baixo carbono, exceto no caso de o aço ser soldado com cobre e suas ligas.

Tipos de eletrodos — Para cada tipo de eletrodo, há uma aplicação específica, tanto no que se refere ao metal a ser soldado como na posição em que será feita a solda. A Fig. 4.22 mostra vários tipos padrões de eletrodos para soldagem por ponto; a Fig. 4.23, os tipos usados em soldagem por costura.

Conforme já foi visto, dependendo da posição de soldagem e da geo-

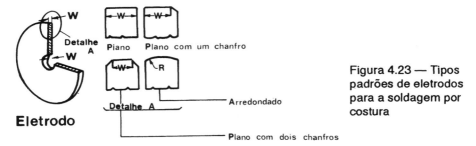

Figura 4.23 — Tipos padrões de eletrodos para a soldagem por costura

metria da peça, há um tipo e uma disposição de eletrodo recomendados, como pode ser visto na Fig. 4.24.

7. SOLDABILIDADE DE ALGUNS METAIS E SUAS LIGAS

Ao referir-se ao termo soldabilidade, deve-se entender como a facilidade com que o metal ou a liga pode ser soldado por resistência. A avaliação da soldabilidade está vinculada às propriedades físicas dos metais. A influência dessas propriedades na soldabilidade dos metais e ligas, pode ser observada na Tab. 4.11.

A soldabilidade dos metais e suas ligas é sempre referida à soldabilidade do aço-carbono com teor menor que 0,20% C. Assim, quando se fala que o bronze fosforoso tem boa soldabilidade, significa que ela pode ser comparável à soldabilidade do aço de baixo carbono.

Aços de baixo carbono (C<0,20) — Têm soldabilidade boa, não apresentando grandes variações de dureza após a soldagem.

Aços de médio e alto carbono e de baixa liga — Têm maior temperabilidade que os aços de baixo carbono; por isso sua soldabilidade é bem menor. Esses aços podem ser soldados por resistência, porém deve-se usar equipamentos com controle de programa, que promove não só o processo de soldagem, mas também ciclos de pré e pós-aquecimento. Um exemplo de ciclo pode ser visto na Fig. 4.25.

Tabela 4.11 - Influência das propriedades físicas na soldabilidade dos metais

Propriedades físicas	Variação da propriedade	Efeito na soldabilidade
Resistividade elétrica	↑	↑
	↓	↓
Condutividade térmica	↑	↓
	↓	↑
Expansão térmica	↑	↓
	↓	↑
Dureza e resistência	↑	↓
	↓	↑
Característica de formação de óxidos	↑	↓
	↓	↑
Faixa de plasticidade em função da temperatura	↑	↑
	↓	↓

Soldagem por resistência

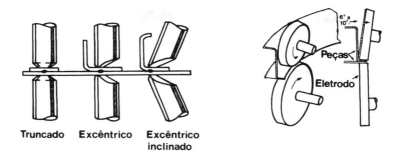

Figura 4.24 — Diversos tipos de eletrodos e disposições dos mesmos

Aços inoxidáveis ferríticos — Têm má soldabilidade, devido ao crescimento de grão e a baixa ductibilidade quando resfriado rapidamente a partir de altas temperaturas. Não se utiliza este tipo de aço quando se solda dúctil.

Aços inoxidáveis martensíticos — A soldabilidade é má devido à temperabilidade desses aços. Nesse caso, deve-se tomar o mesmo tipo de precaução quando da soldagem de aços de médio e alto carbono. Eles podem ser tratados após a soldagem para melhorar a ductibilidade.

Aços inoxidáveis austeníticos — Têm má soldabilidade caso não se tome precauções para evitar a precipitação de carbonetos, a qual diminuirá a ductibilidade e a resistência à corrosão.

Níquel e sua ligas — De maneira geral as ligas com alto teor de níquel têm soldabilidade boa. As ligas geralmente não endurecem quando temperadas, não têm problemas de precipitação de carbonetos, mas podem ser fragilizadas pelo enxofre, chumbo e outros metais de baixo ponto de fusão. Por isso, é importante a limpeza das superfícies para evitar contaminação de óleos, graxas e outros lubrificantes que possuam enxofre e ou chumbo.

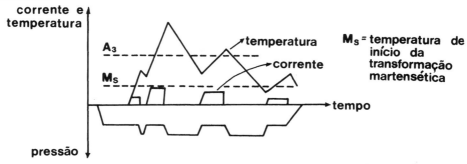

Figura 4.25 — Ciclo de soldagem por ponto para aços temperáveis. Observar as várias etapas, mostrando ciclos para preaquecimentos, soldagem e pós-aquecimentos.

Cobre e suas ligas — A soldabilidade é diretamente proporcional à resistência elétrica e inversamente proporcional à condutividade térmica. Se a resistência elétrica é baixa, a soldabilidade é má, enquanto que se ela for elevada a soldabilidade é moderada. A soldabilidade de algumas ligas de cobre será descrita a seguir.

Ligas Cu - Zn (latões) — A soldabilidade melhora à medida em que se aumenta os teores de zinco.

Ligas Cu - Sn (Bronzes fosforosos) - Cu - Si (Bronze silício) — Têm soldabilidade boa, porque possuem resistência elétrica elevada. No caso dos bronzes fosforosos, há possibilidade de ocorrer fragilidade a quente. Para evitar o trincamento da solda, as tensões de tração não devem ser aplicadas enquanto se está no intervalo de temperatura que causa a fragilidade.

Ligas Cu - Al (Bronze-alumínio) — Têm má soldabilidade, principalmente devido ao fenômeno de envelhecimento a que essas ligas estão sujeitas.

Alumínio, magnésio e suas ligas — Tem soldabilidade intermediária, porque essas ligas têm resistência elétrica pequena e não possuem resistência mecânica elevada a altas temperaturas. Deve-se tomar cuidado com a força a ser aplicada entre eletrodos e com a limpeza da superfície, para evitar a presença de óxidos. As ligas que endurecem por envelhecimento têm má soldabilidade.

Metais revestidos — Os metais que possuem revestimentos condutores têm boa soldabilidade. Alguns problemas são encontrados durante a soldagem desses metais: contaminação do eletrodo, baixa durabilidade do eletrodo e marcas do eletrodo na superfície. No caso de revestimentos decorativos, recomenda-se fazer primeiro a soldagem e depois o revestimento.

Chapas de aços galvanizados ou zincados — Têm boa soldabilidade. Deve-se utilizar forças maiores entre eletrodos, para evitar a vaporização do zinco.

Chapas aluminizadas — Têm soldabilidade razoável. Deve-se fazer uma limpeza superficial antes da soldagem e utilizar eletrodos com raios pequenos.

Chapas cromadas e niqueladas — Não têm boa soldabilidade como a dos materiais citados antes. Se a solda for feita, deve-se utilizar procedimento similar ao usado para aço com baixo teor de carbono.

8. QUALIDADE DA SOLDA

Preparação da superfície das peças

A condição da superfície das peças a serem soldadas é de fundamen-

Soldagem por resistência

Tabela 4.12 - Condições da superfície soldada: causas e efeitos

Tipo	Causa	Efeito
Penetração profunda do eletrodo	- eletrodo impróprio - falta de controle da força entre eletrodos - taxa excessiva de geração de calor devido à resistência elevada de contato (força do eletrodo baixo)	- aparência ruim - perda da resistência da solda devido à diminuição da espessura da chapa
Fusão superficial (geralmente acompanhada pela penetração profunda do eletrodo	- metal com a superfície suja ou com incrustações de óxidos - força do eletrodo baixa - desalinhamento das peças - corrente de soldagem excessiva - seqüência de soldagem imprópria - eletrodo impróprio	- solda com tamanho menor - diminui a vida do eletrodo - forma um grande buraco na zona de solda - aumenta o custo de remoção das rebarbas
Solda com formato irregular	- desalinhamento das peças - eletrodo impróprio - partes mal fixadas após a soldagem - limpeza imprópria da superfície dos eletrodos - patinação dos eletrodos	- reduz a resistência da solda devido à mudança na área de contato e expulsão do metal fundido
Trincas, poros e microporos	- retirada da força dos eletrodos antes que a solda se solidifique e resfriamento a temperatura bem abaixo da de fusão - geração excessiva de calor, promovendo expulsão maciça de metal fundido - mal ajuste das partes, necessitando de forças além das aplicadas pelos eletrodos	- redução da resistência à fadiga - aumento na velocidade de corrosão, devido à concentração de líquidos corrosivos nos poros
Deposição do eletrodo na superfície (geralmente acompanhada de fusão superficial)	- superfície suja - seqüência de soldagem incorreta - corrente de soldagem elevada - baixa força do eletrodo - eletrodo com material não adequado - eletrodo sujo e afiado	- diminuição da resistência mecânica com expulsão do metal fundido - diminuição de resistência à corrosão - redução da vida do eletrodo - aspecto comprometedor

tal importância para se ter uma solda de qualidade. As superfícies devem ser livres de óxidos não condutores de eletricidade, de camadas de carepa resultantes de tratamentos térmicos, de substâncias orgânicas etc.

As condições de preparo das superfícies varia de metal para metal e são indicadas a seguir.

Alumínio — Pode ser limpo com lixa de granulometria fina, palha de aço fina e, nos casos de grandes produções em série, com produtos químicos.

Cobre e suas ligas — A limpeza de óxidos de berílio e alumínio é difícil, quando realizada por meios químicos. Métodos mecânicos de limpeza são mais indicados.

Níquel e suas ligas — A presença de óleo, graxas ou tinta pode fragilizar a solda. A remoção de óxidos faz-se necessária quando se têm camadas espessas do mesmo. Utilizam-se meios mecânicos como usinagem, retificação, limpeza por jateamento e decapagem. O uso de escova de aço não é recomendável.

Aços — Geralmente têm bom acabamento superficial. O óleo que protege a superfície não causa problemas durante a soldagem, a menos que esteja contaminado com materiais dielétricos.

Aços revestidos — Em geral dão bons resultados, desde que se use processos adequados de limpeza. Os aços aluminizados, por exemplo, devem ser limpos com escova de aço.

Aparência da solda

A aparência da solda não é critério para julgar suas dimensões e resistência mecânica. A aparência da solda dá uma indicação das condições de soldagem, mas não deve ser usada como único critério para qualificar a solda.

A Tab. 4.12 mostra algumas condições da superfície soldada, suas causas e efeitos.

BIBLIOGRAFIA

1. AWS - Resistance Welding, Theory and Use; NY, 1956.
2. ASM - Metals Handbook, vol 6, Welding and brazing; 8ª ed. N.Y., 1971, p. 401-85.
3. HOULDCROFT, P.T. - Welding Process Technology; Cambridge University Press, 1ª ed., England, 1979, p. 137-77.
4. SOLTRONIC - Catálogo de equipamento
5. SIMONEK - Catálogo de equipamento
6. ULTRASOLDA - Catálogo de equipamento
7. SCHLATTER - Catálogo: Dados orientativos para solda por pontos, costura e projeção.
8. DIN, H.; FUNK, D.R.; WULFF, J. - Welding for Engineers; John Wiley & Sons Inc., N.Y., 1954, p. 45-111.

5 Processos de brasagem e soldagem branda

Ettore Bresciani Filho

1. INTRODUÇÃO

Os processos de brasagem podem ser divididos em três tipos: Brasagem propriamente dita, soldabrasagem e soldagem branca.

Os processos de brasagem distinguem-se dos outros processos de soldagem por exigir apenas a fusão do metal de adição. Não ocorrendo a fusão do metal da base, nem o elevado aquecimento da zona adjacente à região de solda, o material manterá sua natureza estrutural e, conseqüentemente, suas propriedades mecânicas originais.

A Tabela 5.1 mostra o comportamento de algumas propriedades dos metais em diversos processos empregados para únicos.

Como apenas o metal de adição é fundido, ele deve ter temperatura de fusão mais baixa do que a do metal de base. A partir desse conceito, pode-se melhor definir a brasagem e a soldagem branca:

• Brasagem é e processo de soldagem onde o metal de adição tem sua temperatura (ou faixa) de fusão compreendida entre as temperaturas abaixo do ponto de fusão do metal de base e acima de, aproximadamente, 400 oC.

• Soldagem **branda** é o processo de soldagem onde o metal de adição tem temperatura (ou faixa) de fusão compreendida entre as temperaturas abaixo do ponto de fusão do metal de base e também abaixo de, aproximadamente, 400 °C.

O fato de os metais de adição serem constituídos de ligas metálicas de baixo ponto de fusão, em geral à base de estanho e chumbo, a cor da solda se apresenta esbranquiçada.

A preparação da junta para os processos de brasagem e de soldagem **branda** é realizada de forma a permitir a penetração do metal de adição por capilaridade entre as paredes das partes a serem unidas, sem modificação da forma dessas peças pela retirada de material por usinagem. Contudo, quando a preparação da junta ocorre de forma semelhante à exigida para os processos de soldagem por fusão, o processo denomina-se solda-

SOLDAGEM: PROCESSOS E METALURGIA

Tabela 5.1 - Comparação entre a brasagem e alguns outros processos de união de metais. O sentido da flecha indica o crecimento da propriedade

Possibilidade de junção de peças de diferentes metais	W	S,B	M	
Resistência mecânica da junta	S	B	W	M
Resistência à temperatura elevada	S	B	W,M	
Possibilidade de evitar distorções	W	B	S	M
Possibilidade de desmontagem da união	somente M			
Selagem dos recipientes	somente S,B[*]			
Consumo de energia para a operação	S	B	W	
Possibilidade de união de peças grandes e espessas	S	B	W	M

Observações: B = brasagem
M = união mecânica
S = soldagem branda
W = soldagem por fusão
(*) em geral a soldagem branca é mais econômica

brasagem (Fig. 5.1). Como não ocorre a fusão do metal de base, podem surgir dúvidas quanto à qualidade da aderência da solda nas faces de contato com as partes a serem unidas; na realidade, a aderência é obtida pela difusão atômica entre o metal de adição no estado líquido e o metal de base no estado sólido.

2. PROCESSO DE BRASAGEM

Como a brasagem é executada em temperatura acima de 400°C e abaixo da temperatura de fusão do metal de base, é necessário encontrar um metal de adição que tenha, em determinada faixa de temperatura, as características de fluidez — para poder penetrar na junta por capilaridade, e de comparabilidade com o metal de base — para ter condições de penetrar em sua superfície por difusão, conferindo qualidade de boa aderência. Para a brasagem de peças de metais ferrosos, os aços e os ferros fundidos, os metais de adição usados são as ligas não-ferrosas, comumente, as ligas à base de cobre e as de prata. Para a junção de metais não-ferrosos, os metais de adição usados também são ligas não-ferrosas, de natureza próxima a do metal de base, porém de ponto de fusão menor.

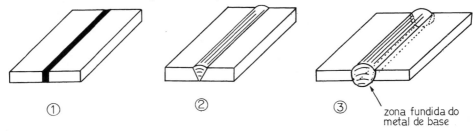

Figura 5.1 — Comparação entre soldabrasagem e soldagem por fusão para o caso de uma junta de topo. 1 - junta brasada; 2 - junta soldabrasada ; 3 - junta solda por fusão.

Como as temperatura de trabalho são menores do que as que se utilizam nos processos de soldagem, a brasagem provoca menores distorções geométricas nas construções metálicas e exige menores temperaturas de préaquecimento; os aços de médio e alto carbono, e os ferros fundidos, que podem ter sua estrutura sensivelmente modificada pelo aquecimento e resfriamento, com fragilização pelo efeito de endurecimento da zona adjacente à região da solda, podem ser brasados com melhores resultados do que soldados pelos processos com fusão do metal de base. As temperaturas de trabalho comumente localizam-se na faixa de 600 a 870°C. Além disso, os aços comuns e os aços-ligas, e muitas ligas não-ferrosas (de alumínio, de cobre e de níquel), podem ser brasados; peças de metais diferentes são também unidas por esse processo.

No caso da brasagem das ligas ferrosas, como o metal de adição é uma liga não-ferrosa, cria-se na região da solda uma condição desfavorável à resistência à corrosão, pela presença de dois metais de natureza eletroquímica diferente; dependendo do meio ambiente no qual a construção metálica soldada deve trabalhar, é necessário prever a aplicação de um tratamento superficial de proteção contra a corrosão galvânica.

Com base no método de aquecimento, os processos de brasagem podem ser classificados em: brasagem com maçarico; em forno; por indução; por resistência elétrica; com eletrodos de carbono e por imersão.

As formas das juntas devem ser concebidas de maneira a permitir a penetração — por capilaridade — do metal de adição; o controle da folga entre as partes a serem unidas é muito importante, como também é indispensável evitar o movimento das partes entre si durante a brasagem, quando necessária a adoção de dispositivos mecânicos de fixação.

A preparação prévia das superfícies das peças a serem brasadas é necessária para garantir a "molhabilidade" do metal de enchimento sobre o metal de base, e permitir sua penetração e aderência na junta; isto é obtido com a retirada de resíduos de óxido e outras sujidades da superfície por meios mecânicos e químicos. Durante o processo, também a junta deve ser protegida da oxidação; usualmente, utilizam-se fluxos ou atmosferas protetoras. Para evitar problemas de corrosão, as sobras de fluxos devem ser removidas após a brasagem.

Procedimentos para a brasagem com maçarico

Os procedimentos indicados a seguir aplicam-se ao processo de brasagem utilizando um maçarico de chama de gás; contudo os mesmos princípios aplicam-se a outros métodos de brasagem — quanto a forma de aquecimento — feitas as adaptações exigidas em cada caso particular. O aquecimento de brasagem com maçarico é o mesmo, ou muito similar ao equipamento de soldagem com maçarico. Esses procedimentos podem ser divididos em seis etapas.

1.ª etapa: Estabelecimento da folga entre as peças — Como a penetração do metal de adição se dá por capilaridade, é importante manter folga, dentro de limites determinados, entre as peças a serem unidas; se a folga for maior ou menor que aquela estabelecida por esses limites, poderá não ocorrer a penetração completa do metal de adição, com sensível prejuízo para a resistência da junção. Os limites são determinados através de experiências, em função dos metais de adição e de base; usualmente a folga permanecerá na faixa de 0,02 a 0,08mm, obtendo-se muitas vezes bons resultados com folgas de 0,07mm. O acabamento superficial das peças deve apresentar uma rugosidade que permita, pela criação de canais de alimentação de metal, a penetração do metal de adição; isso é obtido com acabamentos não muito lisos ou polidos, como são os obtidos na usinagem comum, no lixamento e nos processos de conformação de produtos semimanufaturados. Como a temperatura de trabalho não é a ambiente, deve-se considerar que, nas condições de brasagem, a folga é alterada pela dilatação térmica; este fator deve ser levado em conta, particularmente quando são brasadas peças de metais diferentes, com coeficientes de dilatação térmica desiguais. O cálculo da dilatação deve ser feito considerando as dimensões e a forma das peças na região da junta aquecida e os coeficientes de dilatação térmica dos metais constituintes das peças.

2.ª etapa: Limpeza da peças — O metal de adição somente conseguirá se espalhar pelas superfícies da peças, ou seja, "molhar" essas superfícies, se elas estiverem isentas de óleos, graxas, óxidos, resíduos de tintas e outras sujidades. Esses materiais impedem o contato com o metal de base e, em alguns casos, se decompõem com o aquecimento, criando dificuldades adicionais para a realização desse contato. Inicialmente, procede-se ao desengorduramento da superfície com a aplicação de solventes orgânicos (tricloroetano), vapor desengraxante ou soluções alcalinas. A decapagem, isto é, a retirada de óxidos e carepas, é feita mecanicamente, com o lixamento, ou quimicamente, com a aplicação de soluções ácidas compatíveis com o metal de base. Outros processos mecânicos de limpeza, como o jato de areia, podem ser adotados quando as sujidades apresentam maiores dificuldades para ser removidas. As peças, após os tratamentos químicos em soluções ácidas ou alcalinas, devem ser lavadas e secadas para evitar a corrosão.

3.ª etapa: Fluxagem das peças — A fluxagem e a brasagem subseqüente, devem ser feitas logo após a etapa de limpeza. Os fluxos são agentes

Processos de brasagem

químicos que removem os resíduos de óxidos deixados pelo processo de limpeza e, principalmente, os óxidos formados durante o aquecimento necessário à brasagem; além disso, eles criam uma atmosfera protetora na região da junção, evitando a presença do oxigênio da atmosfera ambiente. Os fluxos podem ser aplicados na forma de pastas, pincelando-se na superfície das peças; ou na forma líquida, por imersão das peças. A natureza dos fluxos é estabelecida em função das temperaturas, dos tempos de aquecimento e tipos de óxidos formados no metal de base; portanto, sua seleção depende essencialmente do tipo do metal de base a ser brasado.

4.ª *etapa: Montagem das peças* — As peças a serem unidas devem ser justapostas de forma a manter a folga estabelecida durante todo ciclo de aquecimento, penetração e solidificação do metal de adição. Sempre que possível, deve-se utilizar o próprio peso das peças para mantê-las fixas nas posições corretas. Quando isso não é possível, deve-se empregar ferramentas e dispositivos de fixação; estes, para o caso de uma produção em massa, devem apresentar facilidades de manejo. Os dispositivos devem ser, preferencialmente, constituídos de materiais de baixa condutibilidade térmica, como os materiais cerâmicos, particularmente quando devem entrar em contato com as peças em grandes superfícies.

5.ª *etapa: Brasagem das peças* — Inicialmente deve-se proceder ao aquecimento das peças na região a ser bradada, fazendo uso de um maçarico a chama de gás (a mais comum é a oxiacetilênica); quando a peça é pequena, o aquecimento dá-se em todo seu corpo. O aquecimento deve ser uniforme em ambas as peças; se elas forem de materiais diferentes, deve-se compensar as diferenças de condutibilidade térmica com maior tempo de aquecimento na peça de maior condutibilidade; da mesma forma deve-se proceder com peças de tamanhos diferentes, aquecendo-se por mais tempo a peça de maior massa. O aspecto do fluxo no aquecimento pode ser um bom indicador de que se atingiu a temperatura correta para a aplicação do metal de adição; o aparecimento de estrias pretas é sinal de superaquecimento. O metal de adição deve ser aplicado na forma de vareta ou arame, diretamente na junta; quando ela entra em contato com as superfícies aquecidas das peças, flui imediatamente, preenchendo a região entre elas. Os metais de adição podem se apresentar também na forma de plaquetas, folhas, pós, pastas e grânulos; eles devem ser pré-colocados ou aplicados antes do aquecimento.

6.ª *etapa: Limpeza da junta brasada* — Inicialmente retiram-se os resíduos de fluxos em água aquecida (a 50°C ou mais), por escovamento ou por outros métodos, de acordo com a natureza do fluxo e com a velocidade da produção. Nos casos de elevada aderência do fluxo na junta brasada, devido ao superaquecimento na brasagem ou ao uso de excesso de fluxo, deve-se empregar para a limpeza uma solução ácida, como 25% de ácido clorídrico em água, a 60-70°C. A peça aquecida pela brasagem pode ser imersa diretamente na água ou em soluções ácidas; neste último meio, o operador deve tomar cuidados especiais com os respingos. Após a remoção dos fluxos, deve-se retirar os óxidos por imersão em soluções de ácido sulfúrico ou clorídrico, com composições dependentes do metal de base. A lavagem e secagem das peças, após a limpeza com soluções ácidas, é necessária para evitar a corrosão; com a mesma finalidade deve-se aplicar um óleo protetor se a peça bradada for ser armazenada antes da sua aplicação.

Outros métodos de aquecimento

Os procedimentos fundamentais do processo de brasagem com maçarico aplicam-se aos processos de brasagem com outros métodos de aquecimento, como já foi mencionado antes. Serão apresentadas a seguir as particularidades desses outros processos de aquecimento.

Brasagem em forno — É um método adequado para a produção em massa de juntas brasadas, de peças de dimensão relativamente pequenas e massa até cerca de 2 kg, para permitir seu transporte e manejo no forno. Como o operador não tem acesso ao interior do forno, as peças a serem unidas e o metal de adição devem ser pré-posicionados e fixados, utilizando seus próprios pesos na medida do possível, antes de penetrar no forno.

Na brasagem em forno são utilizadas atmosferas protetoras para livrar as peças da oxidação e também de descarbonetação (no caso dos aços). Após a passagem pelo forno, as peças são resfriadas numa câmara adjacente ao forno, também com atmosfera protetora. Dependendo da natureza desta, a aplicação de fluxo pode ser dispensada. Para a atmosfera atuar de forma protetora, e permitir que o metal de adição "molhe" o metal de base, ela precisa ser redutora, no caso da brasagem de peças de aço.

A atmosfera pode ter diversas naturezas e assim se classificam: atmosfera exotérmica rica, com 12,5 a 15% de hidrogênio e 11% CO; atmosfera rica em nitrogênio; atmosfera de amônia dissociada; e atmosfera de vácuo.

A temperatura de aquecimento é evidentemente fixada pelas naturezas dos metais de base e de adição. No caso da brasagem de peças de aço tendo ligas de cobre com metal de adição, a temperatura pode atingir a 1100°C, uma temperatura relativamente elevada, se for comparada com as temperaturas usuais de tratamentos térmicos. Uma vantagem particular desse método de aquecimento é a possibilidade de manter sob controle preciso o nível de temperatura de brasagem e a composição da atmosfera protetora; além disso, consegue-se maior uniformidade de distribuição de temperatura nas peças, quando comparado ao método com maçarico, muito dependente da habilidade do operador; essa uniformidade, no entanto, pode ser prejudicada se as peças apresentarem grandes diferenças de dimensões. A câmara de resfriamento opa a temperaturas bem baixas, da ordem de 170°C no caso dos aços.

Brasagem por imersão — Este método de aquecimento emprega um banho de sal fundido e protetor para receber as peças a serem brasadas; obtém-se assim, como na brasagem em forno, o aquecimento necessário para fundir o metal de adição e criar uma ação fluxante na superfície das peças. É um método mais adequado à produção em massa e requer menor tempo de aquecimento do que o de brasagem em forno; entretanto, as peças a serem unidas precisam estar bem fixadas para a imersão e os sais não podem ficar retidos nas peças após a saída do banho. A composição dos sais é à base de cloretos ou cianetos, além de um agente fluxante.

Brasagem por indução — O aquecimento da peça é obtido pela dissipação de calor provocada por correntes elétricas induzidas por uma bobina conectada a uma fonte de energia elétrica de corrente alternada. O aquecimento é restrito a uma pequena área, e se propaga às áreas restantes da peça por condução ou pelo deslocamento da peça em relação à bobina. A profundidade do aquecimento também é limitada, dependendo da frequência da corrente de indução: quanto maior esta, menor a profundidade atingida pelas correntes induzidas. As freqüências usuais variam de 60 Hz a 450kHz, de acordo com a profundidade de aquecimento pretendida e a natureza do metal de base; para os aços é comum o uso de freqüências acima de 10kHz e, para os não ferrosos, valores bem mais altos.

Brasagem por resistência — Este método de aquecimento utiliza a passagem de uma corrente elétrica pelas peças, para provocar a fusão do metal de adição. A corrente é aplicada às peças através do contato direto de dois eletrodos, um de cada lado da peça, os quais também aplicam pressão para manter as peças bem justapostas e permitir a passagem uniforme de corrente elétrica.

As máquinas de brasagem por resistência elétrica são as mesmas empregadas para a soldagem por fusão, pelo mesmo método de aquecimento.

Metais de adição

A seleção do metal de adição depende basicamente de três fatores: natureza do metal; forma da junta e método de montagem; e método de aquecimento.

Algumas recomendações podem ser estabelecidas para a seleção de um metal de adição.

1) Na brasagem com maçarico deve-se selecionar um metal de adição com ponto da linha *líquidus* a mais baixa possível em relação ao metal de base; nesse processo de aquecimento nem sempre é fácil controlar o nível da temperatura da peça, e quanto maior a diferença de temperaturas de fusão entre o material de base e o metal de adição, menor será a probabilidade de ocorrer fusão acidental.

2) Quando grandes volumes de metal de adição necessários para preencher uma junta longa, ou com grande folga, é conveniente selecionar um metal de adição com larga faixa de solidificação, isto é, grande intervalo entre as linhas *"líquidus"* e *"solidus"*, permitindo manter o metal na consistência pastosa até o total preenchimento da junta sem risco de ocorrer um escorrimento.

3) Para juntas de melhor qualidade, deve-se empregar metal de adição que, alem de possuir baixa temperatura da linha *"liquidus"*, deve se solidificar em estreita faixa de temperatura; isso é obtido com a seleção de metais de adição constituído de ligas eutéticas ou próximas da composição eutética. A melhor qualidade é obtida quando a peça é aquecida a uma temperatura baixa e com um tempo curto, reduzindo o risco de uma significativa alteração das propriedades do metal de adição no metal de base e o risco de iniciar a solidificação antes de se preencher todos os cantos das juntas.

4) Na soldagem em forno ou por imersão em banhos é conveniente o uso de ligas de estreita faixa de solidificação, para uma rápida resposta ao aquecimento; na soldagem com maçarico ou por indução é mais adequado, em geral, o uso de ligas de larga faixa de solidificação, porque apresentam melhores condições de controle de seu escoamento para o preenchimento das juntas.

5) Em qualquer situação, contudo, o metal de adição deve ser compatível com o metal de base para permitir a formação de uma interface aderente, de junta resistente a esforços mecânicos e à corrosão. A capacidade do metal de adição "melhorar" o metal de base é indispensável, como é também fundamental que o metal de adição tenha suficiente fluidez para penetrar por capilaridade em todos os cantos da junta.

As varetas e os arames podem ser usados na brasagem manual com alimentação direta na região da junta; o pó é aplicado sobre o fluxo, para aderir ao metal de base antes da brasagem, ou numa forma de pasta constituída de uma mistura de pó com fluxo. Na brasagem automatizada, a alimentação de arame, ou de pasta, é feita com o auxílio de equipamento

Processos de brasagem

específico para a operação.

Em decorrência de sua composição química, os metais de adição podem ser grupados nas seguintes categorias:
- Ligas de prata: para a brasagem de metais ferrosos e não ferrosos, exceto as ligas de alumínio e magnésio.
- Cobre e ligas de cobre(latões): para a brasagem de metais ferrosos, de ligas de níquel e de algumas ligas de cobre.
- Ligas de alumínio-silício: para a brasagem do alumínio e suas ligas.
- Ligas de níquel: para brasagem de aços inoxidável e ligas à base de níquel e à base de cobalto; também podem ser usadas para outros aços.

A Tab. 5.2 apresenta uma indicação dos metais de adição e os processos usados na brasagem dos principais metais. As Tabs. 5.3 a 5.4 mostram

Tabela 5.2 - Principais metais de adição e métodos de aquecimento usados na brasagem (diagrama para orientação)

Natureza do metal base	Natureza do metal de adição					
	Ligas de prata	Cobre	Latões	Ligas Cu-P	Ligas Al-Si	Ligas de níquel
Aços-carbono e de baixa liga	(1) (3) (4) (2) (5)	(2) (3)	(1) (3)			
Aços inoxidáveis	(1) (3) (2) (4)	(1) (3) (2) (4)				(1) (3) (2) (4)
Cobres e ligas de cobre	(1) (3) (4) (2) (5)			(1) (3) (4) (2) (5)		
Alumínio e ligas de alumínio					(1) (3) (2) (4)	
Níquel e ligas de níquel	(1) (3) (4) (2) (5)	(1) (3) (2) (4)				(1) (3) (2) (4)
Ferros fundidos	(1) (3) (2) (4)					

Métodos de aquecimento para a brasagem:
(1) brasagem com maçarico
(2) brasagem com forno
(3) brasagem por imersão
(4) brasagem por indução
(5) brasagem por resistência

Tabela 5.3 - Metais de adição para brasagem - Ligas de prata

Classi-ficação AWS (1)	Composição química(%) (2)								Temperaturas (°C)		
	Ag	Cu	Zn	Cd	Ni	Sn	Li	P	solidus	liquidus	de brasa-gem
BAg-1	44,0-46,0	14,0-16,0	14,0-18,0	23,0-25,0	—	—	—	—	607	618	618-760
BAg-1a	49,0-51,0	14,5-16,5	14,5-18,5	17,0-19,0	—	—	—	—	627	635	635-760
BAg-2	34,0-36,0	25,0-27,0	19,0-23,0	17,0-19,0	—	—	—	—	607	702	702-843
BAg-2a	29,0-31,0	26,0-28,0	21,0-25,0	19,0-21,0	—	—	—	—	607	710	710-843
BAg-3	49,0-51,0	14,5-16,5	13,5-17,5	15,0-17,0	2,5-3,5	—	—	—	632	688	688-816
BAg-4	39,0-41,0	29,0-31-0	26,0-30,0	—	1,5-2,5	—	—	—	671	779	779-899
BAg-5	44,0-46,0	29,0-31,0	23,0-27,0	—	—	—	—	—	677	743	743-843
BAg-6	49,0-51,0	33,0-35,0	14,0-18,0	—	—	—	—	—	688	774	774-871
BAg-7	55,0-57,0	21,0-23,0	15,0-19,0	—	—	4,5-5,5	—	—	618	652	652-760
BAg-8	71,0-73,0	rest.	—	—	—	—	—	—	779	779	779-899
BAg-8a	71,0-73,0	rest.	—	—	—	—	0,25-0,50	—	766	766	766-871
BAg-13	53,0-55,0	rest.	4,0-6,0	—	0,5-1,5	—	—	—	718	857	857-968
BAg-13a	55,0-57,0	rest.	—	—	1,5-2,5	—	—	—	771	893	871-982
BAg-18	59,0-61,0	rest.	—	—	—	9,5-10,5	—	0,025 máx.	602	718	718-843
BAg-19	92,0-93,0	rest.	—	—	—	—	0,15-0,30	—	779	891	877-982
BAg-20	29,0-31,0	37,0-39,0	30,0-34,0	—	—	—	—	—	677	766	766-871
BAg-21	62,0-64,0	27,5-29,5	—	—	2,0-3,0	5,0-7,0	—	—	691	802	802-899

Observações: (1) Ver indicações da referência e dos usos no texto

(2) Outros elementos até o total máximo de 0,15%

as composições químicas e as temperaturas de brasagem e das linhas "solidus" e "liquidus" do diagrama de fase das ligas indicadas pela norma A5.8-76 da American Welding Society.

Além dessas categorias que atendem a maior parte das aplicações

Processos de brasagem

Tabela 5.4 - Metais de adição para brasagem-cobre e ligas de cobre

Classi-ficação AWS (1)	Composição química (%) (2)											Temperaturas (°C)		
	Cu	Zn	Sn	Fe	Mn	Ni	P	Pb	Al	Si	Ag	ou-tros	soli-dus	liqui-dus	de brasagem
BCu-1	99,9 min	—	—	—	—	—	0,75	0,02	0,01	—	—	0,10	1082	1082	1093-1149
BCu-1a	99,0 min	—	—	—	—	—	—	—	—	—	—	0,30	1082	1082	1093-1149
BCu-2	36,5 min	—	—	—	—	—	—	—	—	—	—	0,50	1082	1082	1093-1149
RBCuZn-A	57,0 61,0	rest.	0,25 1,00	—	—	—	—	0,05	0,01	—	—	0,50	888	899	910-954
RBCuZn-B	56,0 60,0	rest.	0,8-1,1	0,25 1,2	0,01 0,5	0,2 0,8	—	—	—	0,04 0,15	—	0,50	(3)	(3)	(3)
RBCuZn-C	56,0 60,0	rest.	0,8-1,1	0,25 1,2	0,01 0,05	—	—	0,05	0,01	0,04 0,15	—	0,50	866	888	910-954
RBCuZn-D	46,0 50,0	rest.	—	—	—	9,0 11,0	0,25	0,05	0,01	0,04 0,15	—	0,50	921	935	938-982
BCuP-1	rest.	—	—	—	—	—	4,8 5,2	—	—	—	—	0,15	710	924	788-927
BCuP-2	rest.	—	—	—	—	—	7,0 7,5	—	—	—	—	0,15	710	793	732-843
BCuP-3	rest.	—	—	—	—	—	5,8 6,2	—	—	—	4,8 5,2	0,15	643	813	718-816
BCuP-4	rest.	—	—	—	—	—	7,0 7,5	—	—	—	5,8 6,2	0,15	643	718	691-788
BCuP-5	rest.	—	—	—	—	—	4,8 5,2	—	—	—	—	0,15	643	802	704-816
BCuP-6	rest.	—	—	—	—	—	6,8 7,2	—	—	—	1,8 2,2	0,15	643	788	732-816
BCuP-7	rest.	—	—	—	—	—	6,5 7,0	—	—	—	4,8 5,2	0,15	643	771	704-816

Observações: (1) Ver indicações de referência e dos usos no texto

(2) Os teores indicados isoladamente são valores máximos

(3) Sem indicação, mas provavelmente próximas da liga RBCuZn-C

usuais, pode-se mencionar ainda algumas outras que se aplicam à brasagem de metais especiais. Nessas categorias encontram-se as ligas de cobalto, contendo cromo, níquel, silício, tungstênio e outros elementos em menores teores, para a abrasagem de peças metálicas à base de cobalto, as ligas de magnésio e as ligas de ouro para a brasagem de peças de ligas de ferro, níquel e cobalto, obtendo-se juntas de elevada resistência à corrosão, e ligas à base de prata ou cobre de elevada pureza para o uso em componentes eletrônicos, pertencentes à categoria dos materiais de grau eletrônico.

Para melhor compreender os usos das diversas ligas de metais de adição, convém analisá-las em cada categoria.

Ligas de prata (Tab 5.3) - Estes materiais são essencialmente ligas de prata com cobre, em alguns casos com adição de zinco, cádmio, níquel e outros elementos; as de uso mais comum são: BAg-1, BA1a e BAg-3. As duas primeiras apresentam elevada fluidez, baixas temperaturas de fusão e estreitas faixas de solidificação, como de suas composições. A simples adição de cobre entre 15 a 30%, aproximadamente, conduz à obtenção de uma temperatura da linha *liquidus* (que estabelece, em geral, o limite inferior da temperatura de brasagem) de 940 a 990^{0}C; no entanto, para as ligas indicadas, essas temperaturas permanecem na faixa de 618 a 688^{0}C, devido à presença de outros elementos. A liga BAg-3 tem menor fluidez, para permitir maior folga entre as peças, sendo particularmente indicada para a junção de metal duro em suporte de aço para constituir a ferramenta da usinagem; para tanto, é adicionado o níquel para elevar a "molhabilidade" do metal de adição no metal duro.

Evidentemente, as ligas de menores teores de prata são as que apresentam menor custo, como as ligas BAg-2 e BAg-2a.

As ligas com cádmio podem apresentar problemas de saúde para os operadores e utilizadores; as ligas com estanho, como a BAg-7, apresentam também baixas temperaturas da linha solidus sem a presença do cádmio.

As ligas do tipo BAg-1 a BAg-7 são utilizadas na brasagem com maçarico e as restantes, principalmente na brasagem em forno; como na brasagem em forno não é tão importante a necessidade de se ter metais de adição de baixas temperaturas de trabalho, prefere-se a utilização de metais à base de cobre. De uma maneira geral, as ligas de prata apresentam elevadas resistência à corrosão e os seus custos, relativamente maiores de que os dos cobres e das ligas de cobre, podem ser compensados pelo projeto de juntas resistentes com o uso de menor quantidade de metal de adição.

O principal emprego das ligas de prata é para a junção de peças de aço entre si, ou de peças de aço-carbono com aços inoxidáveis ou com cobre e ligas de cobre; além disso, são empregadas na junção de peças de cobre e ligas de cobre.

Na brasagem dos ferros fundidos são requeridos metais de adição ponto de fusão; nesses casos, a liga mais recomendada é a BAg-1.

Cobres e ligas de cobre (Tab 5.4) - Nesta categoria pode-se distinguir três grupos de materiais: os cobres (BCu-1, BCu-1a e BCu-2); 0s latões, ligas de cobre e zinco (RBCuP-1 a BCuP-7).

Para a brasagem de peças de aços de baixo carbono e baixa liga, em fornos com atmosfera redutora e protetora e, portanto, na ausência de fluxo, os cobres são os materiais preferidos. Nesses casos, o arsênico não deve estar presente e o fósforo deve estar contido em teores muito baixos, para evitar a fragilização da solda. As aplicações desses três materiais, constituídos basicamente de cobre e algumas impurezas, realizam-se na forma de tiras, varetas e arames para o tipo BCu-1, na forma de pó, ou pasta (mistura de pó de cobre, com pó de óxido de cobre e um veículo volátil como a acetona), para o tipo BCu-2. As ligas de cobre-fósforo não devem der usadas para os aços, devido à fragilização provocada pelo fósforo.

As ligas de cobre-zinco, os latões, são comumente usadas na brasagem (com fluxo) dos aços, das ligas de níquel e das ligas de cobre com níquel de maior ponto de fusão. Na classificação, a letra B indica que a liga pode ser usada na brasagem e a letra R, que pode ser usada para a solda-brasagem. Apesar dessas ligas possuírem pontos de fusão mais elevados relativamente aos das ligas de prata, deve-se evitar o superaquecimento devido à possibilidade de ocorrer a vaporização do zinco, o que provoca a formação de uma junta brasada porosa. A liga D, com níquel, dá à junta a aparência esbranquiçada metálica de algumas alpacas (ligas de cobre, zinco e níquel). Como os latões têm pontos de fusão próximos das maiorias das ligas de cobre, eles não são usados para a brasagem dessas ligas; alem disso, apresentam menor resistência à corrosão que essas ligas e a possibilidade da ocorrência da emissão de vapores de zinco.

As ligas de cobre-fósforo e algumas com prata, são particularmente empregadas para a brasagem do cobre e de ligas de cobre; para os tipos mais comuns de peças de cobre, pode ser dispensado o uso de fluxo devido à fluxante. Contudo, não são indicadas para ligas cobre-berílio e cobre-níquel com mais de 30% de níquel. Essas ligas apresentam boa resistência à corrosão, para a maioria dos meios ambientes, e relativamente baixo custo de aquisição.

Ligas de níquel (Tab 5.5) - O elemento de liga básico nestes produtos (com exceção do BNi6) é o cromo, que eleva a resistência à corrosão e mecânica.

As ligas de níquel, como metal de adição, são utilizadas na brasagem dos aços inoxidáveis, devido a sua elevada resistência à corrosão. São usadas também na brasagem de ligas de níquel de maiores pontos de fusão

Tabela 5.5 - Metais de adição para brasagem - Ligas de níquel

Classi-ficação AWS (1)	Composição química (%) (2)									Temperaturas (°C)		
	Ni	Cr	B	Si	Fe	C	P	Mn	Cu	solidus	liqui-dus	de brasagem
BNi-1	rest.	13,0-15,0	2,75-3,50	4,0-5,0	4,0 5,0	0,6-0,9	0,02	—	—	977	1038	1066-1204
BNi-1a	rest.	13,0-15,0	2,75-3,50	4,0-5,0	4,0-5,0	0,06	0,02	—	—	977	1077	1077-1204
BNi-2	rest.	6,0-8,0	2,75-3,50	4,0-5,0	2,5-3,5	0,06	0,02	—	—	971	999	1010-1177
BNi-3	rest.	—	2,75-3,50	4,0-5,0	0,5	0,06	0,02	—	—	982	1038	1010-1177
BNi-4	rest.	—	1,5-2,2	3,0-4,0	1,5	0,06	0,02	—	—	982	1086	1010-1177
BNi-5	rest.	18,5-19,5	0,03	9,75-10,50	—	0,10	0,02	—	—	1079	1175	1149-1204
BNi-6	rest.	—	—	—	—	0,10	10,0-12,0	—	—	877	877	927-1093
BNi-7	rest.	13,0-15,0	0,01	0,10	0,2	0,08	9,7-10,5	0,04	—	888	888	927-1093
BNi-8	rest.	—	—	6,0-8,0	—	0,10	0,02	21,5-24,5	4,0-5,0	982	1010	1010-1093

Observações: (1) Ver indicações de referência e dos usos no texto
(2) Os teores indicados isoladamente são valores máximos; para outros elementos presentes, os teores máximos são: 0,02% P, 0,05% Al, 0,05% Ti, 0,05% Zn e o total dos restantes 0,50%.

e de ligas de cobalto.

Quando são exigidos da junta requisitos especiais de elevada resistência à corrosão, essas ligas são usadas também para a brasagem de peças de aços-carbono e de cobre.

Ligas de alumínio (Tab 5.6) - O principal elemento de liga adicionado ao alumínio, para baixar seu ponto de fusão, é o silício; ele é adicionado aos metais de adição nos teores de 6,8 a 13%. A ductilidade da junta diminui com o aumento do teor de silício, o que limita sua adição a um máximo de 13%. O cobre e o zinco reduzem também o ponto de fusão, porém não podem ser adicionados em teores muito elevados, porque reduzem a resistência à corrosão da junta. Esses metais de adição destinam-se à brasagem das ligas de alumínio; convém mencionar que as peças de ligas de alumínio com cobre (série 2000) e de alumínio com zinco (série 7000) não são comumente recomendadas para serem brasadas. A liga BAlSi-4, com 11,0 a 13,0% Si está próxima da composição eutética, fato que lhe confere melhores características para brasagem quando as condições exigem estreita faixa de solidificação. As ligas BAlSi-1 e BAlSi-2 são indicadas

Processos de brasagem

Tabela 5.6 - Metais de adição para brasagem - Ligas de alumínio

Classi-ficação AWS	Composição química (%) (1)							Temperaturas (°C)		
	Al	Si	Cu	Zn	Mg	Mn	Cr	Ti	solidus	liquidus	de brasagem
B Al Si-2	rest.	6,8-8,2	0,25	0,20	—	0,10	—	—	577	613	599-621
B Al Si-3	rest.	9,3-10,7	3,3-4,7	0,20	0,15	0,15	0,15	—	521	585	571-604
B Al Si-4	rest.	11,0-13,0	0,30	0,20	0,10	0,15	—	—	577	582	582-604
B Al Si-5	rest.	9,0-11,0	0,30	0,10	0,05	0,05	—	0,20	577	591	588-604
B Al Si-6	rest.	6,8-8,2	0,25	0,20	2,0-3,0	0,10	—	—	599	607	599-621
B Al Si-7	rest.	9,0-11,0	0,25	0,20	1,0-2,0	0,10	—	—	599	591	588-604
B Al Si-8	rest.	11,0-13,0	0,25	0,20	1,0-2,0	0,10	—	—	599	579	582-604

(1) Os teores indicados isoladamente são valores máximos; o teor máximo de ferro é 0,8% e para outros elementos o teor máximo é 0,05% para cada um, com o total de 0,15%.

para brasagem em forno e para imersão, e as ligas BAlSi-3 BAlSi-5 a também para esses processo e para a brasagem com maçarico. As ligas BAlSi-6 a BAlSi-8 destinam-se a processos especiais de brasagem(a vácuo sem fluxo) o magnésio eleva a temperatura da linha *solidus*.

Fluxos na brasagem

Os fluxos devem ter uma composição que permita dissolver as películas de óxido formadas no metal de base sem provocar excessiva corrosão. Além disso, eles devem fluir pela região de brasagem e protegê-la da ação atmosférica ambiente durante o ciclo de aquecimento. A composição dos fluxos depende principalmente da natureza de metal de adição utilizado, devido à influência da temperatura de aquecimento; o fluxo deve manter sua estabilidade química, e portanto a sua ação fluxante, durante o período de aquecimento e escoamento do metal de adição. A retirada, após a brasagem ter se completado, é necessária e sua composição deve facilitar essa operação, permitindo, sempre que possível, somente o uso de água quente.

As composições dos fluxos não são geralmente divulgadas e deve-se sempre consultar o fabricante para selecionar o fluxo adequado a cada caso. Contudo, dessas composições podem fazer as seguintes substâncias: bórax e boratos fundidos, para brasagem a altas temperaturas; fluoretos, para brasagem onde é necessário dissolver óxido de alumínio e cromo; e cloretos, com uso semelhante aos fluoretos, porém, para temperaturas mais baixas. Alem dessas substâncias, são ainda empregados fluoboratos, fluossilicatos, hidróxidos de sódio e potássio e ácido bórico. Como agentes umectantes, água, álcool ou monoclorobenzeno podem ser usados para constituir a composição final. Alguns fluxos são preparados utilizando mais de uma das substâncias mencionadas. Por exemplo, um fluxo usual para a brasagem por maçarico ou indução em peças de aço com o emprego de metal de adição à base de ligas de prata, é o classificação como 3A pela AWS; os principais constituintes são: ácido bórico, boratos, fluoretos e agentes umectantes; as temperaturas de trabalho localizam-se na faixa de 565 a 870^{0}C e o fluxo pode se apresentar na forma de pó, pasta ou líquido [1].

Outro exemplo é o fluxo para a brasagem de peças de alumínio, constituídos basicamente de cloretos e fluoretos alcalinos, contendo também algumas vezes fluoreto de alumínio, criolita e pequenas quantidades de cloretos de metais [3]. A presença de fluoretos é fundamental para a remoção rápida dos óxidos de alumínio.

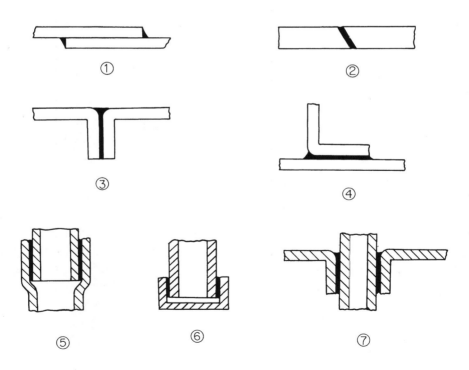

Figura 5.2 — Exemplo típico de juntas para brasagem. 1: junta sobreposta; 2: junta de topo em ângulo; 3: junta flangeada; 4: junta em T; 5: junta na forma de luva; 6: junta tampão; 7: junta de tubo com chapa.

Processos de brasagem

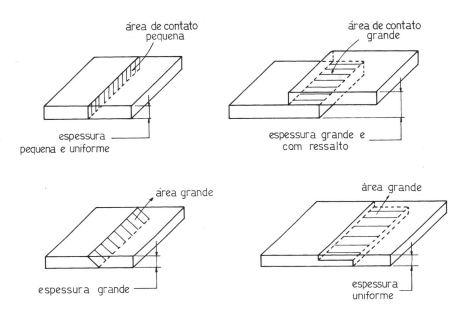

Figura 5.3 — Aumento da área de contato para junta em peças planas.

Concepção da junta brasada

A forma da junta influi diretamente na sua resistência, particularmente no que se refere à área de contato entre as duas partes a serem unidas, pois deve-se projetar a junta para resistir ao esforço de cisalhamento.

As juntas podem ser concebidas de diversas formas, grupadas basicamente em dois tipos: juntas sobrepostas e de topo. Em ambas deve-se procurar estabelecer uma área de contato suficientemente grande para garantir elevada resistência mecânica. Esse fato conduz, sempre que possível, à modificação de uma junta de topo para uma junta sobreposta; entretanto, a junta sobreposta possui maior espessura e isso poderá ser considerado inconveniente para algumas construções mecânicas, principalmente devido ao ressalto formado. Pode-se então conceber a junta de topo sobreposta que reúne vantagens dos dois tipos básicos, apesar de exigir uma operação mais elaborada de fabricação da junta. Pode-se, ainda, conceber uma junta de topo em ângulo, que aumenta a área de contato mas dificulta a montagem das peças. A análise das Figs. 5.2 a 5.5, ilustrativas das formas de juntas, permite compreender as diversas maneiras de realizar a união de duas partes por brasagem.

O comprimento da parte sobreposta precisa ser determinado. Se for muito grande, pode corresponder a um consumo exagerado de metal de adição; se for muito pequeno, pode representar diminuição da carga que a junta pode suportar.

SOLDAGEM: PROCESSOS E METALURGIA

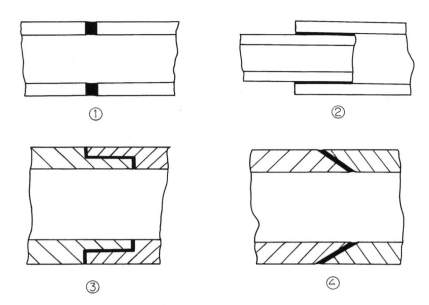

Figura 5.4 — Aumento da área de contato com a modificação do tipo de junta em peças tubulares. 1: junta de topo; 2: junta sobreposta 3: junta de topo sobreposta; 4: junta de topo em ângulo.

Como regra geral simplificada, pode-se estabelecer um comprimento igual a três vezes a espessura da peça mais fina. Para uma determinação mais precisa do comprimento da parte sobreposta, pode-se adotar as seguintes fórmulas, aplicadas a Fig. 5.6, [2,3].

para peças planas: $c = \dfrac{f \cdot T_t \cdot e}{T_c}$

Para peças tubulares: $c = \dfrac{f \cdot e \cdot (D-e) \cdot T_t}{T_c \cdot D}$

onde: c = comprimento da parte sobreposta;
  e = espessura da parte mais fina;
  D = diâmetro externo do tubo de menor diâmetro;
  T_t = resistência à tração da parte mais fina;
  T_c = resistência ao cisalhamento do metal de adição;
  f = fator de segurança (no máximo igual a 3).

Aplicação do processo de brasagem

O processo de brasagem possui grande versatilidade e, em decorrência, muita aplicação na construção de máquinas e equipamentos mecânicos, térmicos, elétricos, eletrônicos e químicos.

Processos de brasagem

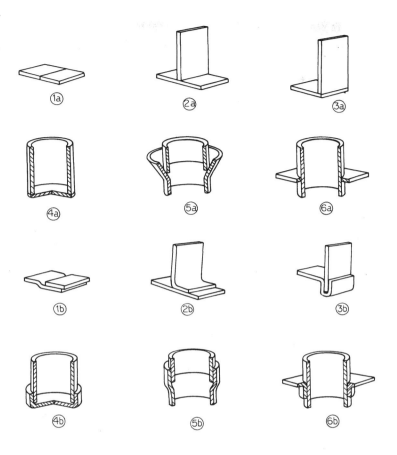

Figura 5.5 — Comparação entre juntas para a soldagem por fusão e para a brasagem.[1]
1a e 1b: junta de topo; 2a e 2b: junta em T; 3a e 3b: junta em ângulo; 4a e 4b : tampão; 5a e 5b: junta tubular; 6a e 6b: junta de chapa e tubo.

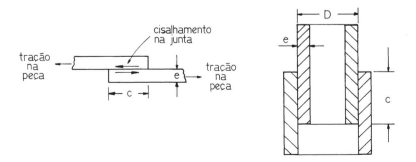

Figura 5.6 — Parâmetro para a determinação do comprimento e da junta. [2]

Os materiais das peças que podem ser brasados são, também, bastante diferenciados: metais ferrosos, como aços-carbono, aços ligados, aço inoxidáveis e ferros fundidos; metais não-ferrosos como o alumínio e sua ligas; cobre e suas ligas; níquel e suas ligas; e outros metais; além disso, é possível a brasagem de peças constituídas de metais diferentes.

Exemplos notáveis encontram-se na fabricação de trocadores de calor com a utilização de materiais diferentes; de instrumentos e aparelhos ópticos de dimensões pequenas e precisas; na montagem de tubulações e condutores de fluidos de altas pressões internas, na colocação de pastilhas de metal duro em suportes de ferramentas. Muitas outras aplicações são comumente encontradas na produção industrial em massa ou nos serviços de manutenção.

3. PROCESSO DE SOLDABRASAGEM

No processo de soldabrasagem, como no processo de brasagem, o metal de adição é fundido e o metal de base é mantido no estado sólido. Na soldabrasagem, porém, o metal de adição não penetra por capilaridade e as formas das juntas são semelhantes àquelas adotadas para os processos convencionais de soldagem por fusão, com os chanfros usinados, assim chamando os cortes efetuados nas bordas das peças a unir. A resistência da solda é conseqüência da aderência obtida por difusão entre o metal de adição, líquido, com o metal de base, sólido.

O processo de soldabrasagem pode ser usado para a produção seriada, ainda que a maior utilização seja para serviços de reparação e manutenção. O método de aquecimento é com maçarico de chama oxi-gás, usualmente oxiacetilênica.

Os metais de adição para metais de base constituídos de aços e ferros fundidos são ligas de cobre-zinco ou cobre-zinco-níquel; para a soldabrasagem do alumínio e suas ligas utilizam-se ligas de alumínio-silício; e para as ligas de cobre emprega-se como metal de adição também ligas de cobre de menores pontos (ou faixas) de fusão.

Procedimento para a soldabrasagem

Antes da soldabrasagem as superfícies da junta devem ser limpas por esmerilamento, lixamento, escovamento e com solventes para a remoção dos óxidos superficiais, das gorduras depositadas e de outras sujidades eventualmente presentes; a limpeza mecânica é indispensável quando os chanfros são preparados com maçarico de corte ao invés dos processos usuais de usinagem (com remoção de cavaco). A limpeza superficial pode ainda ser feita com auxílio da chama do maçarico ou jato de areia.

Processos de brasagem

A aplicação de fluxos é indispensável para garantir elevada aderência do metal de adição no metal de base.

As peças a serem unidas devem ser pré-posicionadas com auxílio de dispositivos de fixação, para evitar possíveis deslocamentos.

A chama do maçarico deve ser neutra (para aços) ou ligeiramente oxidante (para ferro fundido); para aumentar a velocidade da aplicação, as peças podem ser preaquecidas.

A soldabrasagem (com passe a ré) pode ser conduzida satisfatoriamente usando bicos de maçaricos duas vezes maiores do que os utilizados para soldagem por fusão de peças de mesma espessura.

A técnica recomendada para aplicação do fluxo e do metal de adição na forma de vareta é a seguinte: o metal de base fluxado é preaquecido (para aços, na cor vermelho escuro); ao mesmo tempo é também preaquecida a vareta; a seguir esta é levada à região da junta para poder fundir-se e escorrer pelas superfícies das bordas, "molhando-as"; finalmente, procede-se ao preenchimento da junta em passes sucessivos. Após a soldabrasagem, as peças precisam ser limpas, removendo-se a escória formada no topo da solda com o auxílio de escovas metálicas.

Quando surgem problemas de tensões internas e modificações estruturais devido ao resfriamento muito rápido, deve-se envolver a zona de solda com materiais isolantes térmicos.

Metais de adição

Os principais metais de adição são as ligas de cobre e as de alumínio.
Ligas de cobre — As ligas de metal de adição, usualmente na forma de varetas, adotadas para a soldabrasagem dos aços e dos ferros fundidos, são as designadas por RBCuZn-A a D, já indicadas na tabela 5.6. A liga RBCuZn-A contém estanho para elevar a resistência à corrosão da solda e é considerada de uso generalizado; a liga B também contém estanho, além de ferro, manganês, silício, e níquel que atuam limitando a formação de fumos (vapores) de zinco e elevando a resistência da solda; a liga C não contém níquel, mas no restante é semelhante à liga B. A liga D caracteriza-se por ser uma alpaca de cor esbranquiçada, devido ao alto teor de níquel, sendo empregada onde a cor da solda é importante; além disso, o níquel confere à solda um nível de resistência mecânica mais elevado.

Para a soldabrasagem do cobre e das ligas de cobre emprega-se usualmente como metal de adição um latão com cerca de 40% Zn; contudo, em ligas do metal de base de mais baixo ponto (ou faixa) de fusão podem ocorrer fusões localizadas devido a possíveis superaquecimentos.
Ligas de alumínio — Os metais de adição na forma comum de vareta,

usados para soldabrasagem do alumínio e de suas ligas são os mesmos usados para a brasagem: ligas de Al-Si com 5,0 a 15,0% Si.

Fluxos na soldabrasagem

Os fluxos para a soldabrasagem devem resistir a níveis de temperaturas mais elevados do que aqueles usados para a brasagem, pois os metais de enchimento para o primeiro processo exigem comumente temperaturas de trabalho mais elevadas do que para o segundo. A seleção do fluxo, da mesma maneira que na brasagem, deve ser feita com a orientação dos fabricantes.

A formulação do fluxo é feita com o objetivo de promover a limpeza adicional do metal de base e facilitar a operação de "molhamento" das paredes da junta, no início da operação de enchimento; além disso, quando se utiliza um metal de adição com zinco, deve-se evitar ou reduzir a formação de vapores de óxido de zinco. As composições químicas desses fluxos são semelhantes àquelas usadas para a brasagem.

A forma mais comum do fluxo, que se apresenta nas operações manuais, é a pasta; a aplicação da pasta pode se dar com o pincelamento na região da junta antes da soldabrasagem ou com a imersão da vareta aquecida na pasta. Pode-se ainda realizar a operação fluxante utilizando varetas revestidas com fluxo, ou uma chama fluxante do maçarico. Nesse último método, que é usado também para a brasagem, faz-se o gás combustível borbulhar, antes de se dirigir ao maçarico, através de um fluxo líquido volátil; desse modo o fluxo é transportado para a região da solda na aplicação da chama de aquecimento. Esses dois últimos métodos de aplicação do fluxo são adequados às operações automatizadas.

Concepção da junta soldabrasada

As juntas de topo são chanfradas em V com ângulos de 90 ou 120^0, para garantir maior área de contato, quando as peças são de espessuras maiores que 2mm; para espessuras menores ou outros tipos de juntas, as arestas não são chanfradas. De um modo geral, as juntas são preparadas da mesma forma que para a soldagem por fusão oxiacetilênica.

Aplicação do processo de soldabrasagem

A soldabrasagem constitui-se num processo de junção de peças de custo operacional menor do que a brasagem, devido à maior simplicidade na preparação das juntas e aos tipos de metal de adição usualmente adotados. Pode ainda ser um processo substituto da soldagem por fusão oxiacetilênica, com a vantagem de utilizar menor temperatura de trabalho, o que reduz as tensões térmicas capazes de provocar distorções dimensionais ou

Processos de brasagem

fissuramentos; alem disso, apresenta como resultado uma solda dúctil, de fácil usinagem, com pequena tensão residual, de razoável resistência mecânica e de volume controlado; o equipamento utilizado é simples e convencional. As desvantagens concentram-se praticamente no fato de o processo apresentar uma solda de menor resistência mecânica do que a obtida na soldagem por fusão oxiacetilênica, de ser a solda constituída de metal de cor diferente do metal de base, no caso de aços e ferros fundidos; e porque cria um par galvânico que pode provocar problemas de corrosão se não forem adotadas medidas de proteção da superfície.

Além das aplicações de substituição do processo convencional de soldagem a gás, a soldabrasagem é muito utilizada para serviço de reparação e manutenção de peças de ferro fundido, aço, ou ligas de cobre.

4. PROCESSOS DE SOLDAGEM BRANDA

O processo de soldagem branda pode ser considerado uma brasagem onde se utiliza um metal de adição de ponto ou faixa de fusão menor do que 4000 ÉC. A junta é preparada como na brasagem, para permitir a penetração do metal de adição por capilaridade. A resistência de junta soldada é garantida pela aderência do metal de adição ao metal de base, obtida por difusão atômica; a área de contato e a folga entre as partes a serem unidas são fatores fundamentais de controle. A denominação soldagem branda provém do metal de adição constituído basicamente de ligas de chumbo e estanho. O processo pode ser denominado de soldagem branca ou fraca, pois a resistência da solda obtida pode ser relativamente elevada, dependendo do controle dos fatos de influência no processo.

Pode ser usado para soldar peças constituídas de metal de base de naturezas diversas: aços, cobre e ligas de cobre, e alumínio e ligas de alumínio.

Procedimentos para a soldagem branca

A fabricação de juntas obtidas com soldagem branda pode ser estabelecida em cinco etapas.

1.ª etapa: Preparação das partes metálicas — As juntas devem ser preparadas para garantir a penetração do metal de enchimento; a folga entre as partes e as áreas de contato devem ser preestabelecidas, levando-se em conta que o metal de adição tem resistência mecânica muito menor do que os metais de base (aços, cobre e suas ligas, alumínio e suas ligas). Na união de peças de metais de base diferente, deve-se considerar a dilatação térmica diferencial para evitar a redução da folga no aquecimento ou o aparecimento de trincas na solda após o resfriamento.

Exemplos típicos de juntas encontram-se na fabricação de latas em máquinas de conformação plástica automatizadas, que executam as operações de dobramento, redobramento e enrolamento das bordas das chapas; essas bordas unidas mecanicamente são, muitas vezes, preenchidas com metal de adição para garantir maiores resistência mecânica e estanqueidade.

As peças devem ser preposicionadas e a folga usual permanece na faixa de 0,08 a 0,013mm; quando as peças já foram previamente estanhadas, como ocorre no trabalho com folhas-de-flandres, a folga pode ser reduzida a cerca de 0,03mm.

2.ª *etapa: Limpeza das superfícies das peças* — As superfícies das peças devem estar isentas de sujidades e sua preparação da-se por ação mecânica, esmerilamento e lixamento, por ação química, desengraxamento e decapagem. O tratamento mecânico nem sempre é aplicado, pois é dispensável nas superfícies de aparência lisa e com poucas irregularidades; contudo, o tratamento químico é indispensável para garantir o espalhamento do metal de adição no metal de base. O desengraxamento, ou desengorduramento, pode se dar com o auxílio de solventes orgânicos, como o tricloroetileno, e de soluções alcalinas com os carbonatos, hidróxidos, fosfatos e silicatos de sódio a 2-3% em água, aquecidos a cerca de 80^0C. Após a aplicação da solução alcalina, as peças precisam ser lavadas em água para a remoção dos resíduos da solução. A decapagem de peças de aço pode ser feita em ácido clorídrico (a 50% em água), à temperatura ambiente; a lavagem em água é novamente aplicada ao final do tratamento. As soluções decapantes para outros metais devem ser formuladas com a finalidade de provocar a remoção dos óxidos sem um ataque excessivo do metal de base; por exemplo, para os latões utiliza-se uma solução fria de 10% de ácido clorídrico ou uma solução aquecida de 2% de ácido nítrico e 10% de ácido sulfúrico. Para os metais de base constituídos de alumínio e suas ligas, a remoção dos óxidos é feita mecanicamente; os resíduos de óxidos remanescentes nas superfícies deverão ser removidas com o auxílio do fluxo.

3.ª *etapa: Aplicação do fluxo na superfície das peças* — Os fluxos devem atuar no sentido de recobrir as superfícies das peças com uma película líquida, a qual deve isolar as superfícies do contato com a atmosfera e ter uma ação decapante complementar. Durante o aquecimento, o fluxo não pode se decompor quimicamente a ponto de perder sua ação fluxante e, além disso, deve ser removido da superfície pelo metal de adição líquido. Os resíduos de fluxo após a soldagem devem ser removidos, quando podem causar alguma ação corrosiva posterior.

4.ª *etapa: Soldagem das peças* — As peças a serem unidas podem ser previamente revestidas com estanho, já que esta operação facilita a soldagem posterior, pois o metal de adição "molha" as superfícies muito mais facilmente, dispensando o uso de fluxos de ação fortemente ácidos.

A pré-estanhagem, quando especificada, pode ser realizada através da eletrodeposição; comumente, a película de estanho depositada é menor do que no processo de pré-estanhagem por imersão em metal líquido, o que exigirá, na posterior operação de soldagem, a utilização de maior quantidade de metal de adição.

A soldagem pode ser realizada com o auxílio do denominado *ferro de soldar*, uma ferramenta constituída de uma ponta de cobre aquecida com o auxílio de uma resistência elétrica; a peça fluxada é aquecida com o ferro de soldar e o metal de enchimento, na forma de arames ou verguinhas, é aplicado à região aquecida para ser fundido e espalhado pelas superfícies da peça.

Quando as peças são de pequeno tamanho como os coletores de pequenos motores elétricos ou terminais de cabos elétricos (ambos constituídos por ligas de cobre), podem ser imersas num recipiente contendo o metal de adição no estado líquido; o recipiente pode ser aquecido com sistemas elétricos ou a gás combustível.

5.ª etapa: Resfriamento das peças e limpeza final — O resfriamento é obtido deixando as juntas soldadas transmitir o calor às partes restantes das peças e ao meio ambiente. Em alguns casos, o tempo de resfriamento pode ser considerado muito grande, quer por reduzir a velocidade de produção, quer por provocar a formação de compostos intermetálicos frágeis entre o metal de adição e o metal de base com espessuras muito grandes; nesses casos, o resfriamento deve ser realizado com o auxílio de jatos de ar ou de água. Quando o resfriamento é rápido, deve-se verificar se não ocorre a formação de fissuras na junta soldada.

A limpeza final é realizada para a remoção dos excessos e resíduos de fluxos; essa operação é necessária quando o fluxo residual pode ser uma ação corrosiva nas peças soldadas ou quando pode contaminar os produtos que deverão entrar em contato com a peça soldada, como as latas para produtos alimentícios.

Metais de adição para soldagem branda

Estes materiais são ligas à base de estanho ou de chumbo grupadas nos seguintes tipos: ligas de estanho-chumbo-antimônio; de prata-chumbo: de estanho-antimônio; e de estanho-chumbo-prata.

Conforme a composição química, essas ligas podem ser designadas por siglas, de acordo com a norma - NBR 5883/82. O número de ligas chega a 31 (Tab. 5.7 e 5.8) e elas podem se apresentar na forma de lingotes, barras, verguinhas, fios, lâminas ou pós. O termo "solda" é usado na norma com o significado de metal de adição.

Na soldagem branda, o metal de adição deve apresentar as seguintes características básicas:
• Baixa temperatura de fusão, para não danificar os componentes a serem soldados.
• Capacidade de "molhar" o metal de base e formar uma junta aderente por difusão interatômica.
• Resistência mecânica, suficiente para suportar as solicitações usuais de serviço.

Os principais tipos de ligas usados são constituídos de chumbo e estanho com a adição do antimônio. O chumbo e o estanho constituem um sistema que, na solidificação em equilíbrio, leva à formação de liga eutética de duas fases; a fase alfa é uma solução sólida de estanho em chumbo; a beta, de chumbo em estanho. À temperatura ambiente a solubilidade de um elemento no outro é pequena e as fases presentes podem ser consideradas como constituídas de metais praticamente puros. A Fig. 5.7 mostra o diagrama de fases na liga chumbo-estanho, indicando a temperatura do eutético, de 183 °C.

A Tab. 5.7 indica a composição química e as temperaturas *solidus* e *liquidus* das ligas estanho-chumbo e estanho-chumbo-antimônio usadas como metal de adição especificadas pela ABNT; a Tab. 5.8, também da ABNT, apresenta as mesmas caraterísticas para as ligas especiais. O exame dessas tabelas permite reunir as ligas estanho-chumbo em dois grupos

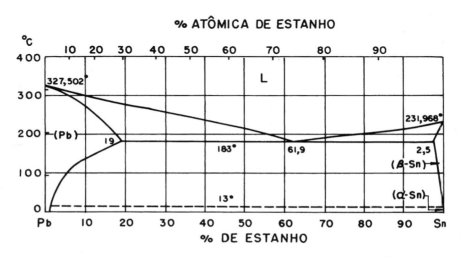

Figura 5.7 — Diagrama de fases da liga chumbo-estanho[7].

Processos de brasagem

Tabela 5.7 - Características das ligas Sn-Pb e Sn-Pb-Sb usadas com metal de adição para soldagem branda, segundo a norma NBR 5883/82

Designação		Composição química (%)				Interv. de fusão	
		Sn	Pb	Sb	Outros	Ts	T_L
Ligas Sn-Pb	63 A	62,0 - 64,0	rest.	0,12 máx.	(1)	183	183
	60 A	59,0 - 61,0				183	190
	50 A	49,0 - 51,0				183	215
	40 A	39,0 - 41,0				183	235
	37 A	36,0 - 38,0				183	241
	35 A	34,0 - 36,0				183	245
	33 A	32,0 - 34,0				183	249
	30 A	29,0 - 31,0				183	255
	25 A	24,0 - 26,0				183	265
	20 A	19,0 - 21,0				183	276
	2 A	1,7 - 2,3				320	325
Ligas Sn-Pb com baixo antimônio	63 B	62,0 - 64,0	rest.	0,13 - 0,50	(1)	183	183
	60 B	59,0 - 61,0				183	190
	50 B	49,0 - 51,0				183	215
	40 B	39,0 - 41,0				183	235
	37 B	36,0 - 38,0				183	241
	35 B	34,0 - 36,0				183	245
	33 B	32,0 - 34,0				183	249
	30 B	29,0 - 31,0				183	255
	25 B	24,0 - 26,0				183	265
	20 B	19,0 - 21,0				183	276
Ligas Sn-Pb-Sb	40 C	39,0 - 41,0	rest.	1,8 - 2,4	(2)	185	227
	35 C	34,0 - 36,0		1,6 - 2,0	(2)	185	237
	25 C	24,0 - 26.0		1,1 - 1,5	(2)	185	247
	5 CA	5,0 - 5,5		3,8 - 4,2	(3)	240	282
	2,6 CA	2,5 - 2,8		4,9 - 5,3	(4)	240	284

Teores máximos (em %):
(1) 0,25 Bi; 0,02 Fe; 0,005 Zn; 0,003 Al; 0,005 Cd; 0,08 Cu; 0,03 As
(2) 0,25 Bi; 0,02 Fe; 0,005 Zn; 0,003 Al; 0,005 Cd; 0,08 Cu; 0,02 As
(3) 0,25 Bi; 0,02 Fe; 0,003 Zn; 0,003 Al; 0,005 Cd; 0,05 Cu; 0,03 As
(4) 0,25 Bi; 0,02 Fe; 0,003 Zn; 0,003 Al; 0,005 Cd; 0,05 Cu; 0,40/0,60 As

básicos:
- Ligas com ponto de fusão a 183 °C ou muito próximo desse valor, ou seja, ligas eutéticas ou de composição próxima à eutética.
- Ligas com composição não-eutética, apresentando pois uma faixa de solidificação e, conseqüentemente, elevada viscosidade, uma condição pastosa nessa faixa de temperatura.

As ligas do primeiro grupo, Sn-Pb, são empregadas onde é exigido um metal de elevada fluidez para poder penetrar, por capilaridade, em espaços pequenos existentes na peça, ou entre as peças a serem unidas, e também quando é especificada baixa temperatura de trabalho, para não

Tabela 5.8 - Características das ligas especiais usadas como metal de adição para soldagem branda, segundo a NBR

Designação	Composição química (%)						Interv. de fusão	
	Sn	Pb	Sb	Ag	Cd	Outros	T_S	T_L
95 EA	rest.	0,2 máx.	4,5 - 5,5	—	0,005 máx.	(1)	234	240
96 EP	rest.	0,2 máx.	0,1 máx.	3,5 - 4,0	0,005 máx.	(2)	221	240
60 ECP	59,5-60,5	rest.	0,1 máx.	1,8 - 2,2	0,005 máx.	(3)	178	179
1 ECP	0,75-1,25	rest.	0,1 máx.	1,3 - 1,7	0,005 máx.	(4)	309	309
50 ED	rest.	31,5-32,0	0,1 máx.	—	17,5-18,5	(5)	145	145

(1) 0,15 Bi; 0,05 As; 0,08 Cu; 0,003 Zn; 0,003 Al
(2) 0,10 Bi; 0,05 As; 0,08 Cu; 0,005 Zn; 0,005 Al
(3) 0,10 Bi; 0,05 As; 0,05 Cu; 0,005 Zn; 0,003 Al
(4) 0,10 Bi; 0,03 As; 0,05 Cu; 0,005 Zn; 0,003 Al
(5) 0,10 Bi; 0,03 As; 0,08 Cu; 0,005 Zn; 0,003 Al

danificar essas peças. Usos típicos se encontram na construção eletrônica de natureza delicada como os circuitos de aparelhos de telecomunicações ou para outras finalidades.

O segundo grupo, de ligas Sn-Pb-Sb, é mais empregado para uniões de peças maiores, com maior espaçamento entre elas, onde a exigência de um metal de adição pastoso é importante para evitar o vazamento desse metal para fora da junta; exemplos de aplicação encontram-se na junção de tubulações, de cabos elétricos e de carrocerias de veículos automotores.

O antimônio é adicionado com a finalidade de elevar a resistência mecânica da solda, até o limite superior a 6%; acima desse teor a fragilidade da solda eleva-se inconvenientemente. A presença do antimônio nas ligas com estanho evita a transformação de fase desse metal, que é acompanhada do aumento de volume do metal e queda de resistência da solda. De qualquer forma, o antimônio não deve estar pres te na soldagem branca de metais de base que contenham zinco, como os latões e os aços galvanizados.

O cobre é adicionado até 0,1%, com a finalidade de reduzir o ataque do metal líquido à ponta do ferro de soldar, constituída de cobre. Alumínio, zinco, cádmio e ferro são impurezas nocivas.

A adição de prata às ligas Pb-Sn é feita com a finalidade de elevar o ponto de fusão do metal da adição e o limite de resistência mecânica à fluência, que é muito baixa para aqueles dois metais, isto é, sob temperatura e tensão mecânica moderadamente elevadas, apresentam deformação plástica com o decorrer do tempo; conforme a aplicação, a propriedade de resistência à fluência precisa ser elevada.

As ligas com teores mais elevados de estanho são mais fluidas e conferem à solda melhor qualidade, contudo, são de custos de aquisição maiores. São usadas para aparelhos elétricos, pois possuem condutibilidade elétrica relativamente elevada, e para recipientes de alimentos, devido à necessidade de se reduzir o contato com o metal chumbo, prejudicial à saúde.

Para a soldagem branda do alumínio, e suas ligas, são consideradas mais convenientes as ligas de estanho com zinco, zinco com cádmio e zinco puro[5]

Fluxos para a soldagem branda

As substâncias que constituem os fluxos são ácidas ou tornam-se ácidas quando aquecidas e fundidas. Os ácidos dissolvem os óxidos dos metais de base a temperaturas inferiores às de fusão do metal de enchimento, tornando possível sua ação decapante e protetora.

Uma composição típica é a solução de cloreto de zinco em água, produzindo ácido clorídrico. No caso de soldagem branca de cobre, por exemplo, o ácido clorídrico ataca o óxido de cobre produzindo cloreto de cobre, solúvel na água; o estanho também é atacado por um ácido, formando cloreto de estanho, solúvel em água; o cobre, por sua vez, reage com o cloreto de estanho, liberando estanho que se deposita na superfície da peça de cobre, facilitando a soldagem; portanto, a adição de cerca de 2% de cloreto de estanho à solução provoca uma ação fluxante mais intensa. Outras composições são encontradas com a presença de outros halogenetos, em meios fundentes aquosos ou anidros, como polietilenglicol dissolvido em álcool isopropílico. Quando se deseja um fluxo pastoso ao invés de líquido, adiciona-se vaselina, glicerina ou outras substâncias de ação espessadora semelhante.

Em muitas aplicações, como na soldagem de componentes elétricos e eletrônicos, os fluxos não podem ser retirados por lavagem e a presença de resíduos ácidos é inaceitável; nesses casos, utiliza-se como substância fluxante uma resina que só apresenta ação corrosiva, e portanto decapante, quando fundida. A resina é obtida naturalmente dos sangramentos dos pinheiros, ou produzida artificialmente. Pode ser diluída em álcool metílico e em polietilenglicol. Para aumentar a ação fluxante, pode-se adicionar outras substâncias ativantes que não provocam ação corrosiva posterior, como os cloridratos de aminas.

Concepção da junta para soldagem branda

As recomendações feitas para a concepção de juntas na soldagem

SOLDAGEM: PROCESSOS E METALURGIA

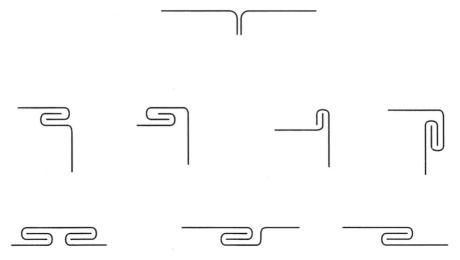

Figura 5.8 — Juntas costuradas e travadas para a soldagem branda.

branda são no sentido de garantir a penetração do metal de adição por capilaridade e formar uma superfície de área suficientemente grande para resistir aos esforços de cisalhamento, no caso de juntas sobrepostas ou equivalentes na construção mecânica, e aos esforços de rasgamento ou arrancamento, no caso de juntas de fios e componentes elétricos e eletrônicos em terminais.

Como os metais de adição apresentam resistência mecânica bem inferior aos metais de base (comumente aço, cobre, alumínio e suas ligas), é importante projetar uma junta com suficiente área de contato utilizando quando possível, uma junta preparada prévia e mecanicamente, como é o caso das bordas dobradas de uma lata de folha-de-flandres, ou dos fios de cobre dobrados num terminal elétrico.

A concepção das juntas na construção mecânica e o cálculo de área de contato são praticamente iguais aos realizados para a brasagem, quando se utilizam as juntas não costuradas e travadas (Fig. 5.8) são utilizadas para os recipientes fabricados por conformação de chapas.

Aplicações do processo de soldagem branda

A soldagem branda é um processo rápido, simples e de custo relativamente baixo; além disso, é realizado em temperaturas relativamente baixas, reduzindo a possibilidade de danificar os componentes a serem soldados e economizando energia. Em alguns casos, particularmente quando as exigências de resistência mecânica são menores, pode substituir o processo de brasagem.

Os metais de base que podem ser soldados são: cobre e suas ligas, na

Processos de brasagem

Tabela 5.9 - Principais usos dos metais de adição para a soldagem branda mais comum

Metais de enchimento		Usos típicos para a soldagem branda
Designação	Especificação (ASTM B32)	
95 Sn - 5 Sb	95TA	Equipamentos elétricos, tubulações de cobre
95 Sn - 5 Ag	95TB	Componentes elétricos e para temperaturas mais elevadas
70 Sn - 30 Pb	70A/70B	Uso geral
63 Sn - 37 Pb	63A/63B	Uso geral e para componentes elétricos
60 Sn - 40 Pb	60A/60B	Componentes elétricos e eletrônicos (como soldagem de circuitos impressos)
50 Pb - 50 Sn	50A/50B	Uso geral e mais freqüente
80 Pb - 20 Sn	20B	Carroceria de autoveículos
95 Pb - 5 Sn	5B	Solda para temperaturas acima de 100°C

forma de fios, cabos e componentes elétricos e eletrônicos, chapas e tubos para construção de equipamentos e recipientes; Alumínio e suas ligas para aplicações semelhantes às do cobre e suas ligas; aços, na forma de chapas revestidas ou não, usadas em carrocerias de automóveis, em latas de conserva etc; chumbo e suas ligas; níquel e suas ligas; aços inoxidáveis, na forma de tubos e chapas para construção de equipamentos resistentes à corrosão; peças de ferro fundido e metais preciosos tanto em objetos decorativos como na construção eletrônica. A Tab. 5.9 apresenta uma orientação para a seleção de ligas para *soldagem branda*

BIBLIOGRAFIA

1. ASM-Metals Handbook, Vol. 6, Welding and Brazing; 1971, p.593 - 702
2. The Brazing Book, Handy & Harman, N.Y., 1977
3. The Aluminum Association - Aluminum Soldering Handbook; N.Y., 1971
4. LEWIS, W. R. - Soldeo Blando; Tin Research Institute, R.U.
5. The Aluminum Association - Aluminum Soldering Handbook; N.Y., 1971
6. AWS - Brazing Manual; N.Y., 1971
7. ASM - Metals Handbook , Vol. 2, 1979

6a Soldagem por eletroescória e eletrogás

Célio Taniguchi

1.ª PARTE: ELETROESCÓRIA

1. INTRODUÇÃO

Denomina-se eletroescória o processo de soldagem no qual a fusão do eletrodo de consumo e da superfície das partes a serem soldadas é promovida pelo calor proveniente de uma escória (ou fundente), mantida a alta temperatura. O banho de escória sobrenada e protege a poça de fusão da contaminação atmosférica; todo o conjunto fica contido no espaço formado pelas superfícies da junta e as sapatas de resfriamento, convenientemente posicionadas, e que se deslocam verticalmente à medida que a soldagem progride, conforme ilustrado na Figura 6.1. O equilíbrio do sistema é promovido pela temperatura e o banho de escória, que é aquecido pela passagem da corrente de soldagem através da escória, ou seja, por efeito Joule.

O processo eletrogás, por seu turno, foi desenvolvido a partir do processo de eletroescória, com o qual mantém muitos pontos em comum. Por esta razão, as duas técnicas serão estudadas seqüencialmente no estudo dos processos de soldagem.

Os fundamentos do processo de eletroescória já eram conhecidos por volta do ano de 1900, mas somente a partir de 1950 o processo de soldagem propriamente dito foi desenvolvido no Instituto de Soldagem Elétrica E. O.. Paton em Kiev, na URSS.

Quase simultaneamente, em outro instituto de pesquisa, na Checoslováquia, o Instituto Bratislava, também anunciava a homologação de um processo de soldagem capaz de executar soldas verticais por meio de um único passe. Parece que foi neste último instituto que engenheiros belgas conseguiram absorver as técnicas do processo e as divulgaram ao mundo ocidental, por volta de 1960.

2. CARACTERÍSTICAS GERAIS DO PROCESSO

O princípio físico do processo do eletroescória baseia-se no resfria-

Soldagem por eletroescória e eletrogás

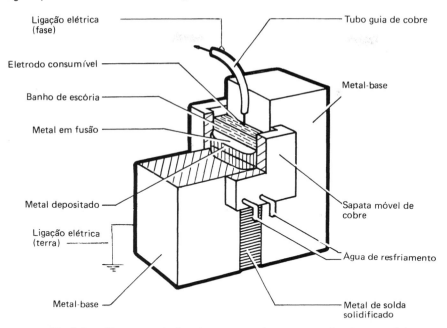

Fig 6.1 — Esquema de funcionamento do processo de eletroescória

mento controlado da poça de fusão[1], conforme esquematizado na Fig. 6.2, que mostra a relação entre o formato da poça e a direção de resfriamento. A posição (a) representa o caso teórico em que não há troca de calor na superfície livre da poça; em (b) é suposta a existência de uma camada de escória isolante sobre a poça de fusão e o resfriamento se processa portanto em direção ao metal-base, como sucede na soldagem com arco submerso; em (c) é mostrado o caso em que existe o resfriamento em duas direções predominantes e opostas, ocasião em que a poça se torna côncava. Esta situação, portanto, posicionada verticalmente, representa o processo de eletroescória.

Deve-se ressaltar que a função principal da escória é transformar a energia elétrica em energia térmica; portanto, a condutibilidade elétrica e

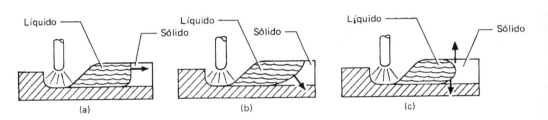

Figura 6.2 — Variações no formato da poça de fusão em função da direção de resfriamento

sua variação com a temperatura constitui a propriedade mais importante da escória [2]. Em geral, a condutibilidade elétrica das escórias normalmente conhecidas aumenta abruptamente com a elevação da temperatura mas, da mesma maneira. diminui sensivelmente quando ela se esfria abaixo de um certo valor. Assim, a seleção das variáveis de soldagem deve ser efetuada de maneira a manter um balanço energético suficiente, a fim de conservar a temperatura de banho de escória a níveis adequados à perfeita execução da soldagem.

Vantagens do processo[1]

- O processo é altamente estável e praticamente independe do tipo de corrente empregado. Além disso, as perturbações devido a alterações transitórias das variáveis de soldagem são mínimas.
- A faixa de densidade de corrente empregada no processo varia entre 0,2 a 300 A/mm2, podendo ser utilizados eletrodos em forma de arame com 1,6 mm de diâmetro, até barras com mais de 400 mm2 de seção transversal.
- A velocidade de deposição é extremamente alta e a corrente de soldagem por eletrodo pode atingir valores de até 10.000 A.
- O processo não exige rigorosa preparação de bordas.
- A soldagem é bastante econômica, pois consome 15 a 20% menos energia elétrica que o processo por arco submerso, para uma mesma quantidade de metal depositado. Além disso, consome menos metal de adição e cerca de 5 a 10 % da quantidade de fluxo requerida para o processo convencional com arco elétrico. O consumo de fluxo corresponde a cerca de 5% do peso do eletrodo utilizado.
- A proteção da poça de fusão é tão efetiva quanto a do processo por arco submerso. Ela pode ser melhorada se for combinada com uma corrente dirigida de um gás inerte apropriado.
- Distorções angulares são mantidas a um mínimo, devido à configuração das juntas.
- O processo geralmente não requer preaquecimento ou pós-aquecimento, devido à sua relativa lentidão, bem como às altas temperaturas de banho de escória.
- Após iniciado, o processo é totalmente automatizado.

Desvantagens do processo

- Devido às altas temperaturas alcançadas durante a soldagem, há o desenvolvimento de uma zona termicamente afetada com dimensões significativas.

- O custo do equipamento é alto, comparado ao de outros processos convencionais de soldagens com arco elétrico.
- Exige um controle mais acurado da estrutura metalúrgica resultante, devido à tendência de se produzir colunas dendríticas durante o resfriamento.

3. EQUIPAMENTO [3,4]

O equipamento utilizado no processo de soldagem por eletroescória compõe-se das partes principais, ilustradas na Fig. 6.3, e descritas a seguir.

Fonte de energia — Utiliza-se geralmente transformadores-retificadores de tensão constante, capazes de fornecer 750 a 1.000A em corrente contínua, com 100% de fator de trabalho (ou de carga).

As tensões de trabalho geralmente variam entre 39 a 55 V e a tensão em aberto da máquina não deve ser inferior a 60 V. No caso de se utilizar mais de um eletrodo como metal de adição, deve-se alimentá-los com fontes independentes. As fontes são equipadas com meios que permitam o controle remoto da tensão de trabalho, balanceamento elétrico em caso de soldagem com múltiplos eletrodos e os demais controles normalmente existentes em fontes semelhantes, como os utilizados na soldagem com arco submerso.

Mecanismo alimentador do eletrodo nu - Este mecanismo tem a função de garantir a alimentação da poça de fusão de modo uniforme e constante. Ele é geralmente montado em estrutura apropriada e engloba o carretel porta-eletrodo quando existente. Normalmente, há um mecanismo independente para cada eletrodo, sendo rara a utilização de uma caixa redutora para alimentação simultânea, devido a problemas de segurança na operação. As roldanas motoras merecem atenção especial, pois a pressão entre elas e o desenho das ranhuras dependem do tipo de eletrodos utilizado: sólido ou de arame tubular. Ranhuras ovaladas parecem ser adequadas para ambos os tipos de eletrodo.

A velocidade de alimentação dos eletrodos é função de soldagem e do tipo e diâmetro de eletrodo utilizado. Geralmente ela varia entre 17 e 150 mm/s, faixa adequada para cobrir eletrodos entre 2,4 a 3,2 mm de diâmetro.

Dispositivo para oscilação do eletrodo se faz necessário sempre que a espessura da chapa exceder a 70 mm ou que a largura de soldagem que cabe a cada eletrodo ultrapassar esse valor. Este dispositivo pode ser do tipo parafuso sem fim ou cremalheira, e o seu controle deve garantir uma deposição uniforme ao longo de todo o curso principalmente nos pontos de reversão do movimento.

Tubo-guia do eletrodo — Sua função é dirigir o eletrodo das roldanas motoras à poça de fusão; dele existem dois tipos: o usado no processo convencional e o chamado tubo-guia consumível.

O tubo-guia convencional é fabricado com ligas Cu-Be, sendo este último elemento adicionado para aumentar a resistência estrutural do tubo, mesmo a altas temperaturas. O tubo-guia serve também como contato elétrico para o eletrodo e ele é envolto por uma fita de material isolante para prevenir o curto-circuito com a obra. A extremidade de saída do eletrodo costuma se deteriorar devido à alta temperatura, de modo que ela deve ser inspecionada periodicamente. O diâmetro do tubo-guia geralmente não excede a 13 mm.

O tubo-guia consumível tem também a finalidade de dirigir o eletrodo à poça de fusão, mas com a diferença de que ele é fundido à medida que o processo de soldagem avança. Neste método o tubo é colocado na vertical, ao longo de toda extensão da junta soldada, e serve para suprir a necessidade de escória e metal de adição. Para tanto o tubo é fabricado com aço de composição compatível com o material que está sendo soldado e revestido com material fundente produtor de escória.

O tubo-guia possui normalmente diâmetros externo de 16 mm e o interno varia entre 3,2 a 4,8 mm. Diâmetro menores são utilizados na soldagem de espessuras inferiores a 19 mm. Para executar soldas longas, de 600 a 900 mm de comprimento, é necessário que os tubos-guias consumíveis sejam adequadamente isolados para não causarem curtos-circuitos com a obra. A Fig. 6.4 apresenta em (a) um esquema de soldagem por eletroescória utilizando tubo-guia consumível; em (b), 2 tipos de tubos-guias em questão.

Placa-eletrodo — Pode-se ainda empregar outro tipo de eletrodo, constituído de uma placa-eletrodo, fundida no banho da escória. Para seções de até 150 mm de espessura é suficiente uma só placa-eletrodo. As dimensões das placas são calculadas a partir do volume total de metal para preencher a junta. Nessas operações, as correntes de soldagem são mais altas, da ordem de 1.500 a 2.000 A e as densidades variam de 60 a 120 A/cm^2. O emprego das placas-eletrodos permite a soldagem até a espessura de 900 mm.

Sapatas móveis de resfriamento — A função destas sapatas é a de delimitar o banho de escória e a poça de fusão e proporcionar o resfriamento de zona de solda durante a execução da soldagem. Na soldagem por eletroescória convencional, as sapatas se movem através de mecanismos adequados ao longo do cordão de solda. Geralmente elas são de cobre e possuem canais internos de refrigeração que passam por regiões de maior geração de calor. No processo que utiliza tubo-guia consumível, as sapatas são estacionárias.

Soldagem por eletroescória e eletrogás

As sapatas são resfriadas a água, que deve ter uma vazão capaz de remover de 32 a 42 kJ/h (7,6 a 10 kcal/h). A água de resfriamento deve ser ligada no momento em que se inicia a soldagem, para evitar a condensação do vapor da água na face interna das sapatas, e que poderia prejudicar a junta soldada, causando porosidade no cordão executado.

Cabeça de soldagem — É a denominação dada à parte do equipamento que compreende o mecanismo de alimentação do eletrodo, o carretel do eletrodo (em forma de arame sólido ou tubular), os tubos-guias, as ligações elétricas e o sistema de oscilação dos eletrodos, quando for o caso. A cabeça de soldagem deve ser instalada em uma estrutura, de forma que ela também se movimente na vertical, à medida que a soldagem prossegue.

Controles — Os componentes do equipamento para soldagem por eletroescória são, em geral, de grande porte e pesados.

Por esta razão é conveniente instalar as fontes em local fixo e efetuar as conexões elétricas através de cabos elétricos adequados. Os controles devem permanecer em local de fácil acesso e ser de simples manuseio.

Geralmente eles consistem de um pequeno console, montado junto às cabeças de soldagem, contendo os seguintes grupos de componentes:
- Medidores de corrente e tensão de todas as fontes de soldagem.
- Chaves interruptoras para acionar o contato elétrico.
- Controle remoto para regular a tensão de soldagem.
- Controle de velocidade e reversão de cada alimentador de eletrodo.
- Controle de mecanismo de oscilação, incluindo as chaves limites de curso e de tempo de permanência nas extremidades.
- Controle manual ou automático do movimento vertical das cabeça de soldagem; se automático, pode ser do tipo de sensor óptico, que funciona cada vez que a cota do banho escória atinge determinado valor, ocasião em que o sistema de elevação vertical da cabeça de soldagem é acionado.
- Sistema de alarmes que atuam em caso de defeitos ou mau funcionamento de algum componente do equipamento.

4. VARIÁVEIS DO PROCESSO

As variáveis de soldagem devem ser selecionadas de modo a proporcionar uma operação estável, penetração adequada, fusão completa e ausência de fissuras. Para isso, algumas variáveis do processo devem ser consideradas.

Fator de forma — Este elemento, que dá idéia do formato da poça de fusão na soldagem por eletroescória, é definido como a razão entre a largura total da poça (abertura da raiz mais a profundidade da penetração em ambos lados do metal-base) e sua máxima profundidade (considerando

SOLDAGEM: PROCESSOS E METALURGIA

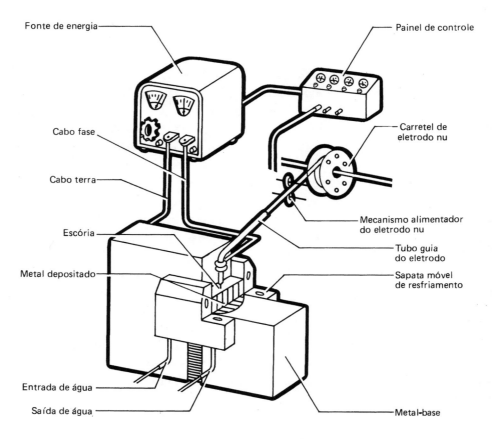

Figura 6.3 — Principais componentes do equipamento da soldagem por eletroescória

somente o metal em fusão). Esse fator é importante à qualidade da junta soldada, pois influi diretamente na orientação da solidificação do metal de solda. Altos valores do fator de forma tendem a provocar uma solidificação tal que os grãos do metal solidificado se encontram no centro da junta, formando um ângulo agudo (Fig. 6.5 a); nesta configuração, a resistência ao fissuramento é bastante alta. Ao contrário, baixos valores do fator de forma tendem a provocar um encontro dos grãos em formato de ângulo obtuso (Fig. 6.5 b), configuração na qual a resistência ao fissuramento é significativamente mais baixa.

É importante ressaltar que, isoladamente, o fator de forma não controla a resistência ao fissuramento da junta soldada, pois outras variáveis, como a composição do metal-base e o grau de restrição da junta, influem decisivamente naquele parâmetro.

Corrente de soldagem — Esta variável, juntamente com a velocidade de alimentação do eletrodo, estão intimamente relacionadas, de modo que podem ser tratadas conjuntamente. O aumento da corrente implica em aumento na velocidade do eletrodo, provocando como conseqüência maior profundidade da poça de fusão.

É importante observar os efeitos da corrente de soldagem no fator de forma. Experiências mostram que quando se solda com eletrodos de 3,2 mm e correntes abaixo de 400 A, o aumento na intensidade provoca um acréscimo na largura total da poça de fusão, mas o efeito global se traduz por uma ligeira redução no fator de forma. Entretanto, se a corrente de soldagem é superior a 400 A, com o mesmo diâmetro de eletrodo o aumento na corrente reduzirá a largura total da poça. Assim, um aumento da corrente de soldagem tenderá a provocar uma redução na resistência ao fissuramento da junta de solda. Como os eletrodos de 3,2 mm estão associados a correntes que podem atingir até 700 A, é muito importante controlar sua intensidade a fim de obter altos valores do fator de forma.

Tensão de soldagem — É um fator que influi diretamente na penetração e na estabilização do processo; seu aumento provoca o aumento de penetração e da largura total da poça, daí resultando o acréscimo no fator de forma e conseqüentemente na resistência ao fissuramento da junta soldada.

A penetração deve ser mais profunda no centro da poça para garantir a fusão completa dos bordos, junto às sapatas de resfriamento, obtendo-se assim uma soldagem homogênea e completa.

A tensão deve ainda ser mantida dentro de limites adequados para uma operação estável, pois baixos valores provocam curtos-circuitos ou centelhamentos na poça de fusão. Por outro lado, uma tensão demasiadamente elevada provocará uma operação instável, devido à formação de respingos e centelhamento na parte superior do banho de escória. Para eletrodos de 3,2 mm de diâmetro, são recomendadas tensões da ordem de 40 e 55 V; para seções mais pesadas, valores mais altos.

Extensão do eletrodo — Esta é a denominação dada à distância entre a superfície do banho de escória e o término do tubo-guia onde se processa o contato elétrico do eletrodo. Alguns autores referem-se a este parâmetro como "extensão do eletrodo seco", embora no método com tubo-guia consumível esta terminologia não se aplique.

Mantidas constantes as demais variáveis de soldagem, um aumento na extensão do eletrodo causará um acréscimo na resistência elétrica do eletrodo, trazendo como conseqüência a diminuição da corrente de soldagem.

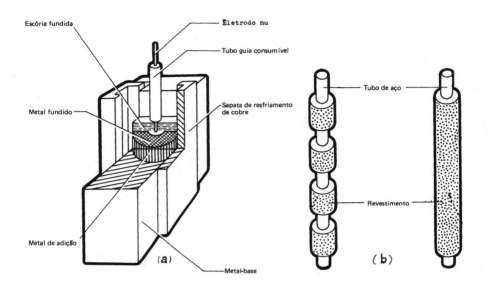

Figura 6.4 — Soldagem por eletroescória com tubo-guia consumível

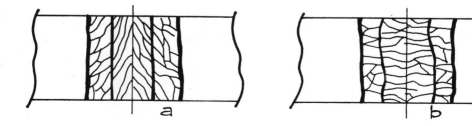

Figura 6.5 — Junta resultante de um alto fator de forma (a) e de um baixo fator de forma (b)

Para compensar este efeito, aumenta-se o comprimento do eletrodo na sua parte imersa dentro do banho de escória. Com isto haverá ligeiro aumento do fator de forma e portanto melhoria na resistência ao fissuramento da junta soldada.

Para diâmetro de 3,2 mm, a extensão do eletrodo situa-se entre 50 a 75 mm. Valores inferiores a 50 mm podem causar um superaquecimento do tubo-guia, o que não é conveniente; acima de 75 mm haverá aquecimento do próprio eletrodo, como explanado antes.

Oscilação do eletrodo — Este movimento é necessário para garantir a deposição uniforme do metal de adição na poça de fusão. Em geral, utiliza-se um eletrodo estático para cada trecho de 75 mm de espessura do metal-base, mas recomenda-se que a oscilação seja efetuada desde que a espessura exceda a 50 mm. A velocidade de oscilação varia entre 8 a 40 mm/s, sendo tanto maior quanto mais espessas forem as chapas a ser soldadas. Nos fins-de-curso deve-se também prever uma pequena parada dos eletrodos para garantir adequada deposição. Os intervalos de parada variam entre 2 a 7 segundos, de acordo com a velocidade de oscilação e a seção soldada. O aumento da velocidade de oscilação poderá provocar diminuição na penetração na chapa de base e por conseguinte na largura total da poça, abaixando o valor do fator de forma.

Profundidade do banho de escória — É necessário ter adequada profundidade para que o eletrodo se funda no interior do banho. Escórias pouco profundas causarão excessivos respingos e centelhamento na superfície do banho; profundidades exageradas poderão causar diminuição na largura total da poça e portanto no fator de forma. Além disso, banhos profundos não permitem adequada troca de calor dentro da própria escória, daí podendo resultar inclusão indesejáveis. A profundidade considerada ideal situa-se em torno de 40 mm para os processos convencionais; mas, tomando-se as devidas precauções elas podem atingir valores que variam entre 25 até 50 mm.

Número de eletrodos — Como foi visto, é conveniente prover um eletrodo oscilante sempre que a espessura das peças a serem soldadas ultrapasse de 50 mm. Por outro lado, esta oscilação não pode e nem deve ser ilimitada, pois para grandes espessuras a fusão poderá não ser uniforme, por mais rápido que seja o movimento oscilatório. Em geral, é utilizado em eletrodo oscilante para espessura até 130 mm; dois até 230 mm; e três até 500 mm. Para valores maiores, deve-se utilizar mais um eletrodo oscilante para cada acréscimo de 150 mm na espessura do material-base. Esta recomendação se aplica tanto no caso de eletrodos convencionais, como para eletrodos com tubo guia consumível.

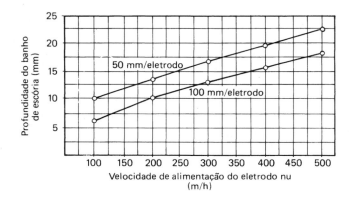

Figura 6.6 — Relação entre a profundidade do banho de escória e a velocidade de alimentação do eletrodo, para diferentes valores da relação espessura da poça/eletrodo.

Quando não se dispõe do mecanismo de oscilação, recomenda-se utilizar um eletrodo para cada múltiplo de 75 mm de espessura das peças a serem soldadas.

Velocidade de alimentação do eletrodo — Esta variável afeta as profundidades tanto do banho de escória como da poça de fusão e ainda a largura total da solda. Como estas duas últimas grandezas estão relacionada ao fator de forma, seu controle se torna muito importante, tendo em vista a qualidade da junta soldada.

As Figs. 6.6 e 6.7 mostram, respectivamente, o relacionamento da profundidade do banho de escória e da largura total da junta em função da velocidade de alimentação do eletrodo, para alguns valores da relação espessura da poça/eletrodo.

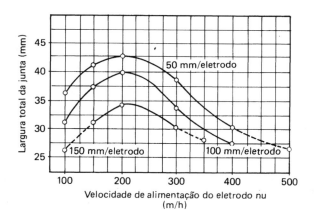

Figura 6.7 — Relação entre a largura total da junta e a velocidade de alimentação do eletrodo para valores da relação espessura da poça/eletrodo

Soldagem por eletroescória e eletrogás

Tabela 6.1 - Relação entre as variáveis de soldagem e as características da junta soldada no processo eletroescória

Características da junta soldada \ Variáveis de soldagem	Vel. de alim. do eletrodo e corrente de soldagem até 200 m/h a 400 A	Vel. de alim. do eletrodo e corrente de soldagem acima desses valores	Espessura da junta por eletrodo	Tensão de soldagem	Intensidade de oscilação	Profundidade de banho de escória	Extensão do eletrodo	Abertura de raiz
Profundidade da poça de fusão	cresce	cresce	decresce	leve acréscimo	não afeta	leve decréscimo	decresce	não afeta
Largura total da poça de fusão	cresce	decresce	leve decréscimo	cresce	decresce	decresce	não afeta	cresce
Fator de forma	leve decréscimo	decresce	cresce	cresce	decresce	decresce	leve acréscimo	cresce
Contribuição do metal-base no material fundido	leve decréscimo	decresce	leve decréscimo	cresce	decresce	decresce	não afeta	cresce

Abertura de raiz — Dependendo da espessura do metal-base, do número total de eletrodos e da utilização ou não do mecanismo de oscilação, a abertura da raiz varia de 20 a 40 mm. Ela deve permitir o livre movimento do eletrodo e garantir a boa circulação da escória. O aumento na abertura da raiz não traz alterações na profundidade da poça de fusão, mas aumenta em largura total e conseqüentemente o fator de forma.

A Tab. 6.1 mostra a influência da cada uma das variáveis de soldagem discutidas sobre as características da junta soldada.

5. PREPARAÇÃO PARA SOLDAGEM

Uma das maiores vantagens do processo de eletroescória é sua relativa simplicidade na preparação da junta. A solda em si, consiste basicamente de um espaço retangular que deve ser preenchido na soldagem, e a única preparação requerida quanto às bordas é cortá-las de modo que ambas as faces permaneçam paralelas durante a operação. O corte poderá ser produzido térmica ou mecanicamente, dependendo dos requisitos de cada caso. No caso de utilização de sapatas de resfriamento deslizantes, as superfícies por onde elas correm também devem ser livres de rugosidades, para impedir que ocorra perda de escória e o empenamento das sapatas.

A fim de manter a abertura de raiz constante e o alinhamento de junta soldada, utilizam-se dispositivos e reforços adequados que devem ser ponteados às peças a serem unidas.

Juntas com penetração total em toda a extensão do seu comprimento requerem a instalação de orelhas e chapas adicionais para iniciar e terminar a operação de soldagem. As orelhas para início são colocadas na parte inferior da junta e servem para formar a poça de fusão e o banho de escória ainda fora do material-base. Da mesma forma, as orelhas de término devem garantir que o cordão de solda seja totalmente executado até a parte superior do mesmo material-base.

As partes a serem soldadas são posicionadas com uma abertura de raiz de 40 mm, para espessura de 170 a 200 mm; chapas de 50 a 75 mm requerem usualmente cerca de 25 mm de abertura. A abertura final de raiz é geralmente maior que no início, para compensar a contração que ocorre durante a soldagem. Normalmente esta diferença não excede a 6 mm.

6. APLICAÇÕES E MATERIAIS SOLDÁVEIS POR ELETROESCÓRIA

A aplicação da soldagem por eletroescória tem aumentado consideravelmente nos últimos anos nas indústrias dos países desenvolvidos, como conseqüência de várias experiências realizadas e do reconhecimento da capacidade e economia do processo. Os equipamentos têm sido constantemente aperfeiçoados e o processo já foi homologado através de várias normas e classificações. As principais aplicações têm sido em estruturas, equipamento, vasos de pressão etc.

Estrutura — A alta velocidade da deposição, a baixa porcentagem de defeitos, a automatização do processo e sua economicidade, são fatores que tornam o processo maciçamente empregado em soldagem estrutural.

Na soldagem de peças pesadas sua utilização se torna extremamente vantajosa, pelas razões já apresentadas anteriormente. Assim, soldagens de flanges e de junta de transição de grandes espessuras são comumente executadas por este processo.

Maquinaria — Prensas e máquinas-ferramentas de grandes dimensões, utilizam a soldagem por eletroescória na fabricação de várias de suas partes. Outras aplicações incluem anéis de turbina, armação de prensas, partes de fornalhas, engrenagens etc., os quais, com moldes e dispositivos adequados, conseguem ser soldados por este processo.

Vaso de pressão — É outra aplicação usada em diferentes tipos e dimensões, e destinadas às indústrias petroquímicas e marítimas, geração de energia etc, com espessuras que variam entre 13 e 400 mm. Em 1965, o processo foi aceito pelo ASME CODE, e desde então sua utilização na fabricação de vasos de pressão tem sido intensificada.

Indústria naval e oceânica — O processo é muito utilizado na montagem e edificação de navios e estruturas oceânicas. As uniões verticais entre os blocos é executada rápida e economicamente. Soldagens de chapas de 25 mm de espessura e comprimento de junta de 12 a 21 mm, são comumente executadas.

Peças fundidas — Peças de difícil geometria são atualmente fabricadas utilizando este processo. Dividindo-as em diversas seções mais fáceis de serem obtidas e depois unindo-as por eletroescória. Este procedimento permite obter peças de alta qualidade e mais econômicas do que se conseguiria através da fundição de grandes massas de material.

Os materiais soldáveis pelo processo de eletroescória incluem vários tipos de aço-carbono: AISI 1020 e 1045; ASTM A-36, A-441 e A-515, os quais são normalmente soldados sem pós-aquecimento.

Além desses, vários tipos de aços-ligas, incluindo os inoxidáveis, são soldáveis por este processo. Dentre eles estão incluídos os tipos AISI 4130 e 8620; ASTM A 302; HY-80; aços inoxidáveis austeníticos; ferro fundido etc. A maioria desses aços devem ser soldados com eletrodos especiais, e um tratamento de pós-aquecimento para o refino dos grãos é normalmente executado.

Os materiais de consumo devem ser selecionados com muito critério, de modo a satisfazer os requisitos da junta soldada. A pré-qualificação do procedimento é indispensável e a melhor combinação de eletrodo e fluxo deve ser utilizada. A especificação AWS A5.25 classifica os eletrodos e fluxos empregados no processo.

7. PROJETO DAS JUNTAS

Existe uma configuração básica de junta no processo de soldagem por eletroescória: ela consiste na junta de topo, com seção quadrada ou retangular. A partir dela, derivam-se várias outras através da utilização de sapatas e moldes especiais, conforme mostra esquematicamente a Fig. 6.8. É também possível a execução de soldas circunferênciais, mediante a utilização de dispositivos adequados. Nesses casos, faz-se uso de um mecanismo que permite a rotação da peça a ser soldada de maneira que a soldagem sempre seja executada na vertical, em posição correspondente a 3 ou 9 horas, sendo que a cabeça de soldagem permanece estacionária enquanto a peça gira.

Soldagens circunferênciais de pequeno diâmetro não são recomendadas, pois são anti-econômicas. O processo deve ser aplicado somente para tubulões de parede espessa, de dimensões consideráveis.

SOLDAGEM: PROCESSOS E METALURGIA

Tabela 6.2 - Defeitos na soldagem por eletroescória, suas causas e meios de eliminação

Localização	Defeito	Causas possíveis	Providências
Metal de solda	Porosidade	Profundidade insuficiente do banho de escória. Umidade, óleo ou carepa. Fluxo úmido ou contaminado.	Adicionar fluxo Secar ou limpar a obra Secar ou substituir o fluxo
	Trincas	Velocidade de soldagem excessiva. Baixo fator de forma. Distância excessiva entre eletrodos.	Diminuir a velocidade de soldagem. Reduzir a corrente; aumentar a tensão; diminuir a velocidade de oscilação Reduzir o espaçamento entre eletrodos
	Inclusões não--metálicas	Superfície rugosa do metal-base. Inclusões não metálicas provenientes do próprio metal-base.	Esmerilhar a parte rugosa Substituir o metal-base
Linha de fusão	Falta de fusão	Baixa tensão. Velocidade de soldagem excessiva. Profundidade excessiva do banho de escória. Desalinhamento do eletrodo ou tubos-guias. Tempo de parada insuficiente nos fins-de-curso. Velocidade de escilação excessiva. Distância excessiva entre eletrodo e sapata de resfriamento. Distância excessiva entre eletrodo.	Aumentar a tensão Reduzir a velocidade de alimentação do eletrodo Reduzir adição de fluxo Realinhar os eletrodos ou tubos-guias Aumentar o tempo de parada Reduzir a velocidade de oscilação Aumentar o campo de oscilação ou adicionar outro eletrodo Diminuir o espaço entre eletrodos
	Mordeduras	Baixa velocidade de soldagem. Tensão excessiva. Excessivo tempo de parada nos fins-de-curso. Resfriamento inadequado das sapatas. Projeto inadequado das sapatas. Ajuste inadequado das sapatas.	Aumentar a velocidade de alimentação do eletrodo Diminuir a tensão de soldagem Aumentar os tempos de parada Aumentar a vazão de água de resfriamento ou área das sapatas Reprojetar as sapatas Melhorar o ajuste; selar folgas por meio de cimento refratário ou asbestos
Zona termicamente afetada	Trincas	Alto grau de vinculação. Material sensível ao fissuramento. Inclusões excessivas na chapa-base.	Modificar a vinculação Determinar a causa das trincas Utilizar chapas de qualidade superior

8. QUALIDADE DAS JUNTAS

As juntas soldadas por eletroescória são de alta qualidade e apresentam índices muito baixo de imperfeições e descontinuidades. Entretanto, condições anormais de soldagem podem eventualmente ocorrer durante a

Soldagem por eletroescória e eletrogás

operação, muitas vezes fora do controle do operador. A Tab. 6.2 apresenta alguns tipos de defeitos, aponta suas possíveis causas e as providências que podem ser tomadas para eliminar a ocorrência desses defeitos.

A soldagem por eletroescória dispensa o preaquecimento para garantir a qualidade da junta soldada, pois o processo por si só já conta com preaquecimento natural. Da mesma forma, a maioria das estruturas soldadas por eletroescória dispensam o tratamento térmico após a soldagem, pois o processo desenvolve baixo nível de tensões residuais. Somente em alguns casos particulares, onde se deseja garantir a perfeita sanidade da junta, é que se utiliza tratamentos térmicos após a soldagem, seja para normalizar a estrutura metalúrgica da zona de solda, seja para promover um alívio de tensões efetivo em toda a estrutura.

9. ECONOMIA DO PROCESSO

Como já foi visto, o custo da preparação das juntas é bastante baixo no processo por eletroescória, pois basta apenas um corte reto por meio do maçarico oxiacetilênico. Na própria operação de soldagem, chapas de 75 mm de espessura, por exemplo, podem ser soldadas com menos material de adição e menor quantidade de fluxo do que o processo por arco submerso convencional. Outra vantagem é a inexistência de tempos mortos, pois a operação, uma vez iniciada, pode ser conduzida continuamente.

A velocidade de deposição por eletrodo varia entre 16 e 20 kg/h, e, utilizando-se 3 eletrodos, obtém-se deposição da ordem de 48 a 60 kg/h, valores bem mais altos que nos processos usuais por arco elétrico.

A Fig. 6.9 é um exemplo de gráfico executado para orientar a soldagem por eletroescória. O ábaco do exemplo fornece dados para a soldagem de chapas utilizando uma abertura de raiz de 29 mm.

Outro ponto de economia reside na não necessidade de retrabalhar a junta soldada, devido à ocorrência de distorções residuais, principalmente angulares. Por outro lado, deve-se tomar as precauções necessárias para não interromper a soldagem no meio do processo, pois a restabelecimento da operação é extremamente trabalhoso e, não raro, fonte de defeitos na junta soldada.

2.ª PARTE: ELETROGÁS

1. INTRODUÇÃO

Conforme foi mencionado, o processo de soldagem eletrogás teve como origem as idéias básicas que estão embutidas no processo de eletroescória; por isso, vários equipamentos, os eletrodos utilizados, as variáveis

SOLDAGEM: PROCESSOS E METALURGIA

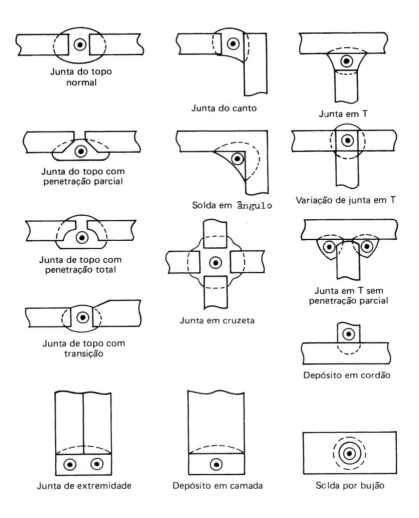

Figura 6.8 — Juntas típicas executadas pelo processo de eletroescória

de soldagem etc., assemelham-se muito nos dois processos. Dessa maneira aqui serão ressaltadas apenas as características e os parâmetros intrínsecos ao processo eletrogás.

2. CARACTERÍSTICAS GERAIS DO PROCESSO

A diferença fundamental em relação ao processo por eletroescória é que o eletrogás consiste em uma adaptação da soldagem por arco elétrico com proteção gasosa, utilizando eletrodo nu; sólido ou tubular, em que a poça de fusão fica confinada no espaço compreendido entre as duas faces metálicas que estão sendo soldadas e as sapatas de resfriamento, como na eletroescória. Quando se utiliza o arame tubular com fluxo interno, o gás

Soldagem por eletroescória e eletrogás

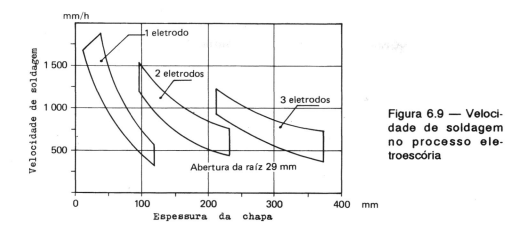

Figura 6.9 — Velocidade de soldagem no processo eletroescória

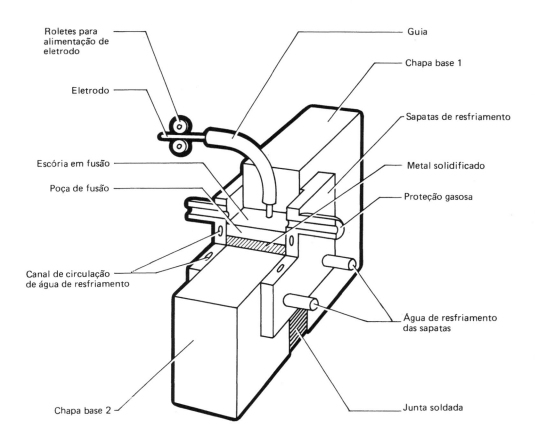

Figura 6.10 — Processo de soldagem por eletrogás

de proteção poderá ser dispensado. Como se percebe pela Fig. 6.10, o processo eletrogás se destina à soldagem vertical de peças relativamente pesadas, que pode ser executada em um só passe.

A soldagem é bastante uniforme, não provoca muitos respingos e o processo é silencioso. Os gases de proteção mais utilizados são o CO_2 ou a mistura argônio + CO_2. A partida e o final da soldagem é bastante semelhante ao processo anteriormente estudado, e os equipamentos utilizados também são basicamente os mesmos, sendo hoje comum a fabricação de equipamentos para soldagem por eletroescória e/ou eletrogás.

Fundamentalmente são usados 2 tipos de eletrodos: o eletrodo nu e o eletrodo tubular com fluxo interno.

Processo utilizando eletrodo nu sólido — Neste caso, a poça de fusão é protegida da contaminação atmosférica somente pelo gás de proteção, sem a presença de escórias. Somente um eletrodo é alimentado através da guia, onde também se processa o contato elétrico. Para seções mais pesadas é possível a utilização de dois eletrodos. As espessuras soldadas variam entre 10 a 100 mm, sendo mais comuns as compreendidas entre 13 e 75 mm. Os diâmetros dos eletrodos variam entre 1,6 a 2,4 mm.

Processo utilizando eletrodo tubular — Nesta variante há a formação de um banho de escória, resultante da fusão do fluxo no interior do eletrodo tubular. Conforme o material a ser soldado, é também utilizado o gás de proteção, alimentado através do canal apropriado. Os arames tubulares permitem o uso de correntes mais elevadas, possibilitando maiores velocidades de deposição na soldagem.

3. EQUIPAMENTOS

Na soldagem eletrogás, a fonte de energia é de corrente contínua e a polaridade normalmente utilizada é a reversa -CCPR (+). Em alguns casos, esta fonte é montada junto à cabeça de soldagem e se move verticalmente, à medida que a soldagem é executada.

Fontes de 750 a 1000 A a 100% de ciclo de trabalho, são utilizadas e podem ser do tipo de tensão constante ou corrente constante, dependendo das características da soldagem.

Apesar da menor espessura soldada, para espessuras de 32 a 102 mm, pode ser utilizado o mecanismo de oscilação do eletrodo. Do mesmo modo que no processo por eletroescória, o controle do movimento de oscilação deve assegurar uma deposição uniforme de material de adição na poça de fusão.

4. VARIÁVEIS DO PROCESSO

São igualmente semelhantes aos do processo por eletroescória, de modo que o fator de forma, a corrente, tensão etc. devem ser devidamente controlados. Deve-se lembrar, entretanto, que na soldagem com arco elétrico com proteção gasosa convencional, o arco atinge diretamente o metal-base; mas, no presente processo ele se posiciona paralelamente às faces a serem unidas. Desta forma, um acréscimo na intensidade da corrente ou na velocidade de alimentação do eletrodo poderá diminuir a largura total da poça de fusão; um aumento na tensão de soldagem poderá aumentar a profundidade da mesma poça. Essas variações poderão afetar, em última análise, o fator de forma, daí resultando o necessário cuidado no controle das variáveis de soldagem.

As tensões de soldagem variam entre 30 e 55 V e a extensão do eletrodo é de aproximadamente 40 mm, chegando a valores da ordem de 60 a 75 mm no caso de eletrodo tubular com fluxo interno; esta extensão mais longa promove o aquecimento extra do eletrodo, devido ao aumento da resistência elétrica no circuito, e auxilia a deposição do eletrodo.

A oscilação do eletrodo só é recomendada para espessura superior a 30 mm. O mecanismo deve ser regulado de tal forma que o movimento seja revertido à distância de no mínimo 10 mm de cada sapata de resfriamento. A velocidade de oscilação é mantida entre 7 e 8 mm/s e os tempos de espera nas extremidades do curso variam entre 1 a 3 segundos.

A abertura de raiz recomendada é de cerca de 17 mm, e utilizam-se orelhas para início e fim da soldagem para espessuras maiores que 25 mm. Para peças mais finas não é necessário a instalação das orelhas de fim de soldagem.

5. APLICAÇÕES E MATERIAIS SOLDÁVEIS POR ELETROGÁS

O processo eletrogás é utilizado para a soldagem vertical em um único passe de estrutura de grande porte, cujas espessuras estejam compreendidas entre 10 e 100 mm. Estão aí incluídos: cascos de navios, pontes, tanques de armazenamento, vigas, sistemas oceânicos para exploração e explotação de petróleo etc. Como no processo por eletroescória, a soldagem eletrogás é principalmente utilizada em aço-carbono e aços de baixa liga, mas pode ser extensível aos aços inoxidáveis e outros materiais soldados pelo processo de arco elétrico com proteção gasosa.

Quanto aos materiais, os seguintes tipos se encontram dentre os mais utilizados na soldagem eletrogás:
Aço-carbono: AISI 1018 e 1020
Aço estrutural: ASTM-A36, A131, A441 e A573
Aço para vasos de pressão: ASTM A205, A515, A516 e A537

Aço naval: ASTM A131 e os aços classificados pelas sociedades classificadoras.

Quanto aos consumíveis, a especificação AWS A5.26 cobre os eletrodos do tipo eletrodo nu sólido e eletrodo tubular, encontrados em diferentes bitolas e composições.

O gás de proteção mais empregado é o CO_2, cuja vazão varia entre 14 a 66 l/min. A mistura de 80% argônio com 20% CO_2 também é freqüentemente empregada na soldagem com eletrodo nu sólido.

Quanto à geometria das juntas, elas são, guardadas as proporções, basicamente as mesmas empregadas na soldagem por eletroescória e estão esquematizadas na Fig. 6.8.

6. QUALIDADE DAS JUNTAS

Embora o processo eletrogás produza juntas de alta qualidade, elas estão sujeitas aos mesmos tipos de defeitos encontrados nos processos MIG ou MAG convencionais. Os principais defeitos que ocorrem no metal de solda são as inclusões de escória, porosidades e trincas.

Inclusões de escória — Ocorrem nas proximidades das sapatas de resfriamento, principalmente nos casos em que o eletrodo é oscilado, pois ali a velocidade de resfriamento é maior. Por essa razão, recomenda-se um tempo de espera nos fins-de-curso, da ordem de 1 a 3 segundos para que a fusão daquelas regiões seja completa e permita à escória aflorar na superfície da poça.

Porosidades — São causadas por proteção gasosa inadequada; vazamento de água de resfriamento; quantidade insuficiente de fluxo, quando utilizando o eletrodo tubular; contaminação do eletrodo e má limpeza da zona de solda durante os preparativos para a soldagem. Elas geralmente se iniciam nas extremidades do cordão e tendem a se propagar em direção à linha de centro, seguindo portanto o rumo da solidificação do metal na poça de fusão. Uma das dificuldades consiste na detecção desses poros, uma vez que a zona de solda permanece oculta pelas sapatas de resfriamento e somente após sua remoção ou deslocamento é que o cordão pode ser examinado para a procura de tais defeitos.

Trincas — O aquecimento lento, seguido de um resfriamento moderado da zona de solda, faz com que no processo eletrogás a ocorrência de trincas a frio seja menos freqüente. Entretanto, ela é mais susceptível a trincas a quente que se formam a altas temperaturas, por ocasião da solidificação, e se localizam principalmente na parte central da junta soldada.

Essa tendência pode ser atenuada modificando-se o modo de solidificação da zona de solda, alterando o formato da poça de fusão ou as condições de soldagem. Dentre estas medidas estão: o aumento na tensão de soldagem, com a diminuição na corrente e na velocidade de soldagem; aumento na abertura de raiz, embora esta alternativa não seja econômica; diminuição na diluição do metal-base com o metal de adição nos casos em que o aço contenha altas porcentagens de carbono ou enxofre.

Deve-se lembrar que as trincas são sempre prejudiciais ao cordão da solda e portanto sua eliminação, bem como a detectação de suas causas, são importantes à qualidade da junta soldada.

7.CONCLUSÃO

As técnicas de soldagem estudadas neste capítulo são processos altamente automatizados após seu início, empregam potências relativamente elevadas e os equipamentos utilizados são de custo bastante alto; por isso seu emprego deve der precedido de cuidadosa análise técnico-econômica que justifique a sua aplicação.

Por outro lado, a qualidade das juntas soldadas são muito boas e a produtividade do processo é elevada, sendo assim esperada uma difusão cada vez maior dessas técnicas, principalmente em obras estruturais de grande porte, onde mais se faz desejável altas velocidades de soldagem aliadas a altos índices de confiabilidade estrutural.

BIBLIOGRAFIA

1. PATON,B.F. - Electrostag Welding and Surfacing - Vol. I e II; tradução de Kugnetsov; MIR Publishers, Moscow, 1983.
2. AWS - Current Welding Processes; ad. Phillips, A. L.., 1964
3. AWS - Welding Handbook, Vol 2, 7.ª ed 1978
4. ASM - Metals Handbook, Welding and Brazing, vol. 6, 8.ª ed 1971

6b Processos de soldagem com fonte de calor focada

Sérgio D. Brandi

1.ª PARTE - SOLDAGEM POR FEIXE DE ELÉTRONS

Para realizar a soldagem por fusão, a região a ser soldada deve ser aquecida acima da temperatura de fusão do material. Para isso, a fonte de calor deve ter algumas características:[1] a energia da fonte de calor deve ser concentrada; deve gerar uma potência específica para proporcionar a fusão do local a ser soldado; contrabalançar as perdas de calor para a região vizinha que está fria.

Cada processo de soldagem tem sua distribuição de potência específica típica e a Fig. 6.11 mostra sua distribuição para alguns processos de soldagem. Analisando essa figura, percebe-se que os processos de soldagem com fonte de calor com feixe focado têm uma potência específica elevada e são bastante concentrados, quando comparados com os outros processos.

Baseando-se nesse fato, pode-se tirar as seguintes conclusões, válidas para esses processos:
- cordão de solda com elevada relação profundidade largura;
- soldagem em 1 passe, dependendo da espessura;
- baixa energia de soldagem;
- elevada velocidade de soldagem;
- estreita zona afetada pelo calor e
- deformação mínima da peça.

A Tab. 6.3 ilustra algumas dessas conclusões para a soldagem de aço-carbono com 12 mm de espessura.

A partir da comparação da distribuição da potência específica das fontes de calor, tem-se as vantagens dos processos da soldagem. Essa análise mostra a vantagem dos processos de soldagem por feixe de elétrons e laser com relação aos outros processos de soldagem. Deve-se lembrar, entretanto, que cada processo de soldagem tem as suas vantagens e aplicações típicas.

Processos de soldagem com fonte de calor focada

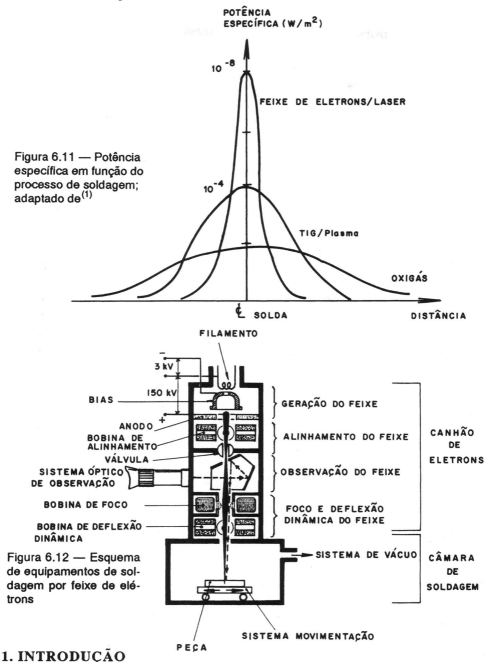

Figura 6.11 — Potência específica em função do processo de soldagem; adaptado de[1]

Figura 6.12 — Esquema de equipamentos de soldagem por feixe de elétrons

1. INTRODUÇÃO

O equipamento de soldagem por feixe de elétrons é composto de um canhão de elétrons (onde o feixe é gerado e controlado) e da câmara de soldagem (onde a peça é colocada e posicionada para realizar a soldagem automatizada). A Fig. 6.12 mostra esquematicamente o equipamento.

Tabela 6.3 - Energia da soldagem e contração transversal para vários processos de soldagem [2.3]

Processo de soldagem	Energia de soldagem (kJ/cm)	Contração tranversal (mm)
Feixe de elétrons	2 - 5	0,067 - 0,070
Eletrodo revestido	30 - 32	0,80 - 0,90
Arco submerso	56 - 60	0,75 - 0,80
TIG	12 - 13	0,38 - 0,42

A geração do feixe é feita em vácuo da ordem de 10^{-4} a 10^{-6} Torr, através do aquecimento de um filamento de tungstênio; este, através do fenômeno de emissão termoiônica, emite elétrons que ficam então submetidos a dois campos elétricos:[4]

O primeiro gerado entre o filamento (catodo) e o bias, que está a um potencial da ordem de 2 a 3 kV; a direção deste campo é perpendicular ao feixe e sua função é controlar a corrente do feixe. O segundo campo é gerado entre o filamento (catodo) e o anodo, que está a um potencial da ordem de 30 a 300 kV. A direção deste campo é paralela ao feixe de elétrons, e tem a função de acelerar os elétrons. Durante a trajetória os elétrons acabam se repelindo uns aos outros, gerando um feixe divergente. Por isso, existe no canhão uma bobina eletromagnética com campo radial para focar o feixe na superfície da peça a ser soldada; existem também bobinas para modificar a posição de incidência do feixe de elétrons. Uma delas é a bobina de alinhamento do feixe, que muda estaticamente a posição de incidência do feixe. A outra é a bobina de deflexão do feixe, que deflete o feixe dinamicamente e de acordo com a geometria e freqüência prefixadas.

A câmara do equipamento contém os dispositivos para posicionamento da peça para a soldagem automatizada. Ela geralmente está em vácuo da ordem de 10^{-2} a 10^{-4} Torr. Deve-se salientar que o processo de soldagem por feixe de elétrons pode utilizar câmara com altovácuo (aprox. 10^{-4} Torr), médio vácuo (aprox. 10^{-2} Torr) ou soldagem na pressão atmosférica.

Para ocorrer a soldagem, os elétrons são acelerados até 0,3 a 0,7 vezes a velocidade da luz[5]. O impacto desses elétrons na superfície da peça transforma parte da energia cinética em energia térmica, fundida a área de incidência do feixe, conforme pode ser visto na Fig. 6.13.

O cordão de solda tem que ter penetração total, sempre que possível ser isento de falta de fusão e qualquer espécie de trincas e porosidades, entre outras descontinuidades. Para isso é importante conhecer o efeito

Processos de soldagem com fonte de calor focada

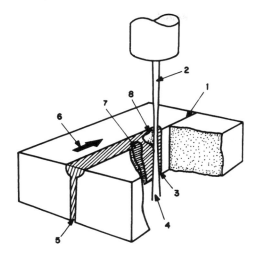

Figura 6.13 — Esquema do processo de soldagem por feixe de elétrons.[6]
1 - junta topo-a-topo; 2 - feixe de elétrons (ou laser); 3 - metal fundido; 4 - quantidade de energia do feixe que atravessa a peça; 5 - solda com penetração total; 6 - direção de soldagem; 7 - cordão de solda; 8- cavidade gerada pela interação entre o feixe e o metal de base.

dos parâmetros de soldagem na geometria do cordão e, conseqüentemente, eliminar ou minimizar esses defeitos.

2. CARACTERÍSTICAS GERAIS

Vantagens:

A soldagem por feixe de elétrons tem as seguintes vantagens[1,3]:

• Possibilita a soldagem de metais refratários, reativos e a combinação de metais dissimilares não soldáveis com arco elétrico.
• A qualidade da solda é igual ou superior a do processo TIG.
• Permite soldas estreitas e profundas em um único passe, com energia de soldagem menor que outros processos; p. ex.., solda em 1 passe 200 mm de alumínio, 150 mm de aço -carbono com uma lâmina de aço-carbono de 0,1 mm.
• A zona afetada pelo calor é pequena e estreita.
• Torna possível a soldagem em locais próximos a componentes sensíveis ao aquecimento.
• A distorção gerada pelo processo é baixa.
• O processo tem 50% de eficiência energética, a maior entre os processos de alta densidade de energia.

Desvantagens:

• O custo do equipamento é bastante elevado, porém mais baixo que os outros processos de alta densidade de energia.
• Elevado custo de preparação da junta.

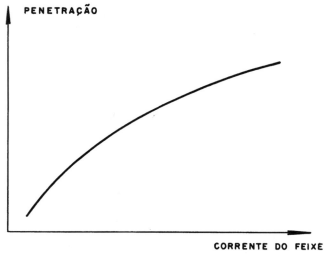

Figura 6.14 — Efeito da corrente do feixe na penetração do cordão, mantidos os outros parâmetros constantes

- O tamanho da câmara limita o tamanho da peça. As peças grandes exigem câmaras grandes e, conseqüentemente, o tempo para evacuação da câmara aumenta ou torna necessário colocar outra bomba de vácuo.
- Quando o feixe incide na peça ele gera raios X.
- A peça deve ser desmagnetizada antes da soldagem.

3. VARIÁVEIS DE PROCESSO

Corrente do feixe

À medida que se aumenta a corrente do feixe, aumenta-se a quantidade de energia por unidade de área, devido ao aumento no número de elétrons do feixe. Devido a esse fato, tem-se um aumento na penetração da solda, conforme ilustra esquematicamente a Fig. 6.14.

No início e no fim da soldagem não se tem a aplicação ou o corte da corrente do feixe necessária para a soldagem. No início da soldagem existe um aclive da corrente, cuja função é aplicá-la do zero até o valor da soldagem em um dado tempo. A função desse aclive é diminuir o reforço do cordão no início da soldagem. O declive de corrente é utilizado no fim da soldagem, com o objetivo de não cortar repentinamente a corrente, mas sim reduzí-la do valor de soldagem até o zero em determinado tempo. O objetivo do declive é eliminar a cavidade que se forma na poça de função, indicada na **Fig. 6.13**.

Tensão de aceleração

O aumento na tensão de aceleração causa um aumento na velocidade

Processos de soldagem com fonte de calor focada

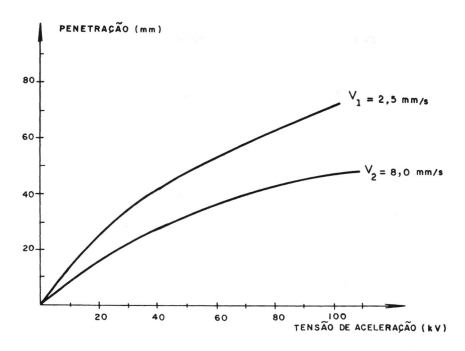

Figura 6.15 — Efeito da tensão de aceleração na penetração do cordão se solda. Aço inoxidável AISI304; potência do feixe de 10 kW adaptado de[8]

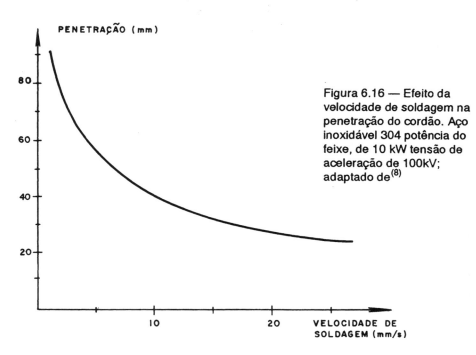

Figura 6.16 — Efeito da velocidade de soldagem na penetração do cordão. Aço inoxidável 304 potência do feixe, de 10 kW tensão de aceleração de 100kV; adaptado de[8]

dos elétrons do feixe. Conseqüentemente, eles transferem maior energia à peça a ser soldada, aumentando a penetração da solda, conforme se observa na Fig. 6.15.

O feixe de elétrons pode ser desviado da sua trajetória original, na presença de campos magnéticos ou eletromagnéticos externos. O feixe é tanto menos sensível quanto maior for a tensão de aceleração dos elétrons.

Velocidade de soldagem

O aumento na velocidade de soldagem causa uma distribuição da energia do feixe em um comprimento maior, gerando um cordão com penetração menor, conforme mostra a Fig. 6.16.

Deve-se lembrar que um aumento na velocidade de soldagem causa também um estreitamento na largura de cordão de solda, diminuindo os efeitos de distorção e tensão residual.

Focalização do feixe

O feixe é dito focado quanto menor for o diâmetro deste na superfície da peça. Para uma dada energia do feixe, quanto menor seu diâmetro, mais concentrada é essa energia e maior a penetração do feixe, conforme pode ser visto na Fig. 6.17.

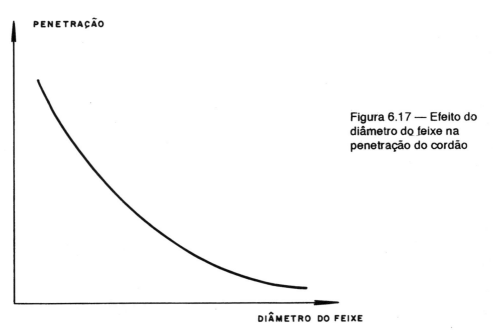

Figura 6.17 — Efeito do diâmetro do feixe na penetração do cordão

Processos de soldagem com fonte de calor focada

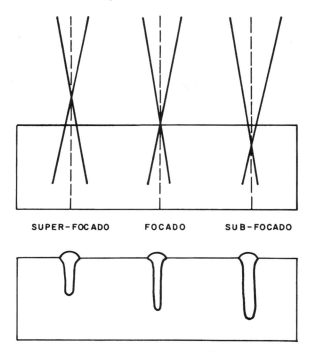

Figura 6.18 — Efeito da posição do ponto focal na geometria do cordão de solda

O feixe pode ser focado na superfície da peça, acima ou abaixo dela. Quando é focado acima da superfície ele é chamado de superfocado; quando abaixo, sub-focado. Essas variações do ponto focal do feixe podem mudar o formato do cordão. No caso do feixe superfocado o perfil do cordão modifica-se de tal maneira que pode aumentar a probabilidade da ocorrência de trinca de solidificação. Por outro lado, um feixe ligeiramente subfocado pode apresentar um cordão com faces bem mais paralelas do que um feixe focado na superfície. A Fig. 6.18 mostra esquematicamente esse fenômeno.

Vácuo da câmara

Quanto menor for a pressão na câmara, menor a quantidade de átomos e moléculas presentes. Portanto, o choque entre os elétrons do feixe e essas partículas é menor e a penetração do cordão maior. Existe uma pressão limite abaixo da qual o efeito na penetração do cordão é nulo, conforme mostra a Fig. 6.19.

A pressão da câmara está ligada ao nível de impurezas presentes. Conforme o tipo de material a ser soldado, a pressão da câmara pode influir de maneira decisiva na qualidade da junta soldada, como indica a Tab. 6.4.

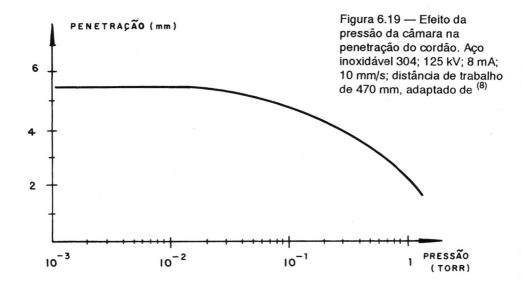

Figura 6.19 — Efeito da pressão da câmara na penetração do cordão. Aço inoxidável 304; 125 kV; 8 mA; 10 mm/s; distância de trabalho de 470 mm, adaptado de [8]

Deflexão dinâmica do feixe

A deflexão dinâmica consiste na oscilação do feixe em torno do centro da poça de fusão, como mostra a Fig. 6.20.

A deflexão dinâmica está ligada com a qualidade do cordão de solda (4, 5, 8÷10) e com a quantidade de calor colocada na peça.[11] Ela diminui a penetração e aumenta a largura do cordão. Com isso diminui a probabilidade de ocorrer porosidade, falta de fusão e trincas de solidificação. Por outro lado, podem ocorrer mordeduras no cordão devido à escolha incorreta dos parâmetros de oscilação do feixe.

A Fig. 6.21 mostra a concentração de calor para três diferentes tipos de deflexão: o círculo, como referência em (a); uma parábola dupla em (b); e uma deflexão do tipo em X em (c). A deflexão (b) causa maior concentração do feixe nas bordas da deflexão do que os outros dois tipos e a deflexão (c) é a que melhor distribui o aquecimento produzido pelo feixe.

Tabela 6.4 - Concentração do ar na câmara de soldagem em função da pressão [5]

Pressão (torr)	Concentração do ar (ppm)
10^{-5}	0,01
10^{-3}	1,3
10^{-1}	132
$4,10^{-1}$	500

Processos de soldagem com fonte de calor focada

Distância de trabalho

Esta variável de processo é definida como sendo a distância entre o centro da bobina de foco e a superfície da peça a ser soldada. Com o aumento da distância de trabalho, para uma dada regulagem do ponto focal, o feixe de elétrons diverge; conseqüentemente, a penetração diminui de maneira similar à mostrada na Fig. 6.17.

A Tab. 6.5 resume o efeito dos parâmetros de soldagem na geometria do cordão.

4. CAMPO DE APLICAÇÃO

A soldagem por feixe de elétrons á aplicada a um grande número de metais e ligas (4,5,8). Consegue-se soldar aços-carbono, aços de baixa e alta liga, ligas resistentes ao calor, metais de alto ponto de fusão, alumínio e suas ligas, cobre e suas ligas, titânio e suas ligas e berílio. A maior ou menor facilidade para soldar um metal ou liga é função também das suas constantes físicas. O cobre, por exemplo, tem uma condutividade térmica elevada e tem limitações quanto a espessura máxima a ser soldada.

O processo também solda um número grande de metais dissimilares com e sem metal de adição, conforme mostra a Tab. 6.6.

5. PROJETO DE JUNTAS

A soldagem por feixe de elétrons é um processo bastante útil para a fabricação de peças complexas que possam ser divididas em partes e soldadas a seguir. As juntas têm chanfro reto e são usinadas até uma rugosidade superficial de 3 mm[1]. A tolerância máxima entre as duas faces do chanfro varia de 0,125 mm até 0,05 μm.

A fig. 6.22 mostra alguns exemplos típicos de preparação de junta.

Tabela 6.5 - Efeito dos parâmetros de soldagem na geometria do cordão

Parâmetro de soldagem	Penetração do cordão	Largura do cordão
Corrente do feixe (A)	A	D
Tensão de aceleração (A)	A	D
Focalização do feixe (A)	A	D
Velocidade de soldagem (A)	D	D
Vácuo da câmara (A)	A	D
Deflexão do feixe (A)	D	A
Distância de trabalho (A)	D	A

Legenda: A= aumenta ; D = diminui

SOLDAGEM: PROCESSOS E METALURGIA

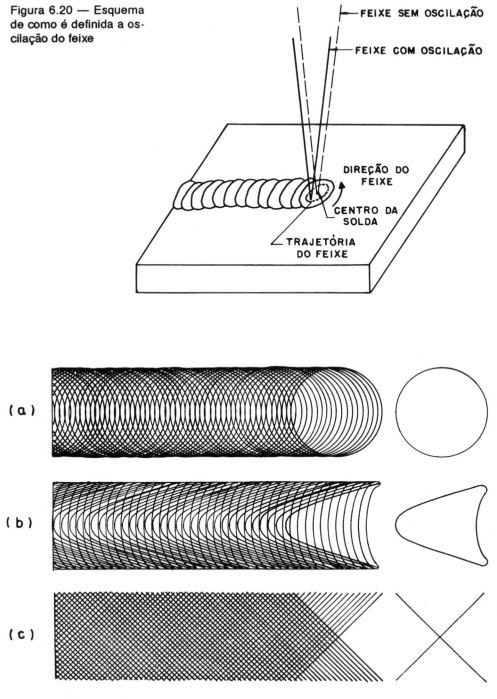

Figura 6.20 — Esquema de como é definida a oscilação do feixe

Figura 6.21 — Três tipos de deflexão do feixe eletrônico[11]

Processos de soldagem com fonte de calor focada

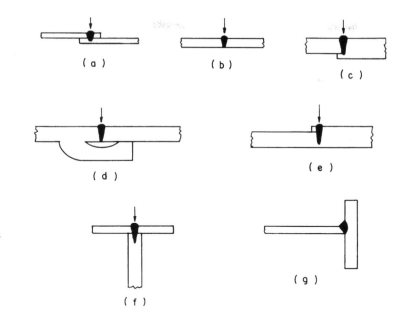

Figura 6.22 — Esquema de algumas preparações de juntas para a soldagem por feixe de elétrons[13]

Junta sobreposta:
a - para espessura ≤ 0,125 mm, feixe desfocado
Junta de topo:
b - Chanfro reto padrão;
c - Chanfro reto com cobre-junta; evita porosidade na raiz; autocentragem de peças cilíndricas.
d - chanfro reto com cobre-junta;
e - chanfro reto com ressalto externo, quando a mordedura é um defeito crítico.
Junta em ângulo:
f - local de difícil acesso; resistência da solda em função de seu contorno;
g - local de fácil acesso; solda com resistência elevada.

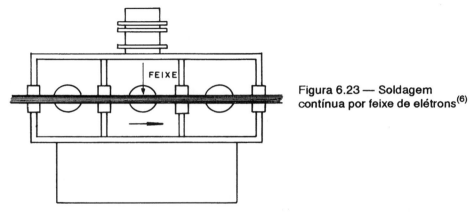

Figura 6.23 — Soldagem contínua por feixe de elétrons[6]

6. VARIANTES DO PROCESSO

Soldagem contínua por feixe de elétrons

Este tipo de equipamento é usado para soldar produtos semi-acabados no formato de tiras ou arames bimetálicos. A Fig. 6.23 mostra esquematicamente este tipo de equipamento.

Soldagem com feixe de elétrons em câmara de vácuo móvel

O problema do tamanho da câmara para a soldagem de peças grandes foi solucionado com essa variante do processo. Neste caso a unidade de vácuo é móvel sobre a peça a ser soldada. A obtenção do vácuo é conseguida através de estágios de pressão, conforme mostra a Fig. 6.24.

2.ª PARTE - SOLDAGEM POR LASER

1. INTRODUÇÃO

Um átomo ou molécula de um material fluorescente pode passar para um nível maior de energia através de energia elétrica ou luminosa, por exemplo. Se esse átomo colidir com um fóton externo com a mesma energia do fóton que seria emitido pelo átomo para voltar ao seu nível energético normal, poderá haver a emissão de um fóton. Se o fóton emitido tiver a mesma fase do fóton que promoveu sua emissão, essa condição é dita coerência espacial. Além da coerência, o laser tem a propriedade de ser uma radiação direcional. Tendo em vista essas pro-

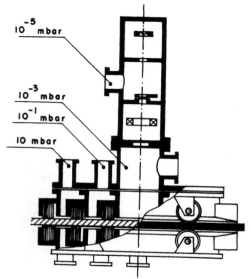

Figura 6.24 — Soldagem com feixe de elétrons em câmara de vácuo móvel[14]

Processos de soldagem com fonte de calor focada

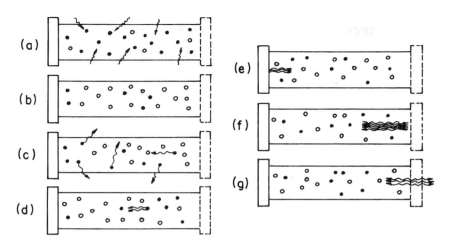

Figura 6.25 — Princípio da geração do feixe de laser[15]

priedades do laser, se o fenômeno descrito ocorrer através de um efeito cascata, ter-se-á um feixe de alta energia de luz coerente e direcional. A Fig. 6.25 ilustra o fenômeno.

Nessa figura os círculos brancos indicam que o átomo está em nível energético normal, e devido à excitação com energia elétrica (a) passam para um nível energético maior (b); esses átomos emitem fótons (c) que estimulam outros átomos a emitir mais fótons (d), que incidem em um

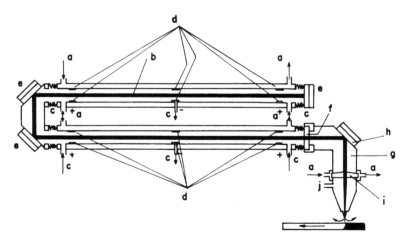

Figura 6.26 — Representação esquemática do laser de CO_2 com baixa vazão de gás.[15, 17]
a - sistema de refrigeração; b - raio laser; c - entrada do gás de laser; d Eletrodos para estimular o gás para emitir os fótons; e - espelho de reflexão total; f - espelho de reflexão parcial; g - cabeçote para soldagem ou corte; h - espelho para desviar o feixe; i - entrada do gás de corte ou de proteção da poça de fusão.

Tabela 6.6 - Metais dissimilares soldáveis por feixe de elétrons[12]

	Ag	Al	Au	Be	Cd	Co	Cr	Cu	Fe	Mg	Mn	Mo	Nb	Ni	Pb	Pt	Re	Sn	Ta	Ti	V	W
Al	P																					
Au	A	X																				
Be	X	P	X																			
Cd	P	X	X	N																		
Co	I	X	P	X	I																	
Cr	P	X	I	X	I	P																
Cu	P	P	A	X	X	P	P															
Fe	I	X	P	X	I	P	P	P														
Mg	X	P	X	X	A	X	X	X	I													
Mn	P	X	X	X	I	P	P	A	P	X												
Mo	I	X	P	X	N	X	A	I	P	I	I											
Nb	N	X	N	X	N	X	X	P	X	N	X	A										
Ni	P	X	A	X	I	P	P	A	P	X	I	X	X									
Pb	P	P	X	N	P	A	P	P	P	X	P	I	N	P								
Pt	A	X	A	X	X	P	P	A	A	X	X	P	X	A	X							
Re	I	N	N	X	N	P	A	I	X	N	N	X	X	I	N	P						
Sn	P	P	X	I	P	X	P	P	X	X	X	I	X	X	P	X	I					
Ta	X	X	N	I	N	X	X	I	X	N	X	A	A	X	N	X	X	X				
Ti	P	X	X	X	X	X	A	X	X	I	X	A	A	X	X	X	X	X	A			
V	I	X	I	X	N	X	I	I	A	N	X	A	A	X	N	X	I	X	X	A		
W	I	X	N	X	N	X	A	I	X	I	I	A	X	I	A	X	I	A	P	A		
Zr	X	X	X	X	I	X	X	X	I	X	X	A	X	X	X	X	X	P	A	X	X	

Legenda:
X = formação de fase intermetálica, combinação não adequada
A = formação de solução sólida, combinação bastante adequada
P = formação de estruturas complexas, combinação provavelmente aceitável
I = dados insuficientes, soldar com cuidado
N = dados não existentes, soldar com bastante cuidado

espelho côncavo (e), refletindo totalmente a radiação incidente; esses fótons continuam excitando outros átomos até atingir outro espelho (f), que é transparente somente para determinados comprimentos de onda; o restante da radiação retorna para continuar a ser amplificado (g).

Os tipos de lasers mais empregados para soldagem e corte são os gerados por uma mistura gasosa contendo CO_2 e os gerados por YAG (yttrium aluminum garnet) no estado sólido. Neste trabalho dar-se-á ênfase ao laser gerado pelo CO_2.

Processos de soldagem com fonte de calor focada

Inicialmente o gás de laser era composto somente de CO_2 e gerava uma potência de alguns watts por comprimento da câmara de ressonância[16]. Com a adição ao CO_2 de nitrogênio e hélio na proporção de 1:1:10, respectivamente,[1] conseguiu-se um aumento na potência do feixe de aproximadamente 100W/m[2]. Para isso usava-se um laser com baixa vazão de gás, conforme o esquema da Fig. 6.26.

Esse tipo de geração de laser apresentou algumas dificuldades com a parte óptica e com o seu tamanho para se ter potências aplicáveis na área de soldagem.

Descobriu-se que um acréscimo na vazão do gás de laser e uma remoção efetiva do calor gerado durante o processo de geração do feixe aumentavam sua potência de até 1000 W/m [15,16]. Com isso surgiu outra maneira mais eficiente de gerar laser, através de elevada vazão de CO_2 conforme mostra a Fig. 6.27.

2. CARACTERÍSTICA GERAIS

Vantagens

A soldagem por laser tem as seguintes vantagens:
- Não necessita vácuo.
- Permite a transmissão do feixe a longas distâncias.
- Não é influenciado por campos magnéticos.
- Não produz raios X.
- Permite a soldagem em lugares de difícil acesso.
- Pode ser usado para cortar materiais não-metálicos.

Desvantagens

- Baixa eficiência (= 8%).
- Oferece dificuldade para mudar o ponto focal.
- O equipamento é de baixa potência.
- Obriga a proteção do operador contra os efeitos do feixe de laser.
- Limitação da espessura para corte ou soldagem em aproximadamente 24 mm.
- Apresenta problemas de soldagem com metais que refletem o feixe.

3. VARIÁVEIS DE PROCESSO

Velocidade de soldagem

O efeito da velocidade de soldagem na penetração da solda é similar ao da soldagem por feixe de elétrons, e a **Fig. 6.28** mostra esse comportamento para um laser com elevada vazão de gás.

SOLDAGEM: PROCESSOS E METALURGIA

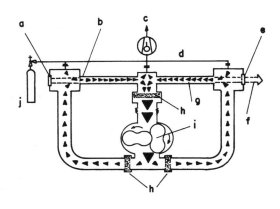

Figura 6.27 — Representação esquemática do laser de CO_2 com elevada vazão de gás[15, 16]
a - espelho de reflexão total; b - eletrodo para excitação do gás; c - bomba de vácuo; d - entrada de gás; e - espelho de reflexão parcial, permitindo a passagem de luz com 10,6 mm de comprimento de onda; f - feixe de laser; g - tubo de geração do laser; h - trocador de calor; i - bomba Roots; j - mistura de gás hélio/nitrogênio e CO_2 para gerar laser.

Potência do feixe

O aumento na potência do feixe causa um aumento na potência específica, mantendo-se constante o diâmetro do feixe. Com isso tem-se um aumento na penetração do feixe, mantendo-se a velocidade de soldagem constante, como indica a Fig. 6.29.

Energia de soldagem

Um aumento na energia de soldagem causa um aumento na penetração, conforme mostra a Fig. 6.30.

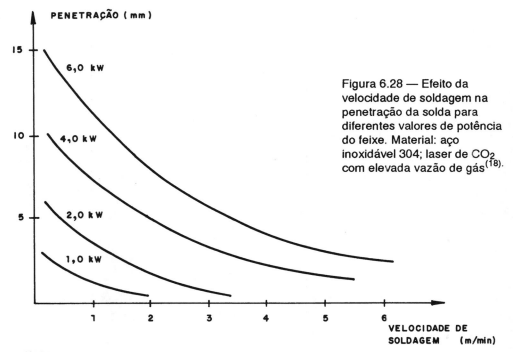

Figura 6.28 — Efeito da velocidade de soldagem na penetração da solda para diferentes valores de potência do feixe. Material: aço inoxidável 304; laser de CO_2 com elevada vazão de gás[18].

Processos de soldagem com fonte de calor focada

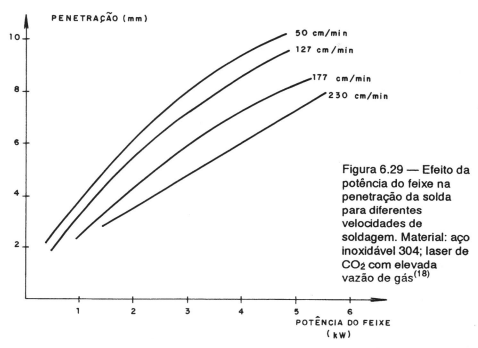

Figura 6.29 — Efeito da potência do feixe na penetração da solda para diferentes velocidades de soldagem. Material: aço inoxidável 304; laser de CO_2 com elevada vazão de gás[18]

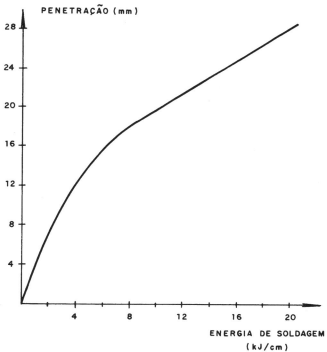

Figura 6.30 — Efeito da energia de soldagem na penetração da solda. Material: aço inoxidável 304; laser de CO_2 com elevada vazão de gás[19]

Tabela 6.7 - Processamento de materiais com laser de CO_2; adaptado de [18]

Material	Processamento Soldagem	Processamento Corte	Comentários
aços inoxidáveis	3 - 4	3 - 4	Com restrições metalúrgicas apropriadas.
série 300	3 - 2	2 - 3	Remoção de escória após o corte. O aço 303 trinca após soldagem.
série 400	2 - 3	3	Aços com alto carbono necessitam preaquecimento e tratamento térmico pós-soldagem.
aço galvanizado	2 - 1	3	Perda de zinco durante a soldagem.
aço carbono			
baixo carbono	4	4	
médio carbono	3 - 4	4	
alto carbono	2	3	Solda frágil com carbono maior que 0,04%
aço p/ usinagem	1	—	Enxofre pode causar porosidade e trincas.
aço ARBL	3	3	
aço recoberto	—	3	Recobrimento prejudicado nas bordas cortadas.
aço para mola	—	3	
titânio	3 - 4	3	Soldas dúcteis. Precauções especiais contra oxidação.
zircalloy	3	—	
hastalloy X	1 - 2	—	Elevada freqüência de pulsação para evitar trincas de solidificação
cobre	2 - 3	2 - 3	Solda espessuras menores que 3mm com ajuda de oxigênio
alumínio	2 - 3	1 - 2	Reflectividade e condutividade térmica restrigem o processamento.
série 1000	2 - 3	—	Metal puro tem boa soldabilidade.
série 2000	1 - 3	1	Liga 2219 não trinca. Soldagem de 2024 com adição de 4047
série 3000	2	—	
série 5000	2 - 3	2 - 1	Ligas 5456 e 5086 com boa soldabilidade. Liga 5052 com soldabilidade razoável.
série 6000	1	1	Liga 6061 e 6063 necessitam de metl de adição.
monel	3	—	Solda dúctil.
níquel	3	—	Solda dúctil.
tântalo	2 - 3	2	Precauções especiais contra oxidação
tungstênio	1 - 2	—	Solda frágil. Necessita de potência elevada.
molibdênio	1 - 2	—	Solda frágil. Aceitável se a solicitação mecânica for baixa
zircônio	2 - 3	—	Solda dúctil. Precauções especiais contra oxidação.
plástico	—	3 - 4	
polietileno	2	4	
acrílico	—	4	
náilon	—	4	
madeira	—	4	Bordas ficam carbonizadas.
fibra de vidro	—	1 - 2	Problemas de qualidade nas bordas.
mat. composto	—	2 - 3	Depende do tipo de matriz epóxi empregada.
vidro	—	3 - 4	Depende do coeficiente de expansão térmica.
couro	—	4	
papel	—	4	

Observação: 1 = ruim; 2 = razoável; 3 = bom; 4 = excelente

4. EMPREGO DO PROCESSO

A Tab. 6.7 mostra o comportamento de alguns materiais na soldagem e corte com laser de CO_2.

3.ª PARTE - CUSTOS

Os processos de soldagem por laser e por feixe de elétrons competem entre si e a escolha de um dos dois processos para aplicações industriais pode ser norteada pelas seguintes considerações:[19]
- aplicação realizada somente por um dos dois processos.
- processo de soldagem com custo mais baixo por unidade.
- para custo por unidade equivalente, qual o produto com características técnicas superiores.
- para custo por unidade equivalente, qual a melhor condição operacional.

Para calcular o custo por unidade, deve-se levar em conta os seguintes fatores:
- investimento para o processo e ferramental.
- custo de preparação antes e após o processamento.
- consumíveis
- custos diretos e indiretos
- manutenção e reparos.

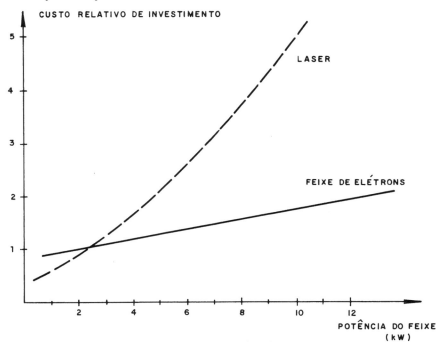

Figura 6.31 — Comparação dos custos de investimento[5]

A Fig. 6.31 compara, em valores relativos, o custo do investimento de ambos os processos em função da potência do feixe. Essa figura foi levantada para a soldagem de peças pequenas, utilizadas na indústria automobilística, com grande produtividade e com operação no máximo de potência.

Observando-se a figura, pode-se tirar as seguintes conclusões:

a) para chapas finas com espessura menor que 3 mm, que utilizam uma potência ao redor de 1,5 kW, o processo de soldagem por laser pode ser vantajoso.

b) para espessuras maiores que 6 mm, que necessitam uma potência aproximada de 5 kW, o processo de soldagem por feixe de elétrons pode ser mais vantajoso.

c) para espessuras entre 3 e 6 mm, os processos são bastante competitivos e necessita-se um estudo econômico mais detalhado para definir a solução recomendada.

BIBLIOGRAFIA

1. RYKALINE, N.N. - Les sources d'énergie utilisées en soudage; Soud.Tec.Conn., 28(11/12): 471-85, nov/dez. 1974
2. TERAI, K.: NAGAI H. - The application of. Electron Beam Welding - Part 1 - Equipment; Met.Costr., 10(11): 685-89. nov. 1978.
3. SUSEI, S. et al. - General View of Application of EB Welding in Pressure Vessel Technology; Kawasaki Heavy Industries, jul 1977, p. 1-44.
4. SAYEGH, G. - Electron beam welding; Sciaky Co.; 2.ª ed 1977.
5. ASM - Metals Handbook - Welding and brazing; vol. 6 9.ª ed 1983 p. 609-46
6. MESSER GRIESHEIM - Electron Beam Technique - catálogo técnico, 1985
7. RUSSEL, J.D. - Electron Beam Welding - a review; Met.Constr., 13 (7): 402-409, jul 81.
8. SCHILLER, S. et al. - Electron Beam Technology; John Wiley & Sons Co.; 1.ª ed 1982.
9. KOMIZO, K.; et al. - Effects of Process Parameters on Centerline Solidification in EB Welds; Met.Constr. & Brit Weld. J., 18(2) : 104R-111R, fev. 1986.
10. MELEKA, A.H - Electron Beam Welding; Mc Graw-Hill Co; 1.ª ed 1971
11. MAYER R. et al - New High-Speed Beam Current Control and Deflection Systems Improve Electron Beam Welding Applications; Weld. J., 56(6) : 35-41, jun. 77.
12. BURNS, T.E. - Applications of Electron Beam Welding; Met.Constr. and Brit. Weld. J.; vol. 7, jun. 1975, p. 333-37.
13. SCIAKY - Electron Beam Process; catálogo técnico; 1973.
14. ANDERL, P. et al. - Electron Beam Welding of Large size Workpieces with Mobile Vacuum Unit Under Nearly Practical Condictions; relatório 09/81 da Messer Griesheim.
15. HOULDCROFT, P.T. - Welding Process Technology; Cambridge University Press; 1.ª ed. Inglaterra, 1979
16. BREINAN, E.M. et al. - Laser welding: the present state-of-the-art. In: Source look on electron beam and laser welding; ASM, USA, 1981; p.247-313
17. HERBRICH, H. et al. - Le laser CO_2; Soud. Tech. Conn., 36(9/10) ; 366-371, set/out, 1982.
18. BELFORT, D. & LEVITT., M - The Industrial Laser Annual Handbook; Penn Well Pub.Co., USA, 1987.
19. SAYEGH, G. - What choice for high integrity joints: electron beam or laser beam welding? - Doc. IIW n.º IV - 393-85.

6c Soldagem por atrito*

Sérgio D. Brandi

1. INTRODUÇÃO

O desenvolvimento deste processo de soldagem é reclamado por vários países. Ele foi introduzido na União Soviética, em 1956, graças a uma patente britânica de 1939. Foram feitas inovações nos Estados Unidos, de tal maneira que o processo modificado foi patenteado em 1966.

Devido a essas patentes existem duas variantes no processo, cujas diferenças estão no modo de geração da energia: a soldagem por atrito convencional (russa) e a soldagem por atrito inercial (americana). Na primeira, a energia para o processo é obtida através de um mandril que gira indeterminadamente e é mantido por um tempo predeterminado. Na segunda, a energia é obtida por intermédio de um volante em rotação.

2. CARACTERÍSTICAS GERAIS
Conceito do processo

Trata-se de um processo de soldagem no estado sólido, cujo aquecimento, que causa a ligação entre as partes a serem soldadas, é gerado mecanicamente. Esse aquecimento é devido à rotação de uma das partes mantida sob pressão contra a outra, que está fixa.

A soldagem é feita em poucos segundos, a solda é de alta resistência e a zona afetada pelo calor relativamente estreita. A Fig. 6.32 mostra esquematicamente etapas do processo.

Durante o início da fricção o contato entre as partes a serem soldadas ocorre em pequenas áreas (b). Com o aumento da força aplicada, há ampliação da área de contato devido à deformação plástica, ocorrendo a solda nos pontos de contato. Essa força á aumentada até que haja o contato íntimo entre as duas áreas. Devido à energia cinética envolvida no processo, ocorre o aquecimento nas regiões proximas às superfícies de contato; estas tornam-se plásticas e fluem (c). Esse fato é muito importante, pois a ligação final dá-se por caldeamento, evitando-se a formação de fases líquidas e conseqüentemente os inconvenientes de uma estrutura bruta de fusão (d).

---

* A elaboração deste capítulo foi baseada em texto preparado por Cláudio R. T. Lucci para a publicação "Soldagem" editada pela Associação Brasileira de Metais.

SOLDAGEM: PROCESSOS E METALURGIA

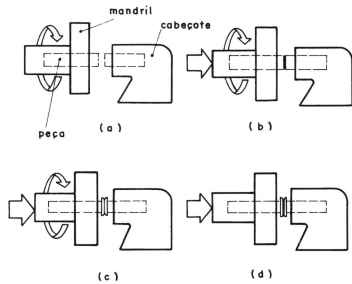

Figura 6.32 — Etapas do processo de soldagem por atrito convencional.
    a- o mandril é girado até obter a rotação desejada.
    b- o cabeçote é aproximado do mandril, aplicando-se a pressão.
    c- *fase de aquecimento* - a rotação e a pressão são mantidas por um certo tempo.
    d- *fase de forjamento* - terminada a rotação, mantém-se ou aumenta-se a pressão por um certo tempo.

Acredita-se que a força de atrito necessária para girar a superfície após soldada, deverá ser inicialmente igual à utilizada durante a soldagem. Isso ocorre com metais moles; porém, com metais duros ou superfícies contaminadas, as uniões podem quebrar devido à geração de tensão residuais induzidas por deformação plástica.

Tabela 6.8 - Particularidades das duas variantes do processo de soldagem por atrito

Soldagem por atrito convencional (processo russo)	Soldagem por atrito inercial (processo americano)
1. Fixação das partes a serem soldadas no mandril e no cabeçote.	
2. Colocação do mandril na rotação adequada	2. Colocação do mandril, geralmente acoplado a um volante, na rotação adequada.
3. Manutenção da rotação do mandril enquanto o cabeçote avança aplicando a pressão entre as superfícies.	3. O sistema em rotação é liberado por um sistema de embreagem. O sistema em rotação é abandonado à sua própria inércia
4. Manutenção da rotação e da pressão para que as superfícies atinjam a temperatura adequada de soldagem.	4. O cabeçote avança criando a pressão entre as superfícies, a qual é mantida constante até o término da soldagem.
5. A rotação é interrompida drasticamente por meio de um freio. A pressão pode ser aumentada para completar a soldagem.	

Soldagem por atrito

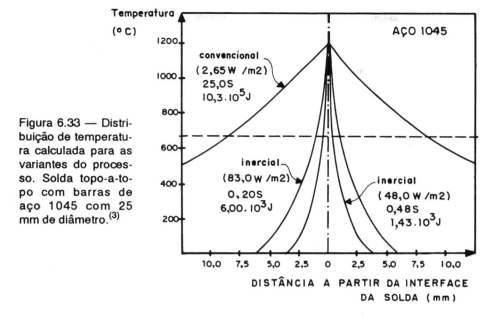

Figura 6.33 — Distribuição de temperatura calculada para as variantes do processo. Solda topo-a-topo com barras de aço 1045 com 25 mm de diâmetro.[3]

Por essas razões, quase sem exceção, a junta soldada apresenta características mecânicas e metalúrgicas superiores a, pelo menos, um dos metais que constituem o conjunto soldado. Consegue-se também soldar metais e ligas de natureza diversa, mesmo aqueles cuja soldagem seria impossível por outro processo. Isso é devido à temperatura não muito elevada alcançada durante o processo e ao curto tempo nessa temperatura, reduzindo a formação de fases indesejáveis. Mesmo no caso de metais reativos não ocorre a oxidação, porque as partes são mantidas em contato.

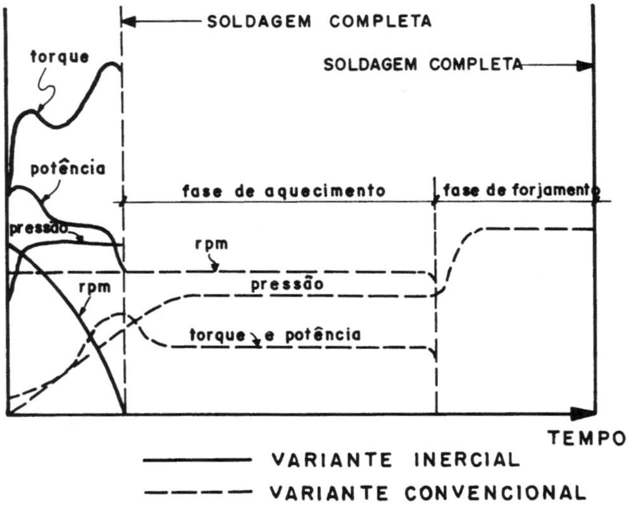

Figura 6.34 — Representação gráfica das variáveis e regimes nas duas variantes do processo.

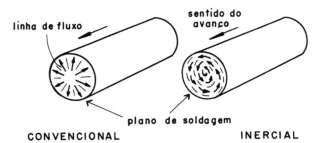

Figura 6.35 — Linhas de fluxo nas duas variantes do processo

Se houver oxidação ou formação de impurezas, elas serão arrastadas pelo fluxo metálico, dando propriedades excelentes à união.

Variante do processo

As duas variantes do processo têm suas particularidades indicadas na Tab. 6.8

Na Figura 6.33, que mostra a diferença de aquecimento nas duas variantes do processo, observa-se que há um aquecimento mais lento na soldagem por atrito convencional. Isso é devido à baixa potência por unidade de área. Como conseqüência, o tempo de aquecimento é maior

Tabela 6.9 - Comparação entre as duas variantes do processo de soldagem por atrito

Característica	Inercial	Convencional
Variáveis de processo	Velocidade relativa Pressão Inércia do volante	Velocidade relativa Pressão Duração do aquecimento
Tempo de soldagem	Menor (10% do tempo do processo convencional)	Maior
Energia de soldagem	Maior (23 - 174 W/mm^2)	Menor (12 - 47 W/mm^2)
Torque	Maior	Menor
Tamanho da zona afetada pelo calor	Menor	Maior
Resistência da solda	Maior (linhas de fluxo espiraladas)	Menor (linhas de fluxo radiais)
Fixação das peças	Garras do mandril com eficiência elevada para resistir a torques elevados e evitar a rotação da peça	Garras do mandril normais
Equipamento	Deve ser robusto para resistir às elevadas cargas axiais e de torção	Pode ser projetado para operações portáteis

Soldagem por atrito

que o da outra variante, além de possuir uma zona afetada pelo calor muito larga.

A Fig. 6.34, que mostra as variáveis de processo das duas variantes, indica que o tempo de soldagem pelo processo convencional é muito maior. No processo inercial há melhor controle da temperatura e o torque utilizado é muito maior, acarretando em ter garras do mandril mais eficientes para esse processo. Além disso, as linhas de fluxo formadas com o escoamento do metal da superfície soldada influem na resistência da solda. No processo convencional elas são radiais, enquanto que no processo inercial são espiraladas.

Conforme indica a Fig. 6.35, há no processo maior entrelaçamento das linhas de fluxo, daí resultando em maior resistência quando comparada com o processo convencional.

A Tab. 6.9 é um resumo da comparação entre as duas variantes do processo.

Variáveis do processo

Inicialmente é necessário conhecer o torque a ser aplicado, já que ele é inversamente proporcional à temperatura na interface da soldá.

A potência utilizada no processo convencional de soldagem por atrito é dada por;

$$W = 2{,}7\,\pi\cdot\omega\cdot T \qquad (1)$$

onde: W = potência
 ω = rotação
 T = torque

O torque para essa variante pode ser calculado, no caso de barras, por:

$$T = 2\pi\cdot\mu\cdot P\cdot r^3 \qquad (2)$$

com: μ = coeficiente de atrito
 P = pressão aplicada
 r = raio de superfície

No caso de soldagem de tubos, a equação (2) torna-se:

$$T = 2/3\cdot\pi\cdot\mu\cdot P\,(R_o^3 - R_i^3) \qquad (3)$$

com: R_o = raio externo
 R_i = raio interno

Para a variante inercial, a energia envolvida para a soldagem de duas partes é dada por:

$$E = \frac{W \cdot K^2 \cdot (RPM)^2}{5873} \qquad (4)$$

onde : W = potência
K = constante

Conforme se observa na Tab. 6.9 cada variante comporta basicamente três variáveis de processos, sendo duas comuns e ambas variantes. Essas variáveis dependem basicamente do metal a ser soldado e da geometria da solda, porém com uma faixa de trabalho bem ampla para cada variável.

O tamanho da zona afetada pelo calor e o tempo de soldagem variam diretamente com a velocidade relativa.

A influência da velocidade no tempo de aquecimento é mostrada esquematicamente na Fig. 6.36.

Little[8] propôs, para estimar a força necessária para a soldagem por atrito, a fórmula

$$F = (k \cdot f \cdot c) \cdot \frac{T_f}{10^4} \qquad (5)$$

onde:
F = força soldagem
k = condutividade térmica do metal
f = densidade do material
c = calor específico do material
T_f = temperatura de fusão do material

Como a força é função do torque e da velocidade de soldagem, calculou-se através de relações empíricas a velocidade crítica mínima de soldagem, cujos valores podem ser observados na Tab. 6.10.

Tabela 6.10 - Valores da força e velocidade crítica mínima de soldagem

Material	Força (10^4 N)	Velocidade crítica mínima (m/s)
Chumbo	50	0,25
Aço inoxidável	260	1,00
Alumínio	380	1,25
Aço-ferramenta	430	1,40
Aço de baixo carbono	470	1,75
Níquel	650	3,25
Titânio	800	3,75
Cobre	950	9,00
Molibdênio	1250	10,00
Tungstênio	1750	12,50

Soldagem por atrito

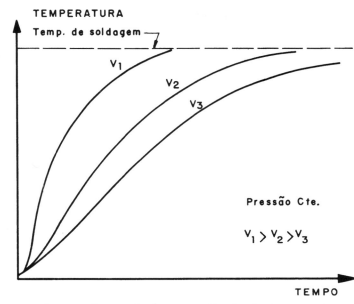

Figura 6.36 — Influência da velocidade de soldagem no tempo de aquecimento das peças, mantida a pressão constante.

A pressão controla o gradiente de temperatura e influencia no torque e na potência. Com o aumento da pressão há diminuição na zona afetada pelo calor. Deve-se ressaltar que a pressão depende do material a ser soldado e deve ser tal que mantenha as superfícies em contato.

A influência da pressão no aquecimento das peças é vista, esquematicamente, na Fig. 6.37.

No caso da variante convencional a duração do aquecimento deve ser controlada, ou pelo tempo ou pelo deslocamento. Um aquecimento excessivo pode diminuir a produtividade e aumentar o consumo de material. Além disso, um aquecimento irregular pode gerar inclusões e regiões não unidas na superfície de solda.

A inércia do volante, no caso da variante inercial, influi no torque e na potência. Com o aumento da potência e da inércia do volante há diminuição no tamanho da zona afetada pelo calor.

A Fig. 6.38 mostra o efeito dessas variáveis na solda. Cada uma delas é mostrada independentemente da outra.

As Tabs. 6.11 e 6.12 apresentam os valores das variáveis de processo para as duas variantes, convencional e inercial.

3. TECNOLOGIA DE EXECUÇÃO
Campo de aplicação

A maioria dos metais pode ser soldado por atrito, sendo uma exceção o ferro fundido. Além deste, cuja grafite age como lubrificante, outros

SOLDAGEM: PROCESSOS E METALURGIA

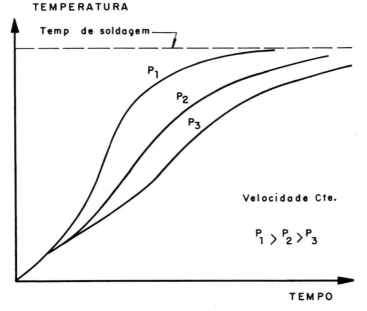

Figura 6.37 — Influência da pressão de soldagem no tempo de aquecimento, mantida constante a velocidade de soldagem

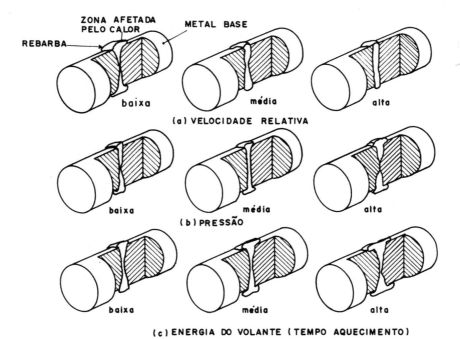

Figura 6.38 — Efeito das variáveis de processo na soldagem por atrito.[2]

Soldagem por atrito

Tabela 6.11 - Valores de algumas variáveis de processo, características da soldagem por atrito convencional [1]

Material	Diâmetro (mm)	Rotação (rpm)	Pressão (kg/mm²) Fase de aquecimento	Pressão (kg/mm²) Fase de forjamento	Tempo total (s)
Aço-carbono	12,5 25,0	3000 1500	34,5 52,0	34,5 52,0	7 15
Aço inox (300 e 400)	25,0 137,5 (exter.) 112,5 (int.)	3000 800	83,0 138,0	110,5 138,0	7 35
Aço inox c/ aço-carbono	18,7	3000	52,0	103,5	10
Aço ferramenta (tipo T-1)	18,7	4000	103,5	138,0	10[2]
Cobre [1]	25,0	6000	34,5	69,0	18
Alumínio com. puro [1]	18,7	3800	27,5	45,0	6
Aços-liga [3]	9,4	5000	172,5[4]	276,0	10[2]
Aço-liga com aço-carbono [5]	43,7 (exter.) 31,2 (int.) 112,5 (exter.) 81,2 (int)	6800 3000	17,0[6] 38,0[7]	41,5 110,5	42[2] 26[2]

(1) Pequenas quantidades de elementos de liga afetam os parâmetros consideravelmente
(2) Necessário o tratamento térmico após soldagem
(3) AISI 3140 com aço 21%Cr - 4%Ni - 9%Mn
(4) Atingir a pressão em 3s.
(5) AISI 4140 com aço 1035
(6) Atingir a pressão em 20s.
(7) Atingir a pressão em 26s.

tipos de liga que possuem baixo coeficiente de atrito não podem ser soldados. É o caso dos bronzes e latões com mais de 0,3%Pb. Certos aços com inclusões de sulfetos de manganês também não podem ser soldados devido à formação da fases frágeis na solda.

A Tab. 6.13 mostra as possíveis combinações de soldagem por atrito entre diferentes metais e os resultados que podem ser esperados.

Propriedades mecânicas da solda

Como não há fusão do metal a ser soldado, nem contaminação com a atmosfera, as propriedades mecânicas da solda são próximas da do metal original. A variação de dureza ao longo da zona afetada pelo calor é

SOLDAGEM: PROCESSOS E METALURGIA

Tabela 6.12 - Valores de algumas variáveis de processo, características da soldagem por atrito inercial em barras de 25mm ∅ [2]

	Material	Parâmetros de soldagem			Condições resultantes da solda		
		Rotação (rpm)	Força aplicada 10^3 N	Massa inercial 10^4 kg/mm²	Energia 10^3 J	Recalque (mm)	Tempo de soldagem (s)
Similar	Aço de baixo carbono	4600	53,5	28,0	32,5	2,50	2,0
	Aço de médio carbono	4600	62,5	33,0	38,0	2,50	2,0
	Aço de baixa liga	4600	67,0	35,0	40,5	2,50	2,0
	Superligas	1500	222,5	548,0	67,5	2,75	3,0
	Aços maraging	3000	89,0	84,5	40,5	2,50	2,5
	Aços inox. ferríticos	3000	80,0	84,5	40,5	2,50	2,5
	Aços inox. austeníticos	3500	80,0	59,0	40,5	2,50	2,5
	Cobre	8000	22,0	4,0	13,5	3,75	0,5
	Latão	7000	22,0	5,0	13,5	3,75	0,7
	Ti - 6Al - 4V	6000	35,5	7,0	21,5	2,50	2,0
	Alumínio (AA1100)	5700	26,5	11,5	20,5	3,75	1,0
	Alumínio (AA6061)	5700	31,0	12,5	23,0	3,75	1,0
Dissimilar	Cobre/Aço-carbono	8000	22,0	6,0	20,5	3,75	1,0
	Superliga/Aço-carbono	1500	178,0	548,0	67,5	3,75	2,5
	Aço inox./Aço-carbono	3000	80,0	84,0	40,5	2,50	2,5
	Aço sintenizado/Aço-carbono	4600	53,5	35,0	40,5	2,50	2,5
	—	—	—	—	—	—	—
	Alumínio/Aço inox (AA6081)	5500	22,0	16,5	27,0	5,60	3,0
	Cobre/Alumínio	5500	67,0[1]	16,5	27,0	5,00	3,0
	Aço ferramenta/Aço-carbono	3000	178,0	114,0	54,0	2,50	3,0

(1) Menor pressão durante o aquecimento, aumentado até a pressão máxima, próximo ao fim da soldagem

muito pequena, conforme se observa na **Fig. 6.39**.

A resistência à fadiga também não é muito afetada, principalmente quando o material for temperado e revenido após a soldagem. A **Fig. 6.40** compara o comportamento de um eixo forjado e outro soldado pela variante inercial.

Soldagem por atrito

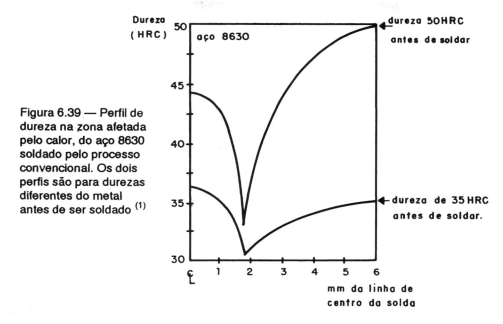

Figura 6.39 — Perfil de dureza na zona afetada pelo calor, do aço 8630 soldado pelo processo convencional. Os dois perfis são para durezas diferentes do metal antes de ser soldado [1]

Fonte de energia

A Fig. 6.41 mostra o esquema do equipamento de soldagem por atrito convencional. O alinhamento é conseguido através dos ressaltos de correção. O engate dos ressaltos é feito no fim do estágio de atrito, antes do estágio de forjamento.

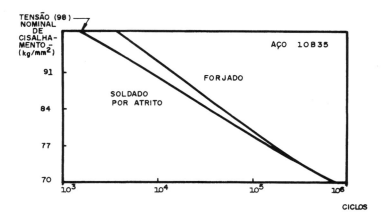

Figura 6.40 — Ensaios de fadiga à torção em um eixo de aço SAE 10B35 com 5 cm de diâmetro. Ambos foram tratados até uma dureza de 50HRC[1]

Tabela 6.13 - Possibilidade da aplicação da soldagem por atrito para alguns materiais[4]

Materiais	1	2	3	4	5	6	7	8	9	10	11	12	13	14
1. Aço carbono	B	B	B	B	B						B	N		
2. Aço ligado	B	B	B	B	B							N		
3. Aço maraging	B	B	B	B										
4. Aço inoxidável	B	B	B	B	B	F					B			
5. Alumínio	B	B		B	B	B		B			B			B
6. Ligas de alumínio	F			F	B	B		B						
7. Cádmio, óxido de											F			
8. Cerâmica				B	B									
9. Chumbo endurecido p/ dispersão									B					
10. Cobalto										N				
11. Cobre	B			B	B		F				B			N
12. Bronze	N	N												
13. Cupro-níquel													B	
14. Latão				B							N			F
15. Ferro sinterizado	B													
16. Invar														N
17. Magnésio				N	N									
18. Ligas de magnésio				N	B	N								
19. Molibdênio														
20. Monel		B		B										
21. Níquel				B										
22. Ligas de níquel														
23. Nimonic	B	B		B										
24. Nióbio				N										
25. Ligas de nióbio														
26. Prata											B			
27. Ligas de prata														
28. Tântalo				N										
29. Tório														
30. Titânio	N				B						N			
31. Tungstênio														
32. Carbeto de tungstênio					B									
33. Urânio														
34. Vanádio				N										
35. Zircônio, ligas de				F	B									

Legenda: B = boa soldabilidade; F = solda frágil; N = não solda

Soldagem por atrito

Tabela 6.13

	15	16	17	18	19	20	21	22	23	24	25	26	27	28	29	30	31	32	33	34	35
1.	B								B							N		F			
2.						B			B												
3.																					
4.				N		B			B	N				N						N	F
5.		N	B				B									B		B			B
6.		N	N																		
7.																					
8.																					
9.																					
10.																N					
11.												B									
12.																					
13.																					
14.		N																			
15.																					
16.																					
17.			N	N												N					
18.				N	N																
19.					N									N		N					
20.						B															
21.																N					
22.							B														
23.								B													
24.																					N
25.											B										
26.																N		B			
27.													F								
28.				N												B					
29.															F						
30.		N		N		N						N		B		B					
31.																		F			
32.												B									
33.																			F		
34.																					
35.									N												

Legenda: B = boa soldabilidade; F = solda frágil; N = não solda

SOLDAGEM: PROCESSOS E METALURGIA

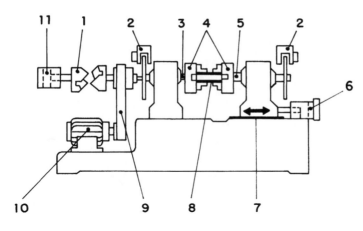

Figura 6.41 — Esquema de máquina de soldagem por atrito convencional
(1) ressalto de correção; (2) freio; (3) eixo-motor;
(4) mandril; (5) eixo fixo; (6) cilindro hidráulico a óleo; (7) deslizamento; (8) material; (9) correia de transmissão; (10) motor; (11) cilindro hidráulico a óleo para a correção e o forjamento.

4. PROJETO DA PEÇA

Limite dimensional

Geralmente consegue-se soldar peças com diâmetros entre 5 e 100 mm. Na soldagem de tubos ou peças com seção não circular deve-se considerar a área equivalente àqueles limites.

O comprimento final do conjunto soldado deve ser determinado experimentalmente e, uma vez estabelecido, a variação da contração não deve exceder de 5%.

Quanto à tolerância das partes, na variante inercial ela é determinada pelos limites das partes antes da soldagem. Já para a variante convencional consegue-se manter a tolerância da solda menor que a das partes antes da soldagem, bastando para isso controlar o período de aquecimento.

Tipo de juntas

O processo de soldagem por atrito está limitado aos tipos de juntas de

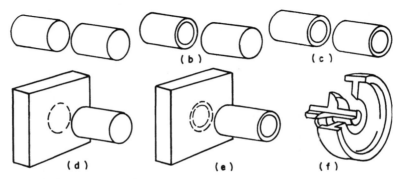

Figura 6.42 — Classificação dos tipos mais comuns de juntas para a soldagem por atrito[2]
a) barra com barra; b) barra com tubo c) tubo com tubo; d) barra com placa; e) tubo com placa; f) junta angular.

Soldagem por atrito

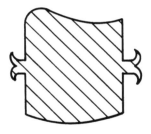
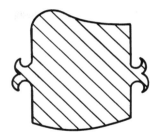

Figura 6.43 — Configuração da rebarba com ângulo reto à esquerda e com pequena curvatura à direita

topo, planas ou angulares, que devem ser perpendiculares e concêntricas com o eixo de rotação. Alguns tipos de juntas de topo planas são mostradas na Fig. 6.42 .

A superfície a ser soldada não precisa ter bom acabamento, já que ela será uma junta de topo e haverá uma fricção entre as superfícies. Portanto, superfícies forjadas, cortadas com tesoura, com gás, ou discos abrasivos são aceitáveis; necessita-se, porém, de uma quantidade de calor extra para remover as irregularidades das superfícies. Se estas forem perpendiculares, poderá haver problemas na concentricidade ou mesmo distorção.

Rebarba

A rebarba é fortemente aderida à peça e, geralmente não precisa ser removida. Quando as áreas de solda são diferentes, poderá ocorrer rebarba secundária e esta deverá ser removida.

No caso da rebarba formar ângulo reto com a peça (Fig. 6.43), essa configuração poderá ser prejudicial se estiver localizada em local crítico. Ajustando-se os parâmetros do processo poder-se-á eliminar esse ângulo reto, tornando-o suave, e conseqüentemente evitar a remoção da rebarba.

A remoção da rebarba pode ser feita por usinagem, cisalhamento ou esmerilhamento. Existem equipamentos para rebarbação a quente, logo após a soldagem, sendo comum para a soldagem de válvulas do motor.

5. CONTROLE DE QUALIDADE DA SOLDA

A qualidade da solda depende da escolha correta das variáveis de processo. Por ser um tipo de soldagem no estado sólido e por não necessitar de metal de adição ou mesmo fluxos, praticamente não ocorrem defeitos como: poros devido a gases, inclusões de escória e fase frágeis. Os defeitos mais comuns são: cisalhamento na zona afetada pelo calor (baixa velocidade inicial ou volante superdimensionado) e defeitos centrais causados por pequenos orifícios no centro de uma das peças.

Os tipos de exame mais utilizados são: a inspeção visual e a medida

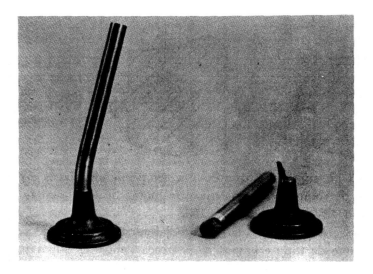

Figura 6.44 — Ensaio de dobramento de uma haste de válvula soldada por atrito. À esquerda, a união foi perfeita; à direita, ocorreu o trincamento na solda (cortesia da TRW do Brasil)

do comprimento da peça. Os ensaios de tração, flexão, impacto e fadiga podem ser utilizados para o controle de qualidade.

Geralmente faz-se também uma metalografia da junta soldada, bem como medidas de dureza ao longo da zona afetada pelo calor.

Figura 6.45 — Válvulas para motores a combustão interna, antes e após a soldagem (cortesia TRW do Brasil)

Soldagem por atrito

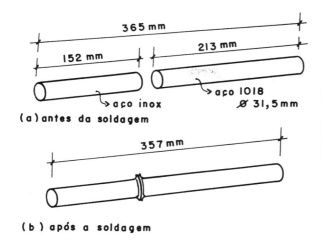

Figura 6.46 — Haste de uma bomba para meio corrosivo. Em (a) as barras das duas ligas antes da soldagem; em (b) a haste bimetálica após a soldagem.

6. EXEMPLOS DE APLICAÇÃO

Válvulas para motores de combustão interna

Utiliza-se a variante convencional para fazer o soldagem da cabeça da válvula com a haste da mesma. A cabeça é feita com um aço resistente ao calor, enquanto que a haste é com aço tipo 4140. Essa combinação permite grande economia, visto que o aço resistente ao calor só é utilizado realmente onde se faz necessário, Além disso, o processo é muito produtivo, perfazendo a média de 180 peças/h.

A Fig. 6.45 mostra as partes antes e após a soldagem.

Hastes de bombas para meios corrosivos

A produção destas hastes bimetálicas de bombas é um exemplo de como podem ser reduzidos os custos na fabricação de um componente. A

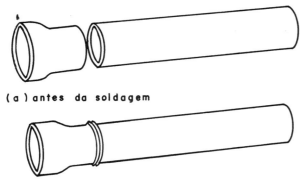

Figura 6.47 — Esquema dos tubos, mostrando as duas partes antes (a) e após a soldagem (b)

produção dessas hastes era feita com uma barra de aço inoxidável, com a seguinte composição química: 0,05%C; 0,75%Mn; 1,0%Si; 20%Cr; 29%Ni; 2,2%Mo; 3,2%Cu. Com a aplicação da soldagem por atrito inercial conseguiu-se reduzir a despesa de fabricação, através da utilização de uma barra de aço 1018 soldada a uma barra menor do aço inoxidável. Com esse artifício, somente a parte realmente exposta ao meio corrosivo é de aço inoxidável, enquanto que o restante, não exposto ao meio, é de aço 1018. A diminuição nos custos foi da ordem de 45% no que se refere a economia de material e de 10% na usinagem da haste. A análise metalográfica da união mostrou que a ligação foi bem feita. A Fig. 6.46 mostra um esquema da haste.

Produção de tubos para a perfuração de poços e para sondagem

Foram desenvolvidos equipamentos de soldagem por atrito para a produção de tubos para sondagem e para perfuração de poços. A soldagem é feita entre tubos de diâmetros diferentes para dar um perfil suave ao produto terminado. A capacidade desse equipamento é para tubos entre 10 e 13 m de comprimento, e para isso foi desenvolvido um mandril apropriado. A melhora da produtividade é conseguida através da introdução de um sistema de automação para controle do processo e remoção de rebarbas. Os tubos assim obtidos têm boa qualidade, o que faz com que satisfaçam os requisitos das normas da API (American Petroleum Institute). A Fig. 6.47 mostra um esquema do tubo antes e após a soldagem.

BIBLIOGRAFIA

1. AWS-Welding Handbook; Welding, Cutting and Related Processes, seção 3, parte A, Cap. 50, 1970.
2. ASM-Metals Handbook; vol. 6, Welding and Brazing; 8.ª ed, vol 6, p. 507-18; 1971.
3. HOULDCROFT, P.T. - Welding Process Technology; Cambridge Un. Press., 1.ª ed.,p. 231-40, 1979.
4. ELLIS, C. R. G - Friction Welding: What it is and How it Works; Brit. Weld. J. vol.2, n.° 5, p.185-205; 1970.
5. SQUIRES, I. F. - Thermal and Mechanical Characteristics of Friction Welding Mild Steel; Brit. Weld. J., Vol. 13 n.° 11, p. 652-57; 1966.
6. CROSSLAND, B. - Friction Welding; Contems. Phys. vol. 12 n.° 6, p.559-74; 1971.
7. ELLIS, C. R. G. - Some Recent Applications of Friction Welding; Weld S. Met. Fabr. vol. 45, n.° 4, p. 207-11; 1977
8. ARTHUR D. LITTLE Inc, Cambridge, Mass. - under contract for Caterpilar Tractor Co.

7 Revestimento duro por soldagem

Sérgio D. Brandi

1. INTRODUÇÃO

O desgaste é definido pela norma ASTM G40-82[1] como:
"dano a uma superfície sólida envolvendo uma perda progressiva de material devido à movimentação relativa entre a superfície e um ou vários materiais."

Desta definição pode-se tirar três idéias importantes:

a) *Dano a uma superfície*: o desgaste é um fenômeno tipicamente superficial.

b) *Movimentação relativa*: é importante para ajudar e identificar os tipos de desgaste e os fatores que podem acelerá-lo.

c) *Tipo de material*: ajuda na identificação do tipo de desgaste e na maior ou menor severidade de um tipo de desgaste para materiais diferentes.

Segundo a referida norma os tipos de desgaste são os seguintes:

Abrasão - Desgaste devido a partículas e/ou protuberâncias duras que são forçadas contra uma superfície e se movem sobre ela.

Adesão - Desgaste devido à interação localizada entre duas superfícies sólidas em contato, fazendo com que o metal se transfira de uma superfície para outra, ou seja extraído da superfície para o meio exterior.

Corrosão - Desgaste no qual a reação química ou eletroquímica da superfície com o meio circundante é significativa.

Erosão - Perda progressiva de material de uma superfície devido à interação entre essa superfície e um fluído ou o choque de um jato líquido ou de partículas sólidas.

Cavitação - Formação e colapso, dentro de um líquido, de bolhas de vapor ou de gases.

Existem fatores que podem se associar a um determinado tipo de desgaste, acelerando-o ainda mais; entre outros, pode-se citar: o choque, a corrosão e a fadiga.

Nas situações reais o que ocorre é a composição de diversos tipos de desgaste que agem simultaneamente. Neste caso, a aplicação deve levar em conta o mecanismo preponderante, que determinará o tipo de aplicação mais adequado.

Como o desgaste é um fenômeno tipicamente superficial, a solda de revestimento tem sido utilizada com sucesso na diminuição do custo de fabricação de peças, na prevenção e na manutenção de peças desgastadas.

A escolha da mais adequada técnica de reparo da parte desgastada do equipamento envolve, entre outros aspectos, o estudo do tipo de desgaste, a escolha do metal de adição e o procedimento de soldagem mais adequado, além de um estudo do custo envolvido no reparo.

2. MECANISMOS DE DESGASTE

Alguns tipos de desgaste possuem um mecanismo já conhecido. Outros, com a adesão e a abrasão, possuem mecanismos bastante complexos e ainda não completamente entendidos.

Desgaste por adesão

A teoria da delaminação, proposta por Suh[5], explica o desgaste por adesão como resultado da deformação subsuperficial, seguida da nucleação da trinca paralela à superfície desgastada e a propagação desta trinca. Os fatores que aceleram este tipo de desgaste são a força de atrito e a microestrutura das ligas das superfícies em contato.

A força de atrito possui uma componente tangencial (força de sulcamento) e outra normal (força de adesão). A componente tangencial pode ser diminuída com o aumento da dureza por solução sólida.[7] A componente normal também é diminuída com um aumento de dureza e com metais com baixa solubilidade mútua.

Para a microestrutura diminuir os efeitos do desgaste por adesão é preciso que esta proporcione baixo coeficiente de atrito, ao lado de dureza e tenacidade altas. Essa combinação é incompatível e as três propriedades devem ser otimizadas para conseguir uma liga que melhor resista ao desgaste.

O aumento da dureza geralmente envolve a presença de uma segunda fase, visto que o endurecimento por solução sólida proporciona um aumento limitado da dureza. Com a presença dessa segunda fase aumenta a velocidade de nucleação da trinca e, conseqüentemente, o desgaste por adesão.[6] Algumas alternativas seriam uma segunda fase pequena, de tal maneira que ela não fosse um sítio de nucleação de trincas, ou um aumento na fração volumétrica da segunda fase dura, fazendo com que a matriz seja somente uma pequena porção da liga.

Revestimento duro por soldagem

Desgaste por abrasão

O mecanismo básico do desgaste por abrasão foi proposto por Khrushchov e Babichev.[4] Segundo eles, existem dois processos agindo quando o abrasivo entra em contato com a superfície: o primeiro seria a formação de um sulco devido à deformação plástica porém sem remoção de material; o segundo, a remoção do material da superfície na forma de pequenos cavacos. Estudos posteriores mostraram que aproximadamente 40% do material é removido por cavacos e o restante por deformação plástica(cisalhamento).

Os fatores que podem acelerar o desgaste são: propriedades do abrasivo, fatores externos (velocidade, carga etc.), propriedades mecânicas do metal e estrutura metalúrgica.

3. FATORES QUE AFETAM O DESGASTE ABRASIVO

Propriedades do abrasivo

Tipo de abrasivo e dureza - A resistência ao desgaste não é necessariamente, independente da dureza do abrasivo.

À relação entre a dureza do abrasivo e a dureza do metal (Ha/Hm) indica três comportamentos distintos com relação à velocidade de desgaste: para Ha/Hm entra 0,7 a 1,1 o desgaste é pequeno; para Ha/Hm entre 1,3 até 1,7 o desgaste é elevado, havendo indícios de que independe da dureza do abrasivo. Na faixa intermediária há uma região de transição, com o desgaste aumentando com a relação Ha/Hm. A Fig. 7.1 mostra esse comportamento.

A Fig. 7.2 apresenta o desgaste de bolas para moinho, em aço com 0,8% C e para três condições de estrutura: Martensita (M), com H_m = 760 HV; perlita fina (PF), com H_m = 400 HV; e perlita grosseira (PG), com

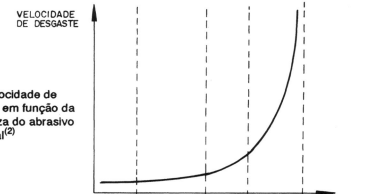

Figura 7.1 — Velocidade de desgaste relativo em função da razão entre dureza do abrasivo e dureza do metal[2]

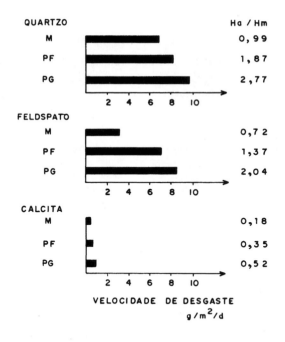

Figura 7.2 — Velocidade de desgaste em função das durezas do abrasivo e do metal (3)

$H_m = 270$ HV.

A Tab. 7.1 mostra a dureza de alguns minerais.

O modo de fratura também pode influir na velocidade de desgaste, com os novos fragmentos podendo agir como novos abrasivos.

Tamanho do abrasivo - O desgaste aumenta rapidamente até um tamanho crítico do abrasivo, a partir do qual o aumento é mais suave, conforme mostra a Fig. 7.3

Forma do abrasivo - As partículas podem ser classificadas em arredondada, subarredondada, angular e subangular.

Tabela 7.1 - Dureza de alguns minerais

Tipo de mineral	Dureza Knoop (KHN)	Escala Mohs
Calcita	140	3
Fluorita	180	4
Apatita	390	5
Vidro	450	—
Feldspato	550	5
Magnetita	570	5
Ortoclásio	620	6
Quartzo	750	7
Topázio	1300	8
Alumina	2000	9
Carboneto de silício	2300	—
Diamante	6000	10

Revestimento duro por soldagem

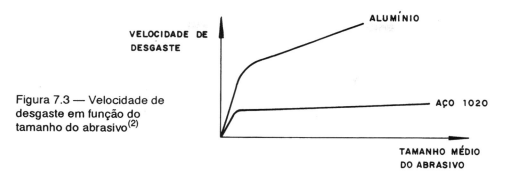

Figura 7.3 — Velocidade de desgaste em função do tamanho do abrasivo[2]

Trabalhos realizados mostraram que partículas de abrasivos angulares, com dureza baixa, produzem mais desgaste que partículas duras arredondadas. Assim, é de se esperar que o desgaste decresça na seguinte ordem de formato: angular, subangular, subarredondada e arredondadas.

Fatores externos

Velocidade relativa - O desgaste aumenta diretamente com a velocidade, sendo mais acentuado para partículas maiores e para materiais mais resistentes ao desgaste.

Pressão - O desgaste é diretamente proporcional à pressão aplicada até um valor crítico de pressão, determinado pela deformação da superfície desgastada ou pela instabilidade da superfície do abrasivo.

Umidade - A presença de umidade pode aumentar a velocidade de desgaste aproximadamente em 15%.

Figura 7.4 — Resistência ao desgaste em função da dureza para três tipos diferentes de metal.[3]

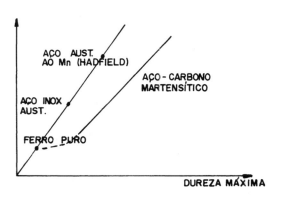

Figura 7.5 — Dureza máxima em função da resistência ao desgaste para três tipos de aço.[2]

Propriedades mecânicas do metal

Módulo de elasticidade - A resistência ao desgaste de metais puros aumenta diretamente com o módulo de elasticidade. Para os aços perlíticos, martensíticos ou revenidos, essa relação não é válida, porque o tratamento térmico não afeta o módulo de elasticidade.

Dureza - O desgaste de metais puros é diretamente proporcional à sua dureza. Nas ligas, a proporcionalidade é válida até determinado valor da dureza do material, a partir do qual a resistência ao desgaste cresce com menor intensidade, podendo até mesmo vir a diminuir após certo valor. É o que mostra a Fig. 7.4.

Dureza superficial - Na superfície desgastada existe um grau de encruamento e, conseqüentemente, um aumento de dureza no local. A resistência à abrasão pode ser considerada como proporcional a essa dureza, chamada de dureza máxima. A Fig. 7.5 mostra este comportamento.

Propriedades de escoamento - Análises de tensão/deformação mostraram[11] que, para metais puros, também vale a relação

$$\sigma = A.\varepsilon^\eta$$

onde:

σ = tensão de escoamento
A = constante
ε = deformação verdadeira
η = coeficiente de encruamento.

Estudos mostraram que a resistência à abrasão é proporcional à dureza (ou dureza superficial) e varia exponencialmente em relação ao coeficiente de encruamento.

Propriedades de fratura - A resistência ao desgaste varia diretamente com a dureza e inversamente com a tenacidade. A Fig. 7.6 mostra este comportamento.

Revestimento duro por soldagem

Tabela 7.2 - Variáveis que afetam os mecanismos de desgaste abrasivo e adesivo

Mecanismo de desgaste	Variáveis que influem		Velocidade de desgaste
ADESIVO Deformação sub-superficial Nucleação da trinca Propagação da trinca	força de atrito	tangencial (↑)	↑
		normal (↑)	↑
	microestrutura	monofásica (solução sólida)	↑
		2.ª fase	↑↓
	dureza do abrasivo (↑)		↑
	tamanho do abrasivo		↑↓
	forma do abrasivo	arredondada	↓
		angular	↑
	velocidade relativa (↑)		↑
	pressão (↑)		↑
	umidade		↑
ABRASIVO Formação de sulcos na superfície por deformação plástica Remoção de material como pequenos cavacos (40%) Remoção de material por cisalhamento (60%)	módulo de elasticidade (↑)		↓
	dureza (↑) para metais puros		↓
	dureza superficial (↑)		↓
	propriedade de escoamento (↑) (encruamento)		↓
	propriedade de fratura (↑) (tenacidade)		↑
	estrutura metalúrgica	% C (↑)	↓
		% carbonetos (↑) (s/ choque)	↓
		martensita revenida (até 230°C)	↓
		martensita revenida acima de 350°C - 50 HRC	↑
		↑ colônia de perlita - 50 HRC	↓
		bainita - 50 HRC	↗
		Ferrita com carboneto	↑
		austenita com carboneto	↓

Obs: ↑ = aumenta   ↓ = diminui   ↗ = aumento intermediário

Tabela 7.3 — Guia para escolha do material para revestimento; adaptada de [14]

Classe	Tipo	Liga	Classificação AWS/ASTM	Abrasão a frio	Abrasão a quente	Impacto
1A	aço (2-6)[a]	Cr, Mo	—	3	X	1
1B	aço (6-12)[a]	Cr	—	3	X	2
2A	aço liga (12-25)[a]	Cr	—	3+	X	3+
2B	aço liga (12-25)[a]	Cr, Mo	E-FeMoX	1	X	X
2C	aço rápido	Cr, Mo W, V	E-Fe5 X	3	1	3
2D	aço ao manganês	Mn, Ni	E-FeMnX	3+	3+	1
3A	liga de ferro (25-50)[a]	Cr	E-FeCrX	1	X	3+
3B	liga de ferro (25-50)[a]	Cr, Ni, Mo	—	2+	3+	3+
3C	liga de ferro (25-50)[a]	Cr, Co	—	1	3	1
4A	liga de cobalto	Cr, W	E-CoCrX	V	2	V
4B	liga de níquel	Cr	E-NiCrX	V	2	V
4C	liga de níquel-cromo	Mo, Co, W	—	1	1	2
5	ligas com carboneto de tungstênio [b]	—	E-WCX	1	V	3

Legenda:

a) porcentagem de liga incluindo carbono

b) partículas de WC de 38 a 60% em matriz dúctil

Revestimento duro por soldagem

Tabela 7.3 — Guia para escolha do material para revestimento; adaptada de [14]

\multicolumn{5}{l}{Classificação da resistência ao desgaste [c]}					
Adesão	Corrosão	Erosão	Dureza HRC	Processo de deposição (e)	Características
X	X	X	30 - 40	ECT, ER,AS (2 - 3)	resistência e tenacidade de razoável para boa, resistência à abrasão moderada.
3	X	3	50 - 57	AS, ER, ECT (2)	não resiste a impacto violento.
3	V	3	50 - 55	ECT, AS (2)	alta resistência, baixa sensibilidade a trincas para abrasão e compressão severas, resistência ao impacto moderada.
3	X	1	65	Oxiace-tilênica	excelente para abrasão a frio e erosão, razoável para adesão e impacto moderado.
3	3	2	55 - 60	ER	mantém a dureza até 600°C, boa resistência ao desgaste e tenacidade.
2+	X	3+	—	ER, Oxiac.	endurece com impacto.
3+	X	2+	47 - 62	ER, Oxiac.	mantém dureza entre 400-600°c, resistência boa ao desgaste e oxidação, resistência moderada ao impacto.
2+	3+	3+	35 - 65	ER, Oxiac.	resistência à abrasão e adesão em temperaturas moderadas.
1	2	3	45 - 55	ER, Oxiac.	resistência ao desgaste em temperatura alta.
2	2	2	35 - 50	ER, Oxiac.	boa para adesão e abrasão a frio e a quente, resistência ao impacto varia.
2	2	2+	30 - 40	ER, Oxiac.	excelente para corrosão/erosão e boa adesão.
3	2	3	d	ER, Oxiac.	excelente para resistência ao desgaste, boas propriedades em temperatura elevada.
X	V	2	90 - 95	ER, Oxiac.	resiste à abrasão severa a 650°C. Resistência moderada ao impacto.

c) 1 = excelente, 2 = boa, 3 = razoável, X = má, V = varia
d) varia com teor de carbonetos
e) ECT = eletrodo contínuo tubular, ER = eletrodo revestido, AS = arco submerso

343

SOLDAGEM: PROCESSOS E METALURGIA

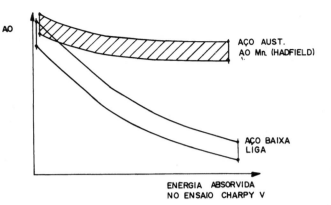

Figura 7.6 — Resistência ao desgaste em função da energia absorvida no ensaio Charpy - V para duas famílias de aços[3]

Estrutura metalúrgica

O teor de carbono aumenta a resistência ao desgaste dos aços perlíticos com o aumento do endurecimento, conforme mostra a Fig. 7.7.

Os carbonetos aumentam a resistência ao desgaste com o aumento na quantidade, distribuição uniforme e forma mais adequada. Não são adequados, porém, quando existe o choque associado ao desgaste por abrasão.

A martensita não revenida ou revenida abaixo de 230 °C é a estrutura que melhor resiste ao desgaste na temperatura ambiente. Se o revenido for acima de 350 °C, a perlita apresenta um resultado melhor para a mesma dureza (50 HRC). Uma estrutura bainítica da mesma dureza e composição química resiste melhor ao desgaste que uma estrutura martensítica nas mesmas condições.

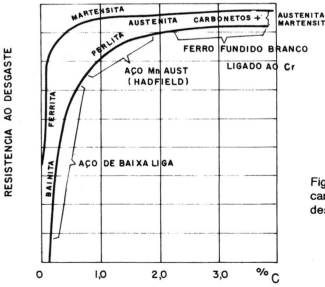

Figura 7.7. — Efeito do teor de carbono na resistência ao desgaste [3]

A perlita aumenta a resistência à abrasão com o aumento das colônias de perlita e com o aumento da fração volumétrica de cementita. Para a mesma dureza, a perlita lamelar resiste melhor que a esferoidizada.

A resistência ao desgaste da ferrita aumenta com o aumento dos carbetos dispersos na matriz. Um aço austenítico, com mesma fração de carbetos que um ferrítico, resiste melhor ao desgaste.

A Fig. 7.8 mostra o efeito da dureza e da estrutura metalúrgica na resistência ao desgaste.

A Tab. 7.2 resume os mecanismos e os fatores que influem nos tipos de desgaste.

Na prática é interessante, sempre que possível, conhecer ou identificar as variáveis que estão acentuando, ou não, o desgaste envolvido.

4. METAL DE ADIÇÃO PARA REVESTIMENTO DURO

Não existe ainda uma classificação de metal de adição que envolva a maioria das ligas utilizadas para revestimento duro. As classificações existentes são baseadas na composição química do metal de adição depositado sem nenhuma diluição, como nas normas ASMEA5.13-80[12] SFAA5.21-80.[13]

Spencer[14] desenvolveu uma classificação, também baseada na composição química, onde os tipos de ligas ferrosas são divididas em 5 classes, a saber:

Classe 1 - Aços baixa e média liga com 2 a 12% de elementos de liga.
Classe 2 - Aços alta liga, incluindo os aços rápidos e aços ao manganês.
Classe 3 - Ligas à base de ferro com 25 a 50% de elementos de liga.
Classe 4 - Ligas a base de cobalto, níquel e níquel-cromo.
Classe 5 - Ligas com dispersões de carbetos de tungstênio entre 38 a 60% em matriz de liga dúctil.

A Tab. 7.3, baseada na classificação de Spencer, serve de guia para escolha do metal de adição para revestimento.

Seleção do metal de adição

Antes de proceder a escolha do metal de adição para uma dada aplicação é recomendado o seguinte roteiro:[15-20]

1 - Identificar na peça a ser recuperada qual o material de é feita (quando possível).

2 - Identificar os tipos de desgaste que agem sobre essa peça e verificar se existe ou não fatores que aceleram o desgaste.

3 - Observar a condição da superfície e verificar se há ou não a presença de trincas, áreas desgastadas e revestimento anterior. Verificar se a peça a

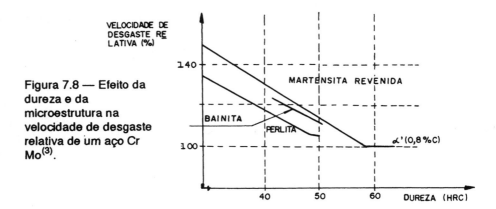

Figura 7.8 — Efeito da dureza e da microestrutura na velocidade de desgaste relativa de um aço Cr Mo[(3)].

ser recuperada precisa ser reconstruída antes de ser revestida.

4 - Escolher a liga mais adequada, não esquecendo da compatibilidade metalúrgica entre a liga da peça e a escolhida para revestimento. Às vezes é interessante utilizar outra liga para preparar a superfície da peça para receber o revestimento.

5 - Escolher o processo de soldagem mais adequado para a aplicação do revestimento.

6 - Elaborar o procedimento de soldagem para garantir as características desejadas do metal de adição escolhido.

7 - Fazer ensaio experimental, particularmente em aplicações críticas.

8 - Em alguns casos existe mais de uma opção. O critério para a seleção então é econômico: uma liga mais cara que proporciona vida maior ou uma liga mais barata e vida menor.

Escolha do processo de soldagem

A escolha do processo de soldagem mais adequado para a aplicação de um revestimento depende de diversos fatores. A Tab. 7.4 compara alguns processos com os fatores mais importantes.

Conforme foi visto anteriormente, a classificação dos metais de adição é baseada na composição química dos mesmos. A composição química associada à microestrutura do depósito é que conferirá o conjunto de propriedades mecânicas desejadas para o revestimento resistir ao desgaste.

Esse conjunto de propriedades é bastante afetado pela diluição do processo de soldagem, definida como porcentagem do metal-base fundido que participa no metal de solda. Assim, quanto menor a diluição, menor a variação na composição química do metal de solda e estar-se-á mais próximo das propriedades de catálogo do depósito.

Revestimento duro por soldagem

Tabela 7.4 - Comparação e seleção do processo de soldagem; adaptado de [18]

Características	Eletrodo revestido	TIG	MIG	Eletrodo contínuo tubular	Arco submerso	Oxiacetilênica	Plasma	Deposição por chama
Versatilidade	4	2	2	3	1	4	2	1
Custo	1	4	3	2	3	1	4	1
Fator operacional (tempo soldagem/ tempo total) (%)	30	25	45	45	50	25	25	—
Habilidade de operador	3	4	3	3	1	4	1	1
Energia de soldagem	2	2	3	3	4	3	1	1 - 4
Diluição (%)	10 - 30	2 - 20	10 - 50	20 - 40	30 - 80	2 - 20	20	—
Taxa de deposição (kg/h)	1 - 5	0,2 - 1,3	1 - 15	1 - 15	6 - 20	0,2 - 1,0	2 - 6	0,2 - 2,0
Tamanho da peça	Q	L	Q	Q	Q	L	Q	L (rotação)
Posição de soldagem	todas	todas	todas (*)	P, V, H	P, H (*)	todas	H, V descendente	H, V
Freqüência de revestimento	NF	NF	F	F	F	NF	F	NF
Tipo de liga para revestimento (Tabela 7.3)	todas	2A, 2B 4A, 4B, 4C	todos exceto Grupo 2C, 3, 4A, 5	todos exceto Grupo 5	Grupo 1A, 1B e 2A	Grupo 2B, 3, 4 e 5	Grupo 2A, 2B e 4	todas

Legendas: 1 = menor , 4 = maior
Q = qualquer , L = limitado
F = freqüente , NF = não-freqüente

A Tab. 7.5 mostra o efeito das variáveis do processo de soldagem na diluição do metal de solda.

A Tab. 7.5 é bastante genérica e por isso é necessário conhecer o efeito dos parâmetros importantes dos processos de soldagem utilizados para revestimento. Nas Tabs. 7.6 a 7.10 são analisadas as variáveis de diferentes processos de soldagem, isoladamente, sem interação entre elas. Essas tabelas indicam as tendências da variação do parâmetro na diluição e foram adaptadas de publicação da AWS[21].

Tabela 7.5 - Variáveis de soldagem que afetam a diluição; adaptado de [21]

Variável	Mudanças de variável	Influência na diluição
Tensão de soldagem (V)	↑	↓
Corrente de soldagem (A)	↑	↑
Tipo de corrente e polaridade (exceto TIG)	CCPD	↓
	CCPR	↑
	CA	intermediária
Diâmetro do eletrodo	↑	↑
Comprimento do eletrodo	↑	↓
Velocidade de alimentação do eletrodo nu	↑	↑
Velocidade de soldagem	↑	↑ / ↓
Oscilação do eletrodo	Pendular	↑
	Linha reta	↑
	Linha reta com velocidade constante	↑
Posição de soldagem e inclinação da peça	V (ascendente)	↑ ↑
	H	↑
	P (aclive)	↗
	P	↓
	P (declive)	↓ ↓
Proteção da poça	hélio	↑ ↑
	CO_2	↑
	argônio	↗
	fluxo neutro	↓
	fluxo ativo	↓ ↓
Espaçamento entre cordões	↑	↑
Metal de adição auxiliar	—	↓
Técnica de soldagem	À frente (à esquerda)	↑
	À ré (à direita)	↓

Revestimento duro por soldagem

Tabela 7.6 - Efeito das variáveis do processo de soldagem com eletrodo revestido na diluição do cordão de solda; adaptado de [21]

Variável	Mudança na variável	Influência na diluição
Tipo de corrente e polaridade	CCPR	↑
	CA	↗
	CCPD	↓
Tipo de eletrodo (especif. AWS A-5.1 ou A-5.5)	E-XX 10 e 11	1 (maior)
	E-XX 16 e 18	2
	E-XX 24	3
	E-XX 13	4 (menor)
Corrente de soldagem	baixa	↓
	alta	↑
Oscilação do eletrodo	sem oscilação	↑
	com oscilação	↓
Espaçamento entre cordões	pequeno	↓
	grande	↑
Diâmetro do eletrodo (para corrente fixa)	pequeno	↑
	grande	↓
Comprimento do arco	curto	↓
	longo	↑
Velocidade de soldagem	lenta	↓
	rápida	↑
Posição de soldagem	P	4
	P c/ aclive	3
	P c/ declive	4
	H à frente	2 - 4
	V ascendente (à frente)	1 (maior)
	V ascendente (à ré)	5 (menor)

349

Tabela 7.7 - Efeito das variáveis do processo de soldagem TIG na diluição do cordão de solda; adaptado de [21]

Variável	Mudança na variável	Influência na diluição
Tipo de corrente	CC	↑ ↓
	CA	↗
Polaridade	CCPD	↑
	CCPR	↓
Gás de proteção	argônio	↓
	hélio	↑
Corrente de soldagem	baixa	↓
	alta	↑
Tensão de soldagem	baixa	↓
	alta	↑
Velocidade de soldagem (com adição)	lenta	↓
	rápida	↑
Oscilação da tocha	sem oscilação	↑
	com oscilação	↓
Espaçamento entre cordões	pequeno	↓
	grande	↑
Diâmetro do eletrodo nu de adição	pequeno	↑
	grande	↓
Metal de adição auxiliar	—	↓
Posição de soldagem	P	4
	P c/ aclive	3
	P c/ declive	4
	H	2 - 4
	V ascendente (à frente)	1 (maior)
	V ascendente (à ré)	5 (menor)

Revestimento duro por soldagem

Tabela 7.8 - Efeito das variáveis do processo de soldagem MIG/MAG na diluição do cordão de soldá; adaptada de [21]

Variável	Mudança na variável	Influência na diluição
Polaridade	CCPD	↓
	CCPR	↑
Gás de proteção	argônio	↓
	CO_2	↗
	hélio	↑
Corrente de soldagem	baixa	↓
	alta	↑
Tensão de soldagem	baixa	↑
	alta	↓
Modo de transferência	pulverização	1 (maior)
	pulsada	2
	globular	3
	curto-circuito	4 (menor)
Velocidade de soldagem	lenta	↓
	rápida	↑
Oscilação da pistola	sem oscilação	↑
	com oscilação	↓
Espaçamento entre cordões	pequeno	↓
	grande	↑
Diâmetro do eletrodo nu	pequeno	↑
	grande	↓
Comprimento do eletrodo	pequeno	↑
	grande	↓
Posição de soldagem	P	4
	P c/ aclive	3
	P c/ declive	4
	H	2 - 4
	V ascendente (à frente)	1 (maior)
	V ascendente (à ré)	5 (menor)

Tabela 7.9 - Efeito das variáveis do processo de soldagem com arco submerso na diluição do cordão de solda; adaptado de [21]

Variável	Mudança na variável	Influência na diluição
Tipo de corrente	CC	↑ ↓
	CA	↗
Polaridade	CCPD	↓
	CCPR	↑
Corrente de soldagem	baixa	↓
	alta	↑
Tensão de soldagem	baixa	↑
	alta	↓
Velocidade de soldagem	lenta	↓
	rápida	↑
Oscilação do cabeçote	sem oscilação	↑
	com oscilação	↓
Espaçamento entre cordões	pequeno	↓
	grande	↑
Diâmetro do eletrodo nu	pequeno	↑
	grande	↓
Comprimento do eletrodo	pequeno	↑
	grande	↓
Posição de soldagem	plana c/ declive	1 (menor)
	plana	2
	plana c/ aclive	3 (maior)
Variações no processo	1 eletr. nu em série	1 (maior)
	1 eletr. nu + met. ad. frio	3
	1 eletr. nu + met. ad. quente	4
	2 eletrs. nus em série	2
	2 eletrs. nus + met. ad. frio	3
	múltiplos eletrodos nus	1
	eletrodo nu tipo fita	5 (menor)

Revestimento duro por soldagem

Tabela 7.10 - Efeito das variáveis do processo de soldagem oxiacetilênica na diluição do cordão de solda; adaptado de [21]

Variável	Mudança na variável	Influência na diluição
Diâmetro da vareta de adição	pequeno	↑
	grande	↓
Diâmetro do bico do maçarico (diâmetro da vareta fixo)	pequeno	↑
	grande	↓
Velocidade de soldagem	lenta	↓
	rápida	↑
Técnica de soldagem	à frente	↑
	à ré	↓

5. QUALIFICAÇÃO DO PROCEDIMENTO DE REVESTIMENTO

A qualificação de um procedimento de soldagem envolve sua aprovação de acordo com as exigências de uma norma.

Segundo a norma ASME[22] as variáveis de soldagem são classificadas em: essenciais, não essenciais e complementares. As variáveis essenciais são aquelas que alteram as propriedades mecânicas da solda, exigindo nova qualificação quando forem alteradas.

No caso do revestimento duro, a norma ASME IX estabelece algumas variáveis essenciais para todos os processos de soldagem. No sentido de orientar o procedimento é apresentado a seguir aspectos daquela norma, ressaltado somente o que á pertinente ao desenvolvimento deste trabalho.

QW — 282.2 - Variáveis essenciais — Todos os processos de soldagem.

a) Mudança no processo de soldagem ou combinação de processos diferentes.
b) Mudança na composição química do metal-base (mudança no P-number)
c) Mudança na especificação do metal de adição.
d) Adição de outras posições de soldagem além das já qualificadas.
e) Diminuição maior que 40°C na temperatura de preaquecimento ou um aumento na temperatura máxima interpasse.
f) Mudança no tratamento térmico pós-soldagem de acordo com QW 407.1 ou aumento de 25% ou mais do tempo total na temperatura de tratamento pós-soldagem.
g) Mudança de uma camada para diversas camadas ou vice-versa.
h) Mudança no tipo de corrente (CA ou CC) ou na polaridade.

SOLDAGEM: PROCESSOS E METALURGIA

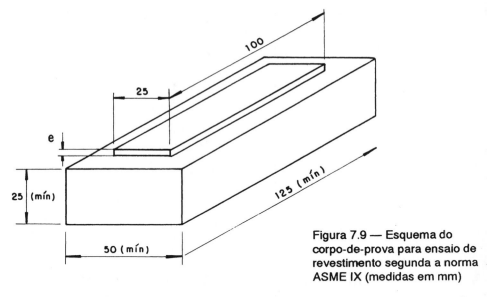

Figura 7.9 — Esquema do corpo-de-prova para ensaio de revestimento segunda a norma ASME IX (medidas em mm)

i) Mudança na distância entre a zona de ligação e a superfície do cordão de revestimento abaixo da mínima espessura qualificada.

6. ACEITAÇÃO DO PROCEDIMENTO DE REVESTIMENTO
Critério de aceitação

O critério de aceitação do procedimento de revestimento, segundo a norma ASME IX, é apresentado a seguir em uma adaptação onde é ressaltado somente o que interessa para este trabalho.

QW - 216.1 — Corpo-de-prova para ensaios

A espessura mínima do metal-base deve ser 25 mm com 50 mm de largura e 125 mm de comprimento mínimo. A camada de revestimento deve ter no mínimo 25 mm de largura por 100 mm de comprimento em uma face do corpo-de-prova. A espessura "e" da camada deve ser a mínima especificada no procedimento. A Fig. 7.9 esquematiza o corpo-de-prova.

No caso da qualificação do revestimento em peças com menos que 25 mm de espessura, os ensaios devem ser feitos em chapas, ou peças, com espessura menor ou igual à espessura da chapa de produção.

QW - 216.2 — Exame do corpo-de-prova

O corpo-de-prova deve ser examinado no conjunto dos quatro critérios seguintes:

a) A superfície do revestimento, após ser condicionada, deve ter dimensões mínimas de 25 mm de largura por 100 mm de comprimento e a mínima espessura especificada. Após o exame dimensional, a superfície

Revestimento duro por soldagem

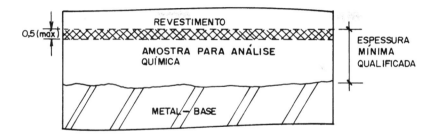

Figura 7.10 — Corpo-de-prova para análise química do revestimento (QW-462.5).

deve ser examinada com líquido penetrante e deve estar de acordo com os critérios de aceitação.

b) Após o exame com líquido penetrante, o corpo-de-prova deve ser seccionado transversalmente à direção do revestimento. As duas faces do revestimento exposta pelo corte devem ser polidas e atacadas. Após o ataque químico deve-se fazer um exame visual com lente de 5x, para observar trincas no metal-base e na zona afetada pelo calor, falta de fusão e outros defeitos lineares. Tanto o revestimento como o metal-base devem estar de acordo com os critérios de aceitação.

c) No mínimo três medidas de dureza devem ser feitas acima da zona de ligação, a uma distância tal que represente a mínima espessura de revestimento especificada. Todas as medidas devem estar de acordo com o especificado.

d) Análise química. obtida a partir do corpo-de-prova, conforme mostrado em QW - 462.5, realizada a partir do revestimento e com o resultado de acordo com o especificado. A Fig. 7.10 mostra como deve ser o corpo-de-prova para análise química.

Tipos de descontinuidades do revestimento[23-25]

Conforme foi visto, a presença de trincas ou outras descontinuidades lineares não inviabilizam completamente um revestimento, porém depende da especificação do fabricante da peça revestida.

Os tipos mais comuns de descontinuidades no revestimento são: trincas, poros e inclusões.

Trincas — São consideradas descontinuidades lineares, caracterizadas por extremidades pontiagudas e elevada relação entre comprimento e largura ou abertura da trinca.

Os tipos de trincas mais comuns no revestimento são as de contração de revestimento, de acabamento e as trincas que destacam o cordão de revestimento.

As trincas de contração ocorrem devido à baixa ductilidade ou, às vezes, ao baixo limite de escoamento. Essas trincas aliviam as tensões do cordão de solda e são transversais ao cordão. Elas podem propagar-se com trabalhos mecânicos para corrigir a distorção. São trincas visíveis a olho nu.

As trincas de acabamento ocorrem na usinagem do revestimento. São causadas por excesso de pressão durante a usinagem ou por uso insuficiente de lubrificante durante a usinagem. São trincas bem finas.

As trincas que causam o destacamento do cordão podem ser de dois tipos: no metal-base, perto da zona de ligação, ou na zona de ligação. O primeiro tipo é causado pela escolha incorreta do procedimento de soldagem e do tratamento térmico; o segundo, ocorre devido à formação de óxido na zona de ligação, o que pode ser evitado tomando-se cuidados antes de fazer o revestimento.

Poros — É considerado uma descontinuidade volumétrica.

Ele tem formato arredondado e pode ser considerado o tipo de descontinuidade menos nocivo do ponto de vista da soldabilidade.

Os poros são formados devido à geração de bolhas gasosas por alguma reação química no depósito ou pela presença de ar ou umidade durante a soldagem. No caso do arco submerso, pode ser devido à umidade no fluxo ou à contaminação do fluxo com materiais estranhos.

Inclusão de escória — Esta descontinuidade também é considerada volumétrica. Dependendo da situação, ela pode ser mais nociva que a porosidade do ponto de vista da soldabilidade.

A inclusão de escória é formada devido à incrustação da escória no cordão de solda. As soldas com diversos passes são mais suceptíveis à ocorrência de inclusão de escória que as executadas em um único passe.

Seleção do nível de aceitação da descontinuidade.[23]

A presença de uma, ou várias descontinuidades, pode não inviabilizar um revestimento, conforme foi dito anteriormente. É necessário fazer uma avaliação do tipo de descontinuidade associada com o metal-base, tipo de revestimento de desgaste. Essa avaliação nem sempre é fácil, e o roteiro apresentado a seguir pode servir de orientação.

Trincas de contração — Não inviabilizam o revestimento, desde que não se propague para o metal-base e cause o destacamento do cordão.

Essa propagação pode ser devido à pressão exercida na superfície do revestimento, como no caso do desgaste adesivo. Nos casos de desgaste abrasivo sem choque e com pressões baixas, essas trincas podem ser perfeitamente toleradas.

Trincas de acabamento — Devem ser analisadas do mesmo modo que as trincas de contração.

Trincas que causam o destacamento do cordão — Não devem ser aceitas em nenhuma hipótese.

Porosidade — Dependendo da quantidade, do tipo de liga e de revestimento e do tipo de desgaste, os poros podem ser ou não críticos. No caso de revestimentos duros com porosidade superficial, sujeitos a um desgaste abrasivo com alta pressão ou com impacto, o poro é prejudicial porque pode dar início a trincas que irão comprometer o revestimento.

Inclusão de escória — Ela deve ser avaliada em termos de tamanho, formato, quantidade, distribuição e localização. Seu critério de aceitação deve ser análogo ao do poro.

BIBLIOGRAFIA

1. ASTM G 40-82 - Standard terminology relating to erosion and wear.
2. MOORE, M.A. - A review of two body abrasive wear; Wear vol. 27, 1974, p. 1-17.
3. RIGNEY, D.A. & GLASSER, W.A. - Wear Resistence - Metals Handbook, vol. 1, 1983. p.597-638.
4. KHRUSCHOV, M. M. & BABICHEV - Principles of abrasive Wear; Wear, vol. 28, 1974, p.69-88.
5. SUH, N. P. - The delamination theory of wear; Wear, vol. 26, 1973, p. 111-24
6. SUH, N. P. - An overview of the delamination theory of wear; Wear, vol. 44, 1977, p. 1-16
7. SUH, N. P. & al - Implication of the delamination theory on wear minimization; Wear, Vol. 44, 1977, p.127-34.
8. DEARNALEY, G. - Adhesive, abrasive and oxidative wear in ion implanted metals; Mat. Sc. Eng., vol. 69, 1985, p. 139-47.
9. MELLO, J. D. B. & al - Abrasion mechanism of white cast iron-part I: Influence of the metallurgical structure of molybdenum whitte cast iron; Mat. Sc. Eng., vol. 73, 1985, p.203-13; v. 78, 1986, p. 127-34.
10. SILENCE, W. L. - Effect of struture on wear resistence of Co, Fe and Ni base alloys; J. Lub. Tech., Trans. ASME, vol. 100, julho 1978, p. 428-35.
11. MOORE, M. A. - The relationship between the abrasive wear resistance, hardness and microstructure of ferritic materials; Wear, Vol. 28, 1974, p.59-68.
12. ASME II, Part C, SFA - 5.13, 1983 - Specification for solid surfacing welding rods and electrodes.
13. ASME II, part C, SFA - 5.21, 1983 - Specification for composite surfacing welding rods and electrodes.
14. SPENCER, L. F. - Hardfacing - picking the proper alloy; weld Eng., nov. 1970, p. 39-48.
15. WEYMUELLER, C. R. - Wear resistence: how to get what you need; Weld. Des. & Fab., Fev. 1983, p. 37-46.
16. PRICE, L. H. - Fighting wear in agricultural and off-road equipament.; Metal Progress, vol. 124, n° 3, 1983, p. 21-27.
17. MAYER, C. A. - How to select hardsurfacing materials; - Weld. Des. & Fab., out. 1982, p. 61-65.
18. DAWSON, R. J. - Selection and use of hardfacing alloys; - Intermountain Minerals Symposium; 3-6 de ago. 1982, Clymax Mo., p. 109-20.

19. CHAVANNE, R. L. - Forty-four ways to improve your hardfacing operation; Weld. J., 1983 p. 15-18.
20. STOODY Co. - Stoody hard-facing guidebook, 1966.
21. AWS - Welding Handbook, vol. 2, 7ª p. 517-62.
22. ASME - Qualificação de soldagem, Vol. 9, 1980, IBP.
23. The Welding Institute- Weld surfacing and hardfacing, 1980.
24. ASM - Metals Handbook Hardfacing, vol. 6, 9ª ed. 1983, p. 771 a 803.
25. ASM - Metals Handbook Weld Discontinuites, vol. 6, 9ª edição 1983, p.829 a 855.

8a Transferência de calor na soldagem

Célio Taniguchi

1. INTRODUÇÃO

A maioria dos processos de soldagem utiliza o calor como principal fonte de energia, sendo necessário suprí-lo à poça de fusão em quantidade e intensidade suficientes, de modo a garantir a execução de uma junta soldada de boa qualidade. O calor é, portanto, elemento essencial à execução de uniões soldadas mas pode, por outro lado, representar fonte potencial de problemas devido à sua influência direta nas transformações metalúrgicas e nos fenômenos mecânicos que ocorrem na zona de solda.

Esses efeitos são conseqüência dos ciclos térmicos e das temperaturas a que a zona de solda é submetida; o estudo desses tópicos é muito importante para o entendimento dos fenômenos térmicos que têm lugar durante a soldagem, bem como para o controle das variáveis que afetam o processo.

Entre os fatores que devem ser considerados no estudo da transferência de calor em juntas soldadas, são os seguintes os mais importantes:
• aporte de energia ou de calor à junta soldada, também denominado insumo de calor ou energia;
• rendimento térmico do arco elétrico;
• distribuição e picos de temperatura (ciclo térmico) durante a soldagem;
• tempo de permanência nessas temperaturas; e
• velocidade de resfriamento da zona de solda.

No presente capítulo será examinado, de maneira condensada, o fenômeno de transferência de calor em uma junta soldada em processo que utiliza uma fonte de pequenas dimensões em relação às da peça soldada; é o que ocorre no processo TIG ou mesmo na soldagem com chama oxiacetilênica. A partir da equação básica é possível estender o estudo a outros processos e a diferentes geometrias de juntas, desde que obedecidas as peculiaridades de condições iniciais e de contorno de cada caso.

2. BALANÇO DE ENERGIA NA SOLDAGEM

Examinando-se a deposição metálica de um eletrodo revestido, atra-

SOLDAGEM: PROCESSOS E METALURGIA

vés do arco elétrico, verifica-se que uma parte da energia disponível é dissipada para a atmosfera sob a forma de calor irradiante, outra pequena fração perde-se por convecção no meio gasoso que protege a poça de fusão; a terceira parte é realmente usada para a execução da soldagem. Depreende-se, portanto, que nem toda a energia disponível é integralmente aproveitada para fundir o metal-base e o eletrodo, sendo as perdas computadas através da chamada eficiência do arco (e_a), traduzida pela relação entre a quantidade de energia efetivamente absorvida na soldagem e a energia total fornecida ao arco, dada pela expressão;

$$Q_t = V.I \quad (W) \quad (1)$$

quantidade que será expressa em watts, se V = tensão do arco for dada em volts e I = corrente de soldagem, em ampères. Considerando-se as perdas anteriormente referidas chega-se à expressão da energia líquida disponível, dada por:

$$Q_l = e_a \times V \times I \quad (W) \quad (2)$$

Alguns valores típicos da eficiência de arco estão representados nas curvas experimentais mostradas na Fig. 8.1.

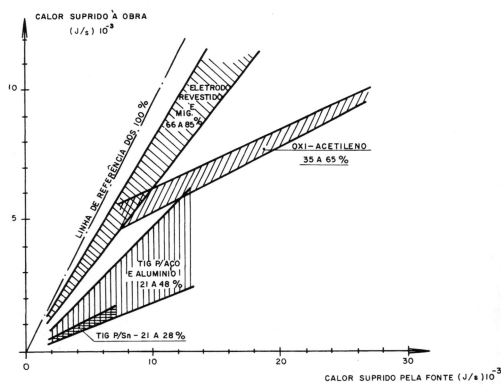

Figura 8.1 — Valores de eficiência do arco e dos rendimentos térmicos de alguns processos de soldagem

Na soldagem costuma-se trabalhar com outra grandeza denominada *aporte de energia* ou *aporte de calor*, que correlaciona a quantidade de energia disponível para a soldagem com a velocidade de avanço v da fonte de calor, ou seja, do eletrodo. Medida esta velocidade em cm/min teremos:

aporte de energia total: $H_t = 60 \dfrac{V \cdot I}{v}$ (J/cm) \hfill (3)

aporte líquido de energia: $H_1 = \dfrac{e_a \cdot 60 \, V \cdot I}{v}$ (J/cm) \hfill (4)

A expressão (4) traduz a energia realmente disponível para a soldagem.

3. EQUAÇÃO FUNDAMENTAL DA TRANSFERÊNCIA DE CALOR E PRINCIPAIS SOLUÇÕES

A condução de calor através de um sólido, no domínio do tempo t e referido a um sistema cartesiano triortogonal (x,y,z) pode ser expresso pela equação:

$$\frac{\partial}{\partial x}\left(\lambda_T \frac{\partial T}{\partial x}\right) + \frac{\partial}{\partial y}\left(\lambda_T \frac{\partial T}{\partial y}\right) + \frac{\partial}{\partial z}\left(\lambda_T \frac{\partial T}{\partial z}\right) + q_o = \rho \cdot c \frac{\partial T}{\partial t} \quad (5)$$

onde: T = variável representando a temperatura (em °C)
x,y,z = coordenadas cartesianas triortogonais (em mm)
t = tempo (s)
λ_t = condutibilidade térmica do material, dependente da temperatura (em $^J/_{s \, mm \cdot °C}$)
ρ = densidade do material (em g/mm^3)
c = calor específico do material no estado sólido (em $^J/_{g} \, °C$)
q_o = fonte ou sorvedouro de calor (em $^J/_{s \, x \, mm^3}$)

No caso específico da soldagem pode-se considerar, para efeitos práticos, a inexistência de fontes ou sorvedouros no interior do material e a condutibilidade térmica deste como constante ($\lambda_T = \lambda$), ainda que os modernos computadores permitam efetuar cálculos mais apurados, considerando a variação daquela grandeza com a temperatura. Com estas simplificações, a equação (5) toma a forma seguinte:

$$\lambda\left(\frac{\partial^2 T}{\partial x^2} + \frac{\partial^2 T}{\partial y^2} + \frac{\partial^2 T}{\partial z^2}\right) = \rho \cdot c \frac{\partial T}{\partial t} \quad \text{ou} \quad \nabla^2 T = \frac{1}{k}\frac{\partial T}{\partial t} \quad (6)$$

onde a expressão $k = \lambda/\rho c$ é denominada *difusividade térmica do material* e medida em mm^2/s.

A expressão (6), conhecida como equação básica de Fourier, é empregada para estudar os fenômenos térmicos que têm lugar durante a soldagem, uma vez conhecidas as condições iniciais e as de contorno de cada problema a ser analisado.

Condução de calor em chapas grossas

O problema para as chapas grossas consiste em encontrar a solução da equação de Fourier para o caso tridimensional, quando uma fonte móvel de calor se desloca sobre a chapa no regime conhecido como "quase-estacionário". Este regime se caracteriza pelo fato de a distribuição de temperaturas ser constante para o observador postado sobre a fonte móvel e, conseqüentemente, movimenta-se junto com a fonte a uma determinada velocidade. Matematicamente essa condição pode ser traduzida pela substituição da coordenada x pela coordenada móvel w, sendo a relação entre elas do tipo

$$w = x - vt \qquad (7)$$

Com esta modificação, é possível obter-se a equação que rege o regime quase-estacionário, utilizando a coordenada móvel w, daí resultando:

$$\frac{\partial^2 T}{\partial w^2} + \frac{\partial^2 T}{\partial y^2} + \frac{\partial^2 T}{\partial z^2} = -\frac{v}{k}\frac{\partial T}{\partial w} \qquad (8)$$

Fazendo uso do método das imagens para o cômputo das temperaturas, a solução do problema de uma chapa grossa poderá ser expressa por:

$$T = T_0 + \frac{Q}{2\pi\lambda} e^{-\alpha w} \left[\frac{e^{-\alpha}}{R} + \sum_{n=1}^{\infty} \left(\frac{e^{-\alpha R_n}}{R_n} + \frac{e^{-\alpha R'_n}}{R'_n} \right) \right] \qquad (9)$$

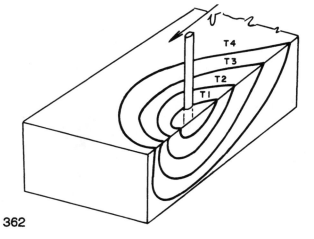

Figura 8.2 — Isotermas na soldagem de chapas grossas (três dimensões)

Transferência de calor na soldagem

onde: $\alpha = v/2k$

T_o = temperatura inicial da chapa (em °C)

Q = quantidade total de energia disponível na fonte de calor; no caso de um eletrodo seria a grandeza expressa pela equação (1)

$$R = \sqrt{w^2 + y^2 + z^2} \quad (mm)$$

$$R_n = \sqrt{w^2 + y^2 + (2nh - z)^2} \quad (mm)$$

$$R'_n = \sqrt{w^2 + y^2 + (2nh + z)^2} \quad (mm)$$

h = espessura da chapa (mm)

A Fig. 8.2 apresenta, esquematicamente, o comportamento das linhas isotérmicas em uma distribuição de temperaturas tridimensional, correspondente a uma chapa grossa.

Condução de calor em chapas finas

Para as chapas finas também se admite o regime quase-estacionário, definido anteriormente, como também a adoção da coordenada móvel, conforme a equação (7), introduzindo-se uma simplificação: considera-se que não há fluxo na direção da espessura da chapa, daí resultando que a condução se processa nas direções x e y, caracterizando um fluxo bidirecional, com a fonte de calor do tipo linear.

Admitindo-se como constantes as propriedades térmicas do material, a equação (8) toma a forma:

$$\frac{\partial^2 T}{\partial w^2} + \frac{\partial^2 T}{\partial y^2} = \frac{v}{k} \frac{\partial T}{\partial w} \qquad (10)$$

A solução geral desta equação pode ser expressa por:

$$T = T_o + \frac{q}{2\pi\lambda} e^{-\alpha} K_o \alpha r \qquad (11)$$

onde: q = quantidade total de energia disponível na fonte de calor linear (J/s mm)

$$r = \sqrt{w^2 + y^2} \quad (mm)$$

$K_o \alpha r$ = função modificada de Bessel, de segunda espécie e ordem

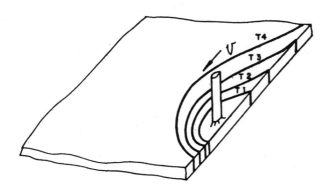

Figura 8.3 — Isotermas na soldagem de chapas finas (duas dimensões)

zero, cuja definição e valor são encontrados em compêndios de matemática aplicada.

Uma configuração das linhas isotérmicas na condução de calor em chapa fina é mostrada na Fig. 8.3, podendo-se observar que a temperatura ao longo da espessura da chapa é constante.

Atualmente é possível simular nos cálculos o formato da fonte de energia através de funções de distribuição apropriadas, de acordo com o tipo de fonte empregada. Com esse procedimento obtém-se valores de temperaturas mais próximas dos medidos na prática, sendo possível livrar as soluções matemáticas de certas inconsistências inerentes ao processo de resolução das equações diferenciais.

Conceito de constante de tempo na condução do calor

Nos fenômenos de condução de calor em corpos metálicos, como ocorre na operação de soldagem, é muito importante o conceito de *constante de tempo*, que permite estimar o tempo necessário para que se atinja o regime quase-estacionário. A introdução desse conceito permite, pois, avaliar o lapso de tempo decorrido desde o início do processo até o instante em que a distribuição de temperaturas através do corpo passa a ser permanente para um observador situado sobre a fonte móvel.

Sendo r a distância até a qual o calor se propaga no instante t, a constante de tempo é expressa por:

$$\frac{r^2}{kt} = 16 \qquad (12)$$

Exemplo de aplicação: calcular o tempo necessário para que a condução de calor, em uma chapa fina de aço, atinja o regime quase-estacionário durante a soldagem com um eletrodo rutílico animado de

Transferência de calor na soldagem

velocidade de 0,25 cm/s, sabendo-se que a difusividade térmica do material $k = 0,1$ cm²/s.

Considerando que $r = vt$ teremos de (12): $t = 16.k/v^2 = 16.0,1/0,25^2 =$ 25,6 s e a distância percorrida desde a abertura do arco será: $r = v.t = 0,25.25,6 = 6,4$ cm.

Nota-se, portanto, que consegue-se atingir o regime quase-estacionário depois de o eletrodo percorrer uma distância relativamente curta, o que é bastante conveniente para se conduzir estudos experimentais práticos.

4. CICLOS TÉRMICOS NA SOLDAGEM E A DISTRIBUIÇÃO DE TEMPERATURAS

É sobejamente conhecida a importância dos ciclos térmicos a que são submetidos as materiais durante a soldagem, uma vez que eles influenciarão diretamente na estrutura cristalina, e portanto nas propriedades finais do materiais.

Um ciclo térmico de soldagem está esquematicamente representado na Fig. 8.4 e consiste, basicamente, em três fases: a etapa de aquecimento vigoroso do material no início do processo; a fase em que a temperatura máxima do ciclo é atingida; e a etapa de resfriamento gradual, até que a temperatura retorne ao valor inicial. Na referida figura, o instante indicado com $t = 0$ representa o exato momento em que a fonte de calor atinge o ponto em estudo no sólido. Deve ser observado que os tempos negativos representam instantes em que a fonte se aproxima do ponto estudado e os valores positivos configuram seu afastamento do mesmo ponto.

Durante a soldagem, cada ponto de material processado passa por um ciclo térmico cuja intensidade será função de sua localização em relação à fonte de energia, o eletrodo. Esse ciclo térmico, portanto, representa as

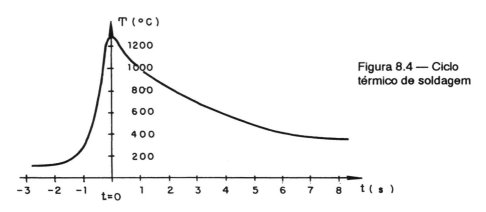

Figura 8.4 — Ciclo térmico de soldagem

temperaturas que o ponto em estudo atinge em cada instante do processo; seus valores podem ser calculados através da equações (9) e (11), para chapas grossas e finas, respectivamente. Por essas equações verifica-se que, em qualquer ponto do corpo, o conjunto de temperaturas é função das seguintes grandezas e variáveis: intensidade da fonte de calor, propriedades termodinâmicas do material, temperatura inicial do sólido, velocidade de deslocamento da fonte móvel de energia e das coordenadas do ponto onde se deseja conhecer o valor da temperatura.

Através das referidas equações será possível, portanto, obter para qualquer ponto do sólido em estudo o valor instantâneo da temperatura. Assim, se desejarmos conhecer o ciclo térmico a que será submetido um determinado ponto da zona termicamente afetada de uma união soldada entre duas chapas grossas bastará, na equação (9), fixar as coordenadas do ponto de interesse e se fazer variar w através da equação (7), uma vez admitidas constantes as outras grandezas em jogo. A curva que se obterá será semelhante a da Fig. 8.4.

Por outro lado, a determinação dos ciclos térmicos permite a obtenção da linhas isotérmicas, isto é, o conjunto dos pontos do sólido com a mesma temperatura em um dado instante do processo, como esquematizado nas Figs. 8.2 e 8.3. Embora o trabalho seja mais elaborado, pois implica no cômputo de vários ciclos térmicos e cálculos complementares, eles são muito úteis no fornecimento de informações relativas à distribuição de temperaturas durante, por exemplo, uma operação de soldagem. Através dessas isotermas será possível visualizar as regiões que estão no início do ciclo térmico, as que já passaram por ele, as zonas submetidas a ciclos mais intensos e outras informações pertinentes. A Fig 8.5 apresenta outro exemplo de um conjunto de linhas isotérmicas obtido na simulação de soldagem de duas chapas grossas de alumínio.

Observa-se desta exposição que o conhecimento dos ciclos térmicos e da distribuição de temperaturas a que são submetidos os sólidos durante o processo térmico é de fundamental importância para o estudo do comportamento do material após a finalização da operação, pois eles poderão fornecer informações a respeito dos cuidados que deverão ser tomados durante o processamento. Aliás, o exame das equações (9) e(11) indica que a quantidade total de energia disponível (Q ou q) e a velocidade da fonte de energia (v) são as grandezas mais importantes no cálculo das temperaturas, influindo portanto diretamente nos ciclos térmicos e na resultante distribuição de temperaturas.

Transferência de calor na soldagem

Figura 8.5 — Linhas isotérmicas obtidas na soldagem de alumínio [1]

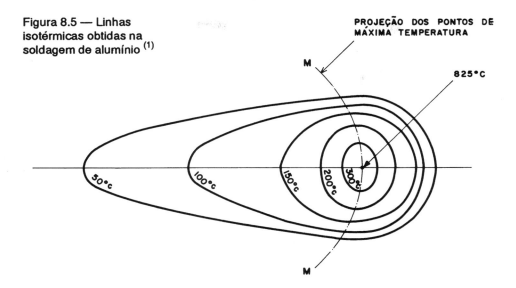

Temperaturas máximas e velocidade de resfriamento

Do ponto de vista metalúrgico, é muito importante conhecer os picos de temperatura e as velocidades de resfriamento a que são submetidos os materiais em processamento, uma vez que dessas variáveis dependerão as propriedades finais da região processada. O cômputo desses valores poderá ser efetuado a partir de curva dos ciclos térmicos, uma vez que nela pode-se determinar a máxima temperatura alcançada e as velocidades de resfriamento em cada instante, no ramo descendente da curva representativa do ciclo térmico.

De outro lado, a expressão matemática da velocidade de resfriamento poderia ser igualmente obtida a partir da equação (9), calculando-se a derivada

$$\frac{dT}{dt} = T = \frac{Q}{2\pi\lambda} v e^{-\alpha w} \left\{ \left[\frac{w}{R}\left(\alpha + \frac{1}{R}\right) + \alpha \right] \frac{e^{-\alpha R}}{R} + \right.$$

$$+ \sum_{n=1}^{\infty} \left\{ \left[\frac{w}{R_n}\left(\alpha + \frac{1}{R_n}\right) + \alpha \right] \frac{e^{-\alpha R_n}}{R_n} \right\} +$$

$$\left. + \sum_{n=1}^{\infty} \left\{ \left[\frac{w}{R_n'}\left(\alpha + \frac{1}{R_n'}\right) + \alpha \right] \frac{e^{-\alpha R_n'}}{R_n'} \right. \qquad (13)$$

Os símbolos desta expressão têm os mesmos significados definidos anteriormente.

Como a manipulação da equação (13) é muito trabalhosa, costuma-se empregar expressões simplificadas para calcular a velocidade de resfriamento em casos específicos. Assim, para se calcular a velocidade de resfriamento da linha de centro de uma união de topo entre duas chapas grossas da mesma espessura, quando se deposita um grande número de passes, usa-se freqüentemente a expressão:

$$\dot{T} = \frac{2\pi\lambda (T_c - T_o)^2}{H_t} \quad (14)$$

onde: λ = condutibilidade térmica do material (J/s·mm·°C)
 T_o = Temperatura inicial da chapa (°C)
 T_c = Temperatura a partir da qual se deseja calcular a velocidade de resfriamento (°C)
 H_t = aporte total de energia (J/mm)

Para chapas finas emprega-se a seguinte expressão:

$$\dot{T} = 2\pi\lambda\rho c \left(\frac{h}{H_t}\right)^2 (T_c - T_o)^2 \quad (15)$$

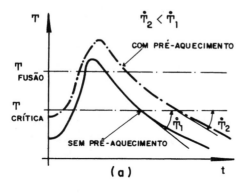

(a)

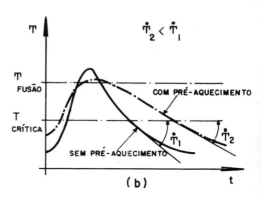

(b)

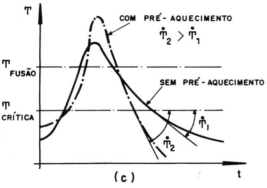

(c)

Figura 8.6 — Efeito do preaquecimento no ciclo da zona de solda em juntas de aço. (a) Preaquecimento e soldagem sem alterar H_t e v. (b) Preaquecimento e soldagem diminuindo H_t e conservando v. (c) Preaquecimento e soldagem conservando H_t e aumentando v.

onde: ρ = densidade do material (g/mm^3)
   c = calor específico do material (J/g·°C)
   h = espessura das chapas (mm)

Meios para controlar a velocidade de resfriamento na soldagem

As considerações anteriores colocaram em evidência que a velocidade de resfriamento depende primordialmente do aporte de energia e portanto, indiretamente, da velocidade do eletrodo e da temperatura inicial (preaquecimento) da junta. O controle após a soldagem (pós-aquecimento)), embora não constitua realmente uma variável de processo, é muito importante para aliviar as tensões internas e, muitas vezes, recuperar os produtos decorrentes do resfriamento na zona de solda.

A Fig 8.6 mostra como pode ser exercido o controle sobre a velocidade de resfriamento em uma junta soldada de aço estrutural, atuando sobre o aporte de energia e o preaquecimento. No caso (a), a junta preaquecida e a soldagem executada sem alterar o aporte de energia e a velocidade do eletrodo; ocorre uma ligeira diminuição da velocidade de resfriamento a partir da temperatura crítica. No caso (b), a junta foi preaquecida e a soldagem executada diminuindo-se o aporte de energia, porém conservando-se a velocidade do eletrodo; há neste caso uma sensível diminuição da velocidade de resfriamento, sendo este o controle mais efetivo. O caso (c) mostra uma junta soldada preaquecida, executada com o mesmo aporte de energia, mas aumentando-se a velocidade de soldagem, o que acarreta um ciclo térmico de menor duração e, conseqüentemente, o aumento da velocidade de resfriamento, o que pode não ser conveniente para o material em processamento.

5. OUTROS EFEITOS CAUSADOS PELOS CICLOS TÉRMICOS DE SOLDAGEM

Além dos problemas metalúrgicos causados pelos ciclos térmicos durante a soldagem, outros fenômenos podem provocar efeitos danosos à estrutura soldada. Entre eles, e praticamente inerente a todos os processos de soldagem, ressalta a ocorrência de deformações residuais e, conseqüentemente, o aparecimento de tensões residuais na junta soldada e suas adjacências.

O fenômeno das deformações residuais pode ser classificado como sendo de origem térmica e de natureza plástica, uma vez que é a distribuição não uniforme das temperaturas o que acarreta as expansões e contrações do material na zona de solda, podendo atingir níveis tais que levem a uma deformação plástica. Nessas condições, criam-se incompatibilidades no campo de deformações daquela zona, levando ao aparecimento de tensões residuais necessárias para manter o equilíbrio de forças na região.

O aparecimento das tensões residuais, por sua vez, pode dar origem a outros efeitos indesejáveis na região da zona de solda, ligados a problemas de propagação de trincas, corrosão sob tensão, fadiga etc, que representam preocupações para os que militam no campo das construções soldadas. Cada um desses assuntos exige, por sua vez, tratamento específico e cuidadoso que não deve deixar de ser considerado nos trabalhos de soldagem.

BIBLIOGRAFIA

1. UDIN,H.et al. - Welding for engineers;John Wiley & Sons, 1954; cap. 5 e 6.
2. AWS - Welding Handbook, vol. 1, Fundamentals of Welding, 6a. ed. 1968.
3. LINNERT, G. E. - Welding Metallurgy; AWS; 3^a. ed.. 1965.
4. TANIGUCHI, C. - Análise dos Fenômenos Eletro-plásticos na engenharia de Soldagem, Notas de aula do curso PNV 744; EPUSP; 1982.
5. TANIGUCHI, C. - Princípios de engenharia de Soldagem, Notas de aula do curso PNV 741; EPUSP; 1976.
6. MASUBUCHI, K. - Welding Engineering, Notas de aula do curso 13.151 J; MIT; 1970.
7. MASUBUCHI, K. - Analysis of Welded Structures; Pergamon Press, 1980.
8. AWS - Welding Handbook, 8^a ed.. 1988; cap.. 3; Heat Flow in Welding.

8b Solidificação da poça de fusão

Sérgio D. Brandi

1. PRINCÍPIOS BÁSICOS DA SOLIDIFICAÇÃO

A solidificação é uma transformação de fase que ocorre na passagem do estado líquido para o sólido, envolvendo uma mudança na estrutura cristalina. É geralmente acompanhada por uma contração de volume, não maior que 6% no caso de metais e ligas comercialmente mais comuns. Além disso, no caso de ligas metálicas, ocorre uma mudança de composição química no sólido devido aos fenômenos de micro e macrossegregação. Essa transformação determina, em si, as propriedades mecânicas, físicas e químicas, bem como o aparecimento de trincas nas estruturas brutas de fusão.

Segundo Flemings [1], os estudos dos processos que ocorrem na interface sólido/líquido devem ser visualizados desde os níveis atômicos até os macroscópicos, medidos em metros. Assim, os tipos de interface sólido/líquido são diferenciados a níveis atômicos; as inclusões, em micrômetro; os espaçamentos dos braços da dendrita, em fração de milímetros; o tamanho de grão, em milímetros e até em centímetros; e fundidos e lingotes, na escala de metros.

Características estruturais como o acabamento superficial do lingote, a contração de solidificação e a macrossegregação que aparecem com a dimensão de metros, não podem ser compreendidas sem que se entenda ao mesmo tempo os fenômenos que ocorrem ao nível macroscópico.

Nucleação

A solidificação dos metais ocorre através de um processo de nucleação e crescimento. O núcleo forma-se primeiro e pode crescer ou não, dependendo de seu tamanho. Se ele se formar no interior do líquido, sem a interferência de agentes externos, diz-se que a nucleação é homogênea. Caso ela se forme na presença de impurezas, inoculantes ou superfícies externas, como a do molde, a nucleação é denominada heterogênea.

Para facilidade de exposição far-se-á o estudo termodinâmico da nucleação homogênea.[2,3] A Fig. 8.7 é a representação esquemática da ener-

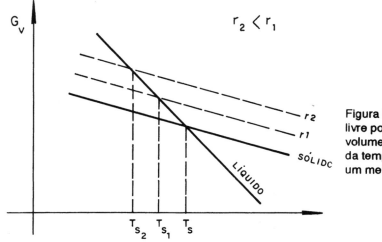

Figura 8.7 — Energia livre por unidade de volume (G_v) em função da temperatura, para um metal puro

gia livre por unidade de volume (G$_v$) em função da temperatura para um metal puro, nos estados líquidos e sólidos; são mostradas as curvas de energia livre em função do raio do sólido formado. Com o abaixamento da temperatura, ocorre a transformação de fase do estado líquido para o sólido a uma temperatura de solidificação T$_s$. Essa temperatura é diminuída, quanto menor for o raio do sólido formado

Fazendo-se uma curva de resfriamento, percebe-se que, para um metal puro, a solidificação não ocorre imediatamente na temperatura T$_s$; o líquido tem de ser super-resfriado para que tenha início a solidificação, como mostra a Fig. 8.8.

O balanço de energia livre de um sistema em uma região de raio r é composto de dois termos: o primeiro está relacionado com a variação de energia livre na passagem do estado líquido para o sólido, enquanto que o segundo está ligado à energia necessária para formar a interface sólido/líquido. Assim:

$$\Delta G = \Delta G_v \cdot \frac{4}{3} \pi r^3 + \gamma_{SL} \cdot 4\pi r^2 \qquad (1)$$

onde: $G_v = G_S - G_L$ = variação de energia livre por unidade de volume.

γ_{SL} = energia da superfície da interface sólido/líquido.

Conforme foi referido anteriormente, o núcleo tem de ter um raio mínimo a partir do qual ele pode crescer e a solidificação prosseguir. Esse raio r é chamado de *raio crítico* e pode ser obtido pela equação seguinte:

$$r^* = -2\gamma_{SL}/\Delta G_v \qquad (2)$$

Solidificação da poça de fusão

A Fig. 8.7 mostra que $G_v = G_S - G_L$ e é proporcional ao super-resfriamento; então a equação (2) pode ser modificada para:

$$r^* \approx -2\gamma_{SL}/\Delta T \tag{3}$$

Esta relação mostra que quanto maior for o super-resfriamento, menor será o raio do núcleo para que a solidificação seja iniciada.

Para ocorrer a nucleação homogênea, o líquido deve ser resfriado lentamente até chegar a um super-resfriamento da ordem de $0,8T_S$;[2] na prática, super-resfriamento varia entre T_S e $0,98T_S$.[2] Essa diferença é explicada pelo fato de o início da solidificação ocorrer pela nucleação heterogênea, uma vez que a barreira para a nucleação homogênea é a energia da interface sólido/líquido.

Na nucleação heterogênea, o núcleo se forma em uma superfície preexistente. Nesse caso há economia na parcela de energia livre, devido à formação da interface, e o número de átomos necessário para formar uma curvatura com raio crítico na superfície é bem menor. Nesse caso, o super-resfriamento necessário tende para zero.

Crescimento

A interface sólido/líquido pode ser: atomicamente difusa ou atomicamente plana, conforme mostra a Fig. 8.9. A primeira, caso (a), ocorre geralmente na solidificação de metais e ligas; ela apresenta, para o mesmo ΔT, um crescimento contínuo e mais rápido. A interface atomicamente plana, caso (b), ocorre geralmente na solidificação de não-metais; o crescimento pode ser lateral, por degraus e necessita que a nucleação ocorra em duas dimensões.

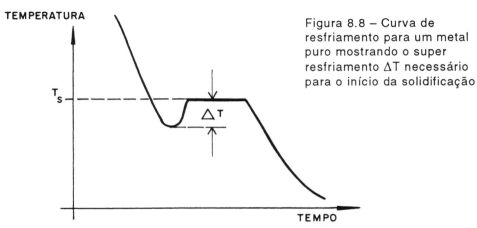

Figura 8.8 – Curva de resfriamento para um metal puro mostrando o super resfriamento ΔT necessário para o início da solidificação

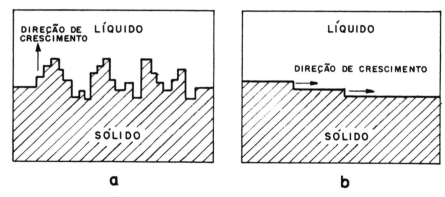

Figura 8.9 — Tipo de interface a nível microscópico: (a) interface atomicamente difusa; (b) atomicamente plana.

O super-resfriamento, para que ocorra o crescimento é dado por: [4,5]

$$\Delta T = \Delta T_G + \Delta T_\sigma + \Delta T_K$$

onde: ΔT_G = super-resfriamento que ocorre devido ao enriquecimento do soluto no líquido interdendrítico.

ΔT_σ = super-resfriamento devido ao raio de curvatura (Fig. 8.7).

ΔT_K = super-resfriamento cinético, considerado desprezível para os metais.

Redistribuição do soluto

Dada uma liga composta de dois elementos químicos A e B, de composição C_o, existe uma diferença de composição química entre as partes líquida e sólida, dada por:

$$k = C_S/C_L \tag{5}$$

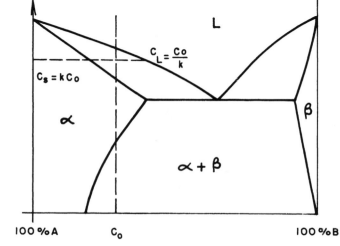

Figura 8.10 — Relação entre C_o, C_L e C_S (para k < 1)

Supondo-se a solidificação em equilíbrio, a interface macroscopicamente plana, sem difusão no sólido e a convecção total no líquido, tem-se a situação mostrada na Fig. 8.10. Mantendo essas hipóteses e admitindo que no líquido exista somente difusão, obtem-se o perfil de concentração de soluto mostrado na Fig. 8.11.

O acúmulo do soluto na frente da interface faz com que a temperatura *liquidus* seja mais baixo que o valor registrado em C_0. Ocorre então um super-resfriamento na frente de solidificação, gerado pelo acúmulo de soluto, denominado *super-resfriamento constitucional*, simbolizado na equação (4) por DT_G. A Fig. 8.12 representa, esquematicamente, esse super-resfriamento.

O super-resfriamento constitucional desestabiliza a interface plana, fazendo com que cresça uma protuberância na interface sólido/líquido e, conseqüentemente, a interface deixe de ser plana. Essa instabilidade pode ser causada por um efeito termodinâmico ou cinético. O super-resfriamento é controlado por C_0, porcentagem de soluto na liga; pelo gradiente térmico externo imposto, G; e pela velocidade de solidificação R, estando esta relacionada com a variação na temperatura *liquidus*. Se R for muito grande, o super-resfriamento constitucional é praticamente zero. O mesmo ocorre com o gradiente térmico externo imposto: se ele for muito grande, mesmo havendo variação na temperatura *liquidus*, o super-resfriamento constitucional tende para zero. A Fig. 8.13 mostra esse efeito.

Observa-se que G e R são inversamente proporcionais um ao outro; além disso, não se consegue variar G mantendo R constante, por ser R função de G. Por isso, utiliza-se a relação $G/\sqrt{R}$ para estudar o modo de solidificação. Um valor baixo para essa relação significa que o líquido está resfriado constitucionalmente e o crescimento da interface não é estável com interface macroscopicamente plana, e sim instável com cresci-

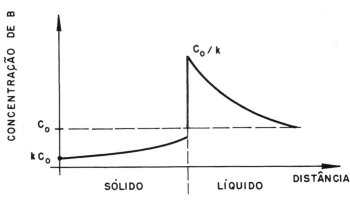

Figura 8.11 — Perfil de distribuição do soluto durante o deslocamento da interface plana na solidificação

SOLDAGEM: PROCESSOS E METALURGIA

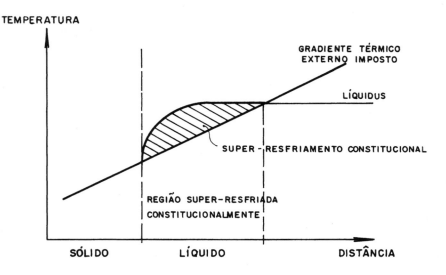

Figura 8.12 — Esquema do super-resfriamento constitucional mostrando a região super-resfriada constitucionalmente, no estado líquido

mento dendrítico. Por outro lado, se $G/\sqrt{R}$ tem valor alto, o líquido não está super-resfriado constitucionalmente e o crescimento da interface é estável com interface macroscopicamente plana. A Fig. 8.14 resume esse efeito com a composição C_o da liga.

Os parâmetros G e R servem também para determinar o tamanho e o espaçamento d entre os braços das dendritas. Um grão é composto de uma única dendrita, que tem milhares de braços ramificados com orientação muito próximas entre si [3], o espaçamento entre as ramificações determinam as propriedades mecânicas do material, tanto nos fundidos, como nos que são processados mecanicamente a partir de lingotes fundidos. O espaçamento entre os braços da dendrita depende basicamente da velocidade de resfriamento e não varia muito de liga para liga.[1] A relação entre d e a velocidade de resfriamento GR e dada por:[7]

$$d = a\,(GR)^{-n} \qquad (6)$$

onde: a = constante

n = 0,5 para os braços primários da dendrita e varia de 0,5 a 0,33 para os braços secundários.

Ocorre na solidificação variações de composição química entre o líquido e o sólido. A esse fenômeno dá-se o nome de segregação, expressão que deve ser sempre adjetivada: macro ou microssegregação. Chama-se macrossegregação à variação a nível macroscópico, como o que ocorre em um lingote ou peça fundida. A Fig. 8.15 mostra alguns tipos de macrossegregação que ocorre em um lingote.

Solidificação da poça de fusão

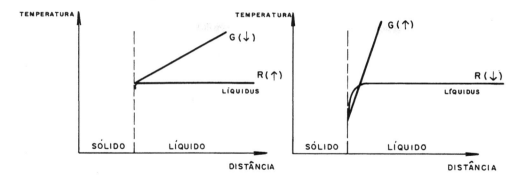

Figura 8.13 — (a) Efeito do aumento da velocidade de solidificação R. (b) Efeito (ampliado) do aumento do gradiente térmico externo imposto G.

A microssegregação ocorre através da diferença de composição química entre o centro da dendrita e as regiões enriquecidas de soluto (k < 1) entre os braços da dendrita. Neste caso, ocorre um tipo de microssegregação chamada *zonamento*, que pode ou não ser removida com tratamento térmico posterior [2]. A Fig.. 8.16 mostra esquematicamente como pode ocorrer a microssegregação. Observa-se que tanto o sólido como o líquido vão ficando cada vez mais rico em B, como indicam as setas no diagrama de fases da figura.

A microssegregação é tanto mais intensa quanto maior for o intervalo de solidificação da liga, para um dado gradiente térmico externo. A intensidade também pode ser aumentada para uma mesma liga, porém com gradientes térmicos externos diferentes. A microporosidade é outro fenômeno que ocorre em paralelo com a microssegregação e está relacionada com a contração da solidificação.

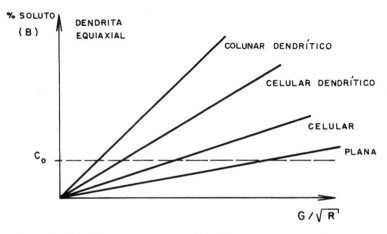

Figura 8.14 — Diagrama esquemático dos modos de solidificação

377

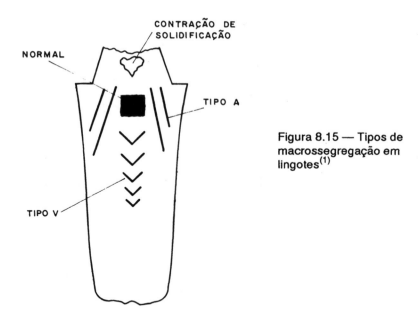

Figura 8.15 — Tipos de macrossegregação em lingotes[1]

A solidificação nem sempre ocorre em equilíbrio, podendo este sofrer um desvio mostrado pela linha tracejada da Fig. 8.16. Teoricamente, se a solidificação ocorrer em equilíbrio, uma liga de composição C_0 solidificaria completamente apenas como a fase α. Caso não ocorra o equilíbrio, apesar de C_0 indicar a solidificação somente como α, ter-se-á no final da solidificação um pouco do eutético ($\alpha + \beta$).

Se houver algum reaquecimento, a última região a se solidificar, sem ou com a presença de eutéticos, apresenta ponto de fusão mais baixo.

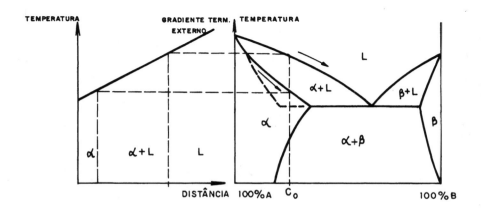

Figura 8.16 — Região onde ocorre a microssegregação ($\alpha + L$) em função do gradiente térmico externo

2. COMPARAÇÃO ENTRE A SOLIDIFICAÇÃO DO LINGOTE E DA POÇA DE FUSÃO

A comparação do processo de soldagem por fusão com arco elétrico, com um pequeno cadinho de forno elétrico, muito difundida no passado, não é bem correta. Tomando-se por exemplo, as reações de refino e desoxidação, observa-se que, enquanto no forno elétrico se atinge o equilíbrio, na poça de fusão ocorre um quase-equilíbrio. De outro lado, as solidificações da poça de fusão e a de um lingote apresentam algumas diferenças básicas:[4,6]

• A solidificação de um lingote é um fenômeno típico de nucleação e crescimento, enquanto que na poça de fusão observa-se praticamente apenas crescimento, uma vez que este é epitaxial e a solidificação continua a partir dos grãos parcialmente fundidos do metal de base.

• A velocidade de solidificação da poça de fusão é muito maior que a de um lingote, sendo da ordem de 100 mm/min, para o processo TIG e 1.000 mm/min para a soldagem por feixe de elétrons.

• O gradiente térmico total na poça de fusão chega a ter uma ordem de grandeza a mais que o observado na solidificação de um lingote. Para o processo TIG, esse valor é da ordem de 72°C/mm e para o processo do arco submerso, 40°C/mm.

• A forma da interface sólido/líquido muda progressivamente com o tempo de solidificação do lingote. A interface na poça de fusão desloca-se continuamente com a mesma forma, com exceção do início e fim do cordão, quando se utiliza o aclive e o declive da corrente de soldagem.

• A agitação do metal líquido na poça de fusão é muito maior que a do lingote, devido à presença de forças de origem eletromagnética e do gradiente de tensão superficial.

Solidificação da poça de fusão

A zona de ligação entre a solda e o metal de base possui uma região parcialmente fundida, para a qual Savage e colaboradores[8] propuseram um mecanismo de solidificação. Segundo o modelo, existem locais onde o ponto de fusão é maior que o ponto de fusão da liga, o que é devido à concentração diferenciada do soluto e é mostrada na Fig. 8.17.

A partir da zona parcialmente fundida ocorre a solidificação da solda e o crescimento se realiza com a mesma orientação cristalina dos grãos da região parcialmente fundida. Esse tipo de crescimento é chamado epitaxial e sua ocorrência precisa de um pequeno super-resfriamento ($\approx 1°C$).

Além do crescimento epitaxial, existe o crescimento competitivo da estrutura de solidificação, determinado pela direção do gradiente de extra-

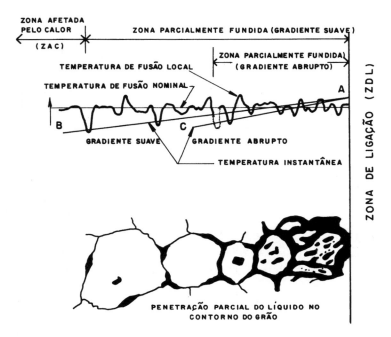

Figura 8.17 — Modelo da zona parcialmente fundida de uma liga monofásica. Adapt. de (8)

ção de calor e a direção <100> do reticulado cristalino do sistema cúbico. Os grãos que apresentam essas duas direções coincidentes têm velocidade de crescimento maior que os outros grãos. A Fig. 8.18 esquematiza esses dois fenômenos.

A solidificação da poça de fusão envolve os crescimentos epitaxial e o competitivo, e esses fenômenos determinam se a estrutura final da solda será grosseira ou refinada.

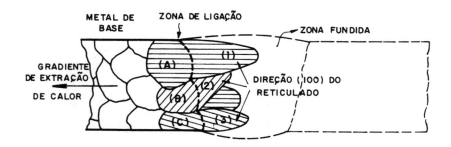

Figura 8.18 — Representação esquemática do crescimento epitaxial (entre A e 1; B e 2; e C e 3) e do crescimento competitivo (entre 1, 2 e 3).

Solidificação da poça de fusão

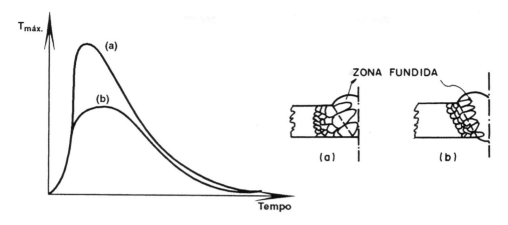

Figura 8.19 — Influência do ciclo térmico de soldagem na largura do grão solidificado.

Outro fator que interfere na estrutura final da solda é o tamanho de grão do metal de base:[9] quanto maior o tamanho de grão do metal-base, mais grosseira é a solda obtida. Isso significa também que, quanto maior a temperatura máxima na zona de ligação, maior o tamanho de grão e mais grosseira será a solda, efeito que é mostrado na Fig. 8.19.

Não deve ser esquecido que na soldagem multipasse todos os três fenômenos citados continuam existindo, podendo até mesmo observar-se uma acentuação. O crescimento epitaxial também está presente entre os cordões de solda e não só entre o metal de base e a zona fundida.

Tipos de estruturas primárias — Conforme foi mostrado na Fig 8.14 existem diversos modos de solidificação, determinados pelo gradiente térmico, pela velocidade de solidificação e pela concentração de soluto. A Fig. 8.20 esquematiza o aspecto da interface sólido/líquido durante a solidificação.

Em uma solda tem-se geralmente uma pequena região de crescimento planar, seguida do crescimento celular e celular-dendrítico e, em algumas situações, uma região dendrítica.

As variáveis G e R da Fig. 8.14 podem ser relacionadas com os parâmetros de soldagem. O aumento de G, gradiente térmico imposto, está relacionado com a diminuição da energia de soldagem. Isso significa que a região super-resfriada constitucionalmente diminui, tendendo a um crescimento plano. Se o gradiente é diminuído, a região super-resfriada é maior e a tendência é ter um crescimento dendrítico. A velocidade R de crescimento da interface sólido/líquido está relacionada à velocidade de soldagem, que por sua vez está ligada ao gradiente térmico.

SOLDAGEM: PROCESSOS E METALURGIA

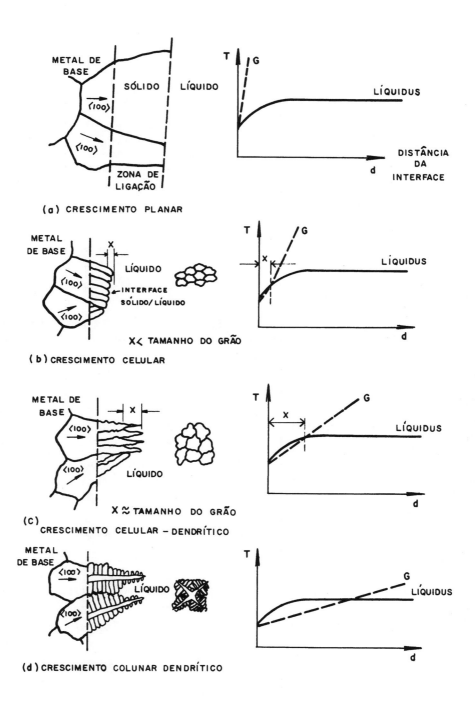

Figura 8.20 — Diagrama esquemático da interface sólido/líquido [6]

Solidificação da poça de fusão

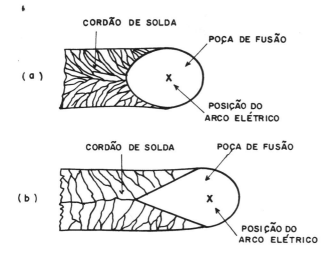

Figura 8 21 — Formato da poça de fusão: (a) elíptico; (b) de gota

Geometria da poça de fusão — A poça de fusão pode ter duas geometrias: formato elíptico ou de gota, como indicado na Fig. 8.21. Essa geometria é determinada pela velocidade de soldagem e pelo balanço térmico entre energia de soldagem e as condições de transferência de calor no metal de base[4,7,10,11]. O formato elíptico é determinado quando a velocidade de solidificação é igual à de soldagem, enquanto que o formato de gota ocorre quando a velocidade é menor que a de soldagem.

A velocidade de solidificação é proporcional ao gradiente térmico.[3] A Fig. 8.22 mostra o gradiente térmico máximo decomposto nas componentes x e y. Analisando essas componentes para os dois tipos de formato de poça de fusão, percebe-se a predominância do gradiente em x, para a poça de fusão no formato de gota e em y para o formato elíptico. No primeiro caso, o crescimento ocorre preferencialmente na direção x, gerando uma estrutura mostrada na Fig. 8.21 (b). No segundo caso, a com-

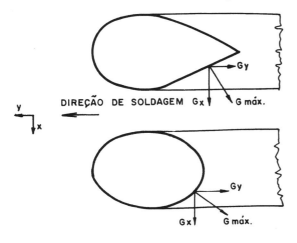

Figura 8.22 — Gradientes térmicos da poça de fusão em função do formato déssa poça

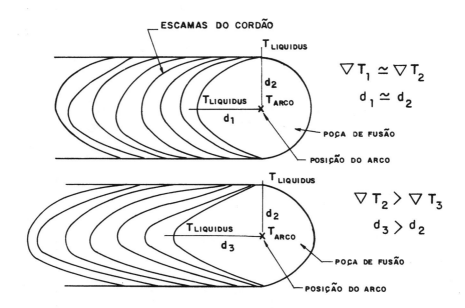

Figura 8.23 — Gradiente térmico na poça de fusão para os dois formatos que a poça pode apresentar

ponente em y é um pouco maior, ocasionando o crescimento mostrado na Fig. 8.21 (a).

Em aproximação bastante simplificada, o gradiente térmico da poça de fusão pode ser expresso pela diferença entre a temperatura média do arco nessa poça e a temperatura *liquidus* do material, dividida pela distância do centro do arco elétrico até a interface sólido/líquido. A poça de fusão de formato elíptico tem gradiente praticamente constante ao longo da interface sólido/líquido. A poça de fusão no formato de gota possui no centro do cordão um gradiente menor que nas bordas. A Fig. 8.23 esquematiza esse efeito e por ela percebe-se que o super-resfriamento constitucional é sempre máximo no centro do cordão de solda.

Prokhorov e Shirshov[12], estudando o efeito da composição química e das condições de soldagem no desenvolvimento da estrutura bruta de fusão da solda, estabeleceram 5 tipos de macroestrutura de solda, mostrados na Fig. 8.24.

O tipo I ocorre para todas as faixas de variáveis de soldagem em ligas binárias e, no caso dos aços, para baixa velocidade de soldagem. Essa macroestrutura tem baixa resistência ao início e propagação de trincas.

No tipo II, semelhante ao anterior, os grãos colunares concordam entre si com ângulos de 0ºC, indicando que a poça de fusão tem formato elíptico. Este tipo de macroestrutura tem comportamento similar ao tipo I,

Solidificação da poça de fusão

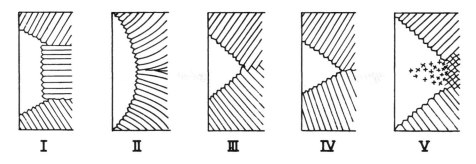

Figura 8.24 — Tipos de macroestruturas de solda [12]

em termos de propriedades mecânicas.

No tipo III, que não ocorre com baixas velocidades de soldagem, os grãos colunares se encontram no centro do cordão, formando uma estrutura em ziguezague. O tipo desta estrutura é, de todos, o mais resistente à propagação de trincas.

O tipo IV é caracterizado por ter um ângulo de 180° no encontro dos grãos colunares no centro da solda. Esta macroestrutura ocorre para elevadas velocidades de soldagem e seu desempenho, no que refere à resistência à fratura, é o pior de todos.

O tipo V é caracterizado por uma estrutura dendrítica desorientada no centro do cordão e a resistência à fratura dessa microestrutura é intermediária entre os tipos I e III.

Controle da solidificação da poça de fusão — Este controle visa promover a formação de núcleos que impeçam ou diminuam de tamanho de grão na zona fundida. Esse controle pode ser feito por inoculantes, por refino dinâmico e pela agitação da poça de fusão [4,13,14]

No caso dos inoculantes, estes devem ter tamanho adequado e devida proteção para as elevadas temperaturas do arco[4] -Entre os inoculantes utilizados estão os carbetos de titânio ou vanádio. Este tipo de refino tem bastante sucesso no processo de soldagem com arco submerso.

O refino dinâmico envolve a agitação da poça de fusão pelas forças magnéticas geradas pelo arco ou por convecção forçada [4]. A agitação magnética pode ser feita pela pulsação da corrente; nesse caso, além do refino da zona fundida, a quantidade de calor envolvida durante a soldagem é muito menor. Essa técnica é bastante usada nos processos TIG e MIG pulsados, entre outros. A técnica de vibração do arco é muito utilizada no refino da estrutura.

A oscilação magnética do arco tem sido empregada, com sucesso, na soldagem do alumínio pelo processo TIG. Outra maneira de refinar a estrutura é conseguida pela oscilação do eletrodo, como nos processos de soldagem por eletroescória e arco submerso.

BIBLIOGRAFIA

1. FLEMINGS, M. C - Solidification Processing; Met. Trans 5 (10): 2121-2134, out. 1974
2. SHEWMON, P. G. - Transformation in Metals; McGraw-Hill Co., p.156-208, 1969.
3. FLEMINGS, M.C. - Solidification Processing; McGraw-Hill Co., 1974
4. DAVIES, C. J. & GARLAND J. G. - Solidification Structures and Properties of Fusion Welding; Int. Met. Rew., vol. 20, revisão 196, p.. 83-106, jun. 1975.
5. LAXMANAN, V. - Dendritic Solidification. Analysis of Current Theories and Models; Acta Met. 33(6): 1023-1035, jun.1985.
6. SAVAGE, W. F. - Solidification, Ségrégation et Imperfections des Soudures; Soud. Tec. Con., 34(11-12):388-403, nov./dez. 1980.
7. ASM - Metals Handbook - Welding an Brazing, vol. 6, 8 ed.; 1985.
8. SAVAGE, W. F. et al. - Microsegregation in Partially Melted Regions of 70Cu - 30Ni Weldments; Weld. J., 55(7): 181s-187s, jul. 1976.
9. ROPER JR., C. R. et al. - The effect of Heat-Affected Zone Structure on the Structure of the Weld Fusion Zone; Weld. J., 48(4): 171s-178s, abr. 1969.
10. GRANJON, H. & DADIAN, H. - Particularités de la Solidification des Soudures par Fusion; Conséquences de Point de Vue de la Soudabileté; Soud.Tec.Con., 26(5/6): 181-195, mai./jun. 1972.
11. SAVAGE et al. - Solidification Mechanisms in Fusion Welds; Weld. J., 55(8): 213s-221s, ago. 1976.
12. PROKHOROV, N. N. & SHIRSHOW, Y. N. - Influence of Welding Conditions and Chemical Composition of the Base metal on the Primary Structure of Weld Metal; Aut. Weld. 27(3): 6-8, mar. 1974.
13. TSENG, C. F. & SAVAGE, W. F. - The effect off Arc Oscilation; Weld. J/ 50(11): 777-786, nov. 1971.
14. GARLAND, J. G. - Weld Pool Solidification Control; Met. Const. & Brit Weld, J. 6(4): 121-127, abr. 1974.

8c Trinca em temperatura elevada (trinca a quente)

Sérgio D. Brandi

1. INTRODUÇÃO

Existe na literatura metalúrgica internacional uma grande confusão no que se refere à terminologia das trincas que ocorrem em temperatura elevada. A tendência em usar a expressão trinca a quente pode levar a conceitos imprecisos, já que uma trinca a quente pode ser causada ou por um filme líquido, ou por uma diminuição da ductilidade do material a quente. Por isso, é importante diferenciar um tipo de trinca a quente do outro.

Para mostrar os diferentes conceitos empregados nessa terminologia, a Tab. 8.1 compara as normas DIN 8524[1] e a AWS B 1.0[2], relacionadas com a conceituação dos defeitos em juntas soldadas. O exame dessa tabela mostra que algumas definições não se todo corretas. Na norma DIN, por exemplo, a trinca devido à queda de ductilidade é classificada como trinca a frio, quando na realidade ela ocorre em temperaturas próximas à metade da temperatura do ponto de fusão do metal.

Para tentar resolver essa confusão, Hemsworth e colaboradores[3] propuseram uma classificação para as trincas que ocorrem em temperaturas acima da metade do ponto de fusão, ou da temperatura *solidus*, conforme seja um metal ou liga metálica, respectivamente. Essas trincas são, geralmente, intergranulares. Esse tipo de trinca pode ser devido à microssegregação ou à queda de ductilidade. A primeira tem por origem um filme líquido de uma fase de baixo ponto de fusão; a segunda ocorre no estado sólido e próximo da temperatura de recristalização da liga. Essa classificação é mostrada na Tab. 8.2.

2. TRINCA DEVIDO À MICROSSEGREGAÇÃO

Trinca de solidificação

Estas trincas estão relacionadas, entre outros fatores, com a presença de fases de baixo ponto de fusão ou ao intervalo de solidificação da liga.

A trinca de solidificação é geralmente intergranular, com a separação

Tabela 8.1 - Comparação entre as definições de trincas, de acordo com as normas DIN 8524 e AWS B 1.0.

DIN 8524	AWS B 1.0
Trinca a quente: associada com a presença de um filme líquido. -Trinca de solidificação (cratera). -Trinca de liquação (fusão no contorno de grão). **Trinca a frio**: ocorre com o material totalmente no estado sólido. -Trinca devido à queda de ductilidade. -Trinca devido à contração de solidificação. -Trinca induzida por hidrogênio. -Trinca lamelar, etc.	**Trinca a quente**: ocorre em temperatura elevada, próximo ao ponto de fusão e durante a solidificação da solda. **Trinca a frio**: ocorre após a solidificação da solda e é geralmente associada à presença de hidrogênio.
	Trinca lamelar

Tabela 8.2 - Classificação das trincas intergranulares e em temperatura elevada segundo Hemsworth e colaboradores [3].

Trincas em temperatura elevada (metade do ponto de fusão ou da temperatura solidus)
- Trincas devido à microssegregação
  - Trinca de solidificação do metal de solda.
  - Trinca devido à liquação na zona afetada pelo calor
  - Trinca devido à liquação do metal de solda (para soldagem multipasse)
- Trinca devido à queda de ductilidade
  - Trinca devido à queda de ductilidade na zona afetada pelo calor.
  - Trinca devido à queda de ductilidade no metal de solda (como soldado).
  - Trinca devido à queda de ductilidade no metal de solda reaquecido (soldagem multipasse).

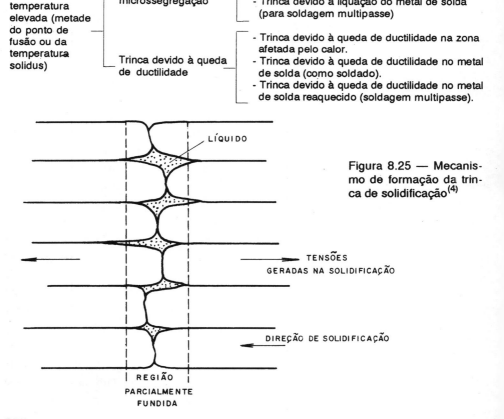

Figura 8.25 — Mecanismo de formação da trinca de solidificação[4]

Trinca em temperatura elevada (trinca a quente)

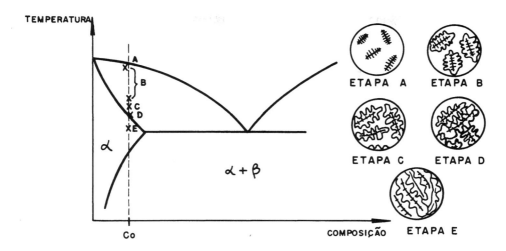

Figura 8.26 — Etapas de solidificação de uma liga, segundo Pellini[4]

do material ocorrendo na região interdendrítica, a qual está preenchida com líquido de baixo ponto de fusão; com a ação de tensões geradas durante o resfriamento pode ocorrer a separação das duas superfícies. Esse mecanismo é mostrado na Fig. 8.25.

Mecanismo de formação da trinca — Fundamentalmente, são dois os mecanismos propostos na literatura: o de Pellini[4] e o de Borland[5]. O mecanismo de Pellini está associado a uma liga de composição fixa, que durante a solidificação passa por diversas etapas, mostradas na Fig. 8.26. Na etapa A ocorre a nucleação das primeiras dendritas, com seu posterior crescimento na etapa B. A partir de determinada temperatura ocorre o estágio inicial da formação de um filme líquido na região interdendrítica (etapa C). A temperatura continuando a decrescer, as dendritas acabam se tocando e formando ligações sólido/sólido, com a presença de filmes líquidos (etapa D), até alcançar a completa solidificação (etapa E).

Segundo Pellini, a deformação necessária para ocorrer a fratura e a capacidade da liga para resistir a esforços é função da etapa de solidificação (Figura 8.27). Além disso, ele mostra que a presença de impurezas, que produzem fases de baixo ponto de fusão, aumentam o tempo da etapa de formação do filme líquido, favorecendo o aparecimento de trincas, como é mostrado na Fig. 8.28.

Observa-se na Fig 8.28 um significativo aumento do tempo de permanência durante a solidificação na etapa de filme líquido. A teoria de Pellini está associada à presença de deformações, tensões, ao aparecimento do filme líquido e ao fato de a liga ter composição química fixa.

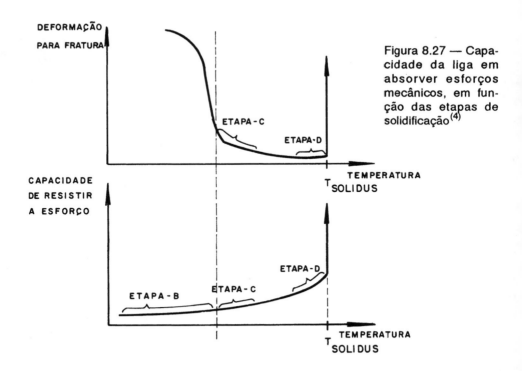

Figura 8.27 — Capacidade da liga em absorver esforços mecânicos, em função das etapas de solidificação[4]

O modelo Borland [5] leva em conta a variação da composição química da liga e a tendência à trinca de solidificação. Durante a solidificação existem quatro etapas, similares às descritas por Pellini (Fig. 8.29). No estágio 1, as dendritas estão dispersas no líquido; no estágio 2, elas começam a se tocar (correspondendo ao estágio C de Pellini); caso haja a formação de trinca, esta pode ser preenchida pelo líquido presente, dependendo das propriedades físico-químicas desse líquido.

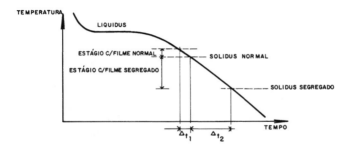

Figura 8.28 — Efeito da formação de microssegregação e formação de fases de baixo ponto de fusão no tempo de permanência na etapa de filme líquido [4]

No estágio 3, o líquido presente não tem condição de preencher a trinca, já que não existe interligação entre as regiões com líquidos; nesse estágio a suscetibilidade à trinca de solidificação é maior. No estágio 4 o metal está completamente no estado sólido. Esse modelo é bastante utilizado para o alumínio e suas ligas.

É interessante observar que a máxima suscetibilidade à trinca de solidificação ocorre com ligas que apresentam maior intervalo de solidificação, enquanto que para as ligas eutéticas a suscetibilidade é praticamente nula. A trinca de solidificação é um defeito que aparece com freqüência nos aços inoxidáveis, nas ligas de alumínio e em outros metais não-ferrosos.

Origem e propagação da trinca em aços inoxidáveis — Para estes materiais Suutala e colaboradores [6-8] apresenta três possíveis modos de solidificação, diferenciados entre si pela relação cromo equivalente/níquel equivalente, assim caracterizados:

• Tipo A — Ocorre quando a relação Cr_{eq}/Ni_{eq} < 1,48. O modo de solidificação é quase completamente austenítico, podendo formar de 0 a 6% de ferrita delta, como ocorre no aço AISI 309 e 310.

• Tipo B — Ocorre quando a relação Cr_{eq}/Ni_{eq} varia entre 1,48 e 1,95. O modo de solidificação é inicialmente ferrítico, formando, após a solidificação, de 4 a 18% de ferrita delta, sendo esta interdendrítica e tanto mais fina e ramificada quanto maior a relação Cr_{eq}/Ni_{eq}. É o que ocorre nos aços AISI 304; 316; 321 e 347.

• Tipo C — Ocorre quando a relação Cr_{eq}/Ni_{eq} > 1,95. A solidificação é completamente ferrítica, formando de 10 a 85% de ferrita delta. A austenita formada é um produto da decomposição da ferrita no estado sólido e tem a forma de austenita de Widmanstätten. Um exemplo é o aço duplex UNS 31803.

A solubilidade do enxofre e do fósforo é maior na ferrita que na austenita. Portanto, a solidificação primária ferrítica diminui a concentração daqueles elementos no líquido, diminuindo o tempo do estágio com filme segregado, mostrado na Fig. 8.28 e, conseqüentemente, a suscetibilidade às trincas de solidificação. Em contrapartida, a solidificação primária austenítica aumenta a segregação do fósforo e enxofre no líquido favorecendo a trinca de solidificação.

Outra explicação para a maior suscetibilidade à trinca de solidificação no caso do tipo A é o ângulo diedro do líquido[9-11] definido como o ângulo entre a tensão superficial sólido/líquido de duas dendritas adjacentes, que devem estar em equilíbrio com a tensão interfacial sólido/sólido de duas dendritas. No caso das solidificações dos tipos B e C o ângulo

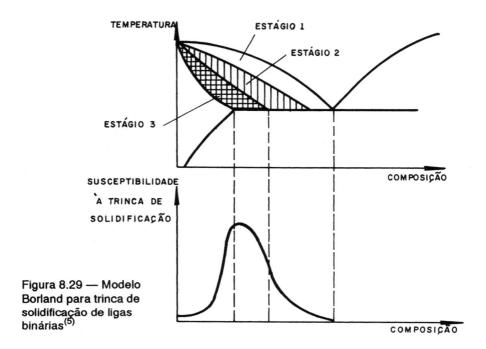

Figura 8.29 — Modelo Borland para trinca de solidificação de ligas binárias[5]

diedro é grande e, conseqüentemente molha menos a região interdendrítica, diminuindo a suscetibilidade à trinca de solidificação. Por outro lado, no caso da solidificação do tipo A, esse ângulo é menor, molhando bastante a região interdendrítica e favorecendo a trinca de solidificação. Deve-se lembrar que o teor de enxofre e fósforo altera o valor da tensão superficial sólido/líquido, influindo portanto também no ângulo diedro. A explicação com o ângulo diedro mostra que a solidificação do tipo C (completamente ferrítica) é também mais suscetível que a do tipo B. A Fig. 8.30 mostra esquematicamente o ângulo diedro em função do modo de solidificação. Nos casos I e II o modo de solidificação é do tipo A, sendo no primeiro caso completamente austenítico, observando-se no segundo a formação de um pouco de ferrita. O caso III mostra que a solidificação primária é ferrítica, parecendo em IV, com maior ampliação, a área assinalada do caso III.

Como já foi assinalado, alem da relação entre Cr_{eq} e Ni_{eq}, também a concentração de fósforo e enxofre exerce influência sobre o modo de solidificação e a suscetibilidade à trinca de solidificação.

Matsuda e colaboradores [12] propuseram um modelo para associar o modo de solidificação e os teores de fósforo e enxofre. No caso da solidificação do tipo A, esses dois elementos enriquecem o líquido interdendrítico, favorecendo a trinca de solidificação; já para a solidificação do tipo

Trinca em temperatura elevada (trinca a quente)

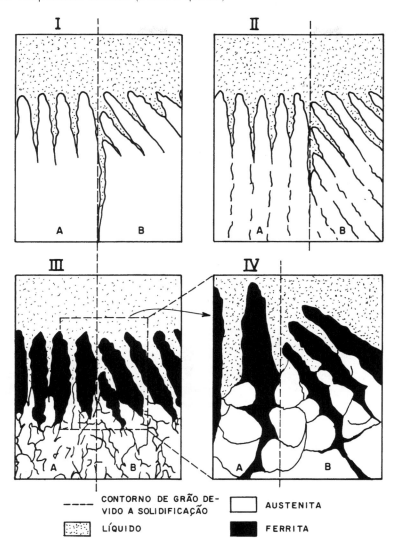

Figura 8.30 — Representação esquemática das interfaces sólido/líquido para diferentes modos de solidificação[11]

B, aqueles dois elementos formam pequenas ilhas de líquido no interior da dendrita de austenita, dificultando a ocorrência da trinca. Esse modelo é mostrado na Fig. 8.31.

Segundo Matsuda, o fósforo forma um composto M$_3$P, preferencialmente com o cromo e o ferro, com ponto de fusão entre 1060 e 1100°C. Dependendo do teor de fósforo, o fosfeto pode assumir o formato globular (até 0,03%P) ou formar um filme líquido (a partir de 0,05%P). Os sulfetos, basicamente de manganês, podendo ter também ferro e cromo,

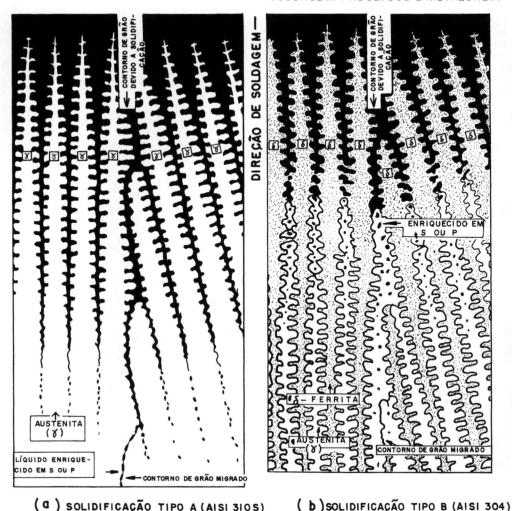

(a) SOLIDIFICAÇÃO TIPO A (AISI 310S)   (b) SOLIDIFICAÇÃO TIPO B (AISI 304)

Figura 8.31 — Esquema do modelo de solidificação e do tipo de distribuição do líquido enriquecido em enxofre e fósforo[12]

têm temperatura de fusão entre 1280 e 1310°C. Uma análise da superfície de uma trinca de solidificação, realizada por espetroscopia de elétrons Auger, em aço AISI 310, mostrou um teor de enxofre 2.000 vezes maior que o da composição nominal da liga[9]. Para aços inoxidáveis com solidificação do tipo A, é recomendado que a soma dos teores de fósforo e enxofre não seja superior a 0,015%.

Brooks e Lambert[13] e Kujanpää estudaram a relação entre o número de ferrita e a soma dos teores de fósforo e enxofre sobre a trinca de solidificação; o resultado, indicado na Fig. 8.32, mostra que a soma dos teores de fósforo e enxofre não deve ultrapassar a 0,02%, segundo Brooks

Trinca em temperatura elevada (trinca a quente)

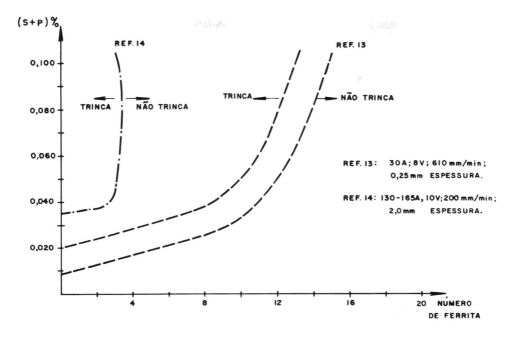

Figura 8.32 — Efeito dos teores de fósforo e enxofre e o número de ferrita na trinca de solidificação de um aço inoxidável[13,14]

e Lambert, e 0,03%, segundo Kujanpää.

Deve-se observar que as duas curvas mostradas foram levantadas com diferentes parâmetros de soldagem e de critérios de avaliação das trincas. Além disso, no trabalho de Brooks e Lambert, o teor de ferrita foi calculado pelo diagrama de De Long. enquanto que Kujapää empregou métodos magnéticos.

Outros elementos químicos também podem promover a trinca de solidificação. É o caso do silício, para os aços completamente austeníticos[15] ou da associação Si-Mo e Si-Nb[16] para os aços contendo molibdênio e os aços estabilizados ao nióbio, respectivamente.

Além desses fatores, influem nas condições de solidificação os parâmetros de soldagem[17]. O tempo de solidificação é diretamente proporcional à energia de soldagem e inversamente proporcional ao quadrado da diferença entre a temperatura de fusão e a de preaquecimento. Uma estrutura bruta de fusão tem menor área de contato entre os grãos, favorecendo a ocorrência de trinca de solidificação[18]. Não se deve esquecer também que influem diretamente na suscetibilidade à trinca de solidificação tanto o formato da poça de fusão como também o tipo de solidificação. A pulsação do arco elétrico no processo TIG pode refinar a estrutura

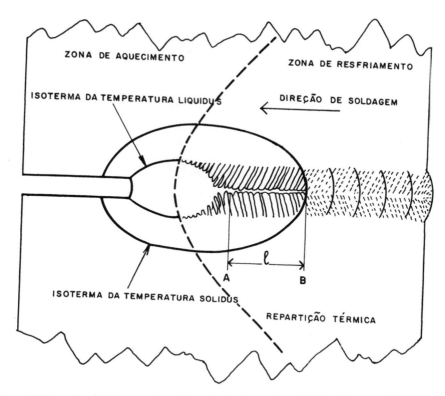

Figura 8.33 — Condições para a obtenção de trinca de solidificação na soldagem de chapas, sem adição de ligas binárias de alumínio[21]

bruta de fusão e diminuir a tendência à trinca de solidificação dos aços inoxidáveis[19,20].

Concluindo, pode-se afirmar que, nos aços inoxidáveis, a suscetibilidade à trinca de solidificação é função do modo de solidificação (Cr_{eq}/Ni_{eq}), valor da soma dos teores de fósforo e enxofre no metal de solda, teor de ferrita no metal de solda e dos parâmetros de soldagem.

Origem e propagação da trinca no alumínio e suas ligas — A idéia de que a trinca de solidificação ocorria dentro do intervalo de solidificação fez com que Pumphrey e Jennings[21] propusessem as condições para a ocorrência dessa trinca. Sendo eles, o local onde ela pode ocorrer estava entre os pontos A e B da Fig. 8.33. O ponto A corresponde à região onde, à sua direita, ocorre o crescimento restrito de A (etapa 2 e 3 da Fig. 8.29), enquanto que o ponto B corresponde à temperatura *solidus* no centro do cordão. Essa suscetibilidade estava associada à quantidade de líquido eutético presente, à velocidade de resfriamento, aos elementos de liga e à morfologia da estrutura bruta de fusão da solda.

Trinca em temperatura elevada (trinca a quente)

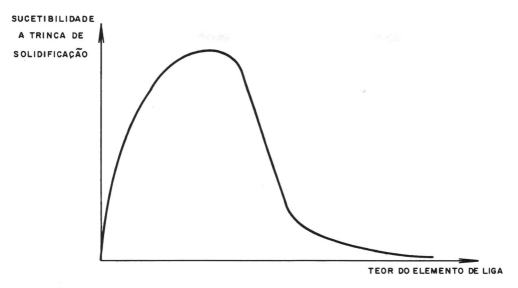

Figura 8.34 — Representação esquemática do efeito da composição química das ligas primárias na suscetibilidade à trinca de solidificação

Inicialmente, foram levantadas curvas que relacionavam a suscetibilidade à trinca de solidificação com a composição química do metal de solda, tanto para ligas binárias[22,23] como para ternárias[24,27]. No primeiro caso, essa curva tem a característica mostrada na Fig. 8.34.

A explicação para esse comportamento é a seguinte[5,27,28]: para baixos teores de elemento de liga, a quantidade de líquido eutético é muito pequena para formar um filme líquido, fazendo com que as dendritas estejam bem unidas entre si, assim diminuindo o risco de trinca. Para teores médios, aumenta o teor de líquido eutético, permitindo a formação de um filme e o conseqüente aparecimento das trincas de solidificação, além de ser o local com maior intervalo de solidificação. Para teores elevados, a quantidade de líquido eutético é suficiente para preencher eventuais trincas que se formem, sendo bem menor o intervalo de solidificação. Para ligas binárias, os máximos de suscetibilidade ocorrem para valores aproximados de: Al-3%Cu; Al-1%Si; Al-2%Mg; Al-4%Zn[27,28].

Recentemente Kou e Le[29] concluíram que, dependendo da energia e velocidade de soldagem, o super-resfriamento constitucional pode gerar uma macroestrutura de solda semelhante ao tipo V da Fig. 8.24. Segundo esses autores, a relação G/R pode definir o tipo de macroestrutura resultante. Se G/R for alto, o super-resfriamento constitucional é baixo, dificultando a formação de uma estrutura equiaxial. Se for baixo, o super-resfriamento constitucional é elevado, favorecendo a formação de uma estrutura equiaxial no centro do cordão; esta estrutura é mais favore-

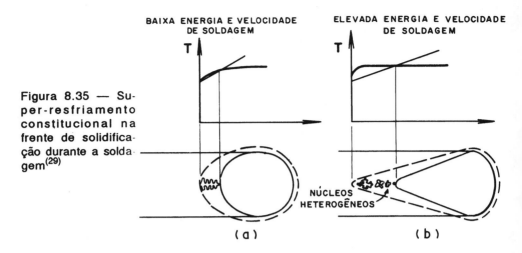

Figura 8.35 — Super-resfriamento constitucional na frente de solidificação durante a soldagem[29]

cida quando o metal de base contém titânio ou zircônio. Essas duas condições são mostradas na Fig 8.35.

Em conclusão, a trinca de solidificação ocorre tanto ém razão da composição química do material, como também dos parâmetros de soldagem.

Trincas de liquação

As trincas de liquação podem aparecer nas zonas afetadas pelo calor, tanto do metal de base como entre os passes do metal de solda, e possuem algumas características típicas que devem ser mencionadas. As fraturas são sempre intergranulares e acompanhadas, geralmente, por uma redistribuição de fases de baixo ponto de fusão, ocorrendo geralmente na zona afetada pelo calor, próxima à zona de ligação. A literatura mostra[3,30] que as fases de baixo ponto de fusão podem ser: sulfetos associados a fósforo; inclusões do tipo de óxidos como os silicatos, carbonetos (NbC, M_6C, TiC, $M_{23}C_6$), boro-carbonetos do tipo $M_{23}(C,B)_6$, boretos (M_3B_2, Ni_4B_3); e fases intermediárias como as das ligas de alumínio.

Como já foi visto na Fig. 8.17, existe uma região onde ocorre a fusão parcial dos grãos e portanto, no reaquecimento, pode ocorrer a fusão desse líquido que tem ponto de fusão mais baixo. Deve-se lembrar que esse tipo de trinca ocorre, nos aços-carbono, no contorno de grão anterior da austenita.

Para os aços inoxidáveis austeníticos, Kujanpää e colaboradores desenvolveram um modelo baseado no modo de solidificação[11]. De acordo com esse modelo, a região parcialmente fundida do metal-base é maior para os aços inoxidáveis com o modo de solidificação do tipo A (completamente austenítico), do que para os aços com modo de solidificação do

Trinca em temperatura elevada (trinca a quente)

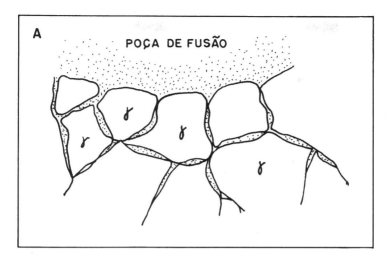

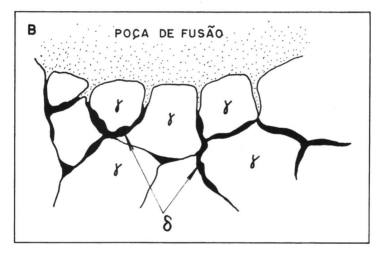

Figura 8.36 — Representação esquemática da trinca de liquação na ZAC para um aço inoxidável com modos de solidificação dos tipos A e B[11]

tipo B (inicialmente ferrítico). Isso é devido ao fato de a ferrita diminuir a molhabilidade do líquido, como já foi discutido anteriormente.

O modelo de Kujanpää é mostrado na Fig 8.36.

3. TRINCA DEVIDO À QUEDA DE DUCTILIDADE (TQD)

Este tipo de trinca difere da trinca de liquação por não apresentar a formação de filmes nos contornos de grão. Ela é geralmente intercristalina, com as extremidades arredondadas e, observada no microscópio eletrônico de varredura, mostra na superfície características de fratura por fluência[3].

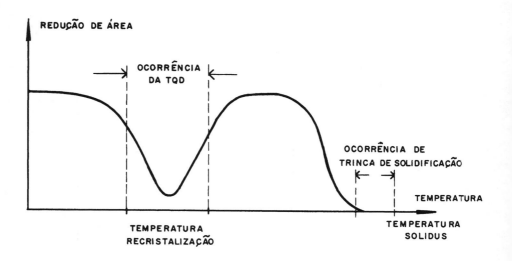

Figura 8.37 — Esquema do efeito da temperatura na redução de área de um aço inoxidável austenítico

O fenômeno da queda de ductibilidade pode ser observado levantando-se, por ex., a redução de área em função da temperatura: quando esta está próxima da temperatura de recristalização, observa-se a diminuição da redução de área, como pode ser visto na Fig. 8.37.

A diminuição da ductibilidade a quente está associada com o tamanho de grão, com o limite de escoamento e com a energia interfacial por unidade de área para abrir uma trinca[31]. Quanto maior o tamanho de grão, mais fácil é o escorregamento dos contornos; o aumento do limite de escoamento retarda a recristalização dinâmica e o aparecimento de trinca ocorre em temperatura mais elevada. A variação na energia interfacial pode ser devida à precipitação de carbonetos $M_{23}C_6$ ou da fase sigma na interface ferrita/austenita. Havendo área de ferrita nos contornos de grão da austenita, o escorregamento é mais intenso nesses locais, podendo ocorrer a fratura a partir dessa interface.

A ductibilidade a quente apresenta um mínimo para teores de ferrita entre 15 e 35%. O molibdênio é um elemento que favorece esse fenômeno, não só por aumentar o teor de ferrita, como também por aumentar o limite de escoamento devido ao endurecimento por solução sólida.

Trinca em temperatura elevada (trinca a quente)

BIBLIOGRAFIA

1. Deutsche Institut für Normung; DIN 8524; Defect in Metallic fusion Welding Joints; part 1, 2, 3; Nov. 1971.
2. American Welding Society; AWS B 1.0 - Guide for the Nondestructive Inspection of Welding; Feb. 1986.
3. HEMOSWORTH, B. et al. - Classification and Definition of High Temperature Welding Craks in Alloys; Met. Constr. & Brit. Weld. J. , **1**(2): S-16, Feb. 1967.
4. APBLETT, W. R.; PELLINI, W. S. - Factors Which Influence Weld Hot Cracking; Weld J., **33**(2): 83s - 90s, feb. 1954.
5. BORLAND, J. C. - Generalized Theory of Super- solidus Cracking In Welding and Castings: Brit. Weld. J. vol. 7, P. 508-12, 1960.
6. SUUTALA, N. et al. - The Relationship Between Solidification and Microstructure in Austenitic and Austenitic-ferritic Stainless Steel Welds; Met Trans.,**10A**(4), 512-14, 1979.
7. SUUTALA, N et al. - Single. phase Ferritic Solidification Mode in Austenitic-ferritic Stainless Steel Welds; Met. Trans. **10A**(8): 1183- 90, aug. 1979.
8. SUUTALA, N. - Effect of Solidification Conditions on the Solidification Mode in Austenitic Stainless Steels; Met. Trans. **14A**(2): 191-97, Feb. 1983.
9. KUJANPÄÄ, V. P. et al. - Formation of Hot Cracks in Austenitic Stainless Steel Welds; Weld. J., **65**(8): 203s-212s, Aug. 1986.
10. HULL, F. C. - Effects of delta Ferrite on the Hot Cracking of Stainless Steel; Weld. J., **46**(9): 399s-409s, Sept. 1967.
11. KUJANPÄÄ, V. P. et al. - Characterization of the Heat Affect Zone cracking in Austenitic Stainless Steel Welds; Weld. J., **66**(8): 221s-228s, Aug. 1987.
12. MATSUDA, F. et al. - Weld Metal Cracking and Improvement of 25%Cr-20%Ni (AISI 3105)Fully Austenitic Stainless Steel, Trans. Jap Weld. Soc., **13**(2): 41-58, Oct. 1982.
13. BROOKS, J. A.: LAMBERT JR, F. J. - The Effects of Phosphorus, Sulfur and Ferrite Content on Welding Cracking of type 309 Stainless Steel; Weld. J., **57**(5): 139s-143s, May 1978.
14. KUJANPÄÄ, V. P. et al. - Welding Descontinuities in Austenitic Stainless Steel Sheets Role of Steel Type; Weld. J., **66** (6): 155s-161s, Jun. 1987.
15. POLGARY, S. - The Influence of Silicon Content on Cracking in Austenitic Stainless Steel Weld Metal with Particular Reference to 18Cr-8Ni Steel; Metal Constr. & Weld. J., **1**(2): 93-97, Feb. 1969.
16. LUNDIN, C. D. et al. - Weldability Evaluations of Modified 316 and 347 Austenitic Stainless Steels: part 1 - Preliminary Results; Weld. J., **67**(2): 35s-46s, Feb. 1988.
17. AWS - Welding Handbook, vol. 1 - Welding Technology, cap. 3: Heat Transfer in Welding, 1987.
18. DAVID, S. A.; LIU, C. T - Weldability and Hot Cracking in Thorium-dopped Iridium Alloys; Met. Techn., **7**(3): 102-106, Mar. 1980.
19. BRISKMAN, A. N. - The Effect of Welding Current Pulses on the Suscetibility of Weld Metal to Hot Cracking During Argon TIG Welding; Aut. Weld **32**(7); 40-43, 1979.
20. GOKHALE, A. A. et al. - Grain Structure and Hot Cracking in Pulsed Current; GTAW of AISI 321 Stainless Steel; in AIME Symposium of Grain Refinement in Casting and Welds; Missouri, USA, 25-26, p. 223-47, Oct. 1982.
21. PUMPHREY, W. I.; JENNINGS, P. H. - A Consideration of the Nature of Brittleness at Temperatures Above the Solidus in Casting and Welds in Alluminium Alloys; J. Inst. of Metals, vol. 75,·n 3, p. 235-56 1948.
22. SINGER, A. R. E.: JENNINGS, P. H. - Hot Shortness of Aluminium- silicon Alloys of Commercial Purity; J. Inst. of Metals, vol. 73, p. 192-212, 1947.

23. PUMPHREY, W. I.; LYONS, J. V. - Cracking During the Casting and Welding of the More Commom Binary Aluminum Alloys; J. Inst. of Metals, vol. 74, p.439-55. 1948.
24. SINGER, A. R. E.; JENINGS, P. H. - Hot Shortness of Aluminum-iron-silicon Alloys of High Purity; Inst. of Metals, vol. 73, p. 273- 84, 1947.
25. JENNINGS, P. H. et al. - Hot Shortness of Some High Purity Alloys in the Systems Al-Cu-Si and Al-Mg-Si; J. Inst. of Metals, vol. 74, p. 227-48, 1948.
26. PUMPHREY, W. I.; MOORE, D. C. - Cracking During and After Solidification in Some Al-Cu-Mg alloys of High Purity; J. Inst. of Metals, vol. 74, p. 425-38, 1948.
27. KAISER ALUMINUM; CHEM. CO. - Welding Kaiser Aluminum, cap. 9; p. 9-1 a 9-11, 1967.
28. KOU, S. - Welding Metallurgy and Weldability of High Strengh Aluminum Alloys; WRC Bulletin, n°320,Dec. 1986.
29. KOU, S.; LE, Y. - Welding Parameters and Grain Structure of Weld Metal; a Thermodynamic Consideration; Met. Trans. **19A**(4); 1075-1082, Apr. 1988.
30. BONISZEWSKI, T.; BAKER, R. G. - Burning and hot Tearing in the Weld Heat Affected Zone of Ferritic Steel; JISI, **202**(11), 921-928, Nov. 1964.
31. AHLBLOM, B.; SANDSTROM, R. - Hot Workability of Stainless Steels: Influence of Deformation Parameters, Microstructural Components and Restoration Process; Int. Met. Rev., **27**(1): 1-27, 1982.

8d Transformações no estado sólido de aços-carbono

Sérgio D. Brandi

1. INTRODUÇÃO

A microestrutura de uma junta soldada de um aço de alta resistência e baixa liga (ARBL), por exemplo, deve ser tal que apresente propriedades similares a do metal-base. Isso significa que a zona fundida e a zona afetada pelo calor (ZAC) devem ter propriedades similares a uma chapa que sofreu um tratamento termomecânico apropriado para desenvolver as propriedades mecânicas desejadas. Dessa maneira, os microconstituintes da zona fundida, da ZAC e do metal de base são diferentes quando se tem o material na condição de como soldado. Para isso, é importantes conhecer a dependência entre a microestrutura final e algumas variáveis ligadas à soldagem.

2. TRANSFORMAÇÃO NA ZONA FUNDIDA

A microestrutura final do metal de solda depende de :[1] teor de elementos de liga; concentração, composição química e distribuição de tamanho de inclusões não-metálicas; microestrutura de solidificação; tamanho de grão da austenita anterior; e ciclo térmico de soldagem.

Essas transformações do metal de solda durante o resfriamento ocorrem em condições fora do equilíbrio e com velocidade de resfriamento bem alta. Nessas transformações o fenômeno da nucleação tem importante peso, aspecto que já foi examinado no capítulo sobre transferência metálica. No caso da variação da energia livre para a nucleação heterogênea no estado sólido, tem-se:

$$\Delta G = - \Delta G_v + \Delta G_s + \Delta G_D - \Delta G_H \qquad (1)$$

onde: ΔG_v = variação da energia livre química do núcleo por unidade de volume
= G da fase nucleada - G da fase anterior.

ΔG_s = variação da energia livre superficial entre as duas fases em contato.

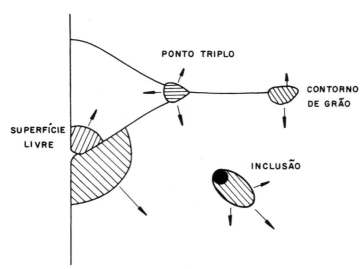

Figura 8.38 — Alguns locais preferenciais para a nucleação de uma nova fase[2]

ΔG_D = energia livre associada à deformação do reticulado devido à nucleação da segunda fase.

ΔG_H = energia livre devido à nucleação heterogênea em algum substrato.

A condição termodinâmica para a ocorrência da transformação de fase é um abaixamento da energia livre (ΔG), que está relacionado também com o superesfriamento (ΔT). Este, por sua vez, está relacionado com a velocidade de resfriamento da junta soldada. Entre ΔG, ΔT e r^* (raio crítico) existe uma relação, já indicada nas equações (2) e (3) do capítulo sobre solidificação da poça de fusão, bastando substituir $\gamma_{S/L}$ por $\gamma_{\alpha/\beta}$

Além disso, pode ocorrer um abaixamento de ΔG em função da energia livre interfacial economizada com a presença de um substrato onde ocorre a nucleação heterogênea. Isso significa que existem locais preferenciais para a ocorrência de nucleação heterogênea. Os locais preferenciais são, por ordem de importância decrescente: superfície livre, ponto triplo de encontro de contorno de grão, contorno de grão, inclusões, discordâncias (incluindo falha de empilhamento) e aglomerados de lacunas. Alguns desses locais são mostrados na Fig. 8.38.

A quantidade total de transformação depende não só do tipo de local para a ocorrência de nucleação heterogênea, mas também da quantidade disponível desses locais, que estão associados com a taxa de nucleação heterogênea N, cujo gráfico em função da temperatura é mostrado na Fig. 8.39.

Daí resulta, para cada transformação, uma curva em C, ou TTT (*time temperature transformation*), medindo-se o início e o fim da reação para

Transformações no estado sólido de aços-carbono

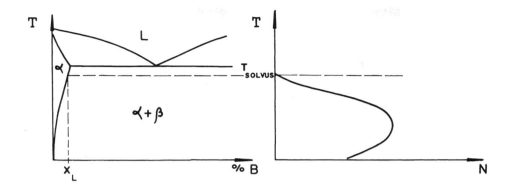

Figura 8.39 — Taxa de nucleação heterogênea para a precipitação de β.[2]

cada temperatura, como mostra, esquematicamente, a Fig 8.40.

Conforme seja o super-resfriamento (ΔT), ou seja, conforme a velocidade de resfriamento da junta soldada, pode ocorrer mudança de morfologia, modo de crescimento etc. Cada um desses produtos possui nova curva em C, como a da Fig. 8.40. Como o resfriamento é contínuo, a curva se modifica e passa a ser chamada de curva de resfriamento contínuo ou CRC (*continuous cooling transformation*). Este tipo de curva é o mais

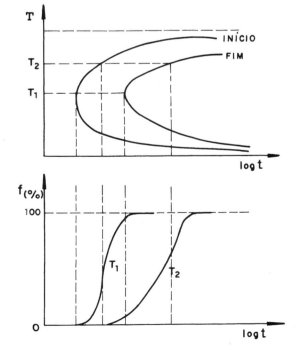

Figura 8.40 — Porcentagem da transformação da nova fase em função da Temperatura[2]

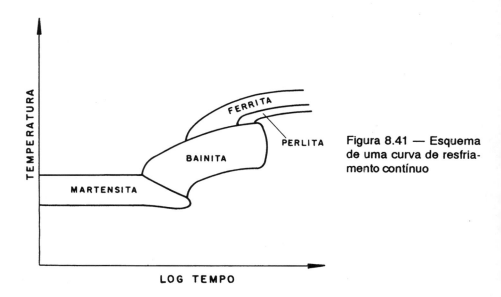

Figura 8.41 — Esquema de uma curva de resfriamento contínuo

adequado para as análises de mudanças microestruturais durante o resfriamento da junta soldada. A Fig. 8.41 mostra, esquematicamente, uma dessas curvas para um aço-carbono. Nessa curva percebe-se que cada um dos microconstituintes está associado com um super-resfriamento. Ordenando no sentido do maior super-resfriamento tem-se, nesse caso, ferrita pró-eutetóide no contorno de grão, ferrita de Widmanstätten, ferrita circular e bainita.

Os fatores citados no início deste tópico estão associados com a posição relativa das curvas de resfriamento contínuo. O teor dos elementos de liga, de maneira geral, deslocam a curva para a direita; o aumento da concentração e a composição química e distribuição das inclusões deslocam a curva para a esquerda, até um dado valor. A microestrutura de solidificação está relacionada com a microssegregação e, em conseqüência, com a variação localizada dos elementos de liga. O aumento do tamanho de grão da austenita anterior desloca a curva para a direita, porque diminui a quantidade de área de contorno de grão por unidade de volume. O ciclo térmico de soldagem determina a curva de resfriamento e, conseqüentemente, o local onde a curva será cortada. Esses fatores serão examinados, em seus pormenores, mais adiante.

Classificação dos microconstituintes do metal de solda de aços ferríticos

A classificação destes constituintes, à luz da microcópia-óptica, vem sendo tentado pelo International Institute of Welding[3,4]. Alguns microconstituintes devem ser também observados com microscopia eletrônica de varredura ou transmissão, uma vez que somente a microscopia óptica não consegue visualizar pormenores que distinguem um microconstituinte de outro.

Os microconstituintes classificados são:

• *Ferrita primária* (primary ferrite) = PF — Pode ocorrer em ferrita de contorno de grão (grain boundary ferrite) = PF(G) ou como ferrita poligonal intragranular (intragranular polygonal ferrite) = PF(I).

• *Ferrita acicular* (acicular ferrite) = AF — É constituída por pequenos grãos de ferrita não alinhados no interior do grão de austenita anterior. A relação comprimento/largura deve ser menor que 4:1 para duas ripas adjacentes ou não-alinhadas.

• *Ferrita com fase secundária* (ferrite with second phase) = FS — Pode ocorrer sob duas formas: *ferrita com fase secundária alinhada* (ferrite with aligned second phase) = FS(A) onde ocorrem duas ou mais ripas adjacentes e a relação comprimento/largura é maior que 4:1. Este tipo de ferrita pode ser identificado como ferrita de Widmanstätten (side polate) = FS(SP); bainita = FS(B); bainita inferior (lower bainite) = FS(LB); ou bainita superior (upper bainite) = FS(UB). A outra forma é a *ferrita com fase secundária não alinhada* (ferrite with non aligned second phase) = FS(NA), a qual circunda regiões de ferrita acicular.

• *Agregado ferrita/carboneto* (ferrite carbide aggregate) = FC — Estrutura de ferrita fina e carbonetos, que tanto pode ser uma precipitação interface, como perlita. Se o agregado for identificado como perlita, pode ser distinguido com FC(P).

• *Martensita* (martensite) = M — Este microconstituinte pode apresentar-se sob duas formas: martensita escorregada (lath martensite) = M(L) ou *martensita maclada* (twin martensite) = M(T).

Para identificação dos microconstituintes da solda foi proposto um fluxograma mostrado na Fig 8.42.

Com a classificação descrita consegue-se fazer a metalografia quantitativa dos diversos microconstituintes presentes no metal de solda e, conseqüentemente, prever o comprimento mecânico desta.

Essa classificação tem limitações, uma vez que a microscopia óptica nem sempre consegue distinguir com clareza certos microconstituintes, principalmente os formados em baixa temperatura. Outra imprecisão dessa classificação foi ressaltada por Grong e Matlock[1]: a ferrita de Widmanstätten, FS(SP), e a bainita superior, FS(UB), estão grupadas como ferrita com fase secundária, FS. Esse fato torna a terminologia imprecisa, uma vez que a termodinâmica e a cinética das reações de transformação são distintas.

SOLDAGEM: PROCESSOS E METALURGIA

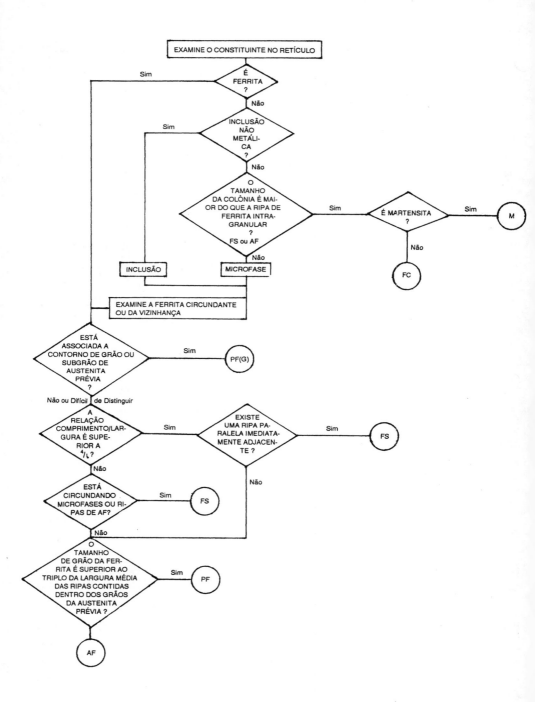

Figura 8.42 — Esquema da classificação dos constituintes microestruturais por microscopia óptica

Transformações no estado sólido de aços-carbono

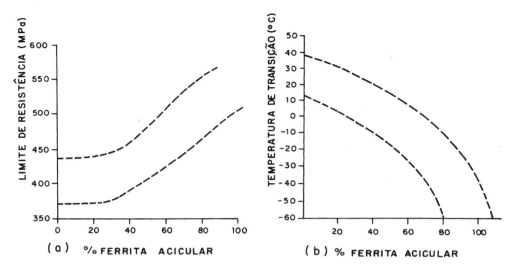

Figura 8.43 — Efeito do teor de ferrita acicular em metal de solda C-Mn-Nb.[6]
 a - sobre o limite de escoamento;
 b - na temperatura de transição avaliada pela variação do aspecto de fratura produzida pelo ensaio de Charpy V.

A ferrita acicular no metal de solda

Caracterização — A ferrita acicular é um microconstituinte que se forma durante a resfriamento do metal de solda, na faixa de 650 a 500°C. Possui uma relação largura/comprimento entre 1:2 e 1:5 (1,6); o tamanho médio varia de 0,1 a 0,3 μm, com um valor típico próximo de 1 μm. A densidade de discordância no interior da ripa da ferrita acicular AF está na faixa de 10^8 a 10^{10} linhas/cm^2. A precipitação de carbonetos no interior da ripa de ferrita acicular não foi observada, enquanto que nas regiões entre as ripas podem ser encontradas martensita maclada M(T), ferrita com fase secundária não alinhada FS(NA), agregado de ferrita/carboneto, bainitas FS(B) e austenita retida A. A presença dessas fases mostra que existe a partição de carbono para fora das ripas de ferrita acicular, sugerindo que esta seja o resultado da decomposição da austenita em ferrita tipo pró-eutetóide[6-8]. Portanto, a ferrita acicular AF pode ser uma ferrita de Widmanstätten FS(SP), nucleada intragranularmente (1, 6-9). Richs e colaboradores[8] observaram, através de microscopia eletrônica de transmissão, a presença de degraus (*ledges*) na interface da ferrita acicular, mostrando mais um indício dessa característica da ferrita acicular. Ferrante e Farrar[10] sugerem que a ferrita acicular seja um microconstituinte intermediário entre a ferrita pró-eutetóide PF e a bainita FS(B). Essa teoria é defendida também por Yang e Bhadeshia[11] e Strangwood e Bhadeshia[12]

Mecanismo de nucleação — Os mecanismos para a nucleação intragranular da ferrita acicular AF foram revistas por Harrison e Farrar[6,13] e

Abson[14] e podem ser assim resumidas:
• Nucleação em inclusões que atuam como substrato inerte, seguida de nucleação simpatética.
• Nucleação em inclusões que possuem relações de orientação com a ferrita, seguida de crescimento epitaxial.
• Nucleação na vizinhança de inclusões resultantes de heterogeneidades químicas localizadas na matriz do aço.
• Nucleação na vizinhança de inclusão devido à deformação da matriz, ou de arranjos de discordâncias causados pela diferença de expansão térmica entre a matriz e o tipo de inclusão.

Esses mecanismos necessitam de estudos complementares, uma vez que a nucleação da ferrita acicular também está ligada à faixa de composição química de alguns elementos de liga. Isto sugere que a temperabilidade da matriz também tenha grande efeito nessa transformação[6]

Efeito da quantidade de ferrita acicular nas propriedades mecânicas — A ferrita acicular tem grande efeito nas propriedades mecânicas [1,6-9, 15,16], sendo o limite de resistência aumentado devido ao tamanho da ripa de ferrita acicular, conforme prevê a relação de Hall-Petch. Esse microconstituinte tem boa resistência à clivagem, desde que tenha baixo teor de carbono e não seja circundado por ilhas de martensita M ou ferrita de segunda fase. Para melhorar as propriedades mecânicas, a quantidade ideal de ferrita acicular deve estar na faixa de 65 a 80%. Esses comportamentos são mostrados na Fig. 8.43, uma compilação de dados de diversos autores citados por Farrar e Harrison.[6]

Fatores que influem na formação da ferrita acicular — entre outros, são mais importantes os seguintes: composição química do metal de solda; tamanho de grão da austenita anterior; velocidade de resfriamento; efeito de inclusões e outros sítios para nucleação

a) Composição química do metal de solda

O elemento químico mais importante na determinação da microestrutura de um aço é o carbono. No metal de solda seu teor deve ser baixo, geralmente entre 0,05 e 0,15%, para evitar a formação de martensita. Nesses teores o carbono tem duas funções: evitar a precipitação intensa de carbonetos e refinar a microestrutura. O efeito do refinamento da microestrutura é explicado pela formação inicial de ferrita delta durante a solidificação, através do peritético do diagrama Fe-C, refinando a microestrutura final nessa faixa de carbono[17]. A Fig. 8.44 mostra, através de diagrama de fase, o efeito da composição química no tamanho de grão da zona de ligação. A presença do manganês torna a solidificação completamente austenítica, gerando uma microestrutura grosseira no met-

Transformações no estado sólido de aços-carbono

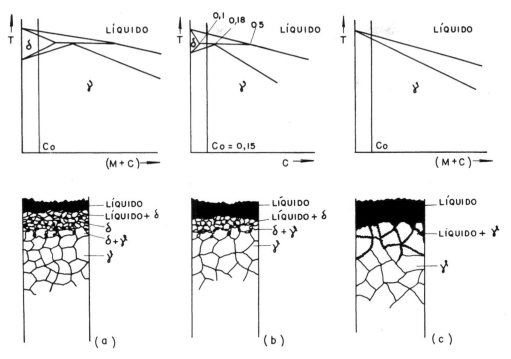

Figura 8.44 — Esquema do efeito da composição química no tamanho de grão da zona de ligação[17]

al de solda. Esse efeito é similar ao caso c da Fig 8.44.

O manganês, em teor ao redor de 1%, aumenta a quantidade de ferrita acicular[6,18], resultado que não é influenciado pela presença de oxigênio, desde que este esteja em valores baixos, inferiores a 500 ppm[18], conforme mostra a Fig. 8.45.

O manganês reduz o tamanho da ripa da ferrita acicular, elevando as propriedades mecânicas. Possui também o efeito de baixar a temperatura de decomposição da austenita em ferrita, fazendo com que a temperatura de formação da ferrita primária em contorno de grão acabe ficando abaixo da temperatura de formação da ferrita acicular[6].

O silício tem um efeito controverso[6]; sua influência é parecida com a do manganês, porém seu maior efeito é no produto de desoxidação do metal de solda.

O níquel tem efeito similar ao do manganês nas transformações de fase dos aços[1,6]. Ele refina a microestrutura e aumenta a quantidade de ferrita acicular, além de diminuir a quantidade de ferrita em contorno de grão. Teores elevados de níquel, maiores que 3,5%, podem favorecer a formação de martensita entre as ripas de ferrita acicular[6]. O cobre tem efeito similar ao do manganês e níquel.

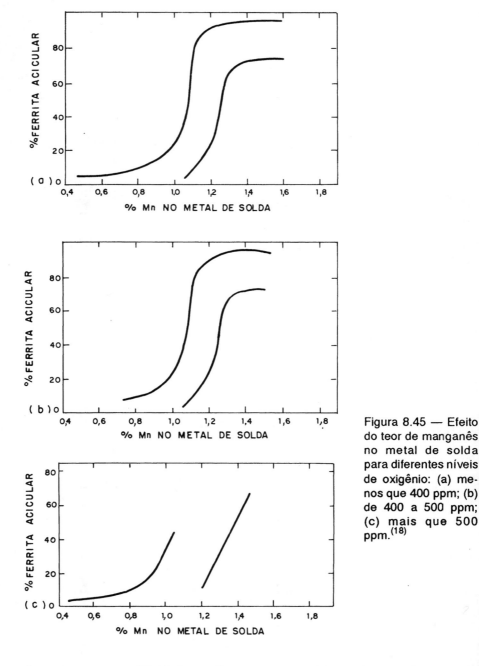

Figura 8.45 — Efeito do teor de manganês no metal de solda para diferentes níveis de oxigênio: (a) menos que 400 ppm; (b) de 400 a 500 ppm; (c) mais que 500 ppm.[18]

O cromo e o molibdênio melhoram a tenacidade do metal de solda. Ambos atrasam a transformação da austenita, baixando sua temperatura de decomposição. O molibdênio favorece a reação bainítica e, desde que o manganês seja superior a 0,8%, aumenta o teor da ferrita acicular[6].

O nióbio e o vanádio têm efeitos complexos e muitas vezes de difícil previsão. Isoladamente, o vanádio geralmente restringe a formação de ferrita da Widemanstätten FS(SP); esse efeito provavelmente é causado pelo ancoramento da interface ferrita/austenita, devido a precipitação de carbeto de vanádio V_4C_3[1]. O nióbio restringe a formação da ferrita primária em contorno de grão PF(G), promovendo a ferrita de Widemanstätten ou a ferrita acicular, sendo a primeira obtida com aços de baixa temperabilidade, enquanto a segunda, ao contrário, em aços de temperabilidade alta[6]. Além disso, dependendo do teor de nióbio e vanádio, conforme o ciclo térmico de soldagem, pode haver a precipitação de carbonitretos de nióbio ou vanádio na ferrita, reduzindo bastante sua tenacidade, devido ao efeito de endurecimento por precipitação[1]. Esse fenômeno torna-se mais crítico quando se faz a soldagem multipasse[9], podendo ser evitado com a adição de molibdênio ou manganês, elementos que baixam a temperatura de decomposição da austenita.

b) Tamanho de grão da austenita anterior

O tamanho de grão da austenita anterior desloca a curva de resfriamento contínuo de um aço. Quanto maior o tamanho de grão, menor a quantidade de contornos de grão por unidade de volume e mais lenta é a decomposição da austenita em ferrita. Lui e Olson[19] sugerem que pequenas inclusões ancoram os contornos de grão da austenita anterior, favorecendo a formação da ferrita primária em contornos de grão PF(G). A decomposição no interior do grão se processa assim que os sítios de nucleação no contorno estejam saturados.

c) Velocidade de resfriamento

Quanto maior a velocidade de resfriamento, menor a temperatura necessária para ocorrer a decomposição da austenita. Harrison[20] fez um estudo sistemático do efeito da velocidade de resfriamento, através de dilatometria, com metal de solda contendo manganês e níquel. Os resultados obtidos mostraram que, com baixa velocidade de resfriamento ($\Delta t_{8-5} \cong 100$ s), obtinha-se em contorno de grão ferrita primátia PF(G) e perlita FC(P); em velocidades intermediárias ($\Delta t_{8-5} \cong 20$ s), ferrita acicular fina e grosseira; para altas velocidades ($\Delta t_{8-5} \cong 1,5$ s), a tendência é a formação de uma microestrutura martensítica, dependendo da temperabilidade do aço.

d) Efeito de inclusões e outros sítios para nucleação

O teor de oxigênio no metal de solda tem efeito marcante na tenacidade deste. Existe um teor ótimo de oxigênio que favorece a formação de ferrita acicular,[21] efeito que é mostrado esquematicamente na Fig 8.46.

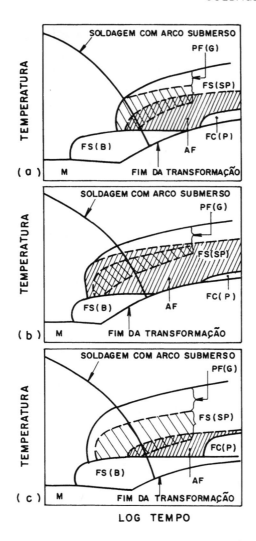

Figura 8.46 — Curva de resfriamento contínuo mostrando três maneiras de transformação de metal de solda em função do teor de oxigênio
(a)≈ 0,01%O_2; (b)≈ 0,03 a 0,06%O_2;(c)≥ 0,06%O_2

O alumínio tem efeito complexo, porque seu teor ideal no metal de solda está relacionado com o potencial de oxigênio do consumível utilizado. A relação ideal, encontrada por Terashima e Hart,[22] é [%Al] / [%O_2] ≈ 28, correspondendo à menor temperatura de transição para um ensaio Charpy V com 35 J de energia absorvida. Para esse valor, a densidade de inclusões por área é máxima e é o tamanho ideal para nuclear a ferrita acicular. Esses resultados são mostrados na Fig 8.47.

Para baixos teores de alumínio, o titânio tem papel ativo na nucleação da ferrita acicular, através de seu efeito desoxidante. Acredita-se que, envolvendo as inclusões de silicato de manganês, forma-se uma fina camada de TiO que favorece a nucleação da ferrita.[1] A Fig. 8.48 mostra o

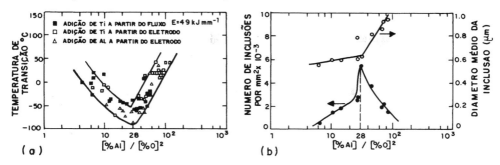

Figura 8.47 — Relação entre a razão [%Al] / [%O$_2$] para um metal de solda de aço microligado desoxidado com Si-Mn-Al-Ti: (a) temperatura de transição determinada com a energia absorvida de 35 J; (b) distribuição e tamanho de inclusões[22]

efeito do titânio na quantidade de ferrita acicular formada.

Como foi assinalado anteriormente, um dos mecanismos propostos para explicar a nucleação da ferrita acicular leva em conta a diferença entre o coeficiente médio de expansão térmica das inclusões e da austenita. A Fig. 8.49 mostra que os silicatos de alumínio e manganês e as inclusões de alumina possuem os menores coeficientes de expansão térmica, quando comparados à matriz austenítica. A figura mostra também, através desse modelo, que as inclusões circundadas por sulfeto de manganês têm coeficiente médio de expansão térmica próximo ao da austenita, indicando com isso que o MnS não age como sítio para nucleação de ferrita acicular.

Mais uma deve-se insistir que o mecanismo de nucleação da ferrita acicular ainda não está completamente esclarecido e que somente uma grande diferença entre os coeficientes de expansão térmica da inclusão e da matriz não garante a formação da ferrita acicular.

A Fig. 8.50 resume a influência de todos os fatores que acabam de ser discutidos na modificação da curva de resfriamento contínuo e, conseqüentemente, na microestrutura do metal de solda.

3. TRANSFORMAÇÃO NA ZONA AFETADA PELO CALOR

Ao contrário do metal de solda, na zona afetada pelo calor (ZAC) do metal-base, não se pode mudar a composição química; é necessário empregar-se aços com teores de carbono e de elementos de liga tais que as propriedades mecânicas de projeto sejam obtidas. Acaba-se tendo na junta soldada diversas curvas de resfriamento contínuo CRC. O metal de solda tem uma curva influenciada pelo teor de oxigênio e pelo baixo teor de carbono. Na ZAC ocorre um crescimento de grão, o que aumenta a temperabilidade dos aços, favorecendo os microconstituintes formados em temperaturas baixas, inferiores a 500°C. Adjacente à zona de crescimento de

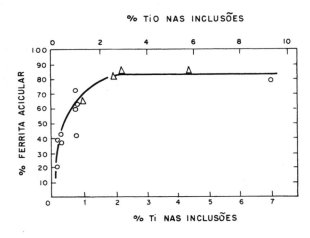

Figura 8.48 — Relação entre a porcentagem de ferrita acicular e a porcentagem de titânio (ou TiO) nas inclusões geradas pela soldagem com arco submerso [24]

grão existe uma outra região onde ocorre o refino de grão, diminuindo em uma região a temperabilidade do mesmo aço. Existem outras regiões na ZAC que têm, a rigor, curvas CRC diferentes da curva do metal-base. Deve ser lembrado que as citadas regiões têm distintas velocidades de resfriamento. Esse aspecto é bastante discutido por Harrison e Farrar[13] e pode ser sintetizado na Fig. 8.51.

A ZAC de um aço-carbono pode ser decomposta nas seguintes regiões[2,17,23]: de crescimento de grão; refino de grão; transformação parcial; e de esferoidização de carbonetos, além do metal-base não afetado; elas são mostradas na Fig. 8.52.

Região de crescimento de grão

O crescimento de grão ocorre na faixa de temperatura de 1.100 a 1.500°C e Räsänen e Tenkula[17] acreditam que ele é influenciado pela transformação de fase da ferrita para a austenita, durante o aquecimento.

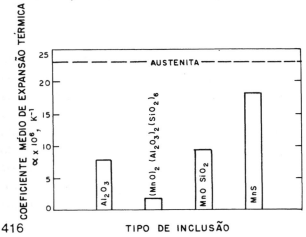

Figura 8.49 — Coeficiente médio de expansão térmica de diferentes tipos de inclusões não-metálicas na faixa de 0 a 800°C [1]

Transformações no estado sólido de aços-carbono

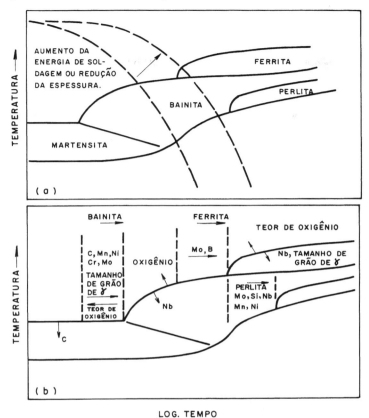

Figura 8.50 — Representação esquemática do efeito da velocidade de resfriamento: (a) da composição química e do tamanho de grão da austenita anterior; (b) em uma curva de resfriamento contínuo[12]

Acima da temperatura T_o, onde a austenita e a martensita estão em equilíbrio termodinâmico, a transformação pode ser isenta de difusão. Assim, a transformação da ferrita em martensita durante o aquecimento, é uma transformação massiva ou uma transformação martensítica inversa. Esta última já foi observada em aços-carbono, com velocidades de aquecimento entre 800 e 1.100°C [24,25]. Como na soldagem a velocidade de aquecimento é bem superior a 300°C/s, é provável que a transformação da ferrita na austenita ocorra por um mecanismo do tipo martensítico[17]. Essa transformação induz uma deformação plástica homogênea na austenita acelerando, através da recristalização primária, o crescimento de grão. O posterior crescimento de grão dependerá do tempo de permanência em temperatura acima de 1.300°C. O crescimento de grão pode ser inibido pela distribuição de partículas ou precipitados que acabam por ancorar os contornos de grão. O maior ou menor tamanho de grão nessa região ocorrerá se, durante o ciclo térmico de soldagem essas partículas ou precipi-

SOLDAGEM: PROCESSOS E METALURGIA

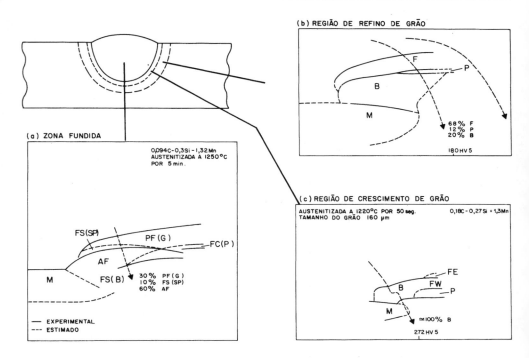

Figura 8.51 — Curvas CRC para diversas regiões da junta soldada.[13]
EF = ferrita equiaxial; WF = ferrita Widmanstätten; B = bainita; P=perlita; M = martensita

tados venham ou não a se dissolver. É o que é mostrado na Fig. 8.53

O produto da decomposição da austenita no resfriamento determinará, junto com a crescimento de grão, as propriedades mecânicas dessa região.

Região de refino de grão

Nos aços estruturais esta região pode ocorrer na faixa de temperatura entre 1.100 e 900°C[17]. Também aqui admite-se que a transformação da ferrita para austenita geraria nesta uma deformação, porém menor que a da região anteriormente descrita. Essa pequena deformação, associada a uma temperatura e tempo menores, acabam por ser insuficientes para que ocorra a cristalização primária. A austenita obtida é recuperada antes de sua transformação, no resfriamento, produzindo ferrita e ou perlita com pequeno tamanho de grão (ou colônia). Essa região tem resistência e ductilidade elevadas, sendo esse efeito marcante nos aços microligados.

Região parcialmente transformada

Nessa região, que ocorre na faixa de temperatura entre 900 e 750°C, a perlita é austenitizada. Os teores dos elementos de liga dessa austenita formada é maior que os valores nominais dos aços. Dependendo da velocidade de resfriamento essa austenita pode se decompor em perlita, bainita ou martensita maclada (martensita de alto carbono). Essa região pode apresentar propriedades mecânicas piores que o metal-base.

Região de esferoidização de carbonetos

Essa região ocorre na faixa de temperatura entre 750 e 700°C, na qual as lamelas de cementita da perlita podem se esferoidizar. A resistência mecânica diminui, ainda que não seja fácil comprovar o resultado em um ensaio de tração convencional, uma vez que o fenômeno da esferoidização ocorre somente em estreita faixa da ZAC.

4. TRINCA A FRIO INDUZIDA POR HIDROGÊNIO

De todos os tipos de trincas, é esta uma das mais críticas. Seu aparecimento pode ocorrer alguns dias após o término da soldagem, razão pela qual se recomenda a inspeção com ensaio não-destrutivo 48 h após a execução da soldagem. A trinca a frio induzida por hidrogênio ocorre quando se tem uma das seguintes condições: presença de hidrogênio; tensão residual de tração; microestrutura suscetível; e baixa temperatura[26-29]. Cada um desses fatores deve ser analisado.

Presença de hidrogênio

Mecanismos de fragilização por hidrogênio - São basicamente três esses mecanismos: de Zappfe, ou de pressão; de Petch; e de Troiano-Oriani[30-32]. O mecanismo de Zappfe foi desenvolvido para explicar a formação de *blister* carregadas com hidrogênio. A idéia é que o hidrogênio atômico se combinaria formando um gás em microtrincas ou microcavidades no interior do material. Esse gás aumentaria a pressão interna na microtrinca ou microcavidade, causando a expansão delas, ou por deformação ou por clivagem, levando-as ao coalescimento e à falha do material. O mecanismo de Petch leva em conta que o hidrogênio absorvido abaixa a energia livre superficial do metal, daí resultando a diminuição da tensão de fratura dada pelo critério de Griffith. O mecanismo de Troiano-Oriani propõe que o hidrogênio diminui a energia de coesão entre os átomos do reticulado nos contornos ou interfaces.

Essa energia de coesão é diminuída nos locais onde o hidrogênio está mais concentrado. Para Troiano, isso ocorre onde há triaxiliadade de tensões; para Oriani, na zona deformada plasticamente, na ponta da trinca.

Mecanismo de fragilização por hidrogênio na soldagem dos aços — A solubilidade do hidrogênio no metal de solda diminui com a queda da

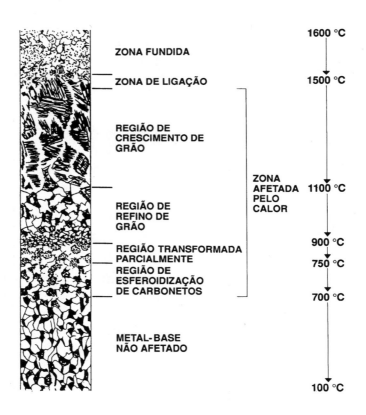

Figura 8.52 — Regiões da ZAC e respectivas temperaturas[17]

temperatura, como pode ser visto, esquematicamente, na Fig. 8.54; observa-se nela que existe um acréscimo da solubilidade do hidrogênio na austenita.

Um modelo de fragilização por hidrogênio durante a soldagem foi proposto por Granjon[28] e pode ser visto esquematicamente na Fig. 8.55. O hidrogênio é introduzido pela atmosfera do arco para a poça de fusão que, ao solidificar, transforma-se em austenita e perde um pouco de hidrogênio para a atmosfera. No metal-base existe uma faixa que também está austenitizada. A partir do momento em que ocorre a decomposição da austenita em ferrita + cementita (ponto I) cai a solubilidade do hidrogênio e este se difunde para a região austenitizada do metal-base. No resfriamento, essa região com maior teor de hidrogênio pode temperar, dando em resultado a martensita (ponto II). Consegue-se dessa forma ter hidrogênio associado a uma microestrutura frágil.

Fontes de hidrogênio — As fontes de hidrogênio dos consumíveis de soldagem são:

Transformações no estado sólido de aços-carbono

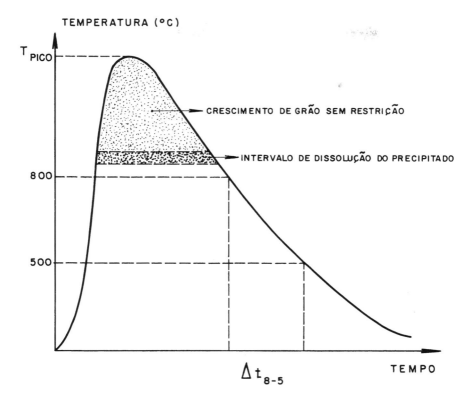

Figura 8.53 — Representação esquemática do ciclo térmico de soldagem mostrando uma região onde o crescimento de grão é livre

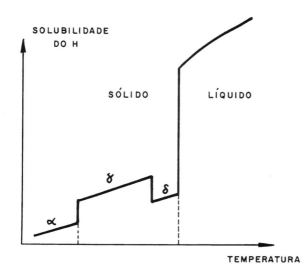

Figura 8.54 — Esquema da solubilidade do hidrogênio no metal de solda[27]

SOLDAGEM: PROCESSOS E METALURGIA

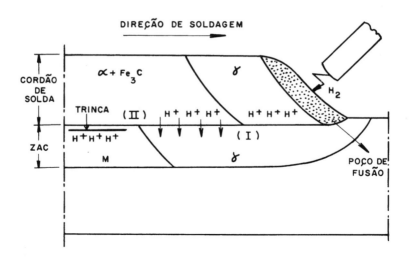

Figura 8.55 — Mecanismo de fragilização por hidrogênio durante a soldagem[28]

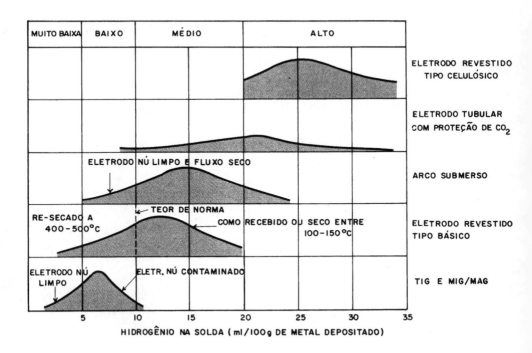

Figura 8.56 — Teores típicos de hidrogênio para diversos processos de soldagem[26]

Transformações no estado sólido de aços-carbono

- umidade nos revestimentos dos eletrodos, no fluxo para o arco submerso e no fluxo do eletrodo tubular;
- qualquer outro produto hidrogenado no fluxo ou no revestimento;
- contaminação de vapor d'água nos gases de proteção para os processos MIG/MAG ou TIG;
- contaminação com óleo, sujeiras ou graxa na superfície dos eletrodos; e
- óxido hidratados (p. ex., ferrugem) na superfície dos arames.

As fontes de hidrogênio no metal-base são:
- hidrogênio proveniente do processo de fabricação do aço;
- óleo, graxa, tinta e sujeira na superfície do metal-base;
- líquidos desengraxantes que deixam resíduos; e
- óxidos hidratados (ferrugem) na superfície do metal-base.

Os processos de soldagem também têm seu teor típico de hidrogênio dissolvido, como pode ser visto na Fig. 8.56.

Microestrutura favorável

De maneira geral, a suscetibilidade à trinca induzida por hidrogênio aumenta com o crescimento da resistência do aço. Em termos de microconstituinte, a martensita após a têmpera é a mais sensível à fragilização pelo hidrogênio, característica que aumenta com o teor de carbono do aço e com sua dureza. Sua ocorrência está ligada à temperabilidade dos aços, propriedade que é, basicamente, função da composição química e do tamanho de grão do aço. O carbono equivalente (CE) é empregado para relacionar a temperabilidade do aço e sua soldabilidade e, quanto maior for seu valor, mais temperável será o aço e pior sua soldabilidade. Existem várias fórmulas para calcular o valor de CE e aqui será considerada a que é adotada pelo International Institute of Welding:

$$CE = \%C + \frac{\%Mn}{6} + \frac{\%Cr + \%Mo + \%V}{5} + \frac{\%Ni + \%Cu}{15}$$

Existem diversos critérios para, a partir do CE, tentar evitar, ou minimizar, a presença de martensita, através do cálculo da temperatura de preaquecimento. Uma sistemática para o cálculo dessa temperatura é apresentada por Coe.[26]

Temperatura

A temperatura da chapa tem importante papel na prevenção da trinca induzida por hidrogênio. Se a chapa for preaquecida, a velocidade de resfriamento diminui e pode-se reduzir a quantidade de martensita na ZAC. Além disso, o tempo de resfriamento em temperaturas baixas (≈ 150°C) aumenta, favorecendo o escape de hidrogênio do metal-base para a atmosfera.

No caso dos aços temperáveis ao ar, não se consegue evitar a presença da martensita; porém, com o preaquecimento e com um tratamento térmico pós-soldagem, consegue-se diminuir o teor de hidrogênio na junta soldada, modificar a microestrutura e diminuir as tensões residuais.

Tensões residuais

A tensão residual na ZAC depende, entre outros fatores, do grau de restrição da junta soldada, isto é, da resistência que ela oferece para deformar ou distorcer de tal maneira que alivie as tensões geradas durante o processo de soldagem. A restrição cresce com o aumento da espessura da chapa. O tipo de junta também influi na restrição: uma junta topo-a-topo é menos restrita que uma junta em ângulo que, por sua vez, é menos restrita que uma junta cruciforme, mantendo-se as outras variáveis constantes.

Outro importante fator é a concentração de tensões. A falta de fusão ou a falta de penetração são defeitos que concentram muita tensão nas extremidades e podem favorecer a trinca induzida pelo hidrogênio. O erro na montagem de uma solda em ângulo, com uma abertura de raiz, causa também uma concentração de tensão, favorecendo o aparecimento da trinca.

BIBLIOGRAFIA

1. GRONG, O.; MATLOCK, D. K. - Microstructural Development in Mild and Low-Alloy Steel Weld Metal; Int. Met. Rev. **31** (1): 27-48, 1986.
2. EASTERLING, K, - Introducion to the Physical Metallurgy of Welding; Butterworths Co., England, 1a. ed. 1983.
3. Guidelines for Classification of Ferritic Steel Weld Metal Microstrutural Constituints using the Ligh microscope; IIW Doc. IX- 1377-85.
4. DUNCAN, A. - Clasification of Ferritic Steel Weld Metal Microstructure. Results of 4th International Collaborative Exercise; IIW Doc. IX J-110-86.
5. PERDIGÃO, S. C. - Introdução para a Classificação dos Constituintes Microestruturais do Metal de Solda dos Aços Ferríticos Utilizando-se Microscopia Óptica; 'XII Encontro Nacional de Tecnologia de Soldagem, Oct. 1986.
6. FARRAR, R. A. ; HARRISON, P. L. - Acicular Ferrite in Carbon-Manganese Weld Metal: an Overview; J. Mat. Sc., **22** (11): 3812-20, 1987.
7. RICKS, R. A. et al. - The Influence of Second Phase Transformations Conference, Pittsburgh Aug. 10-14, 1981, p. 463-68.
8. RICKS, R. A. et al. - The Nature of Acicular Ferrite in HSLA Steel Weld Metals; J. Met. Sc., **17** (3): 732-40, 1982.

9. NORTH, T. H. et al. - Notch Toughness of Low Oxygen Content Submerged Arc Deposits; Weld J., 58(12): 343s-354s, Dec. 1979.
10. FERRANTE, M. ; FARRAR, R. A. - J. Mat. Sc., 17(1982), 3293; op.cit.ref. 6
11- YANG, J. R. ; BHADESHIA, H. K. D. H. - Proc. Conf.: Trends in Welding Research, Gatlingurgh, TN, May 1986, ASM; op.cit. ref. 12
12. STRANGWOOD, M.; BHADESHIA, H. K. D. H. - Proc. Conf.: Trends in Welding Research, Gatlinburgh, TN, May 1986, ASM; op. cit. ref. 6.
13. HARRISON, P. L. ; FARRAR, R. A. - Application of Continuous Cooling Trnsformation Diagrams for Welding of Steel; Int. Mat. Rev., 34(1): 35-51, 1989.
14. ABSON, D. J. - Non-metalic Inclusions in Ferritic Steel Weld Metals; a Review; IIW Doc. IX - 1486-87.
15. HART, P. H. M. - Some Aspects of HAZ and Weld Metal Toughness, in Metallurgical and Welding Advances in High Strength Low Alloy Steels Conference; Copenhagen, 27 Sept. 1984, 1-16.
16. BLAKE, P. D. - Oxigen and Nitrogen in Weld Metal; Weld. Res. Int., 9(1): 23-57, 1979
17. RÄSÄNEM, E.: TENKULA,J.- Phases Changes in the Welded Joints of Construction Steels; Scand. J. of Met., 1(2): 75-80, 1972.
18. FARRAR, R. A.; WATSON, M. N. - Effect of Oxygen and Manganese on Submerged Arc Weld Metal Microstructures; Met. Const., 11(6): 285-86, jun. 1979.
19. ARATA, Y. et al. - Welbility concepts of hardness predictions; IIW Doc. IV - 263-T2, 1972.
20. HARRISON, P. L. - PhD thesis; University of Southámpton, 1983; op. cit. ref. 6.
21. ABSON, D. J.; DOLBY, R. E. - Weld. Int. Res. Bull., 1978, 19, 202: op. cit. ref. 13.
22. TERASHIMA, H.: HART, P. H. M. - Effect of Flux TiO_2 and wire Ti Content on Tolerance to High Al Content of Submerged-arc Welds Made With Basic Fluxes; in Proc. Int. Conf.: Effect of Residual Impurity and Microalloyng Elements on Weldability and Weld Properties; London, 15-17 Nov. 1983; Welding Institute.
23. SMITH,E.: COWWARD, M. D.; APPS, R. L. - Weld heat affected zone structure and properties of Two Mild Steels; Weld. & Met. fabr., v. 38, p. 242-51, 1970.
24. ALBUTT, K. J.; GARBER, S. Effect of Heating Rate on the Elevation of the critical Temperatures of Low Carbon Mild Steels; 204(12): 1217-22, dec. 1966.
25. FEUERSTEIN, W. J.; SMITH, W. K. - Elevation of critical temperatures in Steel by High Heating Rates; Trans. ASM, v. 56, p. 1270-84, 1954.
26. COE, F. R. - Welding Steels Without Hydrogen Cracking; The Welding Institute, London, 1973.
27. RICHARDS, K. G. - Weldability of Steel; The Welding Institute, London, 1972.
28. GRANJON, H. - La Fissuration à Froid en Soudage d'Aciers; Soud. Tec. Conn., 26(3/4): 155-164, mar/avr, 1972.
29. BERNARD, G;GAUTHIER, G.; PRUDHOME, M. - La Fissuration à Froid des Aciers en Relation avec leurs Caractéristiques de Transformation; IIW Doc. IX- 929-75.
30. ORIANI, R. A. - Hydrogen Embrittlement of Steels; Ann. Rev. Mat. Sc., v. 8, p. 327-57, 1978.
31. CORNET, M.: TALBOT- BERNARD, S. - Present Ideas about Mechanisms of Hydrogen Embrittlement of Iron and Ferrous Alloys; Met. Sc., 12(7): 335-339, 1978.
32. LINNERT, G. E. - Welding Metallurgy, v. 2, American Welding Society, USA, 3.ª ed., 1967.

9 Automação na soldagem

Sérgio D. Brandi

1. ASPECTOS ECONÔMICOS DOS POSICIONADORES

O posicionador é um sistema mecânico ou eletromecânico que suporta e movimenta uma estrutura para a posição desejada de soldagem ou outras operações afins de preparação. O uso de posicionadores influi sobre vários fatores da soldagem.

Taxa de deposição — É maior na posição plana, ficando a posição horizontal em segundo lugar.

Habilidade do operador — É mais fácil para o operador controlar a poça de fusão na posição plana, assim diminuindo o custo da mão de obra.

Tempo de posicionamento — É maior do que se fosse feito manualmente.

Qualidade da solda — A soldagem na posição plana gera menos defeitos do que nas outras posições, diminuindo assim o número de reparos

Investimento — Ao se optar por um tipo de posicionador, é necessário analisar a relação custo/benefício de tal investimento para ver se este é viável.

2. ASPECTOS ECONÔMICOS DOS DISPOSITIVOS PARA A AUTOMAÇÃO

A automação das etapas de fabricação de um equipamento soldado significa que todas ou quase todas as operações devam ser automatizadas por sistemas mecânicos, eletromecânicos ou eletrônicos. O grau de automação depende das características de cada processo e das condições de soldagem. O emprego de dispositivo para a automação tem várias implicações que devem ser examinadas.

Qualidade da solda — Na automação, o controle das variáveis de processo é feita por dispositivos eletromecânicos ou eletrônicos; desse modo, aumenta-se a reprodutibilidade de uma solda qualificada, diminuindo-se a ocorrência de erros humanos. Dessa forma é minimizada a presença de defeitos e, conseqüentemente, o tempo de reparo da peça.

Nível de produção — No caso de sistemas automatizados o tempo no qual

Automação na soldagem

Figura 9.1 — Exemplo do emprego de maçarico manual motorizado[1]

Figura 9.2 — Exemplo de um pantógrafo para corte com leitura óptica[2]

SOLDAGEM: PROCESSOS E METALURGIA

ele se mantêm produtivo é maior, diminuindo os custos de produção. É importante que o sistema tenha alguma flexibilidade quanto ao tipo de soldagem a ser executado.

Mão-de-obra — O trabalho do soldador manual nem sempre é executado em meio adequado. No caso de meios insalubres, ou de acesso difícil, o sistema de automação pode substituí-lo com vantagem.

Investimento — Os sistemas de automação envolvem elevado grau de aprimoramento, sendo necessária uma analise minuciosa do investimento e de seu retorno antes de sua adoção.

3. POSICIONADORES E SISTEMAS DE AUTOMAÇÃO

Para colocar em evidência as possibilidades de emprego de posicionadores e sistemas de automação, é conveniente examiná-los vinculados aos diferentes processos de soldagem

Oxicorte

Maçarico manual motorizado (Fig. 9.1) — É empregado para melhorar o acabamento do corte, o que é conseguido até com operador com pouca

Figura 9.3 — Exemplo de sistema automatizado de goivagem[3]

Automação na soldagem

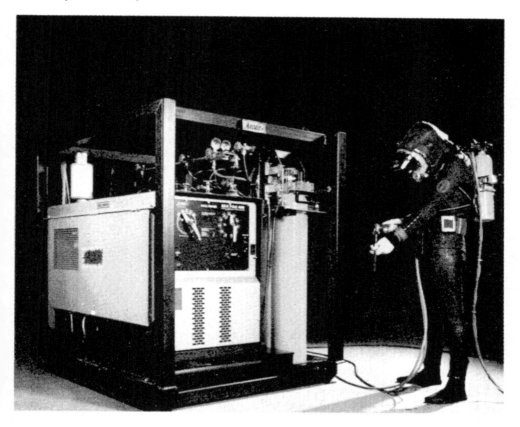

Figura 9.4 — Exemplo de sistema para goivagem e corte subaquático[3]

experiencia. A velocidade é regulada no punho do maçarico e é mantida através de uma roda dentada.

Pantógrafo para corte com leitura óptica ((Fig. 9.2) — O contorno da peça a ser cortada é lido por um sensor óptico, o qual emite sinais que comandam os maçaricos para que o corte seja executado exatamente de acordo com a peça desenhada.

Goivagem com eletrodo de carbono

Sistema automatizado para goivagem — Seu uso permite que a goivagem seja feita em menor tempo e com maior precisão e reprodutibilidade. A precisão é obtida através de um sistema realimentado da tensão do arco ou da intensidade da corrente de goivagem, ajustando a velocidade de alimentação do eletrodo. A Fig. 9.3 mostra um exemplo do sistema.

Goivagem e corte subaquático (Fig. 9.4) — Este sistema permite o corte ou a goivagem subaquática, usando como fonte de energia um gerador diesel. A tocha na mão do mergulhador é completamente isolada.

SOLDAGEM: PROCESSOS E METALURGIA

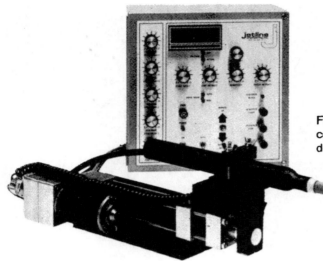

Figura 9.5 -- Exemplo de um controle automático da tensão do arco[4]

Processo TIG

Controle automático da tensão do arco – Com este equipamento (Fig. 9.5) mantem-se constante a distância do arco, independente de desnivelamentos ou ovalizações de tubos, dentro de determinada faixa. A Tocha é montada em um fixador cuja movimentação está vinculada a um servomoto. A tensão do arco é marcada no equipamento e, através de um circuito realimentado, controla o deslocamento do fixador. Pode ser empregado tanto em corrente contínua como em alternada.

Controle magnético do arco — É constituído por uma unidade fixa no bocal ou no corpo do cabeçote, o qual deflete o arco eletromagneticamente, e de uma unidade de controle dessa deflexão (Fig. 9.6). A função desse sistema é controlar a distribuição de calor, minimizar mordeduras, reduzir a porosidade, melhorar a penetração e o contorno do cordão e agitar a

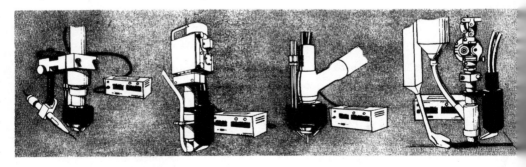

Figura 9.6 — Esquema de um sistema de controle magnético para diversos processos de soldagem. Da esquerda para a direita: TIG, MiG, plasma e arco submerso[5]

Automação na soldagem

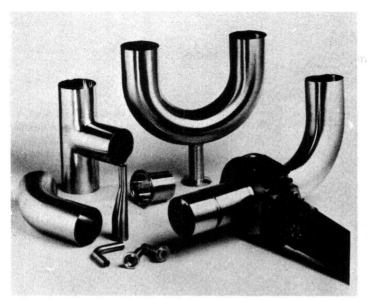

Figura 9.7 — Exemplo de uma cabeça orbital para a soldagem de tubos, sem metal de adição, junto com algumas peças possíveis de serem soldadas com esse sistema [6]

Figura 9.8 — Exemplo de uma cabeça orbital, com adição de metal e sem oscilação lateral[2]

Figura 9.9 — Exemplo de uma cabeça orbital, com metal de adição, oscilação lateral do bocal e controle automático da tensão do arco [6]

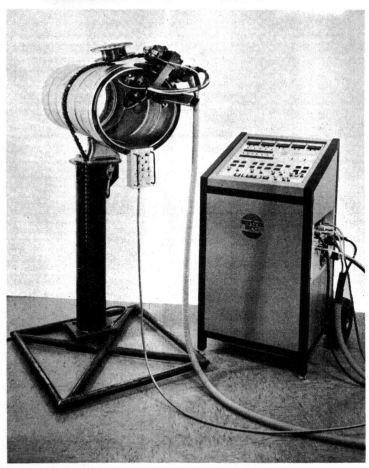

Figura 9.10 — Exemplo de cabeça orbital para soldagem do lado interno de uma tubulação[6]

Automação na soldagem

Figura 9.11 — Aspecto de uma cabeça orbital para a soldagem de tubos no espelho de um trocador de calor[2]

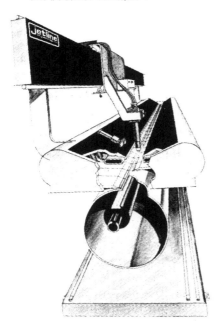

Figura 9.12 — Exemplo de uma estacionária longitudinal[4]

SOLDAGEM: PROCESSOS E METALURGIA

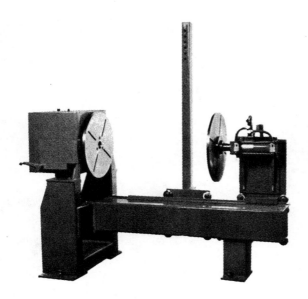

Figura 9.13 — Exemplo de uma estacionária circunferencial[4]

poça de fusão. O sistema pode ser usado nos processos TIG, MIG com transferência por pulverização, plasma e arco submerso.

Cabeça orbital — É um sistema usado para a soldagem automática de tubos com o processo TIG. A soldagem pode ser feita com ou sem metal de adição; neste último caso a cabeça é fixada no tubo, tendo o eletrodo de tungstênio alinhado com o chanfro. O eletrodo é fixado em uma engrenagem bipartida que, girando, realiza toda a soldagem, protegida por uma câmara cerâmica. A Fig. 9.7 mostra um exemplo de cabeça orbital e algumas peças produzidas com esse sistema.

As cabeças orbitais com metal de adição podem ser simples (Fig 9.8), ou com movimentos laterais do bocal, associado a um controle da tensão do arco (Fig. 9.9). Nos dois casos, emprega-se um bocal cerâmico e não uma câmara cerâmica.

As cabeças orbitais soldam também a parte interna de tubos (Fig 9.10), bem como tubos em espelhos de trocadores de calor (Fig. 9.11). No primeiro caso todo o sistema é fixado em uma cremalheira externa ao tubo. No segundo, a cabeça é fixa por mandrís, que se encaixam nos furos do espelho para fazer a solda.

Estacionária longitudinal — É usada para posicionar soldas longitudinais. Possui um sistema de teclas para fixação refrigeradas e um sistema de purga da raiz da solda (Fig. 9.12). Serve para soldagem longitudinal de peças cônicas.

Estacionária circunferencial (Fig. 9.13) — Sua função é girar peças com geometria cilíndrica para a execução da soldagem.

Automação na soldagem

Figura 9.15 — Exemplo de um sistema de automação com sensor óptico[5]

Figura 9.14 — Exemplo de sistema de automação para geometrias elípticas[5]

Sistema de automação para geometrias elípticas (Fig. 9.14) — Usado nos processos TIG, MIG, plasma e arco submerso, o sistema corrige automaticamente a velocidade da superfície e, durante a soldagem, a posição entre a tocha e a superfície.

Figura 9.16 — Exemplo de câmara para soldagem a vácuo[4]

Figura 9.17 — Exemplo de câmara para soldagem com pressão positiva [4]

SOLDAGEM: PROCESSOS E METALURGIA

Sistema de automação com sensor óptico (Fig. 9.15) — Utiliza um fibroscópio que memoriza a posição da junta e que mantém o arco centrado durante a soldagem.

Câmara para soldagem — É usada para a soldagem de titânio e outros metais refratários, e pode ser a vácuo (Fig 9.16) ou com pressão positiva (Fig. 9.17).

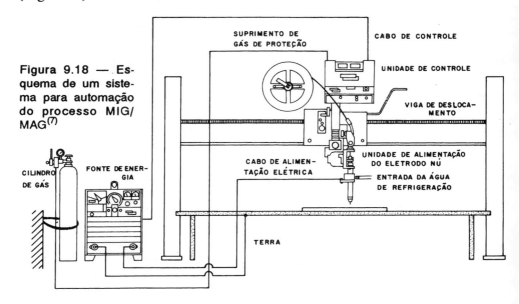

Figura 9.18 — Esquema de um sistema para automação do processo MIG/MAG[7]

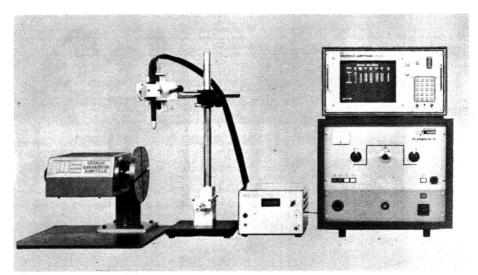

Figura 9.19 — Exemplo de um sistema de automação para soldagem com microplasma[9]

436

Automação na soldagem

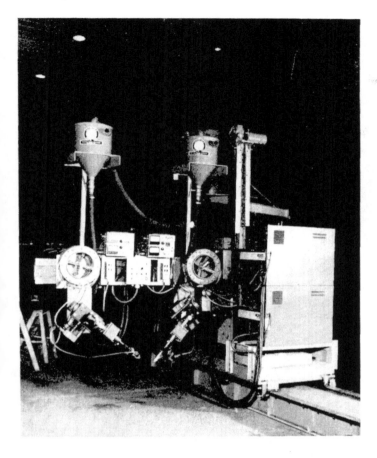

Figura 9.20 — Exemplo de sistema com dois cabeçotes para a soldagem de vigas[10]

Processo MIG/MAG

A Fig. 9.18 mostra o esquema de uma instalação para automação de soldagem MIG/MAG com uma estacionária longitudinal. Nesse caso, todo o sistema de movimentação do arame desloca-se em uma viga. Para fazer a soldagem circunferencial, basta trocar a mesa por uma estacionária circunferencial.

Sistema automatizado para soldagem com microplasma (Fig 9.19)

Neste sistema as variáveis do processo são controladas por um microcomputador, que pode estar associado a uma estacionária circunferencial ou longitudinal.

Soldagem com arco submerso

No capítulo destinado ao estudo deste processo já foram mostrados os esquemas de alguns dispositivos para a soldagem com arco submerso. Alguns outros são indicados a seguir.

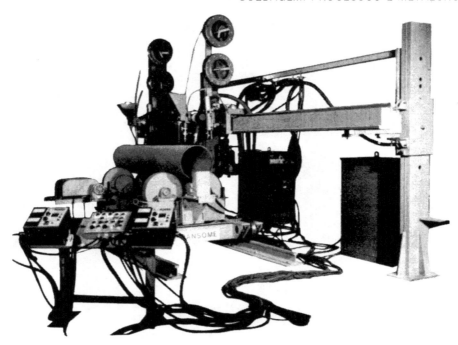

Figura 9.21 — Exemplo de sistema para revestimento com solda de cilindros de laminação[10]

Figura 9.22 — Exemplo de sistema fixo para soldagem automática[2]

Automação na soldagem

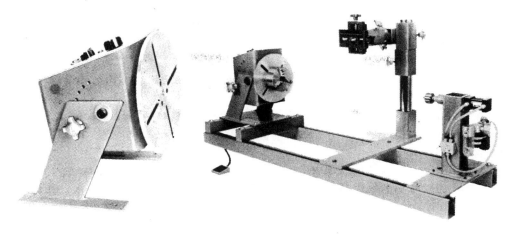

Figura 9.23 — Exemplo de um posicionador[4]

Figura 9.24 — Exemplo de um sistema automático completo para soldagem circunferencial[4]

Figura 9.25 — Exemplo de um posicionador com roletes para a soldagem de tubos[2]

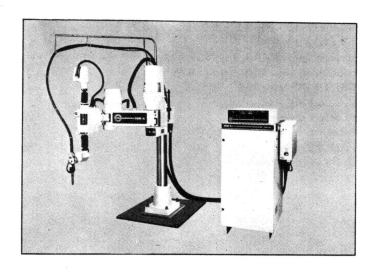

Figura 9.26 — Robô com 5 eixos para a soldagem pelo processo MIG/MAG[8]

Sistema para a soldagem de vigas estruturais (Fig. 9.20) — É constituído por dois cabeçotes de soldagem que se deslocam com todo o conjunto sobre um trilho.

Sistema para revestimento de cilindros de laminação (Fig. 9.21) — É composto por dois cabeçotes com arco geminados.

Sistema fixo para soldagem automática (Fig. 9.22) — Neste caso a peça é que se move e o cabeçote de soldagem pode ser aproximado, ou afastado, e girar de $360°$.

Posicionadores — Com estes sistemas pode-se soldar a peça nas posições horizontal ou vertical (Fig. 9.23), com movimento de rotação. A Fig. 9.24 mostra um sistema com posicionador, coluna para sustentar o cabeçote de soldagem e um contaponto hidráulico.

Os posicionadores podem ter também roletes de apoio para tubos, com uma roda motriz para girar o tubo, como mostra a Fig. 9.25.

Sistema de soldagem com robôs

Os sistemas de automação devem ser, sempre que possível, versáteis e o uso dos robôs vem de encontro a esta idéia. Na Fig. 9.26 tem-se um exemplo de um robô com 5 eixos para a soldagem com o processo MIG/MAG.

Créditos para as figuras deste capítulo

1. Victor Equipment Co. - Fig 9.1
2. Messer Griesheim GmbH - Fig. 9.2; 9.8; 9.11; 9.22 e 9.25.
3. Arcair Co. - Fig 9.3 e 9.4.
4. Jetline Engineering, Inc. - Fig 9.5; 9.12; 9.13; 9.16; 9.17; 9.23 e 9.24.
5. Cyclomatic Industries, Inc. - Fig 9.6; 9.14 e 9.15.
6. Astro-Arc Co. - Fig. 9.7; 9.9 e 9.10.
7. Lincoln Eletric Co. - Fig. 9.18
8. Miller Eletric Mfg. Co. - Fig. 9.26.
9. Merrick Engineering, Inc. - Fig 9.19.
10. Ransome - Figs. 9.20 e 9.21.

10 Garantia de qualidade na soldagem

Odécio J. G. Branchini

1. INTRODUÇÃO

A soldagem de metais é uma técnica de união de metais em constante desenvolvimento, tanto pela crescente diversificação dos aços como também pela sua aplicação a construções de alto risco. Dois aspectos devem ser considerados ao analisarmos a técnica de soldagem:
• Ela é baseada em princípios empíricos e depende de um grande número de parâmetros, o que a torna uma técnica de difícil formulação matemática.
• Ela depende quase que totalmente do homem e sua verificação total é impossível, o que a torna um processo de difícil controle.

Entretanto, a necessidade e o uso da soldagem são realidades incontestáveis, que se verificam desde a simples função estrutural em uma escala metálica até a complexa função construtiva de um reator de central nuclear. Por isso, a soldagem traz consigo aspectos de suma importância, pois uma pequena falha pode se transformar em catástrofe, acarretando perdas humanas e materiais, bem como irreparáveis danos ecológicos. Este é o problema conhecido a que nos referimos anteriormente.

Em função disto, sentiu-se a necessidade de se desenvolver um sistema que permita controlar e registrar todos os parâmetros influentes antes, durante e depois da execução da soldagem, para garantir que a falha não venha a ocorrer. Esta é a solução lógica do problema.

Analisar as principais causas das falhas e formular o sistema que as elimine ou as reduza, é o objetivo deste capítulo[1].

2. CAUSAS DOS PROBLEMAS DE SOLDAGEM

Entre os problemas operacionais que podem ocorrer na soldagem estão os seguintes:
• Material-base inadequado quanto à química, propriedades mecânicas, processo de elaboração, bem como determinação errada de seções, formas e comportamento quanto às diversas solicitações, a que será submetido.

Há risco de ruína por ruptura, deformação ou arrancamento lamelar.
- Material de adição incompatível com o metal-base, com a aplicação ou manuseio possível, meio corrosivo, ou propriedades mecânicas desejadas. Há perigo de ruína por ruptura frágil ou corrosão.
- Projeto inadequado da junta soldada pela geometria do chanfro, pelo cálculo de esforços, pela posição e seqüência de soldagem. Pode ocorrer ruptura por fadiga ou ruptura brutal, ou alta concentração de tensões.
- Escolha inadequada do processo de soldagem e seus parâmetros, Há risco de ruína por ruptura frágil, ou por defeitos de soldagem de difícil remoção.
- Capacidade, treinamento e qualificação do pessoal inadequado ou insuficiente, gerando defeitos de soldagem e altos refugos.
- Existência de trincas a frio ou a quente, gerando ruína por ruptura frágil.
- Utilização de equipamentos de soldagem e instrumentos de controle inadequados ou defeituosos, levando à crença de que a execução e o controle estão feitos.
- Definição errônea de métodos de montagem, preparação e limpeza das juntas, induzindo a defeitos às vezes irreparáveis.
- Não execução ou execução inadequada e não controlada dos tratamentos pré e pós-aquecimento, bem como da temperatura de interpasses e do tratamento pós-soldagem, levando a problema de trinca a frio ou no reaquecimento.
- Execução errada da especificação e de qualificação do procedimento de soldagem ou inadequação da junta especificada e qualificada como aquela que será usada em serviço.
- Controle inadequado da junta soldada, esperando, de um método de exame não-destrutivo, resultados que ele não pode assegurar.
- Falha de identificação das etapas de construção e de exames, de modo que uma etapa venha gerar defeito em junta já controlada anteriormente.

Estas e outras causas de problemas de soldagem, podem levar ao menos avisados a imaginar que a presença de uma junta soldada em uma construção metálica é sempre danosa e põe em risco toda a construção. Isto evidentemente não é verdade, se considerarmos que existem soluções e medidas que, corretamente identificadas e adotadas, garantem as condições requeridas para o bom funcionamento da construção.

3. SOLUÇÕES INDIVIDUALIZADAS

Com o desenvolvimento da tecnologia industrial, muitas soluções de problemas específicos passaram a fazer parte de códigos, normas e especificações sob a forma de cuidados, recomendações, ou mesmo exigências.

Garantia de qualidade na soldagem

Entre elas, as principais são:

- Adoção criteriosa das bases de cálculo para juntas soldadas, em função de equipamento a ser projetado.
- Escolha consciente do material de base, levando em conta não só os requisitos de propriedades mecânicas, como também a análise de grau de soldabilidade.
- Definição e detalhamento adequados dos chanfros, considerando as melhores condições para a execução da soldagem e dos ensaios.
- Criteriosa especificação do procedimento de soldagem, tomando como base os códigos e as normas aplicáveis.
- Definição das faixas dos parâmetros de soldagem especificados, tais como: intensidade de corrente e tensão, velocidade de deposição, calor imposto, temperatura de pre o pós-aquecimento e de interpasse.
- Cuidadosa escolha do processo de soldagem em fusão da adequação às necessidades, disponibilidade de equipamentos, pessoal desejado, investimentos e custos.
- Definição do material de adição com base não só nas propriedades mecânicas, como também nas condições de manuseio, disponibilidade, versatilidade do uso e qualidade; deve-se considerar também as vantagens de uma marca sobre outra, conforme o processo de fabricação e controle de qualidade do fornecedor.
- Definição correta da seqüência da soldagem, bitola dos materiais, posição de soldagem etc.
- Treinamento e qualificação de soldadores, supervisores e inspetores.
- Aferição de todos os instrumentos de medição e controle dos parâmetros de soldagem e qualificação dos equipamentos de soldagem.
- Execução correta da inspeção de recebimento de equipamento e acessórios, do material de adição e do metal-base, de modo que a qualquer momento se possa comprovar a qualidade dos produtos através de certificado emitido pelos fornecedores.
- Escolha de métodos adequados de preparação, limpeza e montagem da junta a ser soldada.
- Preparo e excução da junta soldada, como especificada e que deverá ser soldada de modo que represente o mais próximo possível as condições da obra.
- Coleta correta dos parâmetros utilizados na qualificação em protocolos de soldagem, permitindo indicar e visualizar todos os dados importantes do processo.
- Execução, por pessoal treinado e qualificado, dos exames não-destruti-

vos da junta a ser qualificada, conforme especificações, normas ou procedimentos previamente aprovados.
• Execução, em laboratório capacitado e com instrumentos aferidos, dos exames destrutivos requeridos.
• Emissão de certificados dos exames destrutivos e não-destrutivos, com conseqüente emissão de certificado de qualificação de procedimento de soldagem.
• Elaboração de planos seqüenciais que facilitem a fabricação e a inspeção, garantindo que todas as atividades sejam presenciadas, no mínimo, pelo inspetor de controle do fabricante.
• Execução para cada lote de materiais ou quantidade de materiais de adição depositados, de um testemunho de soldagem que represente a junta real e que seja examinado do mesmo modo que na qualificação.
• Preparo de procedimento geral de soldagem que defina desde o fluxo do material de adição até o armazenamento, manuseio, tratamento e uso, entre outras precauções..
• Compilação correta e completa de toda documentação recebida e gerada antes, durante e depois da execução da junta soldada, de modo a permitir total rastreabilidade de todas as etapas que influenciaram sua execução.

Essas soluções, quando visualizadas separadamente, não se constituem em novidade, porém sua adoção de maneira sistemática e planejada é a solução lógica que deve ser utilizada para resolver problemas difíceis, garantindo que aquela junta permita que o componente ou a construção funcione corretamente e possa ser operada de maneira segura.

A identificação criteriosa dos tópicos que realmente influenciarão no desempenho de uma determinada junta soldada e a adoção de medidas que permitam planejar, executar conforme e documentar o executado, é o objetivo da *Garantia da Qualidade na Soldagem*.

4. PLANEJAR, EXECUTAR E REGISTRAR

O planejamento de uma junta é tarefa importante, porque deve atingir o nível individual da junta em si, sem perder de vista o conjunto de todas as juntas que constituirão a construção soldada[2]. Essa tarefa deve considerar sempre as condições de cálculo, projeto, transporte de partes, montagem, acessibilidade, ensaios e tratamentos térmicos, bem como atender aos requisitos de normas, códigos, especificações e principalmente, a experiência dos executores.

Como resultado de planejamento devem ser preparados desenhos, planos e especificações de soldagem e de tratamento térmico e planos seqüenciais de fabricação e inspeção, que devem sempre ser aprovadas por entidades independentes daquela que o preparou. Esses documentos devem ser distribuídos a todos os participantes das atividades de execução e registro, de modo controlado, garantindo que o uso seja sempre da revisão atual.

Nem sempre é tarefa fácil a execução de acordo com o planejado, que às vezes a pseudo experiência prática pode levar a resultados indesejáveis; para evitar isto é preciso que os executantes tenham conhecimento profundo de sua atividade e sejam doutrinados a seguir exatamente o planejado.

A fase inicial da execução deve ser dedicada à qualificação dos procedimentos de soldagem, dos tratamentos térmicos e dos ensaios não-destrutivos, de modo que o corpo de prova qualificado se aproxime o mais possível das condições reais de execução.

Durante a execução devem ser preparados testemunhos de soldagem e de tratamento térmico, permitindo a análise do que foi realmente executado.

No caso de ocorrência de desvios, defeitos ou irregularidades construtivas, dever-se-á preparar um documento de não-conformidade. Neste documento o desvio será relatado, a correção, proposta e aceita, executada conforme recomendação, de modo a poder se identificar, ao final da construção e durante o seu uso, todas as anomalias ocorridas durante a execução. O registro correto e completo de todos os parâmetros que influem no preparo, execução e controle da junta, bem como um sistema de compilação e arquivamento seguro desses documentos, permitirão a qualquer momento rastrear toda a história da execução.

A conscientização de que ao se planejar, executar corretamente e registrar, está se fazendo qualidade com custos e prazos compatíveis, é o objetivo máximo da *Garantia da Qualidade na Soldagem*.

5. IMPLANTAÇÃO DO SISTEMA DE GARANTIA DA QUALIDADE NA SOLDAGEM

A implantação de sistema de Garantia da Qualidade exige da empresa uma importante decisão de ordem global, que deve partir de desejo da alta administração e ser expressa formalmente. No caso específico da operação de soldagem, a aplicação dos princípios da Garantia da Qualidade exige um trabalho de conscientização extremamente cuidadoso, pois os elementos que normalmente atuam na área da soldagem não são habituados ao manuseio de documentos escritos, protocolos, relatórios etc; por outro lado, o controle durante a soldagem é difícil.

Assim, para se implantar um Sistema de Garantia da Qualidade na área de soldagem, a empresa precisa contar, principalmente, com os se-

guintes recursos:
- Um departamento ou setor de soldagem apto a preparar especificações, procedimentos, planos de soldagem etc.
- Um departamento ou setor de controle de qualidade capaz de executar corretamente exames destrutivos e não-destrutivos.
- Soldadores, operadores de máquinas de soldagem, inspetores e supervisores de soldagem, selecionados, treinados e qualificados.
- Equipamentos e instrumentos aferidos, e em condições adequadas.
- Dispor de local e condições adequadas para recepcionar, armazenar e manusear materiais de base e de adição.
- Preparar procedimentos gerais que descrevam todas as atividades envolvidas na soldagem.
- Dispor de equipe treinada capaz de auditorar com independência todo o sistema de modo a detectar ocorrências de não-conformidade, e prescrevendo ações corretivas e preventivas.

A efetividade da aplicação de sistemas de garantia da qualidade é maior quando seus princípios e objetivos extrapolam os limites da empresa, atingindo os fornecedores de material de base e de adição. de equipamentos de soldagem e instrumentos de controle da qualidade aplicados à soldagem.

Na tentativa de se evitar a ocorrência de defeitos repetitivos, alguns cuidados foram transformados em exigências e requisitos de normas, porém o atendimento a alguns deles não permite garantir a construção soldada. A necessidade de se garantir a construção e de manter condições de rastreabilidade de toda documentação gerada na execução da junta soldada, fez com que se desenvolvesse um conjunto de ações planejadas e sistemáticas, que se constitui na Garantia aplicada à Soldagem.

A implantação da Garantia da Qualidade na Soldagem em uma empresa é facilitada, quando todos os setores estão cobertos pela mesma orientação de objetivos, de modo a fazer parte de um sistema global resultado do desejo de sua alta administração.

Entretanto, caso a implantação não seja global, o setor de soldagem pode, dentro de sua área de atuação, implantar um sistema específico, que exige um trabalho de conscientização extremamente cuidadoso, devido às peculiaridades da operação e do pessoal de soldagem.

Para finalizar, é importante ressaltar que fazer garantia da qualidade não é simplesmente preparar e coletar papéis e sim dar condições para que todo trabalho seja efetivamente planejado, executado conforme as recomendações e registrado. Desse modo, a garantia da qualidade não é um mito, mas uma realidade palpável que, aplicada à uma operação de difícil controle como é a soldagem, se torna confiável e segura.

Importante é frisar o necessário comprometimento da alta administração da empresa para com o sistema, o qual deverá ser explicitado por escrito, em declaração ou política[5], que oriente todos os funcionários no sentido de que aspectos de qualidade para seus produtos são tão importantes como o preço e prazo.

A implantação de Sistemas de Garantia da Qualidade, em particular na soldagem, é normalmente compulsória. Isto se verifica porque clientes, como a indústria do petróleo/química, hidroelétrica e nuclear, após análise minuciosa de suas encomendas, exigem que as empresas de projetos, fabricação e montagem tenham Sistema de Garantia da Qualidade efetivamente implantados[3]. Como decorrência, os subfornecedores de insumos básicos e equipamentos também adotam a sistemática de Garantia da qualidade. Desse modo, todo o ciclo tecnológico para a implantação do sistema está completo.

Entretanto, qualidade não se consegue só com máquinas, tecnologias e matérias-primas. Um fator fundamental para atingir a adequação ao uso, é a correta e completa concientização e treinamento de pessoal envolvido na atividade de soldagem[4]. Incontestavelmente, qualquer que seja o processo de soldagem utilizado, o fator humano é decisivo para obtenção de resultados positivos na aplicação da soldagem como processo industrial. Desse modo, todos os esforços devem ser orientados no sentido de que o pessoal envolvido com soldagem seja, em todos os níveis, bem treinado e capacitado a conhecer profundamente a tecnologia da soldagem, a planejar corretamente uma junta soldada, a executá-la conforme o planejado, e documentando corretamente todos os parâmetros que influíram no resultado.

6. CONCLUSÕES

A soldagem, como técnica de união de metais, é ainda baseada em conceitos empíricos e depende quase que totalmente do homem para a sua execução. Tal situação exige que cuidados especiais sejam tomados, antes, durante e depois de sua operação.

Independentemente desses aspectos, a soldagem vem sendo utilizada e desenvolvida cada vez com mais intensidade, em aplicações sempre mais complexas e de alto risco.

BIBLIOGRAFIA

1. BRANCHINI, O. J. G. — A Garantia da Qualidade na Soldagem de Aços Nacionais; Anais do I Encontro de Tecnologia e Utilização de Aços Nacionais, out. 1982.
2. IBP — Guias para Garantia da Qualidade; Capitulo 1 Terminologia; Ed.. da Comissão de Garantia da Qualidade do IBP.
3. PETROBRÁS — Requisitos de Sistemas da Qualidade para Suprimentos de Materiais; jul. 1984.
4. FRANÇA, L. — Caracterização Psicológica de um Grupo de Operários Soldadores; Anais do I Seminário de Garantia da Qualidade na Soldagem, Associação Brasileira de Soldagem, out. 1981.
5. MIC-STI — Qualidade Industrial: Análise e Proposição; 1988.

11 Custos nos processos de soldagem

Eduardo Esperança Canetti

1. INTRODUÇÃO

A definição de custos em soldagem engloba um universo que se estende desde a escolha do processo até o treinamento do soldador, atravessando etapas como a definição da junta, dos equipamentos, até a simulação de fabricação.

A grande variedade de opções, em cada uma dessas fases, pode tornar difícil e complexa a montagem de um esquema que permita a definição e elaboração dos cálculos. Pretendemos que, com os dados aqui apresentados, essa escolha seja facilitada e os objetivos alcançados.

Tendo em vista sua maior utilização, serão diretamente considerados os seguintes processos:
• Eletrodo revestido.
• MIG/MAG,
• Eletrodo tubular.
• TIG.
• Arco submerso.

Outros processos também podem ser considerados, bastando ajustar, nas considerações aqui expostas, os dados a eles pertinentes.

2. ETAPAS DO CÁLCULO

Devemos estabelecer um raciocínio baseado em dois aspectos: preparação e execução da soldagem

Preparação da soldagem

Os requisitos da junta a soldar são analisados, incluindo as propriedades químicas e mecânicas e o nível de penetração especificado. Também devem ser considerados os aspectos da escolha do metal de adição compatível (existência no mercado nacional, importação, prazo de entrega etc), equipamento necessário e eventuais acessórios. Há ainda a adicionar a escolha do pessoal, necessidade de treinamento, tanto do soldador como do processo, caso não existam no local. Todos esses itens não devem conduzir a situações como, por exemplo, um gargalo na produção que possa sacrificar o prazo de fabricação, ou ainda a investimentos não previstos e de retorno não totalmente assegurado.

Execução da soldagem

Nesta etapa são considerados os tempos de fabricação, o que significa que o processo escolhido deve ter suas características perfeitamente definidas pelos técnicos da área de método e processos.

Esses dados técnicos são encontrados na maior parte dos livros especializados e neste capítulo serão apresentados alguns deles, aplicados aos processos já mencionados. Esses valores devem ser corrigidos por um índice denominado *fator de Marcha*, ou *fator de operação*, ou *cadência*, característico de cada processo, de cada fábrica, ou até de cada situação.

3. CÁLCULO DO CUSTO

A palavra custo tanto pode significar dados anteriores ou posteriores à fabricação, caracterizando-se, respectivamente, como estimativa de custo ou custo real. Em qualquer dos casos, esse tópico está circunscrito às operações para a determinação do custo do metal depositado. Não são considerados itens como: pré ou pós-aquecimento, calibragens, ensaios não-destrutivos etc que, embora relacionados às operações de soldagem, deverão ser calculados separadamente, por meio de custo de homem-hora de caldeireiro ou centro de custo.

Os motivos para a determinação do custo são: elaboração de orçamentos para concorrência; e estimativas para comparação entre processos de fabricação ou de soldagem.

Dois modos podem ser propostos para a determinação do custo: o método do cálculo detalhado, item por item, obtendo-se ao final um valor muito próximo ao teoricamente correto; e o método da planilha. A diferença entre eles está na quantidade de cálculos do primeiro e na menor precisão do segundo. Um fator de correção variável conforme o processo de soldagem, aplicado como fator de multiplicação do segundo método,

Tabela 11.1 - Fatores de correção para o método da planilha

Processo	Fator
Eletrodo revestido	1,02
Eletrodo nu sob proteção	1,09
Eletrodo tubular com proteção	1,09
Eletrodo tubular sem proteção	1,04
Arco submerso	1,05

Custos nos processos de soldagem

poderá melhorar sensivelmente sua precisão. A Tab. 11.1 mostra os fatores de correção aplicáveis aos diferentes processos aqui examinados.

Método tradicional

$C = C_1 + C_2 + C_3 + C_4 + C_5 + C_6 + C_7 + C_8$
C = Custo total da soldagem
C_1 = custo do metal de adição a utilizar
C_2 = custo da energia elétrica a ser consumida
C_3 = custo da mão-de-obra envolvida
C_4 = custo da manutenção do equipamento
C_5 = custo da depreciação do equipamento
C_6 = custo dos produtos protetores tipo anti-respingo
C_7 = custo do material de proteção (luvas, máscaras etc)
C_8 = custo do material consumível (bicos e bocais)

A imprecisão do método da planilha está no fato de não se considerar os custos C_4 a C_8, que são corrigidos pelo fator indicado na Tab. 11.1.

Custo do metal de adição — O valor C_1 é dado pelo produto da quantidade de solda na junta pelo preço do metal de adição a consumir, multiplicado pela eficiência do metal de adição.

A quantidade de solda na junta é o material a ser depositado para o preenchimento do chanfro; devem ser considerados os reforços da solda assim como o material a ser reposto após as operações de goivagem.

A eficiência do metal de adição é seu rendimento, isto é, a quantidade a mais necessária para o preenchimento do chanfro, são as perdas resultantes de pontas, respingos etc.

O preço do metal de adição é o valor efetivamente pago pela empresa e deve ser levantado junto ao setor de compras.

Caso o processo de soldagem faça uso de um gás protetor, como o gás carbônico, argônio, hélio, ou alguma mistura, seu custo deve ser acrescentado ao total anterior através do seguinte calculo:

$C_{gás}$ = custo do gás/litro x vazão (l/min) x tempo real de soldagem (min).

Caso o processo empregue um fluxo protetor, seu custo deve ser adicionado através do seguinte cálculo:

C_{fluxo} = quantidade empregada x preço unitário do fluxo x φ, sendo o valor de φ variável entre 1,0 e 1,3 (valor médio 1,15).

Custo da energia elétrica — É calculado através da fórmula:

$$C_2 = \frac{\text{potência da saída x tempo real de soldagem x preço do kWh}}{1.000 \text{ x eficiência do equipamento}}$$

Tabela 11.2 - Eficiência dos equipamentos de soldagem

Equipamento	Eficiência
Transformador	80
Retificador trifásico	75 (≤ 400 A) 80 (> 400 A)
Retificador monofásico	75
Gerador	65

A eficiência do equipamento pode ser calculada através de dados das potências de entrada e saída, fator de potência etc. Tendo em vista as possibilidades de ocorrência de distorções e sendo ainda a avaliação muito trabalhosa por envolver uma série de cálculos, a melhor solução é usar os valores médios fornecidos pelos fabricantes, indicados na Tab. 11.2.

Custo de mão-de-obra — Seu valor é dado por

C_3 = (custo da mão-de-obra + encargos sociais) x tempo de soldagem.

É importante observar que o fator de marcha, de operação, ou cadência da mão-de-obra é o índice que define o quanto, dentro do tempo total, foi usado na operação de soldagem propriamente dita, isto é, o tempo de arco aberto. Seu valor é baseado na prática de cada empresa e até em situações específicas.

Alguns autores mencionam valores para certas situações características:
• Arco elétrico manual com eletrodo revestido: 20 a 25%. O maior índice é aplicado quando o soldador apenas solda, não executando as operações de preparação e montagem.
• Arco elétrico semi-automático com eletrodo nu ou tubular: 30 a 60%. O menor índice quando a soldagem é executada fora da posição plana, em regiões de acesso difícil, com elevado preaquecimento.
• Arco submerso automático: 50 a 90%. O menor índice é aplicado para as situações de menor preparação em relação ao tempo total de soldagem, como nas soldas circunferenciais de grandes diâmetros e espessuras.

Custo de manutenção do equipamento — É dado pela relação:

$$C_4 = \frac{\text{despesa mensal de manutenção}}{\text{produção mensal}}$$

Custo da depreciação do equipamento — Deve ser calculado pela expressão:

$$C_5 = \frac{\text{despesa mensal de depreciação}}{\text{produção mensal}}$$

sendo depreciação mensal = 10% do custo do equipamento/12 meses.

Custos nos processos de soldagem

Tabela 11.3 - Base da planilha de cálculo

Itens	Equação	Variável
Quantidade de metal depositado		a
Eficiência do metal de adição		b
Quantidade do metal de adição	$c = a \div b$	
Tipo e parâmetros do metal de adição		d
Taxa horária de deposição ideal		e
Fator de marcha - cadência		f
Taxa horária de deposição real	$g = e \cdot f$	
Tempo real de soldagem	$h = a \div g$	
Custo de mão-de-obra e encargos/hora		i
Custo de mão-de-obra direta	$j = h \cdot i$	
Custo do metal de adição/kg		k
Custo do metal de adição necessário	$l = k \cdot c$	
Eficiência do equipamento		η
Custo do kWh		m
Custo da energia elétrica	$z = \dfrac{V \cdot I \cdot F}{1000} m$	
Custo da soldagem	$p = j + l + z$	
Fator de correção do processo		q
Custo final da soldagem	$r = p \cdot q$	

Os demais custos, C_6, C_7 e C_8, são facilmente calculados com a medida da quantidade utilizada multiplicada pelo preço unitário.

Método da planilha de cálculo

A Tab. 11.3 apresenta a planilha de cálculo, um método mais expedito, que apresenta, conforme é mostrado, alternativas para o processo de soldagem, podendo-se comparar os dados relativos a cada um deles, como pode ser visto no exemplo apresentado na Fig. 11.1.

Calculado r, custo final de soldagem, deve-se determinar o custo por kg de metal de adição expresso em $/kg, índice particularmente interessante para comparar economicamente diferentes processos de soldagem. Além disso, esse índice permite a rápida estimativa para o cálculo de custo de soldagem de um equipamento ou obra, bastando multiplicar o índice encontrado pela quantidade, em kg, do material de adição a ser usado.

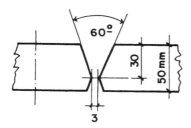

Figura 11.1. — Exemplo de junta a ser soldada

Tabela 11.4 - Metal depositado em cordão de solda em ângulo reto, convexo e côncavo

Espessura (mm)	Metal depositado (kg/m)		
	Reto	Convexo	Côncavo
3,2	0,044	0,053	0,050
4,8	0,099	0,118	0,113
6,3	0,175	0,211	0,200
7,9	0,273	0,329	0,313
9,5	0,393	0,475	0,450
11,1	0,536	0,646	0,614
12,7	0,699	0,843	0,801
14,3	0,886	1,068	1,013
15,8	1,094	1,320	1,252
19,0	1,578	1,905	1,796
22,2	2,149	2,585	2,449

Exemplo de cálculo

Imaginemos a junta indicada na Fig. 11.1, que pode ser soldada por:
- eletrodo revestido, ø 4mm; corrente de 150 A; tensão de 25 V;
- arco submerso, ø 4 mm; corrente de 650 A; tensão de 30 V
- material especificado: AWS E 7018 e AWS F7 AZ-EM 12 K

Cálculo de a = quantidade de metal a depositar — A seção reta da junta pode ser decomposta em figuras geométricas elementares, calculando-se a área de cada uma delas. A soma delas multiplicada pelo comprimento e pela massa específica (7,85 kg/dm^3 para o aço) dará a massa total a depositar. Para facilidade de cálculo são apresentadas as Tabs. 11.4 e 11.5, com dados quantitativos do material a depositar para os casos de cordão de solda em ângulo e chanfros em X, com e sem face de raiz e em duplo U. De acordo com a Tab. 11.5, a massa de solda a ser depositada no caso da Fig. 11.1 é de 8,02 kg.

Tabela 11.5 - Metal depositado em chanfros em X, em X com face de raiz e em duplo U (Fig. 11.2)

Espessura	Metal depositado (kg/m)		
	Em X	Em X com face de raiz	Em duplo U
25,4	2,46	3,05	2,48
31,7	3,55	4,07	3,43
38,.	4,86	5,12	4,45
44,5	6,35	6,24	5,51
50,8	8,02	7,40	6,62
57,1	9,96	8,63	7,78
63,5	12,06	9,90	9,02

Custos nos processos de soldagem

Tabela 11.6 - Taxa de deposição (kg/h) à cadência ideal (100% de arco aberto). Eletrodo revestido CCPR

Bitola (mm)	Especificação AWS		
	6010	7018	7024
3,2	0,95	1,05	1,8
4	1,45	1,5	2,6
5	1,8	2,3	3,4
6,3	—	3,7	4,8

Cálculo de b = eficiência do material de adição — Para o processo de eletrodo revestido b = 65%, isto é, para cada kg de eletrodo há um depósito de 650 g. Para o processo do arco submerso a eficiência é da ordem de 98%, já que se perde apenas a ponta.

Cálculo de c = quantidade do metal de adição — Sendo dado pelo quociente entre a e b, teremos:
para eletrodos revestidos: c_{er} = 8,02 : 0,65 = 12,34 kg
para arco submerso: c_{as} = 8,02 : 0,98 = 8,18 kg
supondo o consumo geral de fluxo 1,2 vezes o do arame, teremos
c_{fl} = 8,18 x 1,2 = 9,8 kg de fluxo

Determinação de d: tipos e parâmetros do metal de adição
para eletrodo revestido: ø 4 mm; 150 A; 25 V;
para arco submerso: ø 4 mm; 650 A; 30 V;

Determinação de e = taxa horária de deposição ideal — Valores desta variável já foram calculados experimentalmente e constam de catálogos de fabricantes. As Tabs. 11.6 a 11.9 apresentam os valores mais usuais. Dessas tabelas temos:
para eletrodos revestidos: 1,5 kg/h
para arco submerso (valor extrapolado): 7,10 kg/h

Determinação de f = cadência — Como resultado experimental estabelecemos os índices de 30% para soldagem com eletrodos e 50% para o arco submerso.

Cálculo de g = taxa horária de deposição real — Como resultado dos

Tabela 11.7 - Taxa de deposição (kg/h) à cadência ideal para arco submerso; CCPR; "stick out" de 30mm

Bitola (mm)	Intensidade da corrente (A)						
	300	400	500	600	700	800	900
3,2	2,6	4,0	5,6	7,2	8,4	—	—
4	—	3,6	5,2	6,3	7,9	10,2	—
5	—	—	5,2	6,3	8,0	9,8	11,1

Tabela 11.8 - Taxa de deposição com eletrodo nu; CCPR (kg/h)

Bitola (mm)	Intensidade da corrente (A)							
	com argônio				com CO_2			
	100	200	300	400	100	200	300	400
0,8	1,3	3,4	—	—	0,9	3,1	—	—
1,2	1,3	2,9	5,2	—	0,9	2,3	4,0	—
1,6	—	2,5	4,5	6,3	—	3,2	4,5	6,8

valores estabelecidos para f teremos:
para eletrodo revestido: g_{er} = 1,5 x 0,3 = 0,45 kg/h
para arco submerso: g_{as} = 7,1 x 0,5 = 3,55 kg/h
Cálculo de h = tempo real de soldagem
para eletrodos revestidos: h_{er} = 8,02 : 0,45 = 17,82 h
para arco submerso: h_{as} = 8,02 : 3,55 = 2,26 h
Determinação de i = mão-de-obra + encargos — Sendo este parâmetro variável no tempo e no espaço, será aqui mantido com sua expressão literal.
Supondo que operadores tenham diferentes salário, teremos: i_{er}, para o caso de eletrodo revestido e i_{as}, para o arco submerso.
Cálculo de j = custo de mão-de-obra direta envolvida — Sendo dada pelo produto h · i, teremos:
para eletrodo revestido: j_{er} = 17,82 i_{er}
para arco submerso: j_{as} = 2,26 i_{as}
Determinação de k = preço do metal de adição — Também aqui, pela mesma razão do que foi dito com o valor da mão-de-obra, serão indicados valores literais e teremos: k_{er} para eletrodo revestido e k_{asa} e k_{asf} para, respectivamente eletrodo nu e fluxo para o arco submerso.
Cálculo de l = custo do metal de adição necessário — Sendo dado pelo produto k · c, teremos:
para eletrodo revestido: l_{er} = 12,34 k_{er}
para arco submerso: l_{as} = 8,18 k_{asa} + 9,81 k_{asf}

Tabela 11.9 - Taxa de deposição com eletrodo tubular; CCPR (kg/h)

Bitola (mm)	Intensidade de corrente (A)				
	150	260	300	400	500
1,2	1,8	2,7	3,9	—	—
1,6	—	2,3	3,6	—	—
2,4	—	—	4,0	5,5	8,2
3,2	—	—	4,3	6,5	9,8

Custos nos processos de soldagem

Determinação de η = *eficiência do equipamento* — Usando um retificador trifásico e com base nos valores da Tab. 11.2, teremos:
para eletrodo revestido: η_{er} = 75%
para arco submerso: η_{as} = 80%
Determinação de m = *custo kWh* — Entra no cálculo com o valor m.
Cálculo de z = *custo da energia elétrica* — De acordo dom os valores determinados anteriormente teremos:

$$\text{para eletrodo revestido: } z_{er} = \frac{150 \times 25 \times 17{,}82 \text{ m}}{1.000 \times 0{,}75} = 89{,}1 \text{ m}$$

$$\text{para arco submerso: } z_{as} = \frac{650 \times 30 \times 2{,}26 \text{ m}}{1.000 \times 0{,}8} = 55{,}09 \text{ m}$$

Cálculo de p = *custo da soldagem sem correção* — Sendo p = j + l + z, teremos:

para eletrodo revestido: p_{er} = 17,82 i_{er} + 12,34 k_{er} + 89,1 m
para arco submerso: p_{as} = 2,26 i_{as} + 8,18 k_{asa} + 9,81 k_{asf} + 55,09 m

Cálculo do custo final da soldagem = r: — considerando os fatores de correção indicados na Tab. 11.1, (1,02 para o eletrodo revestido e 1,05 para o arco submerso), o custo total da soldagem será dado por:
para eletrodo revestido: r_{er} = (17,82 i_{er} + 12,34 k_{er} + 89,1 m) 1,02
para arco submerso: r_{as} = (2,26 i_{as} + 8,18 k_{asa} + 9,81 k_{asf} + 55,09 m) 1,05

4. CONSIDERAÇÕES PRÁTICAS

Uma importante preocupação do profissional de soldagem, envolvido quer na especificação como na produção, deve ser a de redução de custos. Para isso três pontos são essenciais e devem ser cuidadosamente analisados:
• O volume de metal depositado dever ser o menor possível, o que implica na escolha e correta definição do chanfro aplicável.
• A maior taxa horária de deposição é o resultado da utilização do processo mais produtivo, de bitolas maiores, de dispositivos-posicionadores e da automação.
• Na escolha do metal de adição, a solução correta será a mais econômica entre as várias opções técnicas.
Alguns exemplos apresentados a seguir, oriundos da prática industrial, apresentam sugestões para a redução de custos.

SOLDAGEM: PROCESSOS E METALURGIA

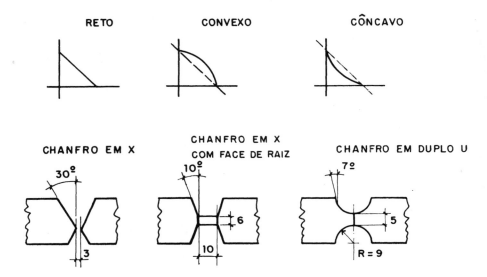

Figura 11.2 — Tipos de filetes e chanfros das Tabs. 11.4 e 11.5 com valores aproximados para as dimensões

Escolha de chanfros

A Fig. 11.3 apresenta três possíveis soluções para a escolha de chanfros. As soluções colocadas à direita apresentam sempre menores volumes de material a depositar; basta comparar as figuras geométricas.

Dimensionamento do cordão de solda em ângulo

Uma regra prática para a determinação deste cordão é especificar a garganta teórica entre x e 0,7 x, sendo x a menor espessura da peça a ser soldada. No caso (a) da Fig. 11.4, supondo e_1 = 20 mm e e_2 e_1, a dimensão t deve estar entre 7 e 10 mm.

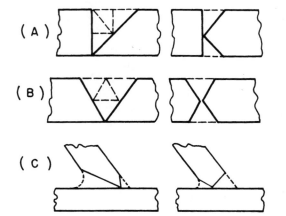

Figura 11.3 — Exemplos de chanfros em juntas soldadas

Custos nos processos de soldagem

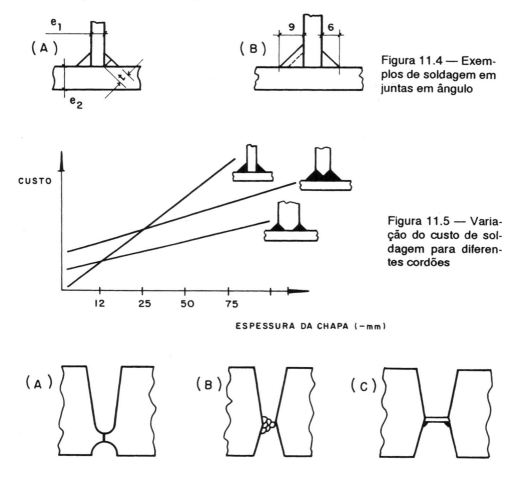

Figura 11.4 — Exemplos de soldagem em juntas em ângulo

Figura 11.5 — Variação do custo de soldagem para diferentes cordões

Figura 11.6 — Exemplo de chanfros estreitos (A) usinado; (B) soldado; (C) ponteado.

É importante observar que para pequenos aumentos na seção resistente, há exagerado aumento no volume de solda. No caso (b) da Fig. 11.4, quando a largura do cordão de solda em ângulo aumenta de 50%, passando de 6 para 9 mm, o volume do cordão de solda aumenta de 125%, passando a seção de 18 para 40,50 mm^2.

A Fig. 11.5 mostra como varia o custo em função da espessura da chapa para três diferentes tipos de cordões de solda em ângulo.

A partir de espessuras de cerca de 50 mm, torna-se econômica a utilização de chanfros estreitos (Fig. 11.6), usinado ou não, visando a redução do volume de metal a depositar.

Cuidados devem ser tomados para racionalizar as operações complementares, como por exemplo a usinagem, evitando excesso de solda, bem

SOLDAGEM: PROCESSOS E METALURGIA

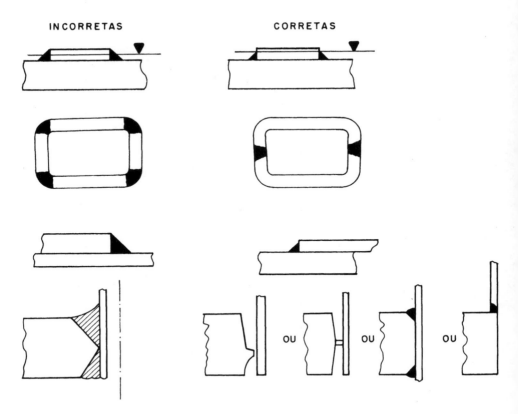

Figura 11.7 — Exemplos de soldagens corretas e incorretas

como o projeto dos componentes, evitando soldas desnecessárias. A Fig. 11.7 mostra algumas soluções corretas e incorretas.

Preparo da operação de soldagem

A fim de assegurar maior taxa horária de deposição, deve-se utilizar processos de maior produtividade associados às maiores bitolas possíveis. Ao examinar, por exemplo, um caso de soldagem com arco submerso, devemos analisar as possibilidades de: usar dois ou mais arames, empregar a adição de pó de ferro, trabalhar com "stick-out" longo; ou utilizar maiores bitolas. Todas essas condições apresentarão taxa de deposição superiores ao processo convencional usando eletrodo nu ø 4 mm.

Cuidado deve ser tomado no posicionamento da peça, para assegurar que a soldagem seja feita na posição plana, permitindo o uso de bitolas maiores.

Sempre que possível, deve-se usar metal de adição de rendimento maior, como por exemplo, o AWS E 7024 em lugar do AWS E 7018.

Custos nos processos de soldagem

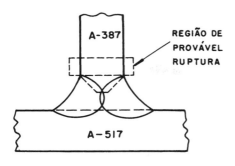

Figura 11.8 — Exemplo da correta escolha do metal de adição

A escolha correta do metal de adição pode ser bem compreendida com o exemplo indicado na Fig. 11.8: junta em ângulo de um aço ASTM A 387 e outro ASTM A 517. Para cada um desses materiais os eletrodos recomendados seriam, respectivamente, AWS E 8018 B-2 e AWS E 11018 M, sendo este de maior custo. Quer a soldagem seja feita com o material compatível com o aço ASTM A 387, quer seja feita com o eletrodo recomendado para o aço ASTM A 517, a ruptura no ensaio de tração será dada na seção assinalada, região terminal afetada do material de menor resistência. Dessa forma, sem que ocorra nenhuma vantagem de ordem mecânica nas duas soluções, uma delas é bem mais econômica. Assim, neste caso, e em muitos outros, mas não em todos, a solução econômica e técnica recomenda o emprego do metal de adição mais barato.

O exemplo apresentado é ilustrativo do caminho a ser seguido, mas não pode ser generalizado, especialmente quando houver aço inoxidável, onde a composição química do material de base e a do metal de adição devem ser estudadas através do diagrama de Schaeffler, afetando a decisão final.

BIBLIOGRAFIA

1. LINCOLN ELECTRIC - The Procedure Handbook of arc Welding; 12a. ed. 1973
2. SAF - Guide de l'Utilizateur du Soudage Manuel; 1979.
3. AWS - Welding Handbook, vol. 5; 7a. ed. 1984.
4. WELDING INSTITUTE - Standard Data for Arc Welding; UK; 1975.
5. RIBAS, J. A. S. & ROSALES, M. - Escolha do processo de Soldagem; ABS.
6. TANIGUCHI, C. - Eficiência dos Processos Usuais de Soldagem; EPUSP; 1976.

Apêndice

DESCONTINUIDADES EM JUNTAS SOLDADAS, FUNDIDOS, FORJADOS E LAMINADOS. TERMINOLOGIA[*]
NORMA PETROBRÁS N-1738, DE AGOSTO DE 1981.

1. OBJETIVO

Esta Norma define os termos empregados na denominação de descontinuidades em materiais metálicos semi-elaborados ou elaborados, oriundos de processos de fabricação e/ou montagem; soldagem por fusão, fundição, forjamento e laminação.

NOTA - Descontinuidade é a interrupção das estruturas típicas de uma peça, no que se refere à homogeneidade de características físicas, mecânicas ou metalúrgicas. Não é necessariamente um defeito. A descontinuidade só deve ser considerada defeito, quando, por sua natureza, dimensões ou efeito acumulado, tornar a peça inaceitável, por não satisfazer os requisitos mínimos da norma técnica aplicável.

2. DEFINIÇÕES

As definições apresentadas para os termos relacionados são as seguintes:

Descontinuidade em juntas soldadas

Abertura de arco — Imperfeição local na superfície do metal de base resultante da abertura do arco elétrico.

Ângulo excessivo de reforço — Ângulo excessivo entre o plano da superfície do metal de base e o plano tangente ao reforço de solda, traçado a partir da margem da solda (Fig. 1).

Cavidade alongada — Vazio não arredondado com a maior dimensão paralela ao eixo da solda podendo estar localizado na solda (Fig. 2a); ou na raiz da solda (Fig. 2b).

Concavidade — Reentrância na raiz da solda, podendo ser: central, situada ao longo do centro do cordão (Fig. 3a); ou lateral, situada nas laterais do cordão (Fig. 3b).

Concavidade excessiva — Solda em ângulo com a face excessivamente côncava (Fig. 4).

---

[*] Gentileza da PETROBRÁS - Petróleo Brasileiro S.A.

Apêndice

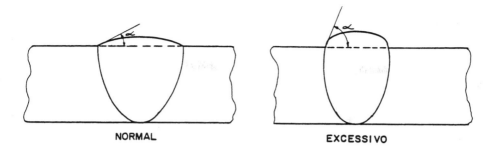

Figura 1 — Ângulo excessivo de reforço

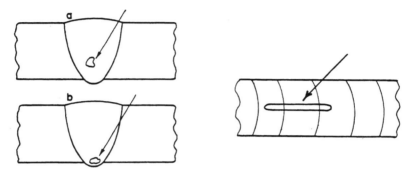

Figura 2 — Cavidade alongada

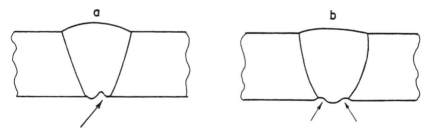

Figura 3 — Concavidade

Convexidade excessiva — Solda em ângulo com a face excessivamente convexa (Fig. 5).

Deformação angular — Distorção angular da junta soldado em relação à configuração de projeto (Fig. 6), exceto para junta soldada de topo (Ver embicamento).

Deposição insuficiente — Insuficiência de metal na face da solda (Fig. 7).

Desalinhamento — Junta soldada de topo, cujas superfícies das peças, embora paralelas, apresentam-se desalinhadas, excedendo à configuração de projeto (Fig. 8).

SOLDAGEM: PROCESSOS E METALURGIA

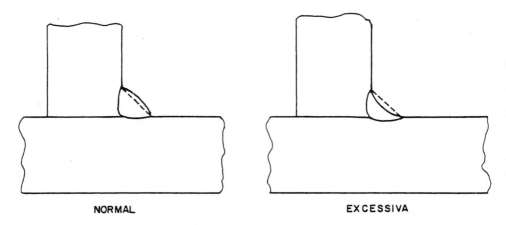

Figura 4 — Concavidade excessiva

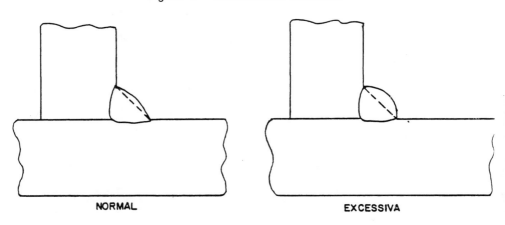

Figura 5 — Convexidade excessiva

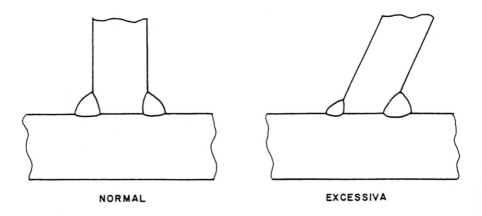

Figura 6 — Deformação angular

Apêndice

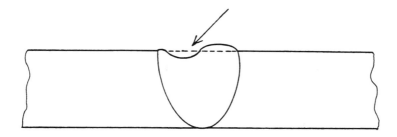

Figura 7 — Deposição insuficiente

Figura 8 — Desalinhamento

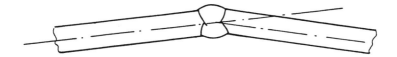

Figura 9 — Embicamento

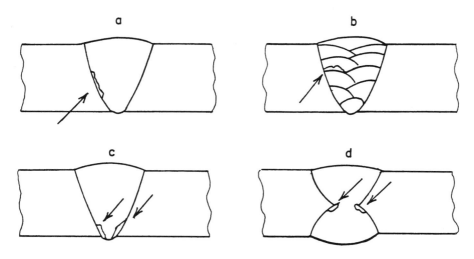

Figura 10 — Falta de fusão

Embicamento — Deformação angular de junta soldada de topo (Fig. 9)
Falta de fusão — Fusão incompleta entre a zona fundida e o metal de base, ou entre passes da zona fundida, podendo estar localizada: na zona de ligação (Fig. 10a); entre os passes (Fig. 10b); ou na raiz da solda (Fig. 10c e 10d).

SOLDAGEM: PROCESSOS E METALURGIA

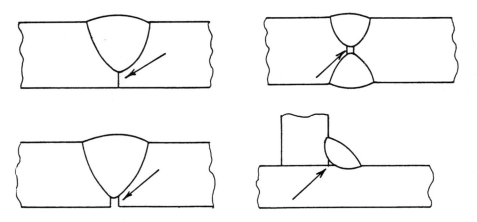

Figura 11 — Falta de penetração

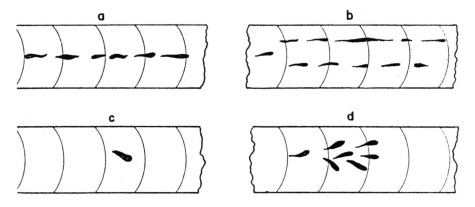

Figura 12 — Inclusão de escória

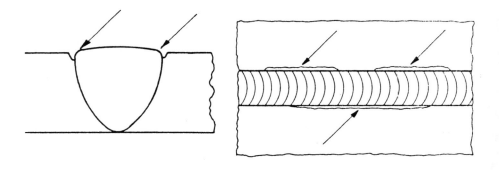

Figura 13 — Mordedura

Apêndice

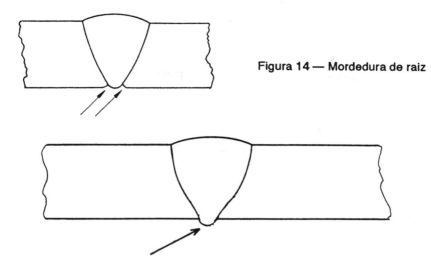

Figura 14 — Mordedura de raiz

Figura 15 — Penetração excessiva

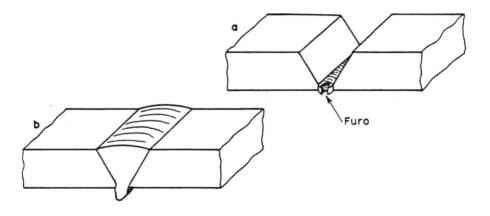

Figura 16 — Perfuração

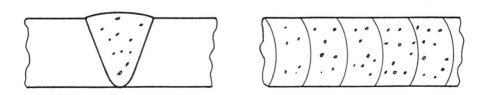

Figura 17 — Porosidade

Falta de penetração — Insuficiência de metal na raiz da solda (Fig 11).
Fissura — Ver termo preferencial: trinca.
Inclusão de escória — Material não metálico retido na zona fundida, podendo ser: alinhada (Fig. 12a e 12b); isolada (Fig. 12c); ou agrupada (Fig 12d).
Inclusão metálica — Metal estranho retido na zona fundida.
Microtrinca — Trinca com dimensões microscópicas.
Mordedura — Depressão sob a forma de entalhe, no metal de base acompanhando a margem da solda (Fig. 13).
Mordedura na raiz — Mordedura localizada na margem da raiz da solda (Fig 14).
Penetração excessiva — Metal da zona fundida em excesso na raiz da solda (Fig. 15)
Perfuração — Furo na solda (Fig. 16a) ou penetração excessiva localizada (Fig. 16b) resultante da perfuração do banho de fusão durante a soldagem.
Poro — Vazio arredondado, isolado e interno à solda. *Poro superficial* — Poro que emerge à superfície da solda.
Porosidade — Conjunto de poros distribuídos de maneira uniforme, entretanto não alinhado (Fig. 17).
Porosidade agrupada — Conjunto de poros agrupados (Fig. 18).
Porosidade alinhada — Conjunto de poros dispostos em linha, segundo uma direção paralela ao eixo longitudinal da solda (Fig. 19).
Porosidade vermiforme — Conjunto de poros alongados ou em forma de espinha de peixe situados na zona fundida (Fig. 20).

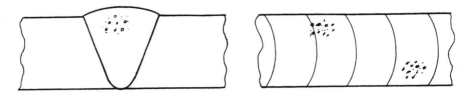

Figura 18 — Porosidade agrupada

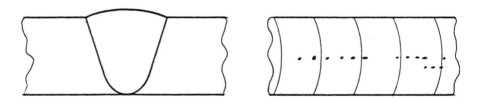

Figura 19 — Porosidade alinhada

Apêndice

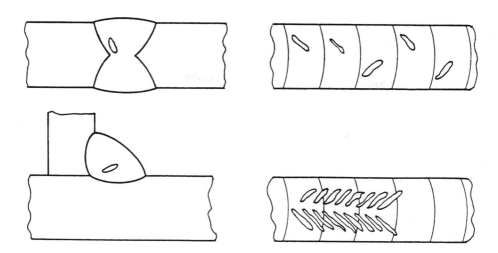

Figura 20 — Porosidade vermiforme

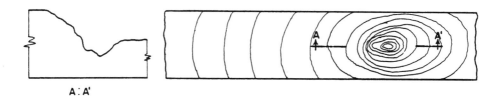

A : A'

Figura 21 — Rechupe de cratera

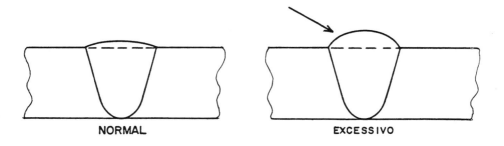

NORMAL   EXCESSIVO

Figura 22 — Reforço excessivo

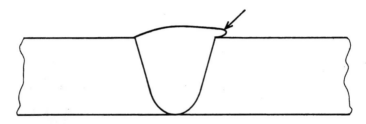

Figura 23 — Sobreposição

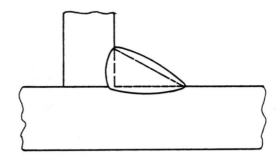

Figura 24 — Solda em ângulo, assimétrica

Rachadura — Ver termo preferencial: trinca.
Rechupe de cratera — Falta de metal resultante da contração da zona fundida, localizada na cratera do cordão de solda (Fig. 21).
Rechupe interdendrítico — Vazio alongado situado entre dendritas da zona fundida.
Reforço excessivo — Excesso de metal da zona fundida, localizado na face da solda (Fig. 22).
Respingos — Glóbulos de metal de adição transferidos durante a soldagem e aderidos à superfície do metal de base ou à zona fundida já solidificada.
Sobreposição — Excesso de metal da zona fundida sobreposto ao metal de base na margem da solda, sem estar fundido ao metal de base (Fig. 23).
Solda em ângulo assimétrica — Solda em ângulo, cujas pernas são significativamente desiguais em desacordo com a configuração de projeto (Fig. 24).
Trinca — Descontinuidade bidimensional produzida pela ruptura local do material.
Trinca de cratera — Trinca localizada na cratera do cordão de solda, podendo ser: longitudinal (Fig. 25a) transversal (Fig. 25b); ou em estrela (Fig 25c).

Apêndice

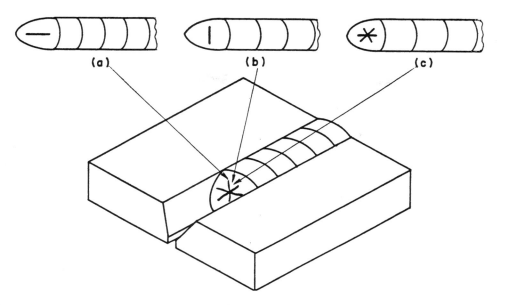

Figura 25 — Trinca de cratera

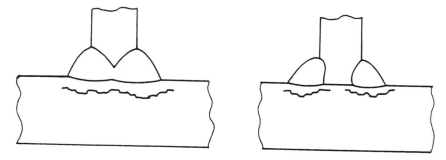

Figura 26 — Trinca interlamelar

Trinca de estrela — Trinca irradiante de tamanho inferior à largura de um passe da solda considerada (Ver trinca irradiante).

Trinca interlamelar — Trinca em forma de degraus, situados em planos paralelos à direção de laminação, localizada no metal de base, próxima à zona fundida (Fig. 26).

Trinca irradiante — Conjunto de trincas que partem de um mesmo ponto, podendo estar localizada: na zona fundida (Fig. 27a); na zona afetada termicamente (Fig. 27b); ou no metal de base (Fig. 27c).

Trinca longitudinal — Trinca com direção aproximadamente paralela ao eixo longitudinal do cordão de solda, podendo estar localizada: na zona fundida (Fig. 28a); na zona de ligação (Fig. 28b); na zona afetada termicamente (Fig. 28c); ou no metal de base (fig. 28d).

SOLDAGEM: PROCESSOS E METALURGIA

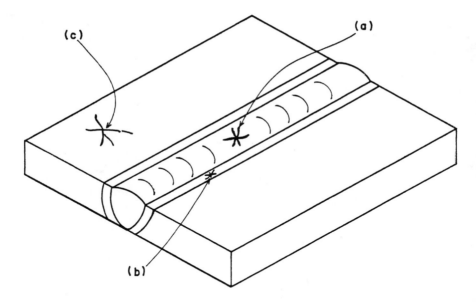

Figura 27 — Trinca irradiante

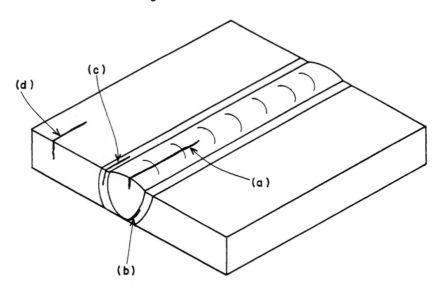

Figura 28 — Trinca longitudinal

Trinca na margem — Trinca que se inicia na margem da solda, localizada geralmente na zona afetada termicamente (Fig. 29).

Trinca na raiz — Trinca que se inicia na raiz da solda, podendo estar localizada: na zona fundida (Fig. 30a); ou na zona afetada termicamente (Fig. 30b).

Apêndice

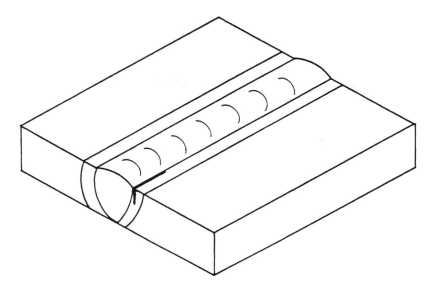

Figura 29 — Trinca na margem

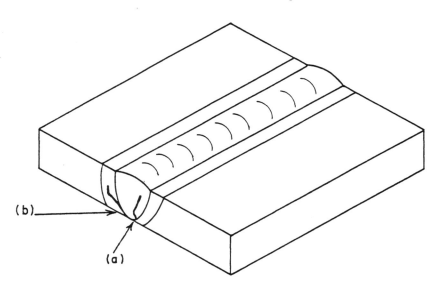

Figura 30 — Trinca na raiz

Trinca ramificada — Conjunto de trincas que partem de uma trinca, podendo estar localizado: na zona fundida (Fig. 31a); na zona afetada termicamente (Fig. 31b); ou no metal de base (Fig. 31c).

Trinca sob cordão — Trinca localizada na zona afetada termicamente não se estendendo à superfície da peça (Fig. 32).

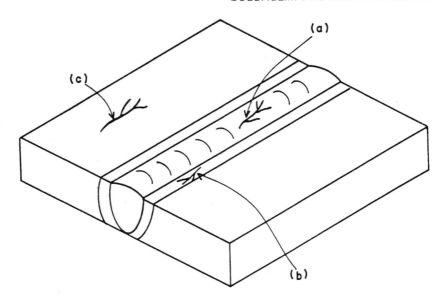

Figura 31 — Trinca ramificada

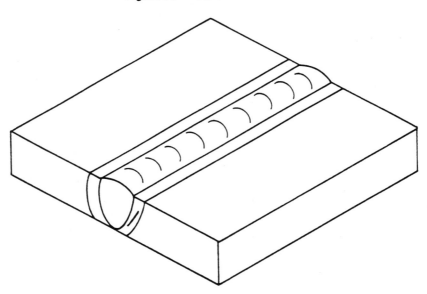

Figura 32 — Trinca sob cordão

Trinca transversal — Trinca com direção aproximadamente perpendicular ao eixo longitudinal do cordão de solda, podendo estar localizada: na zona fundida (Fig. 33a); na zona afetada termicamente (Fig. 33b); ou no metal de base (Fig 33c).

Apêndice

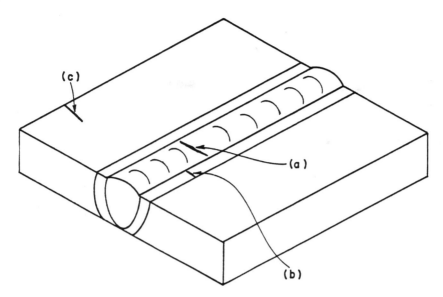

Figura 33 — Trinca transversal

Descontinuidades em fundidos

Chapelim — Descontinuidade proveniente da fusão incompleta dos suportes de resfriadores ou machos.

Chupagem — Ver termo preferencial: rechupe.

Crosta — Saliência superficial constituída de inclusão de areia, recoberta por fina camada de metal poroso.

Desencontro — Descontinuidade proveniente de deslocamento das faces de contacto das caixas de moldagem.

Enchimento incompleto — Insuficiência de metal fundido na peça.

Gota fria — Glóbulos parcialmente incorporados à superfície da peça, provenientes de respingos de metal líquido nas paredes do molde.

Inclusão — Retenção de pedaços de macho ou resfriadores no interior da peça.

Inclusão de areia — Areia desprendida do molde e retida no metal fundido.

Interrupção de vazamento — Ver termo preferencial: metal frio.

Metal frio — Descontinuidade proveniente do encontro de duas correntes de metal fundido que não se caldearam.

Porosidade — Conjunto de poros causado pela retenção de gases durante a solidificação.

Queda de bolo — Descontinuidade proveniente de esboroamento dentro do molde.

Rabo de rato — Depressão na superfície da peça causada por ondulações ou falhas na superfície do molde.

Rechupe — Vazio resultante da contração de solidificação.

Segregação Concentração localizada de elementos de liga ou impurezas.

Trinca de contração — Descontinuidade bidimensional resultante da ruptura local do material, causada por tensões de contração, podendo ocorrer durante ou subseqüentemente à solidificação.

Veio — Descontinuidade na superfície da peça, tendo a aparência de um vinco, causada por movimentação ou trinca do molde de areia.

Descontinuidades em forjados e laminados

Dobra — Descontinuidade localizada na superfície da peça, resultante do caldeamento incompleto durante a laminação ou forjamento.

Dupla laminação — Descontinuidade bidimensional paralela à superfície da chapa, proveniente de porosidade ou rechupe do lingote que não se caldearam durante a laminação.

Lasca — Descontinuidade superficial alinhada proveniente de inclusão ou de porosidade não caldeada durante a laminação.

Segregação — Concentração localizada de elementos de liga ou de impurezas.

Glossário de descontinuidades

Glossário Português-Inglês
Abertura de arco - arc strike
Ângulo excessivo de reforço - bad reinforcement angle
Cavidade alongada - elongated cavity
Cavidade alongada na raiz - hollow bead
Chapelim (fundição) - chaplet
Chupagem (fundição) - shrinkage cavity
Concavidade - concavity
Concavidade central - root concavity
Concavidade lateral - shrinkage groove
Concavidade excessiva - excessive concavity
Convexidade excessiva - excessive convexity
Crosta (fundição) - scab
Deformação angular - angular misalignment
Deposição insuficiente - incompletely filled groove
Desalinhamento - linear misallignment, high-low
Desencontro (fundição) - shift

Apêndice

Dobra - lap
Dupla laminação - lamination
Embicamento - angular misalignment
Enchimento incompleto - misrun
Falta de fusão - lack of fusion, imcomplete fusion
Falta de penetração - lack of penetration, inadequate penetration
Fissura - fissure
Gota fria (fundição) - cold shut
Inclusão (fundição) - insert
Inclusão de areia (fundição) - sand inclusion
Inclusão de escória - slag inclusion
Inclusão metálica - metallic inclusion
Interrupção de vazamento (fundição) - shut metal
Lasca - seam
Metal frio (fundição) shut metal
Microtrinca - micro crack
Mordedura - undercut
Penetração excessiva - excessive penetration
Perfuração - burn thru, excessive melt thru
Poro - gas pore
Porosidade - gas pocket, porosity, blow hole
Porosidade (fundição) - porosity
Porbsidade agrupada - clustered porosity
Porosidade alinhada - linear porosity
Porosidade vermiforme - worm-hole
Queda de bolo (fundição) - crush
Rabo de rato (fundição) - rat tail
Rechupe (fundição) - shrinkage cavity
Rechupe de cratera - crater pipe
Rechupe interdendrítico - interdendritic shrinkage
Reforço excessivo - excessive reinforcement
Respingos - spatter
Segregação (fundição - forjamento - laminação) - segregation
Sobreposição - overlap
Solda em ângulo assimétrica - assymetrical fillet weld
Trinca - crack
Trinca de cratera - crater crack
Trinca de contração (fundição) - hot tear
Trinca em estrela - star crack
Trinca interlamelar - lamellar tearing

Trinca irradiante - radiating crack
Trinca longitudinal - longitùdinal crack
Trinca na margem - toe crack
Trinca na raiz - root crack
Trinca ramificada - branching crack
Trinca sob cordão - underbead crack
Trinca transversal - transverse crack
Veio (fundição) - veining, fin.

Glossário Inglês-Português

Angular misalignment - embicamento, deformação angular
Arc strike - abertura de arco
Assymetrical fillet weld - solda em ângulo assimétrica
Bad reinforcement angle - ângulo excessivo de reforço
Blow hole - porosidade
Branching crack - trinca ramificada
Burn thru - perfuração
Chaplet - Chapelim (fundição)
Clustered porosity - porosidade agrupada
Cold shut - gota fria (fundição)
Concavity - concavidade
Crack - trinca
Crater crack - trinca de cratera
Crater pipe - rechupe de cratera
Crush - queda de bolo (fundição)
Elongated cavity - cavidade alongada
Excessive concavity - concavidade excessiva
Excessive convexity - convexidade excessiva
Excessive maelt thru - perfuração
Excessive penetration - penetração excessiva
Excessive reinforcement - reforço excessivo
Fin - veio (fundição)
Fissure - fissura
Gas pocket - porosidade
Gas pore - poro
High-low - desalinhamento
Hollow bead - cavidade alongada na raiz
Hot tear - trinca de contração (fundição)
Inadequate penetration - falta de penetração
Incomplete fusion - falta de fusão
Incompletely filled groove - deposição insuficiente

Apêndice

Insert - inclusão (fundição)
Interdendritic shrinkage - rechupe interdendrítico
Lack of fusion - falta de fusão
Lack of penetration - falta de penetração
Lamellar tearing - trinca interlamelar
Lamination - dupla laminação (laminação)
Lap - dobra (laminação - forjamento)
Linear misalignment - desalinhamento
Linear porosity - porosidade alinhada
Longitudinal crack - trinca longitudinal
Metallic inclusion - inclusão metálica
Micro crack - microtrinca
Misrun - enchimento incompleto (fundição)
Overlap - sobreposição
Porosity - porosidade
Radiating crack - trinca irradiante
Rat tail - rabo de rato (fundição)
Root concavity - concavidade central
Root crack - trinca na raiz
Sand inclusion - inclusão de areia (fundição)
Scab - crosta (fundição)
Seam - lasca (forjamento - laminação)
Segregation - segregação (fundição - forjamento - laminação)
Shift - desencontro (fundição)
Shrinkage cavity - rechupe, chupagem (fundição)
Shrinkage groove - concavidade lateral
Shut metal - metal frio, interrupção de vazamento (fundição)
Slag inclusion - inclusão de escória
Spatter - respingos
Star crack - trinca em estrela
Toe crack - trinca na margem
Transverse crack - trinca transversal
Underbead crack - trinca sob cordão
Undercut - mordedura
Veining - veio (fundição)
Worm hole - porosidade vermiforme.

NORMAS BRASILEIRAS NO CAMPO DA SOLDAGEM

Entre as normas brasileira em vigor, com uso obrigatório no País, estão as seguintes relacionadas ao setor de soldagem:

NBR 5874/77 - Terminologia de soldagem elétrica
    5883/82 - Solda branda
    6634/87 - Solda branda em fio com núcleo de resina (para aplicação eletrônica).
    7165/82 - Símbolos gráficos de solda para construção naval.
    7239/82 - Tipos de chanfros de solda manual para construção naval.
    7859/83 - Máquinas elétricas para soldagem a arco. Terminologia.
    8420/84 - Solda de construção naval. Identificação de descontinuidades radiográficas.
    8762/85 - Cabos flexíveis com cobertura para máquinas de soldar a arco.
    8878/85 - Solda manual e semi-automática para estrutura de embarcações. Qualificação de soldadores.
    9111/85 - Varetas e arames de ligas de alumínio para soldagem e brasagem, de aplicação aeronáutica.
    9360/86 - Inspeção radiográfica em soldas na estrutura do casco de embarcações.
    9378/86 - Equipamento elétrico para solda a arco. Fontes de energia de corrente constante e fontes de energia de tensão constante (geradores, transformadores e dispositivos auxiliares).
    9540/86 - Requisitos gerais para um programa de qualificação de soldadores e operadores de soldagem em nível aeroespacial.

Dentre o elenco das demais normas em vigor, devem ser mencionadas algumas que contêm informações de utilidade para os que estão ligados à área de soldagem. Estão nesse grupo, entre outras:

Para aços

• NBR 6006/80 - Classificação por composição química dos aços para construção mecânica. Contém uma tabela de correspondência entre os aços ABNT, SAE e DIN.

• NBR 6215/86 - Produtos siderúrgicos. Terminologia. São apresentados os termos correspondentes ao português nas seguintes línguas: alemão, espanhol, francês, inglês e italiano.

Apêndice

- 6663/83 - Chapas finas de aço-carbono e de baixa liga e alta resistência. Requisitos Gerais. Estabelece os padrões de espessura com os valores preferenciais (Tab. I) e os limites de tolerância dimensional.
- NBR 6664/87 - Bobinas e chapas grossas de aço-carbono e de baixa liga e alta resistência. Requisitos gerais. Restabelece os padrões de espessuras e os valores preferenciais (Tab. II) e os limites de tolerância dimensional.
- NBR 8279/83. - Critério de classificação dos aços. Apresenta a classificação sintetizada na Tab. III.
- NBR 8643/84 - Produtos siderúrgicos de aço. Classifica os aços pelo processo de produção: laminados, forjados, fundidos etc.
- NBR 8653/84 - Metalografia e tratamentos térmicos e termoquímicos das ligas Fe-C. Terminologia e correspondência dos termos em português com as seguintes línguas: alemão, espanhol, francês, inglês e italiano.
- NBR 8887/85 - Codificação de aço. Apresenta a codificação dos produtos indicados na norma NBR 8279/83.
- NBR 9608/86 - Aços para construção. Série padronizada. Fixa as característica físicas e mecânicas dos aços, relacionando seus principais usos.

Para cobre

- NBR 5471/86 - Condutores elétricos. Define o encordoamento, disposição helicoidal dos fios ou grupos de fios ou outros componentes de um cabo.
- NBR 6880/85 - Condutores de cobre para cabos isolados. Características dimensionais. Padronização. Padroniza os condutores de cobre para cabos e cordões isolados, fixando a seção transversal nominal e sua resistência elétrica máxima (Tab. IV)

Para alumínio

- NBR 6252/88 - Condutores de alumínio para cabos isolados. Características dimensionais elétricas e mecânicas. Apresentação semelhante à anterior.
- NBR 6834/81 - Alumínio e suas ligas. Apresenta tabelas com tipos e composições dentro da classificação apresentada na Tab. V.

SOLDAGEM: PROCESSOS E METALURGIA

Tabela I - Padronização de espessuras (em mm) de chapas finas de aço segundo a NBR 6663/83

0,30 x	0,40	0,53	0,75 x	1,00	1,32	1,75	2,25 x	2,80	4,00
0,32	0,43	0,56	0,80	1,06 x	1,40	1,80	2,36	3,00 x	4,25 x
0,34	0,45 x	0,60 x	0,85 x	1,12	1,50 x	1,90 x	2,50	3,15	4,50 x
0,36	0,48	0,65 x	0,90 x	1,20 x	1,60	2,00 x	2,65 x	3,35 x	4,75 x
0,38 x	0,50	0,70	0,95	1,25	1,70 x	2,12 x	2,75	3,75 x	5,00 x

(x) espessuras preferenciais; são padrões em, pelo menos, uma usina.

Tabela II - Padronização de espessuras (em mm) de chapas grossas de aço segundo a NBR 6664/87

5,30	8,00 x	12,00	18,00	26,50	40,00	63,00 x	120,00
5,60	8,50	12,50 x	19,00 x	28,00	42,50	70,00	130,00
6,00	9,00	13,20	20,00	30,00	45,00	75,00 x	140,00
6,30 x	9,50 x	14,00	21,20	31,50 x	47,50	80,00	150,00
6,70	10,00	15,00	22,40 x	33,50	50,00 x	90,00	
7,10	10,60	16,00 x	23,60	35,00	55,00	100,00 x	
7,50	11,20	17,00	25,00 x	37,50 x	60,00	110,00	

(x) Espessuras preferenciais; são padrões em, pelo menos, uma usina

Tabela III - Classificação dos aços segundo a NBR 8279/83

Critério	Classes			
	Construção	Ferramenta	Inoxidável	Caract. especiais
Característica predominante	Construção mecânica Estrutural Estampagem Caldeira e vaso de pressão Tubulação Revestido Construção especial	Rápido Trabalho a quente Trabalho a frio Resistência ao choque Temperável em água	Martensítico Ferrítico Austenítico Endurecível por precipitação	Elétrico Magnético Criogênico Resistente ao desgaste Ultra-resistente
Comp. química	Carbono	Ligado	Carbono ou ligado	Ligado	Carbono ou ligado
Propriedade no uso	Comum Qualidade Especial	Qualidade Especial	Especiais	

Apêndice

Tabela IV - Condutores flexíveis para cabos de cobre unipolares e multipolares, segundo a NBR 6880/85

Seção nominal (mm²)	⌀ máx dos fios (mm)			Resist. elétr. máx. a 20°C (Ω/km)		Seção nominal (mm²)	⌀ máx do fios (mm)			Resist. elétr. máx. a 20°C (Ω/km)	
	Clas.4	Clas.5	Clas.6	Fio nu	Revestido		Clas.4	Clas.5	Clas.6	Fio nu	Revestido
0,50	0,31	0,21	0,16	39,0	40,1	50	0,68	0,41	0,31	0,386	0,393
0,75	0,31	0,21	0,16	26,0	26,7	70	0,68	0,51	0,31	0,272	0,277
1,00	0,31	0,21	0,16	19,5	20,0	95	0,68	0,51	0,31	0,206	0,210
1,50	0,41	0,26	0,16	13,3	13,7	120	0,68	0,51	0,31	0,161	0,164
2,50	0,41	0,26	0,16	7,98	8,21	150	0,86	0,51	0,31	0,129	0,132
4	0,51	0,31	0,16	4,95	5,09	185	0,86	0,51	0,41	0,106	0,108
6	0,51	0,31	0,21	3,30	3,39	240	0,86	0,51	0,41	0,0801	0,0817
10	0,51	0,41	0,21	1,91	1,95	300	0,86	0,51	0,41	0,0641	0,0654
16	0,61	0,41	0,21	1,21	1,24	400	0,86	0,51	—	0,0486	0,0495
25	0,61	0,41	0,21	0,78	0,795	500	0,86	0,61	—	0,0384	0,0391
35	0,68	0,41	0,21	0,554	0,565	630	—	0,61	—	0,0287	0,0292

Tabela V - Classificação das ligas de alumínio, segundo a NBR 6834/81

1xxx	Alumínio não ligado
2xxx	Alumínio com cobre
3xxx	Alumínio com manganês
4xxx	Alumínio com silício
5xxx	Alumínio com magnésio
6xxx	Alumínio com silício e magnésio
7xxx	Alumínio com zinco
8xxx	Alumínio com outros elementos
9xxx	Disponível

UNIDADES DE MEDIDA E SEU EMPREGO

Em 1862, o Brasil tornou obrigatório o uso do chamado *Sistema Métrico Decimal*, estabelecido e adotado pela França em 1795. A moderna legislação metrológica brasileira teve por base o Decreto-lei n.º 592, de 1938, que vigorou por 25 anos até a promulgação do Decreto-lei n.º 52.423, de 1963, que legalizou o *Sistema Internacional de Unidades* (SI), que objetiva o estabelecimento de um conjunto de unidades de medida que venha a ser usado universalmente. O SI, periodicamente revisto pelas reuniões denominadas Conferência Geral de Pesos e Medidas, é de uso obrigatório no Brasil, com supervisão do INMETRO - Instituto Nacional de Metrologia, Normatização e Qualidade Industrial. O quadro atual de unidades legais de medida foi publicado no Diário Oficial da União em 21 de outubro de 1988 e reproduzido na revista Metalurgia-ABM, v.45, n.º 385, dez. 1989, pp. 1207-16.

O SI compreende:
- Sete unidades de base;
- duas unidades suplementares;
- unidades derivadas;

- múltiplos e submúltiplos das unidades anteriores;
- outras unidades aceitas sem restrição de prazo; e
- unidades admitidas temporariamente.

Como as unidades de base são diferentes das que foram fixadas para o Sistema CGS, as unidades deste sistema foram abolidas, exceto as que foram incluídas no SI.

Unidades de base

Massa: quilograma (kg) — Massa do protótipo internacional conservado no Bureau International des Poids et Mesures, em Sevres, França.

Tempo: segundo (s) — Duração de 9 192 631 770 períodos de radiação correspondente à transição entre dois níveis hiperfinos do estado fundamental do átomo de césio 133.

Comprimento: metro (m) — Comprimento do trajeto percorrido pela luz no vácuo durante um intervalo de tempo de 1/299 792 458 de segundo.

Corrente elétrica: ampère (A) — Corrente elétrica invariável que, mantida entre dois condutores retilíneos, paralelos, de comprimento infinito e de área de seção transversal desprezível e situado no vácuo a um metro de distância um do outro, produz entre esses condutores uma força igual a 2×10^{-7} newton por metro de comprimento desses condutores.

Temperatura termodinâmica: kelvin (K) — Fração de 1/273,16 da temperatura termodinâmica do ponto tríplice da água.

Quantidade de matéria: mol (mol) — Quantidade de matéria de um sistema que contém tantas entidades elementares quanto são os átomos contidos em 0,012 kg de carbono 12.

Intensidade luminosa: candela (cd) — Intensidade luminosa, numa direção dada, de uma fonte que emite uma radiação monocromática de freqüência de 540×10^{17} hertz e cuja intensidade energética naquela direção é de 1/683 watt/esterradiano.

Unidades suplementares

Ângulo plano: radiano (rad) — Ângulo central que subentende um arco de circunferência de comprimento igual ao do respectivo raio.

Ângulo sólido: esterradiano (sr) — Ângulo sólido que tendo o vértice no centro de uma esfera, subentende na superfície uma área igual ao quadrado do raio da esfera.

As unidades de uso mais freqüente, relacionadas ao setor de soldagem, estão indicadas na Tab. AI. Para a designação dos múltiplos decimais e subdivisões de unidades são empregados os prefixos indicados na Tab. AII.

Apêndice

Tabela AI - Unidades derivadas do SI de uso mais freqüente

Grandeza	Unidade Nome	Símbolo
Aceleração	metro/segundo/segundo	m/s²
Aceleração angular	radiano/segundo/segundo	rad/s²
Área	metro quadrado	m²
Calor específico	joule/quilograma/kelvin	J/(kg·K)
Capacidade térmica	joule/kelvin	J/K
Capacitância	farad	F = A·s/V
Carga elétrica (quantidade de eletricidade)	coulomb	C = A·s
Condutância	siemens	S = A/V
Condutividade	siemens/metro	S/m
Condutividade térmica	watt/metro/kelvin	W/(m·K)
Convergência	dioptria	di
Densidade de fluxo de energia	watt/metro quadrado	W/m²
Energia; Trabalho; Quantidade de calor	joule	J = N·m
Fluxo luminoso	lúmen	lm = cd/sr
Fluxo magnético	weber	wb = v·s
Força	newton	N = kg·m/s²
Freqüência	hertz	Hz
Iluminamento	lux	lx = lm/m²
Indutância	henry	H = V·s/A
Luminância	candela/metro quadrado	cd/m²
Massa específica	quilograma/metro cúbico	kg/m³
Momento de inércia	quilograma-metro quadrado	kg·m²
Potência; Fluxo de energia	watt	W = J/s
Potência aparente	volt-ampère	VA
Potência reativa	var	var
Pressão	pascal	Pa = N/m²
Resistência elétrica	ohm	Ω = V/A
Resistividade	ohm-metro	Ω·m
Temperatura Celsius	grau Celsius	°C
Tensão elétrica; Diferença de potencial Força eletromotriz	volt	V = W/A
Vazão	metro cúbico/segundo	m³/s
Velocidade	metro/segundo	m/s
Velocidade angular	radiano/segundo	rad/s
Volume	metro cúbico	m³
Unidades de radioatividade		
Atividade	becquerel	Bq
Dose absorvida	gray	Gy
Equivalente de dose	sievert	Sv
Exposição	coulomb/quilograma	C/kg

Unidades aceitas sem restrição de prazo

Dentro desta classe estão, entre outras, as seguintes grandezas e unidades:

Volume: litro (l) = 0,001m³

Ângulo plano: grau (°) = 1/360 do ângulo central de um círculo completo.
minuto (') = 1/60 de um grau.
segundo (") = 1/60 de um minuto.

Tabela A II - Prefixos de múltiplos e submúltiplos decimais

Fator de multiplicação	Prefixo	Símbolo
1 000 000 000 000 000 000 = 10^{18}	exa	E
1 000 000 000 000 000 = 10^{15}	peta	P
1 000 000 000 000 = 10^{12}	tera	T
1 000 000 000 = 10^{9}	giga	G
1 000 000 = 10^{6}	mega	M
1 000 = 10^{3}	quilo	k
100 = 10^{2}	hecto	h
10 = 10^{1}	deca	da
0,1 = 10^{-1}	deci	d
0,01 = 10^{-2}	enti	c
0,001 = 10^{-3}	mili	m
0,000 001 = 10^{-6}	micro	µ
0,000 000 001 = 10^{-9}	nano	η
0,000 000 000 001 = 10^{-12}	pico	p
0,000 000 000 000 001 = 10^{-15}	fento	f
0,000 000 000 000 000 001 = 10^{-18}	atto	a

Massa: tonelada (t) — Massa igual a 1000 quilogramas.
Tempo: minuto (min) — Intervalo de tempo igual a 60 segundos.
hora (h) — Intervalo de tempo igual a 60 minutos.
dia (d) — Intervalo de tempo igual a 24 horas.
Velocidade angular: rotação por minuto (rpm) — Velocidade angular de um móvel que, em movimento de rotação uniforme a partir de uma posição inicial, retorna à mesma posição após 1 minuto.
Energia: elétron-volt (eV) — Energia adquirida por um elétron ao atravessar, no vácuo, uma diferença de potencial igual a 1 volt; equivale a aproximadamente 1,602 x 10^{-19} J.

Unidades admitidas temporariamente

Algumas das unidades incluídas nesta categoria, ainda que sejam de uso permitido, devem ser evitadas e estão assinaladas (*).
Comprimento: angstrom(Å) = 10^{-10} m
Força: (*) quilograma-força (kgf) = 9,806 65 N
Pressão: (*) atmosfera (atm) = 101 325 Pa
   (*) milímetro de mercúrio (mmHg) = 133, 322 Pa
   bar (bar) = 10^{5} Pa
Quantidade de calor: (*) caloria (cal) = 4,1868 J
Potência: (*) cavalo vapor (cv) = 735,5 W
Exposição (à radiação): roentgen (R) = 2,58 x 10^{-4} C/kg

Como pode ser observado nas definições e na tabela de unidades, os nomes destas, quando escritos por extenso, começam sempre por letra minúscula; a regra é válida mesmo para as unidades que têm nome de pessoas; a exceção é o grau Celsius, anteriormente denominado centígra-

Apêndice

Tabela A III - Conversão de unidades americanas para o SI

Para converter	em	multiplicar por
inch (in.) foot (ft.) yard (yd.) mile land (mi.) nautical mile (nm.)	m	0,0254 0,3048 0,9144 1 609,3472 1 851,9648
square inch (sq.in.) square foot (sq.ft) square yard (sq.yd) circular mil (c.m.)	m^2	0,00064516 0,09290304 0,8361274 $10^{-10} \times 5,067075$
cubic inch (cu.in) cubic foot (cu.ft.) cubic yard (cu.yd.) gallon (gal.)	m^3	0,000016387 0,02831685 0,7645549 0,003785412
ounce-force (oz.ap.) pound.force (lb.ap.)	N	0,2780139 4,448222
ounce-mass (oz.avdp.) pound-mass (lb.avdp.) long ton = 2240 lb. short ton = 2000 lb.	kg	0,02834952 0,4535924 1 016,047 907,1847
atmosphere (atm.) inch of mercury inch of water kip/square inch (ksi) pound force/square inch (psi)	Pa	101 325 3 376,85 248,84 6 894 757 6 894,757
British thermal unity (Btu) calorie foot-pound-force watt-hour	J	1 055,056 4,1868 1,355818 3 600
Btu/hour foot-pound-force/minute horsepower (electric)	W	0,2930711 0,02259697 746

do. Observa-se também que na maior parte das unidades que têm nome de pessoas, o símbolo é escrito com letra maiúscula. Outros aspectos da grafia das unidades de medida devem ser assinalados:

• O símbolo das unidades não deve conter nem ponto nem s para indicar o plural.

• A separação da parte inteira da parte decimal de um número é feita por vírgula e não por ponto; quando o valor absoluto do número é menor do que um, coloca-se o zero à esquerda da vírgula. O ponto é usado apenas para a separação de grupos de três algarismos no caso de quantias em dinheiro. Nos demais casos é recomendado que a separação seja feita com um espaço, como estão apresentados os valores da Tab. AII. Estas recomendações não se aplicam a números que não representam quantidades,

SOLDAGEM: PROCESSOS E METALURGIA

como códigos de identificação, datas (ano), telefones etc.
* Os prefixos quilo (k) e micro (µ) são, como os demais, genéricos para todas as unidades, devendo ser seguido da respectiva unidade; assim: µm para comprimento; µA para corrente; kg para massa; é errado, portanto, escrever que a massa de um corpo é de x "quilos", ou que a espessura de fio é de y "mícrons"; a massa de um corpo é medida em quilogramas (kg) e a espessura em micrômetros (µm). No meio técnico o uso dos símbolos é a forma mais recomendada.
* Também é errado usar expressões como metragem, voltagem, amperagem etc; as grandezas são, respectivamente: comprimento, tensão, ou diferença de potencial, ou força eletromotriz; corrente elétrica etc.
* Os prefixos nunca são justapostos no mesmo símbolo; dessa forma o símbolo giga, por ex., nunca poderia ser substituído por "megaquilo".
* O símbolo é escrito sempre no mesmo alinhamento do número a que se refere; são exceções os símbolos das unidades de ângulo plano (grau, minuto e segundo) e da temperatura Celsius. É recomendado deixar um espaço entre o número e o símbolo da unidade correspondente.
* Ainda que os símbolos de uma unidade composta por multiplicação seja formado pela simples justaposição dos dois símbolos correspondentes, no caso de uma possível ambigüidade é permitido colocar um ponto entre os dois símbolos.
* O SI adotou para o bilhão o milhar de milhão (10^8), ao contrário do que é usado nos Estados Unidos e em alguns outros países onde o bilhão representa o milhão de milhões (10^{12}); para evitar ambigüidades é recomendado o emprego dos fatores decimais da Tab. AII.
* por razões históricas a unidade de massa contém um prefixo (quilograma: kg).
* Ainda que não pertençam ao SI, é admitido o uso das unidades de dia, hora e minuto, cujos símbolos são, respectivamente, d, h e min, que devem ser escritos após o algarismo representativo dessas unidades; não tem justificativa metrológica o uso do sinal (:) para indicar hora. A grafia correta é: 2 h 55 min.
* A colocação do zero antes de um algarismo inteiro não é correta; o zero só pode aparecer à esquerda da vírgula, quando o valor absoluto do número é menor que um.
* Na pronúncia dos múltiplos e submúltiplos das diferentes unidades prevalece a sílaba tônica da unidade. Constituem exceção desta regra as palavras quilômetro, decímetro, centímetro e milímetro, já consagradas pelo uso.

Apêndice

Composição e propriedades de aços ligados para vasos de pressão[1]

Tipo[2]		C	Mn	Si	Cr	Ni	Mo	LE (MPa)	LR (MPa)	Taxa de trab. máx.[4] Div. 1	Taxa de trab. máx.[4] Div. 2
SA-202	Grau A	0,17	1,05-1,40	0,60-0,90	0,35-0,60	—	—	310,3	517,1-655,0	129,6	—
	Grau B	0,25				—	—	324,1	586,1-758,4	146,9	—
SA-203	Grau A	0,17-0,23	0,70-0,80	0,15-0,40	—	2,10-2,50	—	255,1	448,2-586,1	112,4	149,6
	Grau B	0,21-0,25			—		—	275,8	482,6-620,5	120,7	160,6
	Grau D	0,17-0,20			—		—	255,1	448,2-586,1	112,4	149,6
	Grau E	0,20-0,23			—	3,25-3,75	—	275,8	482,6-620,5	120,7	160,6
	Grau F	0,20-0,23			—		—	379,2	551,6-689,5	137,9	184,1
SA-204	Grau A	0,18-0,25	0,90	0,15-0,40	—	—	0,45-0,60	255,1	448,2-586,1	112,4	149,6
	Grau B	0,20-0,27			—	—		275,8	482,6-620,5	120,7	160,6
	Grau C	0,23-0,28			—	—		296,5	517,1-655,0	129,6	172,4
SA-302	Grau A	0,20-0,25	0,95-1,30	0,15-0,30	—	—	0,45-0,60	310,3	517,1-655,0	129,6	172,4
	Grau B		1,15-1,50		—	—		344,7	551,6-689,5	137,9	184,1
	Grau C		1,15-1,50		—	0,40-0,70		344,7	551,6-689,5	137,9	184,1
	Grau D		1,15-1,50		—	0,70-1,00		344,7	551,6-689,5	137,9	184,1
SA-353 (9% Ni)		0,13	0,90	0,15-0,30	—	8,50-9,50	—	517,1	689,5-827,4	172,4	—
SA-387	Grau 2	0,21	0,55-0,80	0,15-0,30	0,50-0,80	—	0,45-0,60	227,5	379,2-551,6	95,1	126,2
	Grau 12	0,17	0,40-0,65	0,15-0,30	0,80-1,15	—	0,45-0,60	227,5	379,2-551,6	95,1	126,2
	Grau 11 Classe 1	0,17	0,40-0,65	0,50-0,80	1,00-1,50	—	0,45-0,65	241,3	413,7-586,1	103,4	137,9
	Grau 22	0,15-0,17	0,30-0,60	0,50	2,00-2,50	—	0,90-1,10	206,8	413,7-586,1	103,4	137,9
	Grau 21	0,15-0,17	0,30-0,60	0,50	2,75-3,25	—	0,90-1,10	206,8	413,7-586,1	103,4	137,9
	Grau 5	0,15	0,30-0,60	0,50	4,00-6,00	—	0,45-0,65	206,8	413,7-586,1	94,5	137,9
	Grau 2	0,21	0,55-0,80	0,15-0,40	0,50-0,80	—	0,45-0,60	310,3	482,6-620,5	120,7	160,6
	Grau 12	0,17	0,40-0,65	0,15-0,30	0,80-1,15	—	0,45-0,60	275,8	448,2-586,1	112,4	149,6
	Grau 11 Classe 2	0,17	0,40-0,65	0,50-0,80	1,00-1,50	—	0,45-0,65	310,3	517,1-689,5	129,6	172,4
	Grau 22	0,15-0,17	0,30-0,60	0,50	2,00-2,50	—	0,90-1,10	310,3	517,1-689,5	118,6	172,4
	Grau 21	0,15-0,17	0,30-0,60	0,50	2,75-3,25	—	0,90-1,10	310,3	517,1-689,5	129,6	172,4
	Grau 5	0,15	0,30-0,60	0,50	4,00-6,00	—	0,45-0,65	310,3	517,1-689,5	117,9	172,4

SOLDAGEM: PROCESSOS E METALURGIA

Composição e propriedades de aços-ligados para vasos de pressão[1]

Tipo[2]		C	Mn	Si	Cr	Ni	Mo	LE (MPa)	LR (MPa)	Taxa de trab. máx.[4] Div. 1	Taxa de trab. máx.[4] Div. 2
SA-517 (5)	Grau A	0,15-0,21	0,80-1,10	0,40-0,80	0,50-0,80	—	0,18-0,28	689,5	792,9-930,8	198,6	264,1
	Grau B	0,15-0,21	0,70-1,10	0,20-0,35	0,40-0,65	—	0,15-0,25				
	Grau C	0,10-0,20	1,10-1,50	0,15-0,30	—	—	0,20-0,30				
	Grau D	0,13-0,20	0,40-0,70	0,20-0,35	0,85-1,20	—	0,15-0,25				
	Grau E	0,12-0,20	0,40-0,70	0,20-0,35	1,40-2,00	—	0,40-0,60				
	Grau F	0,10-0,20	0,60-1,00	0,15-0,35	0,40-0,65	0,70-1,00	0,40-0,60				
	Grau G	0,15-0,21	0,80-1,10	0,50-0,90	0,50-0,90	—	0,40-0,60				
	Grau H	0,12-0,21	0,95-1,30	0,20-0,35	0,40-0,65	0,30-0,70	0,20-0,30				
	Grau J	0,12-0,21	0,45-0,70	0,20-0,35	—	—	0,50-0,65				
	Grau K	0,10-0,20	1,10-1,50	0,15-0,30	—	—	0,45-0,55				
	Grau L	0,13-0,20	0,40-0,70	0,20-0,35	1,15-1,65	—	0,25-0,40				
	Grau M	0,12-0,21	0,45-0,70	0,20-0,35	—	1,20-1,50	0,45-0,60				
	Grau P	0,12-0,21	0,45-0,70	0,20-0,35	0,85-1,20	1,20-1,50	0,45-0,60				
	Grau Q	0,14-0,21	0,45-1,30	0,15-0,35	1,00-1,50	1,20-1,50	0,40-0,60				
SA-533	Tipo A	0,25	1,15-1,50	0,15-0,30	—	—	0,45-0,60	344,7	551,6-689,5	137,9	184,1
	Tipo B Classe 1		1,15-1,50			0,40-0,70					
	Tipo C		1,15-1,50			0,70-1,00					—
	Tipo D		1,15-1,50			0,20-0,40					
	Tipo A	0,25	1,15-1,60	0,15-0,30	—	—	0,45-0,60	482,6	620,5-792,9	155,1	206,8
	Tipo B Classe 2		1,15-1,60			0,40-0,70					
	Tipo C		1,15-1,60			0,70-1,00					
	Tipo D		1,15-1,60			0,20-0,40					
	Tipo A	0,25	1,15-1,60	0,15-0,30	—	—	0,45-0,60	568,8	689,5-861,8	—	—
	Tipo B Classe 3		1,15-1,60			0,40-0,70				172,4	229,6
	Tipo C		1,15-1,60			0,70-1,00				—	—
	Tipo D		1,15-1,60			0,20-0,40				172,4	229,6
A-543-77 (6)	Tipo B Classe 1	0,23	0,40	0,20-0,35	1,50-2,00	2,60-3,25	0,45-0,60	586,1	723,9-861,8	181,3	241,3
	Tipo B Classe 2				1,50-2,00	2,60-3,25		689,5	792,9-930,8	198,6	264,1
	Tipo C Classe 1			0,20-0,35	1,20-1,80	2,25-3,25		586,1	723,9-861,8	181,3	241,3
	Tipo C Classe 2				1,20-1,80	2,25-3,25		689,5	792,9-930,8	198,6	264,1
SA-553	Tipo I	0,13	0,90	0,15-0,30	—	8,50-9,50	—	586,1	689,5-827,4	—	—
	Tipo II					7,50-8,50	—			—	—
SA-645[7]		0,13	0,30-0,60	0,20-0,35	—	4,75-5,25	0,20-0,35	448,2	655,0-792,9	163,4	218,6

490

Apêndice

Observações:
(1) Adaptado das especificações da ASTM e ASME.
(2) Condições dos aços:
SA-202; SA-204 e SA-302: na condição de laminado.
SA-203: normalizado.
SA-353: duas vezes normalizado e revenido.
SA-387: tratamento térmico de acordo com a especificação da ASTM para cada grau especificado.
SA-517; SA-533; SA-543 e SA-553: temperado revenido.
SA-645: tratamento térmico especial.
(3) Quando o valor for único significa o máximo admissível.
(4) De acordo com a norma ASME: Boiler and Pressure Vassel Code Section VIII, Divisions 1 and 2; temperatura de serviço entre $-29°C$ e $343°C$, salvo outro valor especificado na Seção VIII. Valores em MPa.
(5) Estes tipos de aço contêm também teores variáveis de boro, cobre, titânio, vanádio e ou zircônio.
(6) Estes tipos de aço contêm também teor máximo de 0,03% V.
(7) Este aço contém 0,02 a 0,12% Al e teor máximo de 0,02% N.

Conversão de dureza

BRINELL		L.R (MPa)	ROCKWELL			SHORE	VICKERS
Imp. mm Carga 3000 Esf. 10mm	Dureza BH	Aço-carbono	C	B	A		
(2,05)	(898)	3170,5	—	—	—	—	—
(2,10)	(857)	3025,4	—	—	—	—	—
(2,15)	(817)	2884,1	—	—	—	—	—
(2,20)	(780)	2753,7	70	—	—	—	—
(2,25)	(745)	2630,1	68	—	84,1	100	1050
(2,30)	(712)	2513,4	66	—	—	95	960
(2,35)	(682)	2407,5	64	—	82,2	91	885
(2,40)	(653)	2305,6	62	—	81,2	87	820
(2,45)	(627)	2213,4	60	—	80,5	84	765
(2,50)	(601)	2122,2	58	—	80,2	81	717
2,55	578	2040,8	57	—	79,4	78	675
2,60	555	1959,4	55	(120)	78,6	75	633
2,65	534	1884,8	53	(119)	77,9	72	598
2,70	514	1814,2	52	(119)	77,0	70	567
2,75	495	1747,5	50	(117)	76,5	67	540
2,80	477	1683,8	49	(117)	75,7	65	515
2,85	461	1627,9	47	(116)	75,0	63	494
2,90	444	1567,1	46	(115)	74,2	61	472
2,95	429	1514,1	45	(115)	73,4	59	454
3,00	415	1465,1	44	(114)	72,8	57	437
3,05	401	1416,1	42	(113)	72,0	55	420
3,10	388	1370,0	41	(112)	71,4	54	404
3,15	375	1323,9	40	(112)	70,6	52	389
3,20	363	1281,7	38	(110)	70,0	51	375
3,25	352	1242,5	37	(110)	69,3	49	363
3,30	341	1204,3	36	(109)	68,7	48	350
3,35	331	1169,0	35	(109)	68,1	46	339
3,40	321	1133,6	34	(108)	67,5	45	327
3,45	311	1098,3	33	(108)	66,9	44	316
3,50	302	1066,0	32	(107)	66,3	43	305
3,55	293	1034,6	31	(106)	65,7	42	296
3,60	285	1006,2	30	(105)	65,3	40	287
3,65	277	977,7	29	(104)	64,6	39	279
3,70	269	950,3	28	(104)	64,1	38	270
3,75	262	924,8	26	(103)	63,6	37	263
3,80	255	900,3	25	(102)	63,0	37	256
3,85	248	875,8	24	(102)	62,5	36	248
3,90	241	851,2	23	100	61,8	35	241
3,95	235	829,6	22	99	61,4	34	235
4,00	229	808,1	21	98	60,8	33	229

Apêndice

Conversão de dureza							
BRINELL		L.R (MPa)	ROCKWELL			SHORE	VICKERS
Imp. mm Carga 3000 Esf. 10mm	Dureza BH	Aço-carbono	C	B	A		
4,05	223	787,5	20	97	—	32	223
4,10	217	765,9	(18)	96	—	31	217
4,15	212	748,2	(17)	96	—	31	212
4,20	207	730,6	(16)	95	—	30	207
4,25	202	712,9	(15)	94	—	30	202
4,30	197	695,3	(13)	93	—	29	197
4,35	192	677,6	(12)	92	—	28	192
4,40	187	660,0	(10)	91	—	28	187
4,45	183	646,3	(9)	90	—	27	183
4,50	179	631,5	(8)	89	—	27	179
4,55	174	613,9	(7)	88	—	26	174
4,60	170	600,2	(6)	87	—	26	170
4,65	166	586,4	(4)	86	—	25	166
4,70	163	575,7	(3)	85	—	25	163
4,75	159	560,9	(2)	84	—	24	159
4,80	156	551,1	(1)	83	—	24	156
4,85	153	540,3	—	82	—	23	153
4,90	149	525,6	—	81	—	23	149
4,95	146	515,8	—	80	—	22	146
5,00	143	505,0	—	79	—	22	143
5,05	140	494,3	—	78	—	21	140
5,10	137	483,5	—	77	—	21	137
5,15	134	472,7	—	76	—	21	134
5,20	131	462,9	—	74	—	20	131
5,25	128	452,1	—	73	—	20	128
5,30	126	445,2	—	72	—	—	126
5,35	124	437,3	—	71	—	—	124
5,40	121	427,6	—	70	—	—	121
5,45	118	416,8	—	69	—	—	118
5,50	116	409,9	—	68	—	—	116
5,55	114	402,1	—	67	—	—	114
5,60	112	395,2	—	66	—	—	112
5,65	109	384,4	—	65	—	—	109
5,70	107	377,6	—	64	—	—	107
5,75	105	370,7	—	62	—	—	105
5,80	103	363,8	—	61	—	—	103
5,85	101	359,0	—	60	—	—	101
5,90	99	349,1	—	59	—	—	99
5,95	97	342,3	—	57	—	—	97
6,00	95	335,4	—	56	—	—	95

Equivalência de bitolas de chapas

BITOLA n.°	BITOLAS AMERICANAS				BITOLA FRANCESA
	U.S.G.		M.S.G.		
	mm	inch	mm	inch	mm
0,000	10.319	0.4063	—	—	—
000	9.525	0.3750	—	—	—
00	8.730	0.3437	—	—	—
0	7.938	0.3125	—	—	—
1	7.144	0.2813	—	—	0.6
2	6.747	0.2656	—	—	0.7
3	6.350	0.2500	6.073	0.2391	0.8
4	5.953	0.2344	5.695	0.2242	0.9
5	5.556	0.2187	5.314	0.2092	1.0
6	5.159	0.2031	4.935	0.1943	1.1
7	4.762	0.1875	4.554	0.1793	1.2
8	4.360	0.1717	4.176	0.1644	1.3
9	3.968	0.1562	3.797	0.1495	1.4
10	3.571	0.1406	3.416	0.1345	1.5
11	3.175	0.1250	3.038	0.1196	1.6
12	2.778	0.1094	2.657	0.1046	1.8
13	2.381	0.0937	2.278	0.0897	2.0
14	1.984	0.0781	1.897	0.0747	2.2
15	1.786	0.0703	1.709	0.0673	2.4
16	1.587	0.0625	1.519	0.0598	2.7
17	1.428	0.0562	1.367	0.0538	3.0
18	1.270	0.0500	1.214	0.0478	3.4
19	1.111	0.0437	1.062	0.0418	3.9
20	0.952	0.0375	0.912	0.0359	4.4
21	0.873	0.0344	0.836	0.0329	4.9
22	0.793	0.0312	0.759	0.0299	5.4
23	0.714	0.0281	0.683	0.0269	5.9
24	0.635	0.0250	0.607	0.0239	6.4
25	0.555	0.0219	0.531	0.0209	7.0
26	0.476	0.0187	0.455	0.0179	7.6
27	0.436	0.0172	0.417	0.0164	8.2
28	0.396	0.0156	0.378	0.0149	8.8
29	0.357	0.0141	0.343	0.0135	9.4
30	0.317	0.0125	0.305	0.0120	10.0
31	0.277	0.0109	0.267	0.0105	—
32	0.258	0.0102	0.246	0.0097	—
33	0.238	0.0094	0.229	0.0090	—
34	0.218	0.0086	0.208	0.0082	—
35	0.198	0.0078	0.190	0.0075	—

U.S.G. - United States Gauge
M.S.G. - Manufacturer's Standard Gauge